華 章 圖 書

一本打开的书，一扇开启的门，

通向科学殿堂的阶梯，托起一流人才的基石。

数据库技术丛书

Redis 5设计与源码分析

陈雷 方波 黄桃 李乐 施洪宝 熊浩含 闫昌 张仕华 周生政 编著

图书在版编目（CIP）数据

Redis 5 设计与源码分析 / 陈雷等编著 . —北京：机械工业出版社，2019.8
（数据库技术丛书）

ISBN 978-7-111-63278-8

I. R… II. 陈… III. 关系数据库系统 IV. TP311.132.3

中国版本图书馆 CIP 数据核字（2019）第 151596 号

Redis 5 设计与源码分析

出版发行：机械工业出版社（北京市西城区百万庄大街 22 号 邮政编码：100037）
责任编辑：高婧雅
责任校对：李秋荣
印　　刷：三河市宏图印务有限公司
版　　次：2019 年 8 月第 1 版第 1 次印刷
开　　本：186mm×240mm 1/16
印　　张：27
书　　号：ISBN 978-7-111-63278-8
定　　价：139.00 元

客服电话：（010）88361066 88379833 68326294
投稿热线：（010）88379604
华章网站：www.hzbook.com
读者信箱：hzit@hzbook.com

Praise 本书赞誉

本书从底层源码的角度，对 Redis 的数据结构以及持久化、主从复制、哨兵和集群等特性的实现原理进行了详尽的剖析，图文并茂。行文中也能看出作者团队在源码分析和系统编程方面的功力，我相信本书对于所有想要了解 Redis 及其内部实现的人来说都会有所帮助。

——黄健宏，《Redis 设计与实现》作者

Redis 以其高速、轻量和丰富的数据结构与功能被越来越多的工程师所钟爱。然而，用 Redis 的人很多，真正懂 Redis 的人很少，本书正是写给那些使用了 Redis 并希望进一步深入理解 Redis 的读者。作者及其团队通过对 Redis 最新版本（5.x）各部分源码的分析，庖丁解牛，深入浅出，带领读者一步步探索 Redis 的方方面面，让读者从原理层面真正懂得 Redis。

——黄鹏程，中国民生银行大数据工程师、《Redis 4.X Cookbook》作者

本书全面解析了 Redis 5 内核的方方面面，能够有效帮助 Redis 的开发和运维人员全面理解 Redis 的运行原理，对于需要进阶 Redis 的读者而言是难得的好书。

——付磊，《Redis 开发与运维》作者

对技术有点追求的程序员一定不要错过这本 Redis5 源码分析书，本书对 Redis 的内部实现分析得非常全面透彻，如果你觉得直接阅读源码有点吃力，试试让这本书来带领你探索 Redis 源码。

——钱文品，《Redis 深度历险》作者

本书不仅深入源码讲解了 Redis 常用的底层数据结构和常用命令处理的实际过程，还细致入微地讲述了基数计数算法的演进和 HyperLogLog 算法在 Redis 中的具体实现，这是非常有用且难得的；本书的后几章详细讲述了 Redis 常用的主从复制和持久化的原理，这对于排查问题，以及优化 Redis 集群有极高的参考价值。

——张晋涛，网易有道资深运维开发

Redis已经是IT企业技术栈中重要的一环，与其相关的从业者数量也逐年增多，对大多数人来说Redis可谓既熟悉又神秘，只有不足4MB的源码却实现了一个功能丰富且健壮的数据库。本书的出版对于想深入了解Redis的从业者来说是一个好消息。本书从源码层面对Redis进行深入剖析，尤其是数据结构部分，其学习意义不限于Redis，强烈推荐阅读。

——吴建超，OPPO工程师

Preface 序

在开源界，高性能服务的典型代表就是Nginx和Redis。纵观这两个软件的源码，都是非常简洁高效的，也都是基于异步网络I/O机制的，所以对于要学习高性能服务的程序员或者爱好者来说，研究这两个网络服务的源码是非常有必要的。

Nginx目前市面上的书籍很多，但是Redis确实寥寥无几。这几年Redis版本发展非常快，从稳定的2.x版本，发展到增加了很多优秀特性的5.0版本，这些特性目前尚无资料进行系统讲解。本书的出版填补了Redis 5.0技术学习方面的重大空缺，是技术同仁深入理解Redis内核实现机制的有效途径。

Redis是一个优秀的高性能分布式缓存服务器：在实际应用场景中，每秒QPS能够达到4.5万～5万，算得上性能“怪兽”；在常规非协程的场景中，Redis基本是C10K[⊖]高性能服务的经典代表。

除性能优势外，Redis的整体代码结构也非常清晰，包括基础数据结构、数据类型实现、数据库实现、服务端实现、集群/主从/队列等，基本模块分布清晰，代码质量非常高：

```
static int aeApiCreate(aeEventLoop *eventLoop) {
    aeApiState *state = zmalloc(sizeof(aeApiState));
    if (!state) return -1;
    state->events = zmalloc(sizeof(struct epoll_event)*eventLoop->setsize);
    if (!state->events) {
        zfree(state);
        return -1;
    }
    state->epfd = epoll_create(1024); /* 1024 is just a hint for the kernel */
    if (state->epfd == -1) {
        zfree(state->events);
        zfree(state);
        return -1;
    }
```

⊖ C10K（concurrent 10000 connection），最早由Dan Kegel提出，是指服务器需要支持成千上万客户端的连接所引发的并发支持问题。——编者注

```
    eventLoop->apidata = state;
    return 0;
}
```

上面是创建 epoll 队列的简单代码，简单明了，完全符合《 Unix 编程艺术》提到的各种关于简单明确的要求，代码赏心悦目，不花里胡哨。

除了代码结构之外，Redis 的各种类型数据结构也设计良好：简单稳定不容易溢出的字符串结构（sds），快速排序查找的跳跃表（skiplist），节约内存的压缩列表（ziplist），基于 Hash 表实现的字典（dict），基于链表（list）和压缩列表（ziplist）实现的快速列表（qucklist），基于 listpac 和基数树（Rax）实现的消息队列（Stream）等，涵盖多种优质数据结构的实现。

另外不得不提的是，各类算法在 Redis 里也都得到了呈现，比如 Hash 常用算法 times33、物理位置查找算法 geohash、高效率的统计算法 HyperLogLog，等等。读完 Redis 5.0.0 的 9.2 万行源码，大概比上一学期的数据结构课更有价值。Redis 可谓数据结构和常规算法的饕餮盛宴。深入研究 Redis 5，相信对技术的理解会更深入。

优质的菜品需要有技艺精湛的厨师来烹饪，本书就像以优质菜品做成的“大菜”。整本书没有太多啰唆的语言，直接抽丝剥茧：从基本的数据结构类型，Redis 内部每个操作命令的底层代码运行逻辑和结构，一直到整个 Redis 持久化技术、主从技术、分布式集群技术等，都有深入源码级别的讲解，让你领略从数据结构到整个高性能服务的全部设计之美。

学以致用，读者朋友通过领会与实践来提升技术，成为一个高性能网络服务开发高手，继而深入理解缓存服务，设计自己的高性能缓存服务系统或者缓存数据库系统，应用到自己业务中去，岂非快哉！

在整本书里，我也看到了一群程序员的认真执着，把每个业务数据流程图、关键代码、数据结构图都规划得详细、清晰，把自己对技术的各种理解融入书中。本书脉络清晰，适合刚入行的后端程序员、高性能服务开发者、系统运维人员、技术架构师等阅读。希望阅读本书的技术同仁都能够得到进步和提高。

谢华亮（黑夜路人）

2019 年 4 月

Preface 前　　言

为什么要写这本书

2 年前，我们团队建立了学习圈，团队成员可以自愿参加，每天 8 : 50～10 : 30 到公司充电 100 分钟，深入剖析工作中的技术栈，同时 2017～2018 年编写出版了《 PHP 7 底层设计与源码实现》一书，接着我们又深入研读了 Redis 的源码。2018 年年初开始，我们开始了 Redis 源码一书的编写，起初是研读 Redis 4.0 版本的源码，2018 年下半年 5.0 版本发布，增加了很多的新特性，下半年我们又在之前的基础上结合 Redis 5 的源码，编写了此书。

Redis 是一款高性能的开源 key-value 型数据库，难能可贵的是代码写得非常优雅，非常适合刚入门 C 语言的读者阅读。本书前半部分详细介绍了 Redis 中的各种数据结构，适合读者学习和掌握基本的数据结构；后半部分介绍了 Redis 命令执行的生命周期，以及各类命令的源码实现，希望使用 Redis 的读者不止会使用 Redis，并且能掌握它的原理和细节，提升对 Redis 的掌控能力。

决定编写 Redis 源码一书后，学习圈里方波、黄桃、李乐、施洪宝、熊浩含、闫昌、张仕华、周生政和我一起编写了这本书。大家在工作之外，每天写到深夜，周末一起探讨，经过一年的编写和校对，终于完成了这本书。希望能给使用 Redis 的读者一些启发，帮助更多的人理解 Redis 的实现。

读者对象

- 使用 Redis 的工程师、架构师
- 对 Redis 源码感兴趣的读者
- 有一定 C 语言基础的读者

如何阅读本书

本书内容逻辑上分为三篇，共计22章内容。

第一篇：第1章简单介绍了Redis，以及Redis的编译安装和研读的方式；第2～8章重点讲解了SDS、跳跃表、压缩列表、字典、整数集合、quicklist和Stream数据结构的实现。

第二篇：第9章讲解了Redis的生命周期，命令执行的过程，需要重点阅读；第10～19章，分别讲解了键、字符串、散列表、链表、集合、有序集合、GEO、HyperLog和数据流相关命令的实现。

第三篇：第20～22章简单讲解了持久化、主从复制和集群的实现，没有详细展开，希望能带读者入门。

如果读者是有一定经验的资深开发人员，本书可能会是一本不错的案头书。当然，如果读者是一名初学者，请在开始本书阅读之前，建议先掌握一些C语言和网络编程等基础理论知识。

勘误和支持

由于笔者的水平有限，编写时间仓促，书中难免会出现一些错误或者不准确的地方，恳请读者批评指正。如果您有更多的宝贵意见，欢迎访问https://segmentfault.com/u/php7internal进行专题讨论，我们会尽量在线上为读者提供解答。同时，您也可以通过微博@PHP7内核，或者邮箱cltf@163.com联系到我们，期待能够得到您的反馈，在技术之路上互勉共进。

致谢

感谢张国辉、卢红波两位工作导师的支持，前者是我现在的领导，也是我在技术和管理方面的导师，后者是我在滴滴的领导，在技术和管理上给了我很多的指引与帮助。

感谢黑夜路人（谢华亮）兄弟的指导和支持，在技术上给了非常多的指点。

感谢黄健宏、黄鹏程、付磊、钱文品、张晋涛和吴建超兄弟的指导与建议，他们都是在Redis方面有很深研究的人。

感谢方波、黄桃、李乐、施洪宝、熊浩含、闫昌、张仕华和周生政8位兄弟在学习和研究过程中的陪伴与合作，本书是几位兄弟共同合作的结晶。特别是黄桃，已经跟我一起编写了两本书。

特别致谢

最后，我要特别感谢我的太太梦云、儿子和女儿，我为写作这本书，牺牲了很多陪伴她们的时间，但也正因为有了她们的付出与支持，我才能坚持写下去。同时，感谢我的父母、岳父岳母，不遗余力地帮助我们照顾儿女，有了你们的帮助和支持，我才有时间和精力去完成写作工作。

另外要特别感谢我团队的兄弟们，感谢大家的坚持，为大家的成长点赞！重点感谢一下兄弟们背后的太太团，是她们的大力支持，作者们才有时间来编写本书。

最后要重点感谢高婧雅编辑，这是第二次跟她合作，她依然非常负责；她耐心审稿，给出很多宝贵建议，才有了这本书的完成。

谨以此书献给我最亲爱的家人和团队的兄弟们，以及众多热爱 Redis 的朋友们！

陈　雷

目　　录 *Contents*

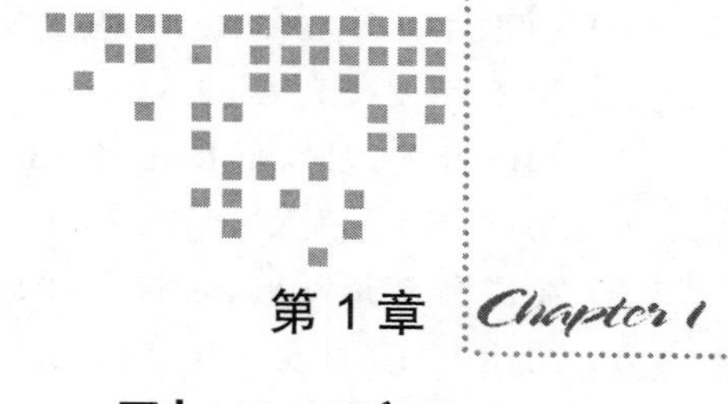

第1章 Chapter 1

引　言

Redis是目前最流行的键值对（key-value）数据库，以出色的性能著称，官方提供的数据是可以支持100 000以上的+QPS。Redis具有高性能的主要原因如下。

1）Redis是基于内存的存储数据库，绝大部分的命令处理只是纯粹的内存操作，内存的读写速度非常快。

2）Redis是单进程线程的服务（实际上一个正在运行的Redis Server肯定不止一个线程，但只有一个线程来处理网络请求），避免了不必要的上下文切换，同时不存在加锁/释放锁等同步操作。

3）Redis使用多路I/O复用模型（select、poll、epoll），可以高效处理大量并发连接。

4）Redis中的数据结构是专门设计的，增、删、改、查等操作相对简单。

本章主要介绍Redis简介、Redis 5.0的新特性、Redis源代码概念、Redis安装与调试，希望对读者阅读和研究Redis源码有一定的帮助。

1.1 Redis简介

Redis（REmote DIctionary Server）是一个使用ANSI C编写的、开源的、支持网络的、基于内存的、可选持久化的键值对存储系统。在2013年5月之前，Redis的开发由VMware赞助；2013年5月至2015年6月，由Pivotal赞助；从2015年6月起，Redis的开发由Redis Labs赞助。根据数据库使用排行网站db-engines.com上的排名，Redis是目前最流行的键值对存储系统。

Redis由Salvatore Sanfilippo在2009年发布初始版本，开源后不断发展壮大，目前的最新版为Redis 5.0。Redis的主要版本如下。

1）2009年5月发布Redis初始版本。

2）2012年发布Redis 2.6.0。

3）2013年11月发布Redis 2.8.0。

4）2015年4月发布Redis 3.0.0，该版本引入了集群。

5）2017年7月发布Redis 4.0.0，该版本引入了模块系统。

6）2018年10月发布Redis 5.0.0，该版本引入了Streams结构。

Redis在互联网数据存储方面应用广泛，主要具有以下优点。

1）Redis是内存型的数据库，也就是说Redis中的key-value对是存储在内存中的，因而效率比磁盘型的快。

2）Redis的工作模式为单线程，不需要线程间的同步操作。Redis采用单线程主要因为其瓶颈在内存和带宽上，而不是CPU。

3）Redis中key-value的value不仅可以是字符串，也可以是复杂的数据类型，如链表、集合、散列表等。

4）Redis支持数据持久化，可以采用RDB、AOF、RDB&AOF三种方案。计算机重启后可以在磁盘中进行数据恢复。

5）Redis支持主从结构，可以利用从实例进行数据备份。

1.2 Redis 5.0的新特性

相较于Redis 4.0，Redis 5.0增加了很多新的特性，限于篇幅，本节主要介绍几个较重要的特性，具体内容可以参考官方文档。

1）新增Streams数据类型，这是Redis 5.0最重要的改进之一。可以把Streams当作消息队列，详细内容参见后续章节。

2）新的模块API、定时器、集群及字典。

3）RDB中持久化存储LFU和LRU的信息。

4）将集群管理功能完全用C语言集成到redis-cli中，Redis 3.x和Redis 4.x的集群管理是通过Ruby脚本实现的。

5）有序集合新增命令ZPOPMIN/ZPOPMAX。

6）改进HyperLogLog的实现。

7）新增Client Unblock和Client ID。

8）新增LOLWUT命令。

9）Redis主从复制中的从不再称为Slave，改称Replicas。

10）Redis 5.0引入动态哈希，以平衡CPU的使用率和相应性能，可以通过配置文件进行配置。Redis 5.0默认使用动态哈希。

11）Redis核心代码进行了部分重构和优化。

1.3 Redis 源码概述

Redis 源代码主要存放在 src 文件夹中，作者没有整理这些文件，统一存放到了一个文件夹中，如图 1-1 所示。其中 server.c 为服务端程序，redis-cli.c 为客户端程序。

modules	crc64	listpack	rax_malloc	slowlog
	db	listpack_malloc	rdb	solarisfixes
adlist	debug	localtime	rdb	sort
adlist	debugmacro	lolwut	redisassert	sparkline
ae	defrag	lolwut5	redis-benchmark	sparkline
ae	dict	lzf	redis-check-aof	stream
ae_epoll	dict	lzf_c	redis-check-rdb	syncio
ae_evport	endianconv	lzf_d	redis-cli	t_hash
ae_kqueue	endianconv	lzfP	redismodule	t_list
ae_select	evict	Makefile	redis-trib.rb	t_set
anet	expire	memtest	release	t_stream
anet	fmacros	mkreleasehdr	replication	t_string
aof	geo	module	rio	t_zset
asciilogo	geo	multi	rio	testhelp
atomicvar	geohash	networking	scripting	util
bio	geohash	notify	sds	util
bio	geohash_helper	object	sds	valgrind.sup
bitops	geohash_helper	pqsort	sdsalloc	version
blocked	help	pqsort	sentinel	ziplist
childinfo	hyperloglog	pubsub	server	ziplist
cluster	intset	quicklist	server	zipmap
cluster	intset	quicklist	setproctitle	zipmap
config	latency	rand	sha1	zmalloc
config	latency	rand	sha1	zmalloc
crc16	lazyfree	rax	siphash	
crc64	listpack	rax	slowlog	

图 1-1 Redis 5.0 源码

Redis 源代码的核心部分主要如下。

（1）基本的数据结构

- 动态字符串 sds.c
- 整数集合 intset.c
- 压缩列表 ziplist.c
- 快速链表 quicklist.c
- 字典 dict.c
- Streams 的底层实现结构 listpack.c 和 rax.c

（2）Redis 数据类型的底层实现

- Redis 对象 object.c

- 字符串 t_string.c
- 列表 t_list.c
- 字典 t_hash.c
- 集合及有序集合 t_set.c 和 t_zset.c
- 数据流 t_stream.c

（3）Redis 数据库的实现

- 数据库的底层实现 db.c
- 持久化 rdb.c 和 aof.c

（4）Redis 服务端和客户端实现

- 事件驱动 ae.c 和 ae_epoll.c
- 网络连接 anet.c 和 networking.c
- 服务端程序 server.c
- 客户端程序 redis-cli.c

（5）其他

- 主从复制 replication.c
- 哨兵 sentinel.c
- 集群 cluster.c
- 其他数据结构，如 hyperloglog.c、geo.c 等
- 其他功能，如 pub/sub、Lua 脚本

以上为 Redis 核心代码的简单划分，本书重点介绍 Redis 客户端使用命令的底层实现，在阅读后续章节时，建议按照本书编排顺序进行阅读。首先学习 Redis 底层的数据存储结构；然后学习 Redis 每个命令的具体实现；最后可以根据需要学习 Redis 其他方面的内容，如主从复制、哨兵、集群、持久化等。

1.4 Redis 安装与调试

我们以 Linux 环境为例来进行安装。

通过网址 http://download.redis.io/releases/ 可以获得各个版本的 Redis 源码，本书以 Redis 5.0 为例，下载源码包并编译安装（源码包 URL 为 http://download.redis.io/releases/redis-5.0.0.tar.gz）。

```
$ wget http://download.redis.io/releases/redis-5.0.0.tar.gz
$ tar -zxvf redis-5.0.0.tar.gz
$ cd redis-5.0.0
$ make
$ cd src
$make install
```

到此，我们完成了 Redis 5.0 的编译安装，生成的可执行文件在 /usr/local/bin 目录中：

```
redis-benchmark  redis-check-aof  redis-check-rdb  redis-cli
redis-sentinel  redis-server
```

其中redis-benchmark是官方自带的Redis性能测试工具；当AOF文件或者RDB文件出现语法错误时，可以使用redis-check-aof或者redis-check-rdb修复；redis-cli是客户端命令行工具，可以通过命令redis-cli -h {host} -p {port} 连接到指定Redis服务器；redis-sentinel是Redis哨兵启动程序；redis-server是Redis服务端启动程序。

例如，使用redis-server启动服务端程序（默认监听端口是6379）：

```
$ /usr/local/bin/redis-server
```

使用redis-cli连接Redis服务器并添加键值对：

```
$ redis-cli -h 127.0.0.1 -p 6379
127.0.0.1:6379> set name zhangsan
OK
127.0.0.1:6379> get name
"zhangsan"
```

GDB是一个由GNU开源组织发布的、UNIX/Linux操作系统下的、基于命令行的、功能强大的程序调试工具。下面我们演示如何通过GDB来调试Redis。

用GDB启动redis-server服务端程序：

```
$ gdb /usr/local/bin/redis-server
(gdb)
```

使用b命令在main函数入口增加断点：

```
(gdb) b main
Breakpoint 1 at 0x427770: file server.c, line 4000.
```

使用r命令运行：

```
(gdb) r
Starting program: /usr/local/bin/redis-server
[Thread debugging using libthread_db enabled]
Using host libthread_db library "/lib64/libthread_db.so.1".

Breakpoint 1, main (argc=1, argv=0x7fffffffe528) at server.c:4000
4000        int main(int argc, char **argv)
```

从上面的输出中可以看到，代码执行到main函数停止。接下来，使用n命令执行下一步：

```
(gdb) n
4034            spt_init(argc, argv);
```

使用p命令查看某个变量的信息：

```
(gdb) p argc
$1 = 1
```

这里只是简要介绍使用GDB调试Redis程序的方法，更多GDB的使用技巧有待读者去研究。

当然，还可使用很多方便的源码阅读工具阅读代码。例如，Windows 环境下有一款功能强大的 IDE（集成开发环境）——Source Insight，内置 C++ 代码分析功能；同时能自动维护项目内的符号数据库，非常方便。另外，Mac 平台下功能强大的 IDE（集成开发环境）——Understand 具备代码依赖、图形化等实用功能。Linux 环境下可以使用 Vim + Ctags 来阅读代码，其中 Ctags 是 Vim 下阅读代码的一个辅助工具，可以生成函数、类、结构体、宏等语法结构的索引文件，使用方法也非常简单。读者可以自行学习这些源码阅读工具的具体安装教程，这里不再赘述。

1.5 本章小结

本章首先介绍了 Redis 的发展历程及 Redis 5.0 的新特性。然后重点讲解了如何阅读 Redis 源代码，并简单介绍了 Redis 源码的安装与调试方法，为读者学习后续章节奠定基础。

第 2 章　Chapter 2

简单动态字符串

简单动态字符串（Simple Dynamic Strings，SDS）是 Redis 的基本数据结构之一，用于存储字符串和整型数据。SDS 兼容 C 语言标准字符串处理函数，且在此基础上保证了二进制安全。本章将详细讲解 SDS 的实现，为读者理解 Redis 的原理和各种命令的实现打下基础。

2.1　数据结构

在学习 SDS 源码前，我们先思考一个问题：如何实现一个扩容方便且二进制安全的字符串呢？

> 注意　什么是二进制安全？通俗地讲，C 语言中，用“\0”表示字符串的结束，如果字符串中本身就有“\0”字符，字符串就会被截断，即非二进制安全；若通过某种机制，保证读写字符串时不损害其内容，则是二进制安全。

SDS 既然是字符串，那么首先需要一个字符串指针；为了方便上层的接口调用，该结构还需要记录一些统计信息，如当前数据长度和剩余容量等，例如：

```
struct sds {
    int len;// buf 中已占用字节数
    int free;// buf 中剩余可用字节数
    char buf[];// 数据空间
};
```

SDS 结构示意如图 2-1 所示，在 64 位系统下，字段 len 和字段 free 各占 4 个字节，紧接着存放字符串。

Redis 3.2 之前的 SDS 也是这样设计的。这样设计有以下几个优点。

1）有单独的统计变量len和free（称为头部）。可以很方便地得到字符串长度。

2）内容存放在柔性数组buf中，SDS对上层暴露的指针不是指向结构体SDS的指针，而是直接指向柔性数组buf的指针。上层可像读取C字符串一样读取SDS的内容，兼容C语言处理字符串的各种函数。

3）由于有长度统计变量len的存在，读写字符串时不依赖“\0”终止符，保证了二进制安全。

注意　上例中的buf[]是一个柔性数组。柔性数组成员（flexible array member），也叫伸缩性数组成员，只能被放在结构体的末尾。包含柔性数组成员的结构体，通过malloc函数为柔性数组动态分配内存。

之所以用柔性数组存放字符串，是因为柔性数组的地址和结构体是连续的，这样查找内存更快（因为不需要额外通过指针找到字符串的位置）；可以很方便地通过柔性数组的首地址偏移得到结构体首地址，进而能很方便地获取其余变量。

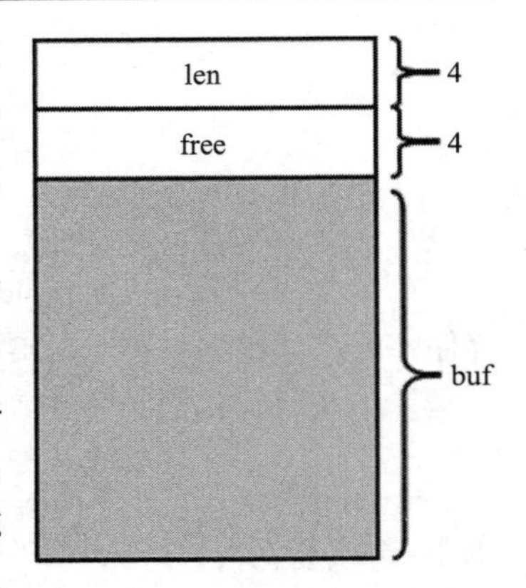

图2-1　SDS结构示意

到这里我们实现了一个最基本的动态字符串，但是该结构是否有改进的空间呢？我们从一个简单的问题开始思考：不同长度的字符串是否有必要占用相同大小的头部？一个int占4字节，在实际应用中，存放于Redis中的字符串往往没有这么长，每个字符串都用4字节存储未免太浪费空间了。我们考虑三种情况：短字符串，len和free的长度为1字节就够了；长字符串，用2字节或4字节；更长的字符串，用8字节。

这样确实更省内存，但依然存在以下问题。

问题1：如何区分这3种情况？

问题2：对于短字符串来说，头部还是太长了。以长度为1字节的字符串为例，len和free本身就占了2个字节，能不能进一步压缩呢？

对于问题1，我们考虑增加一个字段flags来标识类型，用最小的1字节来存储，且把flags加在柔性数组buf之前，这样虽然多了1字节，但通过偏移柔性数组的指针即能快速定位flags，区分类型，也可以接受；对于问题2，由于len已经是最小的1字节了，再压缩只能考虑用位来存储长度了。

结合两个问题，5种类型（长度1字节、2字节、4字节、8字节、小于1字节）的SDS至少要用3位来存储类型（$2^3=8$），1个字节8位，剩余的5位存储长度，可以满足长度小于32的短字符串。在Redis 5.0中，我们用如下结构来存储长度小于32的短字符串：

```
struct __attribute__ ((__packed__))sdshdr5 {
    unsigned char flags; /* 低3位存储类型, 高5位存储长度 */
    char buf[];/*柔性数组，存放实际内容*/
};
```

sdshdr5结构（图2-2）中，flags占1个字节，其低3位（bit）表示type，高5位（bit）表示长度，能表示的长度区间为0～31（2^5–1），flags后面就是字符串的内容。

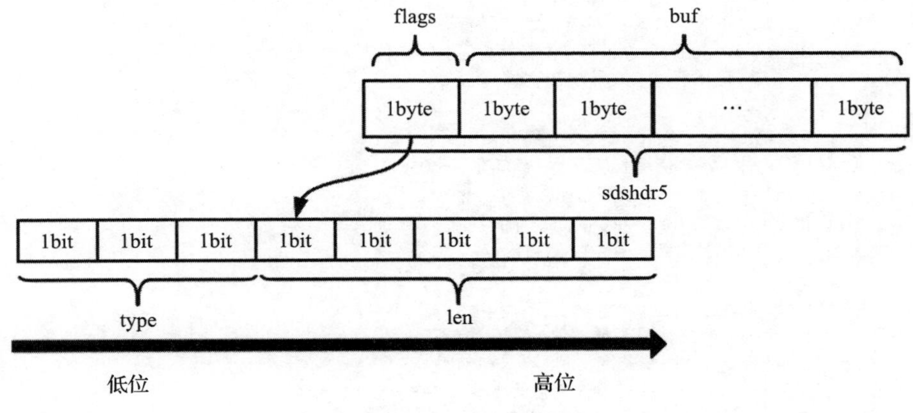

图2-2　sdshdr5结构

而长度大于31的字符串，1个字节依然存不下。我们按之前的思路，将len和free单独存放。sdshdr8、sdshdr16、sdshdr32和sdshdr64的结构相同，sdshdr16结构如图2-3所示。

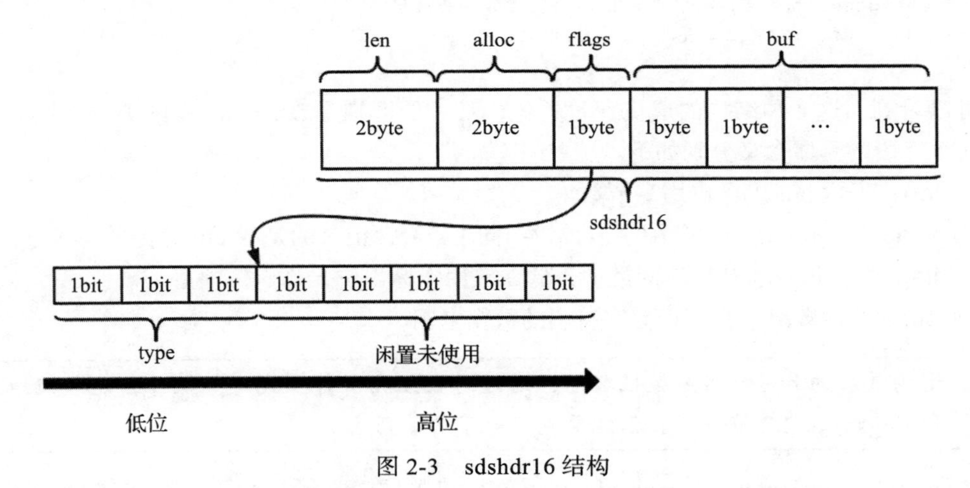

图2-3　sdshdr16结构

其中"表头"共占用了S[2(len)+2(alloc)+1(flags)]个字节。flags的内容与sdshdr5类似，依然采用3位存储类型，但剩余5位不存储长度。

在Redis的源代码中，对类型的宏定义如下：

```
#define SDS_TYPE_5  0
#define SDS_TYPE_8  1
#define SDS_TYPE_16 2
#define SDS_TYPE_32 3
#define SDS_TYPE_64 4
```

在Redis 5.0中，sdshdr8、sdshdr16、sdshdr32和sdshdr64的数据结构如下：

```
struct __attribute__((__packed__))sdshdr8 {
    uint8_t len; /* 已使用长度，用1字节存储 */
    uint8_t alloc; /* 总长度，用1字节存储*/
    unsigned char flags; /* 低3位存储类型, 高5位预留 */
    char buf[];/*柔性数组，存放实际内容*/
};
struct __attribute__((__packed__))sdshdr16 {
    uint16_t len; /*已使用长度，用2字节存储*/
    uint16_t alloc; /* 总长度，用2字节存储*/
    unsigned char flags; /* 低3位存储类型, 高5位预留 */
    char buf[];/*柔性数组，存放实际内容*/
};
struct __attribute__((__packed__))sdshdr32 {
    uint32_t len; /*已使用长度，用4字节存储*/
    uint32_t alloc; /* 总长度，用4字节存储*/
    unsigned char flags;/* 低3位存储类型, 高5位预留 */
    char buf[];/*柔性数组，存放实际内容*/
};
struct __attribute__((__packed__))sdshdr64 {
    uint64_t len; /*已使用长度，用8字节存储*/
    uint64_t alloc; /* 总长度，用8字节存储*/
    unsigned char flags; /* 低3位存储类型, 高5位预留 */
    char buf[];/*柔性数组，存放实际内容*/
};
```

可以看到，这4种结构的成员变量类似，唯一的区别是len和alloc的类型不同。结构体中4个字段的具体含义分别如下。

1）len：表示buf中已占用字节数。

2）alloc：表示buf中已分配字节数，不同于free，记录的是为buf分配的总长度。

3）flags：标识当前结构体的类型，低3位用作标识位，高5位预留。

4）buf：柔性数组，真正存储字符串的数据空间。

注意　结构最后的buf依然是柔性数组，通过对数组指针作“减一”操作，能方便地定位到flags。在2.2节中，我们能更直观地了解该用法。

源码中的__attribute__((__packed__))需要重点关注。一般情况下，结构体会按其所有变量大小的最小公倍数做字节对齐，而用packed修饰后，结构体则变为按1字节对齐。以sdshdr32为例，修饰前按4字节对齐大小为12(4×3)字节；修饰后按1字节对齐，注意buf是个char类型的柔性数组，地址连续，始终在flags之后。packed修饰前后示意如图2-4所示。

这样做有以下两个好处。

- 节省内存，例如sdshdr32可节省3个字节（12-9）。
- SDS返回给上层的，不是结构体首地址，而是指向内容的buf指针。因为此时按1字节对齐，故SDS创建成功后，无论是sdshdr8、sdshdr16还是sdshdr32，都能通过(char*)sh+hdrlen得到buf指针地址（其中hdrlen是结构体长度，通过sizeof计算得到）。修饰后，无论是sdshdr8、sdshdr16还是sdshdr32，都能通过buf[-1]找到flags，因为此时按1字节对齐。若没有packed的修饰，还需要对不同结构进行处理，实现更复杂。

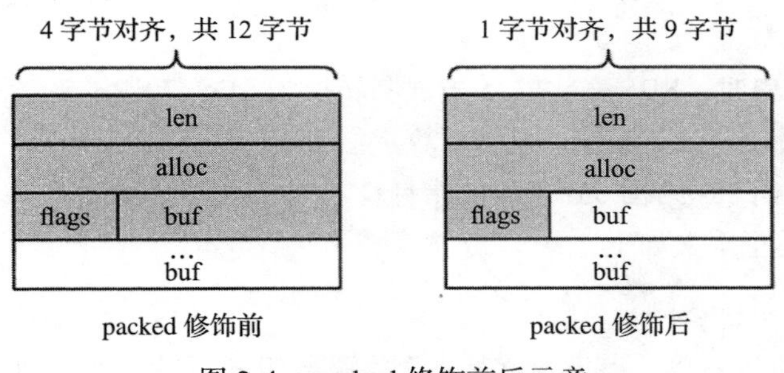

图2-4　packed修饰前后示意

2.2　基本操作

数据结构的基本操作不外乎增、删、改、查，SDS也不例外。由于Redis 3.2后的SDS涉及多种类型，修改字符串内容带来的长度变化可能会影响SDS的类型而引发扩容。本节着重介绍创建、释放、拼接字符串的相关API，帮助大家更好地理解SDS结构。在2.2.4节列出了SDS相关API的函数名和功能介绍，有兴趣的读者可自行查阅源代码。

2.2.1　创建字符串

Redis通过sdsnewlen函数创建SDS。在函数中会根据字符串长度选择合适的类型，初始化完相应的统计值后，返回指向字符串内容的指针，根据字符串长度选择不同的类型：

```
sds sdsnewlen(const void *init, size_t initlen) {
    void *sh;
    sds s;
    char type = sdsReqType(initlen);//根据字符串长度选择不同的类型
    if (type == SDS_TYPE_5 && initlen == 0) type = SDS_TYPE_8;//SDS_TYPE_5强制转化
        为SDS_TYPE_8
    int hdrlen = sdsHdrSize(type);//计算不同头部所需的长度
    unsigned char *fp; /* 指向flags的指针 */
    sh = s_malloc(hdrlen+initlen+1);//"+1"是为了结束符'\0'
    ...
    s = (char*)sh+hdrlen;//s是指向buf的指针
    fp = ((unsigned char*)s)-1;//s是柔性数组buf的指针,-1即指向flags
    ...
    s[initlen] = '\0';//添加末尾的结束符
    return s;
}
```

注意 Redis 3.2 后的 SDS 结构由 1 种增至 5 种，且对于 sdshdr5 类型，在创建空字符串时会强制转换为 sdshdr8。原因可能是创建空字符串后，其内容可能会频繁更新而引发扩容，故创建时直接创建为 sdshdr8。

创建 SDS 的大致流程：首先计算好不同类型的头部和初始长度，然后动态分配内存。需要注意以下 3 点。

1）创建空字符串时，SDS_TYPE_5 被强制转换为 SDS_TYPE_8。

2）长度计算时有“+1”操作，是为了算上结束符“\0”。

3）返回值是指向 sds 结构 buf 字段的指针。

返回值 sds 的类型定义如下：

```
typedef char *sds;
```

从源码中我们可以看到，其实 s 就是一个字符数组的指针，即结构中的 buf。这样设计的好处在于直接对上层提供了字符串内容指针，兼容了部分 C 函数，且通过偏移能迅速定位到 SDS 结构体的各处成员变量。

2.2.2 释放字符串

SDS 提供了直接释放内存的方法——sdsfree，该方法通过对 s 的偏移，可定位到 SDS 结构体的首部，然后调用 s_free 释放内存：

```
void sdsfree(sds s) {
    if (s == NULL) return;
    s_free((char*)s-sdsHdrSize(s[-1]));//此处直接释放内存
}
```

为了优化性能（减少申请内存的开销），SDS 提供了不直接释放内存，而是通过重置统计值达到清空目的的方法——sdsclear。该方法仅将 SDS 的 len 归零，此处已存在的 buf 并没有真正被清除，新的数据可以覆盖写，而不用重新申请内存。

```
void sdsclear(sds s) {
    sdssetlen(s, 0); //统计值len归零
    s[0] = '\0';//清空buf
}
```

2.2.3 拼接字符串

拼接字符串操作本身不复杂，可用 sdscatsds 来实现，代码如下：

```
sds sdscatsds(sds s, const sds t) {
    return sdscatlen(s, t, sdslen(t));
}
```

sdscatsds 是暴露给上层的方法，其最终调用的是 sdscatlen。由于其中可能涉及 SDS 的

扩容，sdscatlen 中调用 sdsMakeRoomFor 对带拼接的字符串 s 容量做检查，若无须扩容则直接返回 s；若需要扩容，则返回扩容好的新字符串 s。函数中的 len、curlen 等长度值是不含结束符的，而拼接时用 memcpy 将两个字符串拼接在一起，指定了相关长度，故该过程保证了二进制安全。最后需要加上结束符。

```
/* 将指针t的内容和指针s的内容拼接在一起，该操作是二进制安全的*/
sds sdscatlen(sds s, const void *t, size_t len) {
    size_t curlen = sdslen(s);
    s = sdsMakeRoomFor(s,len);
    if (s == NULL) return NULL;
    memcpy(s+curlen, t, len);//直接拼接，保证了二进制安全
    sdssetlen(s, curlen+len);
    s[curlen+len] = '\0';//加上结束符
    return s;
}
```

图 2-5 描述了 sdsMakeRoomFor 的实现过程。

Redis 的 sds 中有如下扩容策略。

1）若 sds 中剩余空闲长度 avail 大于新增内容的长度 addlen，直接在柔性数组 buf 末尾追加即可，无须扩容。代码如下：

```
sds sdsMakeRoomFor(sds s, size_t addlen)
{
    void *sh, *newsh;
    size_t avail = sdsavail(s);
    size_t len, newlen;
    char type, oldtype = s[-1] & SDS_TYPE_MASK;//s[-1]即flags
    int hdrlen;
    if (avail >= addlen) return s;//无须扩容，直接返回
    ...
}
```

2）若 sds 中剩余空闲长度 avail 小于或等于新增内容的长度 addlen，则分情况讨论：新增后总长度 len+addlen<1MB 的，按新长度的 2 倍扩容；新增后总长度 len+addlen>1MB 的，按新长度加上 1MB 扩容。代码如下：

```
sds sdsMakeRoomFor(sds s, size_t addlen)
{
    ...
    newlen = (len+addlen);
    if (newlen < SDS_MAX_PREALLOC)// SDS_MAX_PREALLOC这个宏的值是1MB
        newlen *= 2;
    else
        newlen += SDS_MAX_PREALLOC;
    ...
}
```

3）最后根据新长度重新选取存储类型，并分配空间。此处若无须更改类型，通过 realloc

扩大柔性数组即可；否则需要重新开辟内存，并将原字符串的buf内容移动到新位置。具体代码如下：

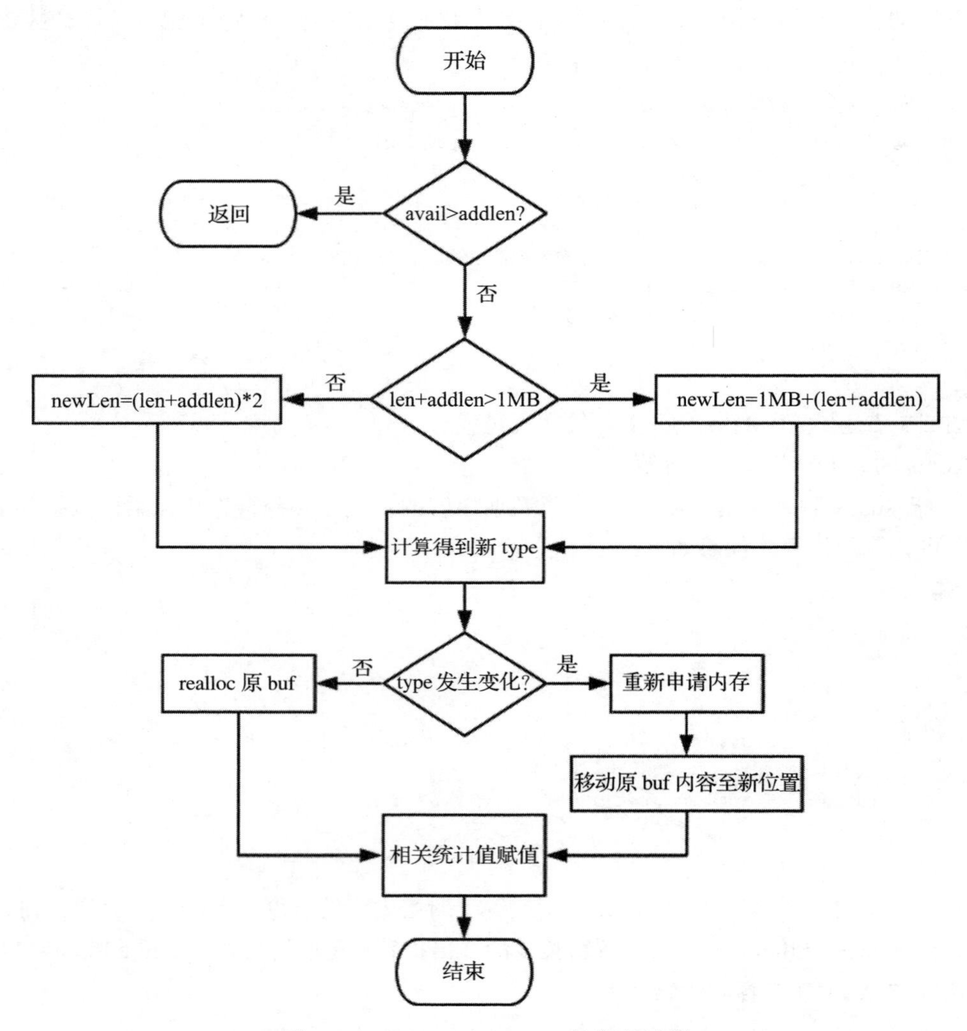

图2-5　sdsMake RoomFor的实现过程

```
sds sdsMakeRoomFor(sds s, size_t addlen)
{
    ...
    type = sdsReqType(newlen);
    /* type5的结构不支持扩容，所以这里需要强制转成type8*/
    if (type == SDS_TYPE_5) type = SDS_TYPE_8;
    hdrlen = sdsHdrSize(type);
    if (oldtype==type) {
    /*无须更改类型，通过realloc扩大柔性数组即可，注意这里指向buf的指针s被更新了*/
```

```
        newsh = s_realloc(sh, hdrlen+newlen+1);
        if (newsh == NULL) return NULL;
        s = (char*)newsh+hdrlen;
    } else {
        /*扩容后数据类型和头部长度发生了变化，此时不再进行realloc操作，而是直接重新开辟内存，
          拼接完内容后，释放旧指针*/
        newsh = s_malloc(hdrlen+newlen+1);//按新长度重新开辟内存
        if (newsh == NULL) return NULL;
        memcpy((char*)newsh+hdrlen, s, len+1);//将原buf内容移动到新位置
        s_free(sh);//释放旧指针
        s = (char*)newsh+hdrlen;//偏移sds结构的起始地址，得到字符串起始地址
        s[-1] = type;//为falgs赋值
        sdssetlen(s, len);//为len属性赋值
    }
    sdssetalloc(s, newlen);//为alloc属性赋值
    return s;
}
```

2.2.4 其余 API

SDS 还为上层提供了许多其他 API，篇幅所限，不再赘述。表 2-1 列出了其他常用的 API，读者可自行查阅源码学习，学习时把握以下两点。

1）SDS 暴露给上层的是指向柔性数组 buf 的指针。

2）读操作的复杂度多为 $O(1)$，直接读取成员变量；涉及修改的写操作，则可能会触发扩容。

表 2-1　其他常用的 API

函 数 名	说　明
sdsempty	创建一个空字符串，长度为 0，内容为 ""
sdsnew	根据给定的 C 字符串创建 SDS
sdsdup	复制给定的 SDS
sdsupdatelen	手动刷新 SDS 的相关统计值
sdsRemoveFreeSpace	与 sdsMakeRoomFor 相反，对空闲过多的 SDS 做缩容
sdsAllocSize	返回给定 SDS 当前占用的内存大小
sdsgrowzero	将 SDS 扩容到指定长度，并用 0 填充新增内容
sdscpylen	将 C 字符串复制到给定 SDS 中
sdstrim	从 SDS 两端清除所有给定的字符
sdscmp	比较两给定 SDS 的实际大小
sdssplitlen	按给定的分隔符对 SDS 进行切分

2.3 本章小结

本章介绍了 SDS 的数据结构及基本 API 的实现。在源码分析过程中，我们可以知道

SDS的以下特性是如何实现的。

1）SDS如何兼容C语言字符串？如何保证二进制安全？

SDS对象中的buf是一个柔性数组，上层调用时，SDS直接返回了buf。由于buf是直接指向内容的指针，故兼容C语言函数。而当真正读取内容时，SDS会通过len来限制读取长度，而非“\0”，保证了二进制安全。

2）sdshdr5的特殊之处是什么？

sdshdr5只负责存储小于32字节的字符串。一般情况下，小字符串的存储更普遍，故Redis进一步压缩了sdshdr5的数据结构，将sdshdr5的类型和长度放入了同一个属性中，用flags的低3位存储类型，高5位存储长度。创建空字符串时，sdshdr5会被sdshdr8替代。

3）SDS是如何扩容的？

SDS在涉及字符串修改处会调用sdsMakeroomFor函数进行检查，根据不同情况动态扩容，该操作对上层透明。

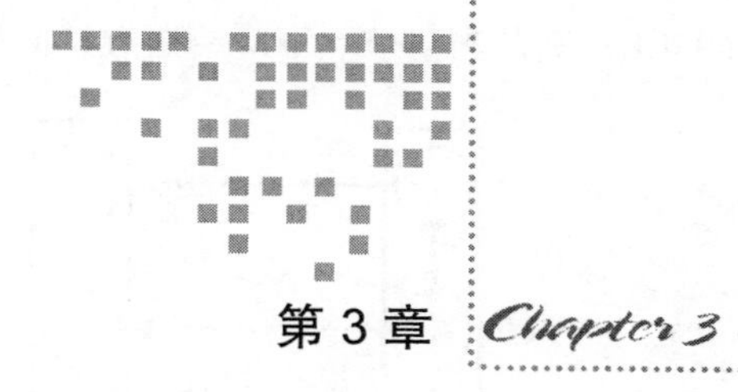

第3章 Chapter 3

跳 跃 表

有序集合在生活中较常见，如根据成绩对学生进行排名、根据得分对游戏玩家进行排名等。对于有序集合的底层实现，我们可以使用数组、链表、平衡树等结构。数组不便于元素的插入和删除；链表的查询效率低，需要遍历所有元素；平衡树或者红黑树等结构虽然效率高但实现复杂。Redis采用了一种新型的数据结构——跳跃表。跳跃表的效率堪比红黑树，然而其实现却远比红黑树简单。

3.1 简介

在了解跳跃表之前，我们先了解一下有序链表。有序链表是所有元素以递增或递减方式有序排列的数据结构，其中每个节点都有指向下个节点的next指针，最后一个节点的next指针指向NULL。递增有序链表举例如图3-1所示。

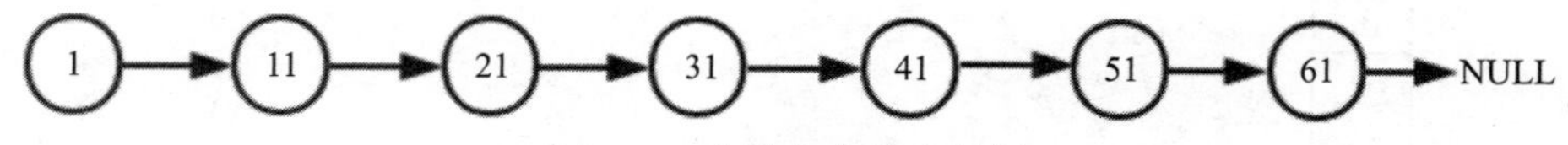

图3-1 递增有序链表举例

如图3-1所示的有序链表，如果要查询值为51的元素，需要从第一个元素开始依次向后查找、比较才可以找到，查找顺序为1→11→21→31→41→51，共6次比较，时间复杂度为$O(N)$。有序链表的插入和删除操作都需要先找到合适的位置再修改next指针，修改操作基本不消耗时间，所以插入、删除、修改有序链表的耗时主要在查找元素上。

如果我们将有序链表中的部分节点分层，每一层都是一个有序链表。在查找时优先从最高层开始向后查找，当到达某节点时，如果next节点值大于要查找的值或next指针指向

NULL，则从当前节点下降一层继续向后查找，这样是否可以提升查找效率呢？

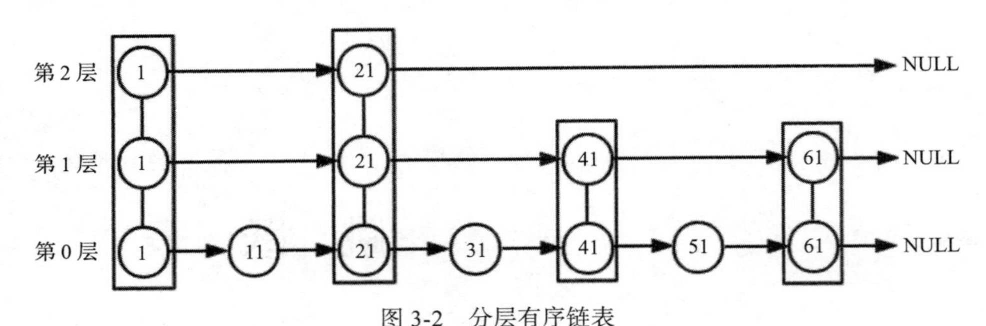

图 3-2　分层有序链表

分层有序链表如图 3-2 所示，我们再次查找值为 51 的节点，查找步骤如下。

1）从第 2 层开始，1 节点比 51 节点小，向后比较。

2）21 节点比 51 节点小，继续向后比较。第 2 层 21 节点的 next 指针指向 NULL，所以从 21 节点开始需要下降一层到第 1 层继续向后比较。

3）第 1 层中，21 节点的 next 节点为 41 节点，41 节点比 51 节点小，继续向后比较。第 1 层 41 节点的 next 节点为 61 节点，比要查找的 51 节点大，所以从 41 节点开始下降一层到第 0 层继续向后比较。

4）在第 0 层，51 节点为要查询的节点，节点被找到。

采用图 3-2 所示的数据结构后，总共查找 4 次就可以找到 51 节点，比有序链表少 2 次。当数据量大时，优势会更明显。

综上所述，通过将有序集合的部分节点分层，由最上层开始依次向后查找，如果本层的 next 节点大于要查找的值或 next 节点为 NULL，则从本节点开始，降低一层继续向后查找，依次类推，如果找到则返回节点；否则返回 NULL。采用该原理查找节点，在节点数量比较多时，可以跳过一些节点，查询效率大大提升，这就是跳跃表的基本思想。

跳跃表的实现过程如图 3-3 所示。

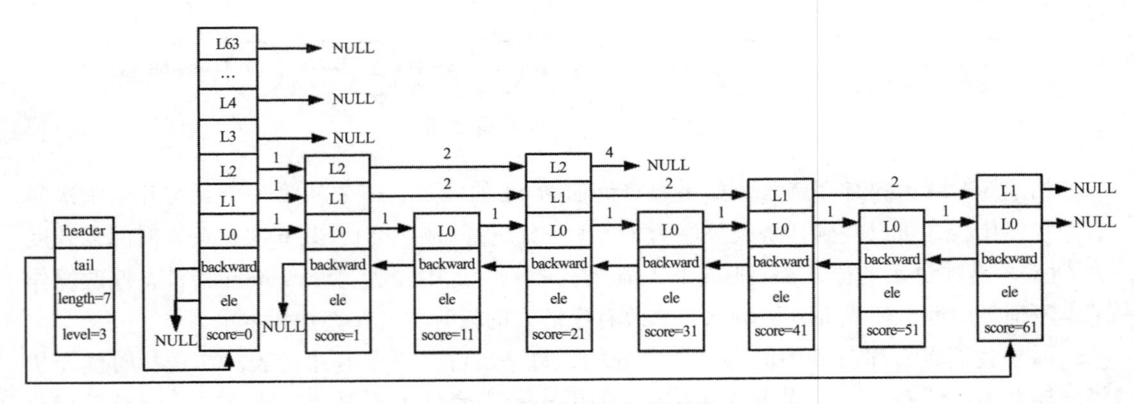

图 3-3　跳跃表的实现过程

从图 3-3 中我们可以看出跳跃表有如下性质。

1）跳跃表由很多层构成。

2）跳跃表有一个头（header）节点，头节点中有一个 64 层的结构，每层的结构包含指向本层的下个节点的指针，指向本层下个节点中间所跨越的节点个数为本层的跨度（span）。

3）除头节点外，层数最多的节点的层高为跳跃表的高度（level），图 3-3 中跳跃表的高度为 3。

4）每层都是一个有序链表，数据递增。

5）除 header 节点外，一个元素在上层有序链表中出现，则它一定会在下层有序链表中出现。

6）跳跃表每层最后一个节点指向 NULL，表示本层有序链表的结束。

7）跳跃表拥有一个 tail 指针，指向跳跃表最后一个节点。

8）最底层的有序链表包含所有节点，最底层的节点个数为跳跃表的长度（length）（不包括头节点），图 3-3 中跳跃表的长度为 7。

9）每个节点包含一个后退指针，头节点和第一个节点指向 NULL；其他节点指向最底层的前一个节点。

跳跃表每个节点维护了多个指向其他节点的指针，所以在跳跃表进行查找、插入、删除操作时可以跳过一些节点，快速找到操作需要的节点。归根结底，跳跃表是以牺牲空间的形式来达到快速查找的目的。跳跃表与平衡树相比，实现方式更简单，只要熟悉有序链表，就可以轻松地掌握跳跃表。

3.2 跳跃表节点与结构

由 3.1 节我们知道，跳跃表由多个节点构成，每个节点由很多层构成，每层都有指向本层下个节点的指针。那么，Redis 中的跳跃表是如何实现的呢？

3.2.1 跳跃表节点

下面我们来看跳跃表节点的 zskiplistNode 结构体。

```
typedef struct zskiplistNode {
    sds ele;
    double score;
    struct zskiplistNode *backward;
    struct zskiplistLevel {
        struct zskiplistNode *forward;
        unsigned int span;
    } level[];
} zskiplistNode;
```

该结构体包含如下属性。

1）ele：用于存储字符串类型的数据。

2）score：用于存储排序的分值。

3）backward：后退指针，只能指向当前节点最底层的前一个节点，头节点和第一个节点——backward 指向 NULL，从后向前遍历跳跃表时使用。

4）level：为柔性数组。每个节点的数组长度不一样，在生成跳跃表节点时，随机生成一个 1～64 的值，值越大出现的概率越低。

level 数组的每项包含以下两个元素。

- forward：指向本层下一个节点，尾节点的 forward 指向 NULL。
- span：forward 指向的节点与本节点之间的元素个数。span 值越大，跳过的节点个数越多。

跳跃表是 Redis 有序集合的底层实现方式之一，所以每个节点的 ele 存储有序集合的成员 member 值，score 存储成员 score 值。所有节点的分值是按从小到大的方式排序的，当有序集合的成员分值相同时，节点会按 member 的字典序进行排序。

3.2.2 跳跃表结构

除了跳跃表节点外，还需要一个跳跃表结构来管理节点，Redis 使用 zskiplist 结构体，定义如下：

```
typedef struct zskiplist {
    struct zskiplistNode *header, *tail;
    unsigned long length;
    int level;
} zskiplist;
```

该结构体包含如下属性。

1）header：指向跳跃表头节点。头节点是跳跃表的一个特殊节点，它的 level 数组元素个数为 64。头节点在有序集合中不存储任何 member 和 score 值，ele 值为 NULL，score 值为 0；也不计入跳跃表的总长度。头节点在初始化时，64 个元素的 forward 都指向 NULL，span 值都为 0。

2）tail：指向跳跃表尾节点。

3）length：跳跃表长度，表示除头节点之外的节点总数。

4）level：跳跃表的高度。

通过跳跃表结构体的属性我们可以看到，程序可以在 $O(1)$ 的时间复杂度下，快速获取到跳跃表的头节点、尾节点、长度和高度。

3.3 基本操作

我们已经知道了跳跃表节点和跳跃表结构体的定义，下面我们分别介绍跳跃表的创建、插入、查找和删除操作。

3.3.1 创建跳跃表

1. 节点层高

节点层高的最小值为1，最大值是ZSKIPLIST_MAXLEVEL，Redis5中节点层高的值为64。

```
#define ZSKIPLIST_MAXLEVEL 64
```

Redis通过zslRandomLevel函数随机生成一个1～64的值，作为新建节点的高度，值越大出现的概率越低。节点层高确定之后便不会再修改。生成随机层高的代码如下。

```
#define ZSKIPLIST_P 0.25      /* Skiplist P = 1/4 */
int zslRandomLevel(void) {
    int level = 1;
    while ((random()&0xFFFF) < (ZSKIPLIST_P * 0xFFFF))
        level += 1;
    return (level<ZSKIPLIST_MAXLEVEL) ? level : ZSKIPLIST_MAXLEVEL;
}
```

上述代码中，level的初始值为1，通过while循环，每次生成一个随机值，取这个值的低16位作为x，当x小于0.25倍的0xFFFF时，level的值加1；否则退出while循环。最终返回level和ZSKIPLIST_MAXLEVEL两者中的最小值。

下面计算节点的期望层高。假设p=ZSKIPLIST_P：

1）节点层高为1的概率为$(1-p)$。

2）节点层高为2的概率为$p(1-p)$。

3）节点层高为3的概率为$p^2(1-p)$。

4）……

5）节点层高为n的概率为$p^{n-1}(1-p)$。

所以节点的期望层高为

$$
\begin{aligned}
E &= 1\times(1-p)+2\times p(1-p)+3\times p^2(1-p)+\cdots \\
&= (1-p)\sum_{i=1}^{+\infty} ip^{i-1} \\
&= 1/(1-p)
\end{aligned}
$$

当$p=0.25$时，跳跃表节点的期望层高为$1/(1-0.25)\approx1.33$。

2. 创建跳跃表节点

跳跃表的每个节点都是有序集合的一个元素，在创建跳跃表节点时，待创建节点的层高、分值、member等都已确定。对于跳跃表的每个节点，我们需要申请内存来存储，代码如下。

```
zskiplistNode *zn =
zmalloc(sizeof(*zn)+level*sizeof(struct zskiplistLevel));
```

zskiplistNode结构体的最后一个元素为柔性数组，申请内存时需要指定柔性数组的大小，一个节点占用的内存大小为 zskiplistNode 的内存大小与 level 个 zskiplistLevel 的内存大小之和。

分配好空间之后，进行节点变量初始化。代码如下。

```
zn->score = score;
zn->ele = ele;
return zn;
```

3. 头节点

头节点是一个特殊的节点，不存储有序集合的 member 信息。头节点是跳跃表中第一个插入的节点，其 level 数组的每项 forward 都为 NULL，span 值都为 0。

```
for (j = 0; j < ZSKIPLIST_MAXLEVEL; j++) {
     zsl->header->level[j].forward = NULL;
     zsl->header->level[j].span = 0;
}
```

4. 创建跳跃表的步骤

创建完头节点后，就可以创建跳跃表。创建跳跃表的步骤如下。

1）创建跳跃表结构体对象 zsl。

2）将 zsl 的头节点指针指向新创建的头节点。

3）跳跃表层高初始化为 1，长度初始化为 0，尾节点指向 NULL。

相关代码如下。

```
zskiplist *zsl;
zsl = zmalloc(sizeof(*zsl));
zsl->header = zslCreateNode(ZSKIPLIST_MAXLEVEL,0,NULL);
zsl->header->backward = NULL;
zsl->level = 1;
zsl->length = 0;
zsl->tail = NULL;
```

3.3.2 插入节点

插入节点的步骤：① 查找要插入的位置；② 调整跳跃表高度；③ 插入节点；④ 调整 backward。

1. 查找要插入的位置

查找是跳跃表操作中使用最多的操作，无论是获取、插入还是删除，都需要查找到指定的节点位置。通过 3.1 节内容，我们已经大概知道了跳跃表查找的基本逻辑，下面借助跳跃表的插入节点的过程深入了解跳跃表的查找过程。

如图 3-4 所示的跳跃表，长度为 3，高度为 2。若要插入一个节点，分值为 31，层高为 3，则插入节点时查找被更新节点的代码如下。

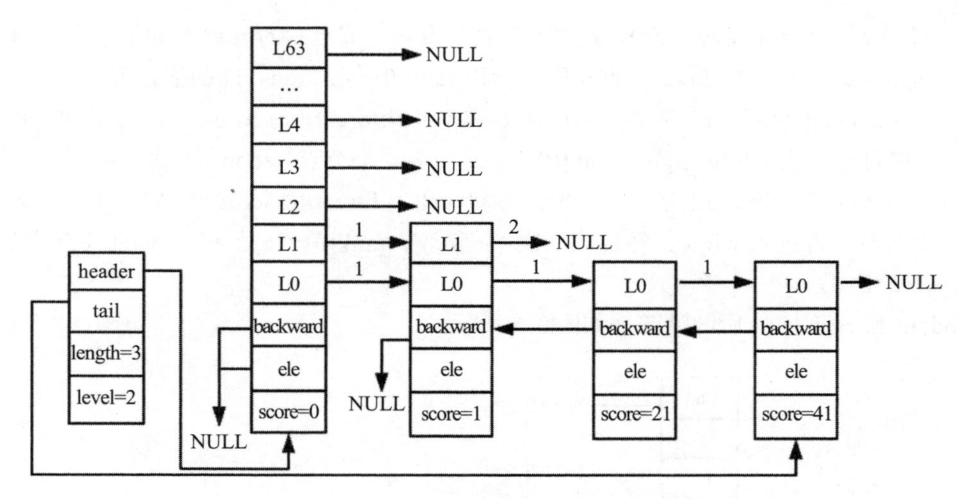

图 3-4 跳跃表示例

```
x = zsl->header;
for (i = zsl->level-1; i >= 0; i--) {
    rank[i] = i == (zsl->level-1) ? 0 : rank[i+1];
    while (x->level[i].forward &&
            (x->level[i].forward->score < score ||
                (x->level[i].forward->score == score &&
                sdscmp(x->level[i].forward->ele,ele) < 0)))
    {
        rank[i] += x->level[i].span;
        x = x->level[i].forward;
    }
    update[i] = x;
}
```

为了找到要更新的节点，我们需要以下两个长度为 64 的数组来辅助操作。

update[]：插入节点时，需要更新被插入节点每层的前一个节点。由于每层更新的节点不一样，所以将每层需要更新的节点记录在 update[i] 中。

rank[]：记录当前层从 header 节点到 update[i] 节点所经历的步长，在更新 update[i] 的 span 和设置新插入节点的 span 时用到。

查找节点（score=31，level=3）的插入位置，逻辑如下。

1）第一次 for 循环，i=1。x 为跳跃表的头节点。

2）此时 i 的值与 zsl->level-1 相等，所以 rank[1] 的值为 0。

3）header->level[1].forward 存在，并且 header->level[1].forward->score==1 小于要插入的 score，所以可以进入 while 循环，rank[1]=1，x 为第一个节点。

4）第一个节点的第 1 层的 forward 指向 NULL，所以不会再进入 while 循环。经过第一次 for 循环，rank[1]=1。x 和 update[1] 都为第一个节点（score=1）。

5）经过第二次 for 循环，i=0。x 为跳跃表的第一个节点（score=1）。

6）此时 i 的值与 zsl->level-1 不相等，所以 rank[0] 等于 rank[1] 的值，值为 1。

7）x->level[0]->forward 存在，并且 x->level[0].foreard->score==21 小于要插入的 score，所以可以进入 while 循环，rank[0]=2。x 为第二个节点（score=21）。

8）x->level[0]->forward 存在，并且 x->level[0].foreard->score==41 大于要插入的 score，所以不会再进入 while，经过第二次 for 循环，rank[0]=2。x 和 update[0] 都为第二个节点（score=21）。

update 和 rank 赋值后的跳跃表如图 3-5 所示。

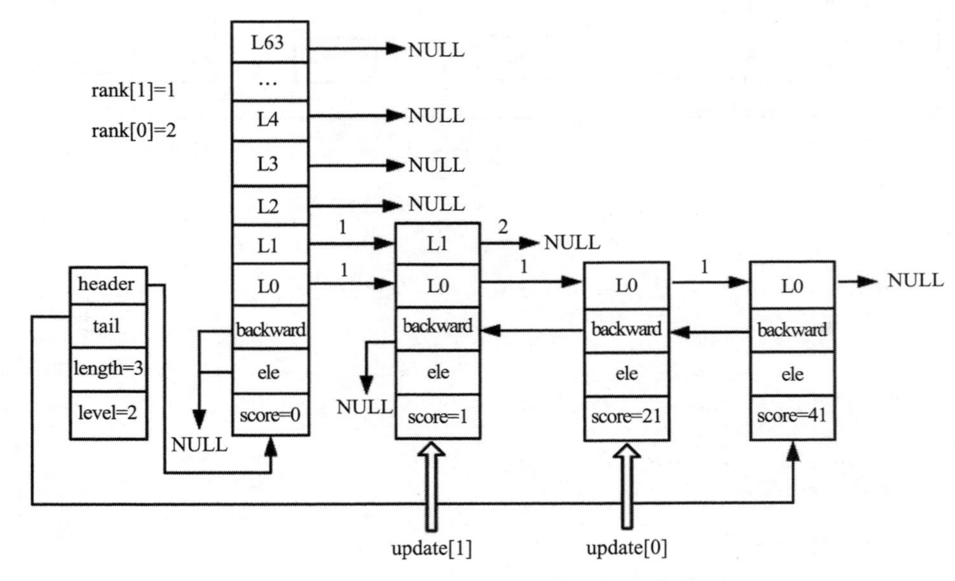

图 3-5 update 和 rank 赋值后的跳跃表

2. 调整跳跃表高度

由上文可知，插入节点的高度是随机的，假设要插入节点的高度为 3，大于跳跃表的高度 2，所以我们需要调整跳跃表的高度。代码如下。

```
level = zslRandomLevel();
for (i = zsl->level; i < level; i++) {
    rank[i] = 0;
    update[i] = zsl->header;
    update[i]->level[i].span = zsl->length;
}
zsl->level = level;
```

此时，i 的值为 2，level 的值为 3，所以只能进入一次 for 循环。由于 header 的第 0 层到第 1 层的 forward 都已经指向了相应的节点，而新添加的节点的高度大于跳跃表的原高度，所以第 2 层只需要更新 header 节点即可。前面我们介绍过，rank 是用来更新 span 的变量，其值是头节点到 update[i] 所经过的节点数，而此次修改的是头节点，所以 rank[2] 为 0，update[2] 一定为头节点。update[2]->level[2].span 的值先赋值为跳跃表的总长度，后续在计算新插入节点 level[2] 的 span 时会用到此值。在更新完新插入节点 level[2] 的 span 之后会对 update[2]->level[2].span 的值进行重新计算赋值。

调整高度后的跳跃表如图 3-6 所示。

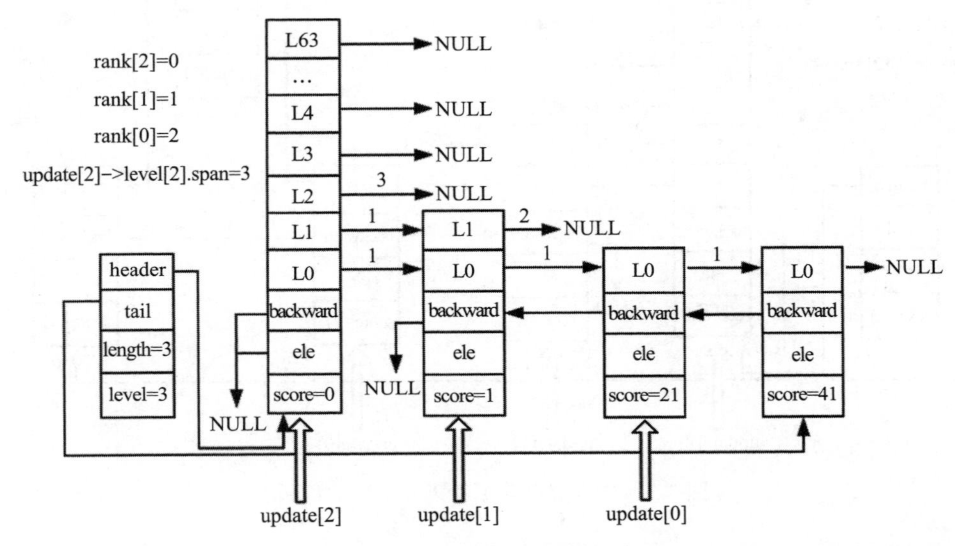

图 3-6 调整高度后的跳跃表

3. 插入节点

当 update 和 rank 都赋值且节点已创建好后，便可以插入节点了。代码如下。

```
x = zslCreateNode(level,score,ele);
for (i = 0; i < level; i++) {
    x->level[i].forward = update[i]->level[i].forward;
    update[i]->level[i].forward = x;
    x->level[i].span = update[i]->level[i].span - (rank[0] - rank[i]);
    update[i]->level[i].span = (rank[0] - rank[i]) + 1;
}
```

level 的值为 3，所以可以执行三次 for 循环，插入过程如下。

（1）第一次 for 循环

1）x 的 level[0] 的 forward 为 update[0] 的 level[0] 的 forward 节点，即 x->level[0].forward 为 score=41 的节点。

2）update[0] 的 level[0] 的下一个节点为新插入的节点。

3）rank[0]-rank[0]＝0，update[0]->level[0].span=1，所以 x->level[0].span=1。

4）update[0]->level[0].span=0+1=1。

插入节点并更新第 0 层后的跳跃表如图 3-7 所示。

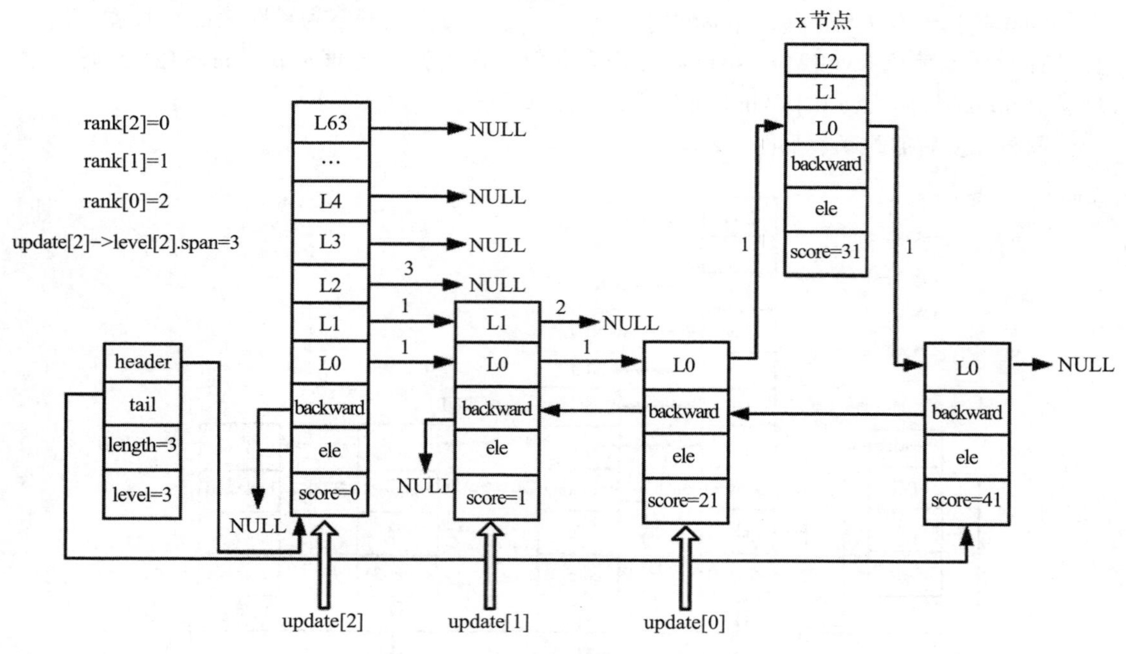

图 3-7　插入节点并更新第 0 层后的跳跃表

（2）第 2 次 for 循环

1）x 的 level[1] 的 forward 为 update[1] 的 level[1] 的 forward 节点，即 x->level[1].forward 为 NULL。

2）update[1] 的 level[1] 的下一个节点为新插入的节点。

3）rank[0]-rank[1]=1，update[1]->level[1].span=2，所以 x->level[1].span=1。

4）update[1]->level[1].span=1+1=2。

插入节点并更新第 1 层后的跳跃表如图 3-8 所示。

（3）第 3 次 for 循环

1）x 的 level[2] 的 forward 为 update[2] 的 level[2] 的 forward 节点，即 x->level[2].forward 为 NULL。

2）update[2] 的 level[2] 的下一个节点为新插入的节点。

3）rank[0]-rank[2]=2，因为 update[2]->level[2].span=3，所以 x->level[2].span=1。

4）update[2]->level[2].span=2+1=3。

插入节点并更新第 2 层后的跳跃表如图 3-9 所示。

新插入节点的高度大于原跳跃表高度，所以下面代码不会运行。但如果新插入节点的高度小于原跳跃表高度，则从 level 到 zsl->level-1 层的 update[i] 节点 forward 不会指向新插入的节点，所以不用更新 update[i] 的 forward 指针，只将这些 level 层的 span 加 1 即可。代码如下。

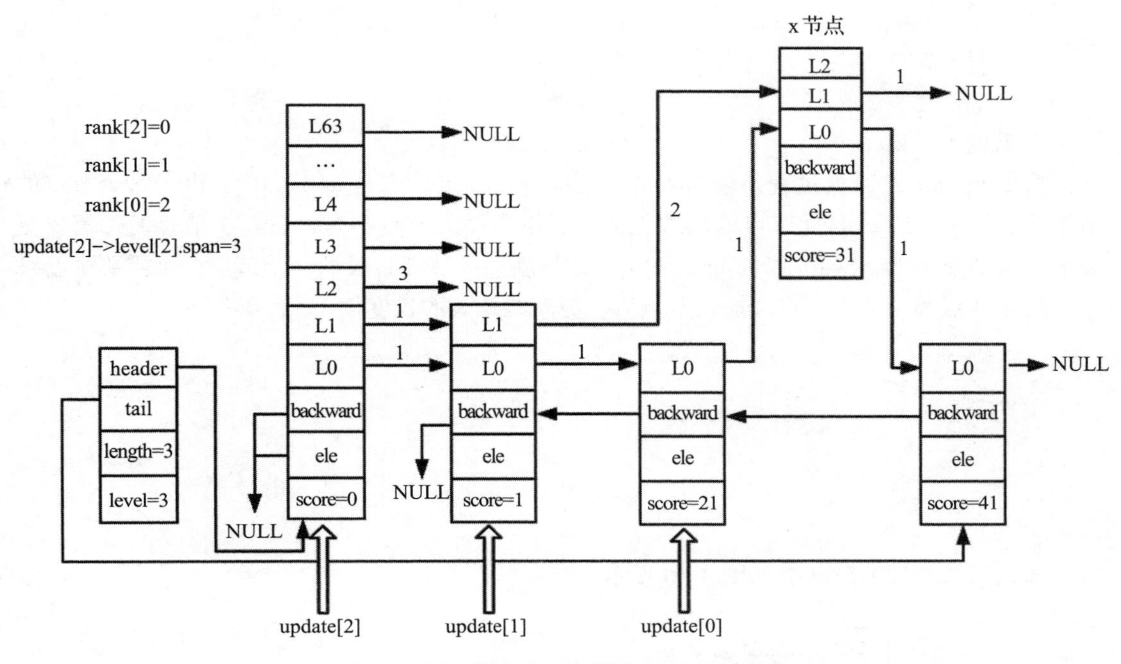

图 3-8 插入节点并更新第 1 层后的跳跃表

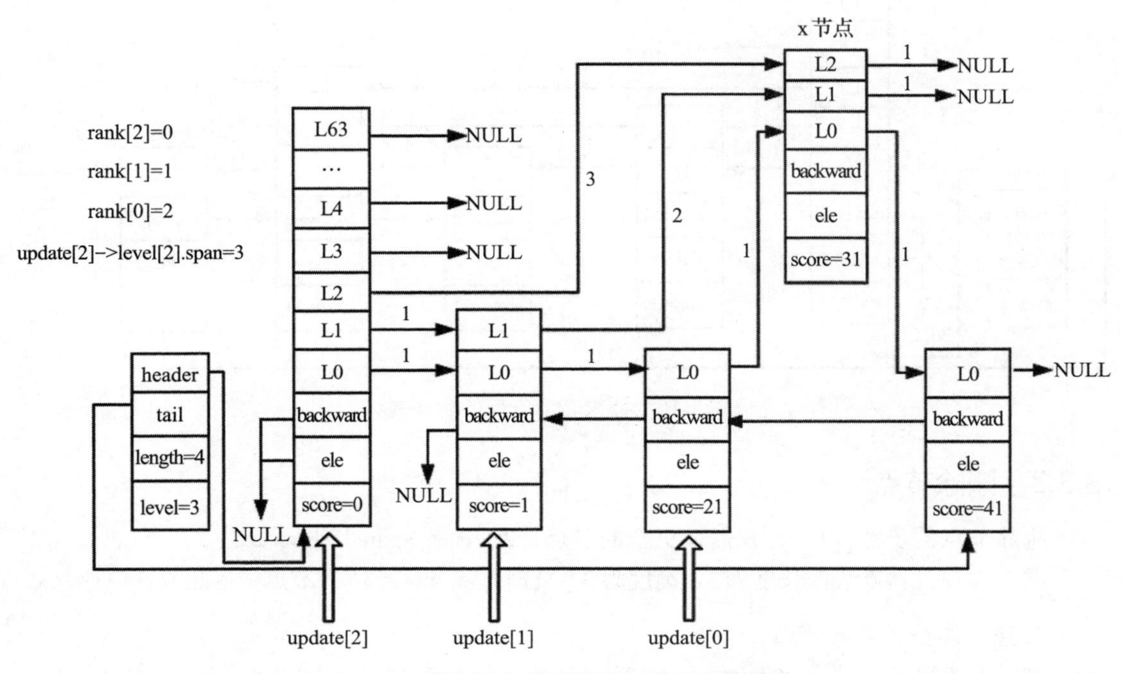

图 3-9 插入节点并更新第 2 层后的跳跃表

```
for (i = level; i < zsl->level; i++) {
    update[i]->level[i].span++;
}
```

4. 调整 backward

根据 update 的赋值过程，新插入节点的前一个节点一定是 update[0]，由于每个节点的后退指针只有一个，与此节点的层数无关，所以当插入节点不是最后一个节点时，需要更新被插入节点的 backward 指向 update[0]。如果新插入节点是最后一个节点，则需要更新跳跃表的尾节点为新插入节点。插入节点后，更新跳跃表的长度加 1。代码如下。

```
x->backward = (update[0] == zsl->header) ? NULL : update[0];
if (x->level[0].forward)
    x->level[0].forward->backward = x;
else
    zsl->tail = x;
zsl->length++;
return x;
```

插入新节点后的跳跃表如图 3-10 所示。

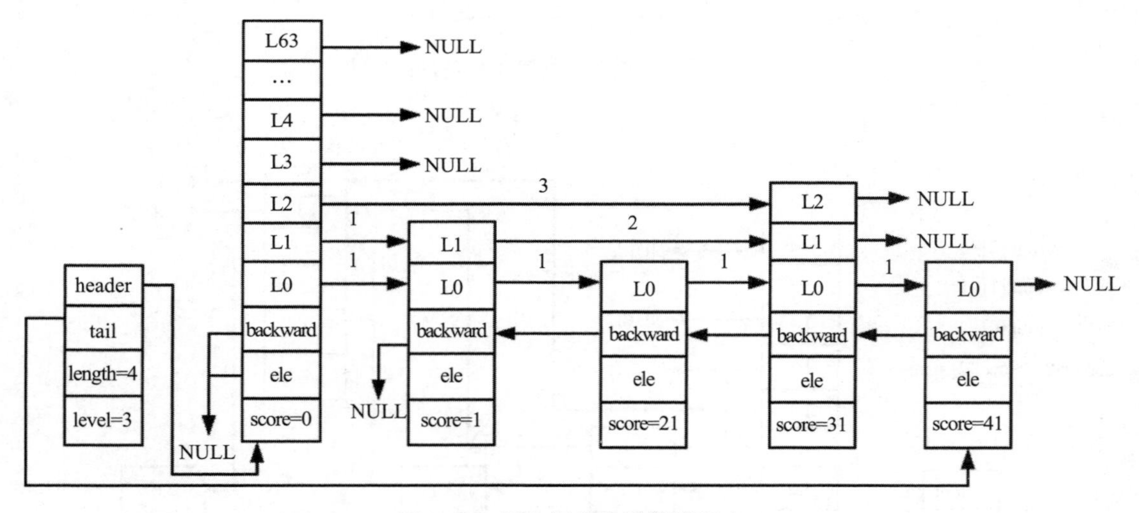

图 3-10　插入新节点后的跳跃表

3.3.3　删除节点

删除节点的步骤：1）查找需要更新的节点；2）设置 span 和 forward。

图 3-10 中的跳跃表的长度为 3，高度为 3，此时删除 score=31 的节点，将此节点记录为 x。

1. 查找需要更新的节点

查找需要更新的节点要借助 update 数组，数组的赋值方式与 3.3.2 中 update 的赋值方式相同，不再赘述。查找完毕之后，update[2]=header，update[1] 为 score=1 的节点，update[0]

为 score=21 的节点。删除节点前的跳跃表如图 3-11 所示。

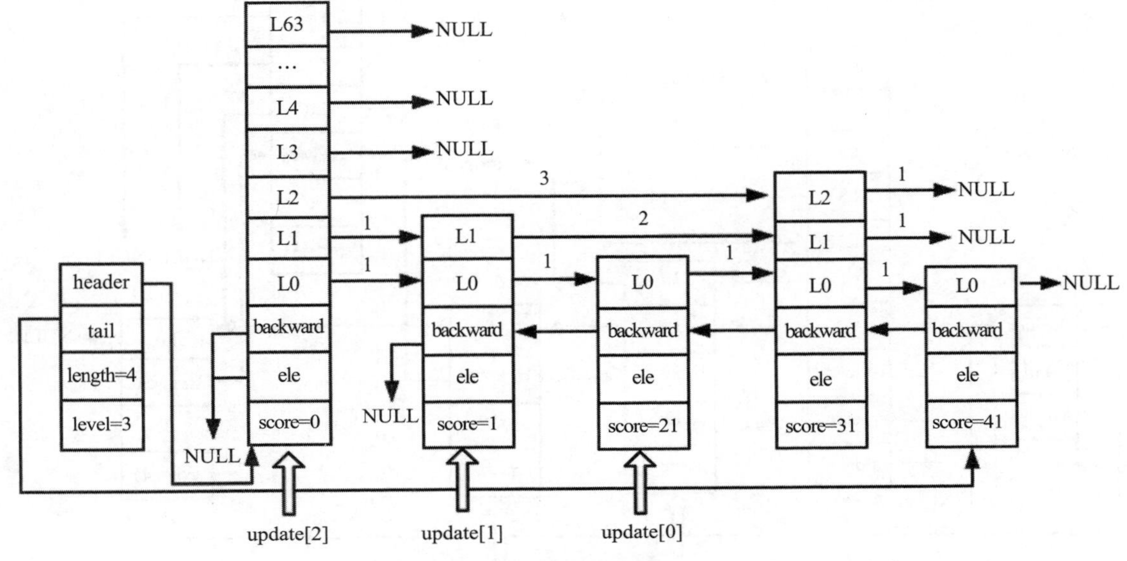

图 3-11 删除节点前的跳跃表

2. 设置 span 和 forward

删除节点需要设置 update 数组中每个节点的 span 和 forward。

假设 x 的第 i 层的 span 值为 a，update[i] 第 i 层的 span 值为 b，由于删除了一个节点，所以 a+b−1 的值就是 update[i] 第 i 层的 span 新值。update[i] 的第 i 的新 forward 就是 x 节点第 i 层的 forward，这个类似链表删除元素的操作。

如果 update[i] 第 i 层的 forward 不为 x，说明 update[i] 的层高大于 x 的层高，即 update[i] 第 i 层指向了指向了 x 的后续节点或指向 NULL。由于删除了一个节点，所以 update[i] 的 leve[i] 的 span 需要减 1。

如果 update[i] 的 forward 不为 x，在要删除的节点的高度小于跳跃表高度的情况下出现，i 大于 x 高度的节点的 forward 与 x 无关，所以这些节点只需更新其 span 减 1 即可。

设置 span 和 forward 的代码如下。

```
void zslDeleteNode(zskiplist *zsl, zskiplistNode *x, zskiplistNode **update) {
    int i;
    for (i = 0; i < zsl->level; i++) {
        if (update[i]->level[i].forward == x) {
            update[i]->level[i].span += x->level[i].span - 1;
            update[i]->level[i].forward = x->level[i].forward;
        } else {
            update[i]->level[i].span -= 1;
        }
    }
}
```

设置 span 和 forward 后的跳跃表如图 3-12 所示。

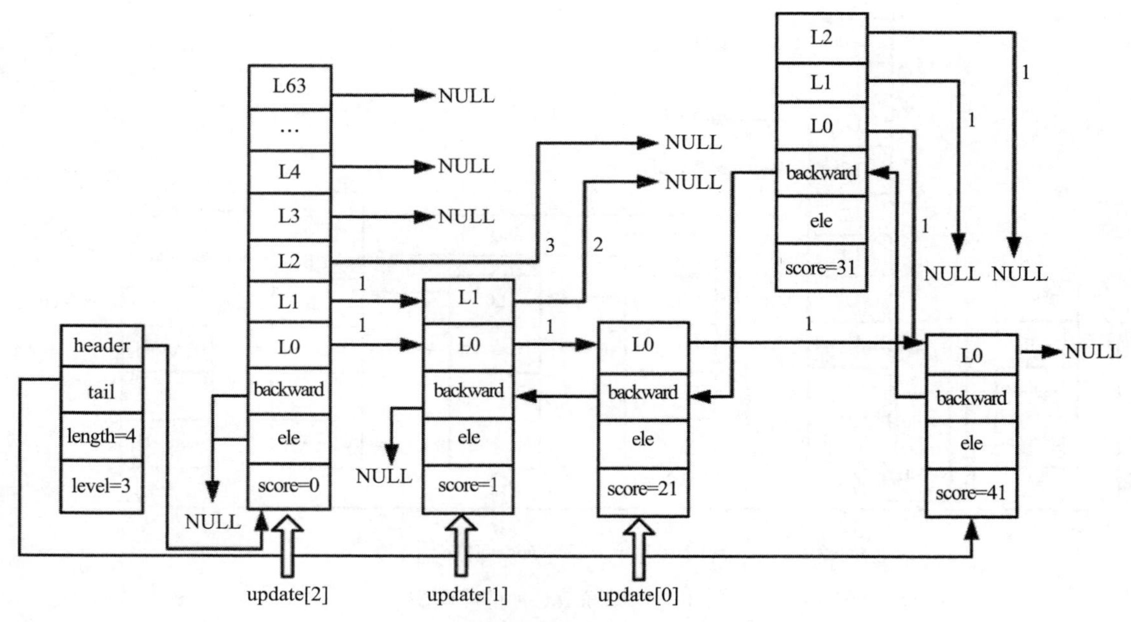

图 3-12 设置 span 和 forward 后的跳跃表

update 节点更新完毕之后，需要更新 backward 指针、跳跃表高度和长度。如果 x 不为最后一个节点，直接将第 0 层后一个节点的 backward 赋值为 x 的 backward 即可；否则，将跳跃表的尾指针指向 x 的 backward 节点即可。代码如下。

```
if (x->level[0].forward) {
    x->level[0].forward->backward = x->backward;
else {
    zsl->tail = x->backward;
}
while(zsl->level > 1 && zsl->header->level[zsl->level-1].forward == NULL)
    zsl->level--;
zsl->length--;
```

当删除的 x 节点是跳跃表的最高节点，并且没有其他节点与 x 节点的高度相同时，需要将跳跃表的高度减 1。

由于删除了一个节点，跳跃表的长度需要减 1。

删除节点后的跳跃表如图 3-13 所示。

3.3.4 删除跳跃表

获取到跳跃表对象之后，从头节点的第 0 层开始，通过 forward 指针逐步向后遍历，每遇到一个节点便将释放其内存。当所有节点的内存都被释放之后，释放跳跃表对象，即完成了跳跃表的删除操作。代码如下。

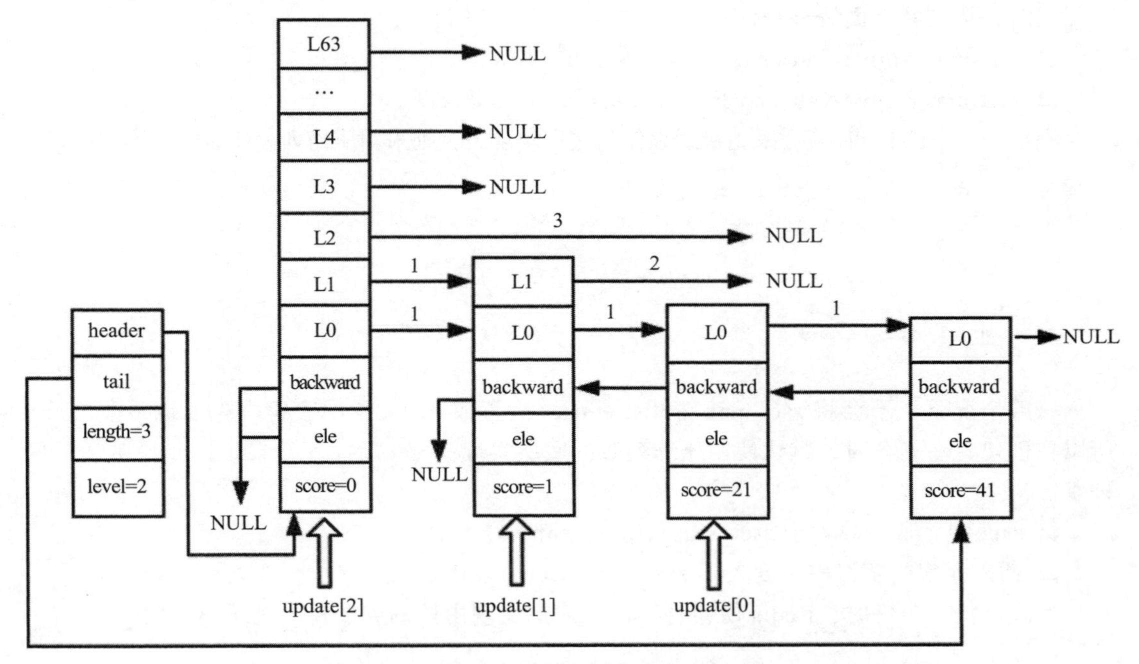

图 3-13 删除节点后的跳跃表

```
void zslFree(zskiplist *zsl) {
    zskiplistNode *node = zsl->header->level[0].forward, *next;

    zfree(zsl->header);
    while(node) {
        next = node->level[0].forward;
        zslFreeNode(node);
        node = next;
    }
    zfree(zsl);
}
```

3.4 跳跃表的应用

在 Redis 中，跳跃表主要应用于有序集合的底层实现（有序集合的另一种实现方式为压缩列表）。

Redis 的配置文件中关于有序集合底层实现的两个配置。

1）zset-max-ziplist-entries 128：zset 采用压缩列表时，元素个数最大值。默认值为 128。

2）zset-max-ziplist-value 64：zset 采用压缩列表时，每个元素的字符串长度最大值。默认值为 64。

zset添加元素的主要逻辑位于t_zset.c的zaddGenericCommand函数中。zset插入第一个元素时，会判断下面两种条件：

- zset-max-ziplist-entries的值是否等于0；
- zset-max-ziplist-value小于要插入元素的字符串长度。

满足任一条件Redis就会采用跳跃表作为底层实现，否则采用压缩列表作为底层实现方式。

```
if (server.zset_max_ziplist_entries == 0 ||
    server.zset_max_ziplist_value < sdslen(c->argv[scoreidx+1]->ptr))
{
    zobj = createZsetObject();//创建跳跃表结构
} else {
    zobj = createZsetZiplistObject();//创建压缩列表结构
}
```

一般情况下，不会将zset-max-ziplist-entries配置成0，元素的字符串长度也不会太长，所以在创建有序集合时，默认使用压缩列表的底层实现。zset新插入元素时，会判断以下两种条件：

- zset中元素个数大于zset_max_ziplist_entries；
- 插入元素的字符串长度大于zset_max_ziplist_value。

当满足任一条件时，Redis便会将zset的底层实现由压缩列表转为跳跃表。代码如下。

```
if (zzlLength(zobj->ptr) > server.zset_max_ziplist_entries)
    zsetConvert(zobj,OBJ_ENCODING_SKIPLIST);
if (sdslen(ele) > server.zset_max_ziplist_value)
    zsetConvert(zobj,OBJ_ENCODING_SKIPLIST);
```

值得注意的是，zset在转为跳跃表之后，即使元素被逐渐删除，也不会重新转为压缩列表。

3.5 本章小结

本章介绍了跳跃表的基本原理和实现过程。跳跃表的原理简单，其查询、插入、删除的平均复杂度都为$O(\log N)$。跳跃表主要应用于有序集合的底层实现。

第 4 章 Chapter 4

压缩列表

压缩列表 ziplist 本质上就是一个字节数组，是 Redis 为了节约内存而设计的一种线性数据结构，可以包含多个元素，每个元素可以是一个字节数组或一个整数。

Redis 的有序集合、散列和列表都直接或者间接使用了压缩列表。当有序集合或散列表的元素个数比较少，且元素都是短字符串时，Redis 便使用压缩列表作为其底层数据存储结构。列表使用快速链表（quicklist）数据结构存储，而快速链表就是双向链表与压缩列表的组合。

例如，使用如下命令创建一个散列键并查看其编码。

```
127.0.0.1:6379> hmset person name zhangsan gender 1 age 22
OK
127.0.0.1:6379> object encoding person
"ziplist"
```

本章将从源码层次详细介绍压缩列表的存储结构及基本操作。

4.1 压缩列表的存储结构

Redis 使用字节数组表示一个压缩列表，压缩列表结构示意如图 4-1 所示。

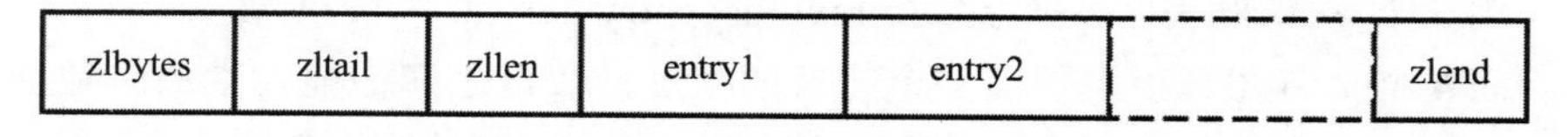

图 4-1 压缩列表结构示意

图 4-1 中各字段的含义如下。

1）zlbytes：压缩列表的字节长度，占4个字节，因此压缩列表最多有 $2^{32}-1$ 个字节。

2）zltail：压缩列表尾元素相对于压缩列表起始地址的偏移量，占4个字节。

3）zllen：压缩列表的元素个数，占2个字节。zllen无法存储元素个数超过65535（$2^{16}-1$）的压缩列表，必须遍历整个压缩列表才能获取到元素个数。

4）entryX：压缩列表存储的元素，可以是字节数组或者整数，长度不限。entry的编码结构将在后面详细介绍。

5）zlend：压缩列表的结尾，占1个字节，恒为0xFF。

假设char * zl指向压缩列表首地址，Redis可通过以下宏定义实现压缩列表各个字段的存取操作。

```
//zl指向zlbytes字段
#define ZIPLIST_BYTES(zl)       (*((uint32_t*)(zl)))

//zl+4指向zltail字段
#define ZIPLIST_TAIL_OFFSET(zl) (*((uint32_t*)((zl)+sizeof(uint32_t))))

//zl+zltail指向尾元素首地址；intrev32ifbe使得数据存取统一采用小端法
#define ZIPLIST_ENTRY_TAIL(zl)
((zl)+intrev32ifbe(ZIPLIST_TAIL_OFFSET(zl)))

//zl+8指向zllen字段
#define ZIPLIST_LENGTH(zl)      (*((uint16_t*)((zl)+sizeof(uint32_t)*2)))

//压缩列表最后一个字节即为zlend字段
#define ZIPLIST_ENTRY_END(zl)   ((zl)+intrev32ifbe(ZIPLIST_BYTES(zl))-1)
```

了解了压缩列表的基本结构，我们可以很容易地获得压缩列表的字节长度、元素个数等，那么如何遍历压缩列表呢？对于任意一个元素，我们如何判断其存储的是什么类型呢？我们又如何获取字节数组的长度呢？

回答这些问题之前，需要先了解压缩列表元素的编码结构，如图4-2所示。

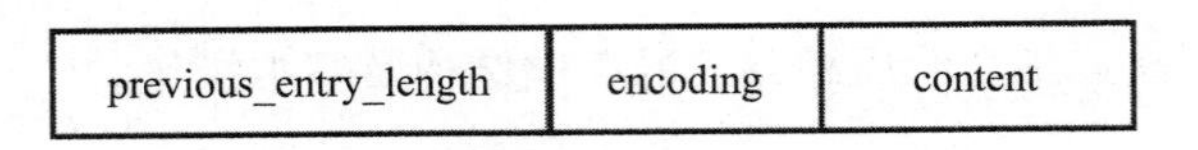

图4-2　压缩列表元素的结构示意

previous_entry_length字段表示前一个元素的字节长度，占1个或者5个字节，当前一个元素的长度小于254字节时，用1个字节表示；当前一个元素的长度大于或等于254字节时，用5个字节来表示。而此时previous_entry_length字段的第1个字节是固定的0xFE，后面4个字节才真正表示前一个元素的长度。假设已知当前元素的首地址为p，那么p-previous_entry_length就是前一个元素的首地址，从而实现压缩列表从尾到头的遍历。

encoding字段表示当前元素的编码，即content字段存储的数据类型（整数或者字节数组），数据内容存储在content字段。为了节约内存，encoding字段同样长度可变。压缩列表元素的编码如表 4-1 所示。

表 4-1　压缩列表元素的编码

encoding 编码	encoding 长度	content 类型
00 bbbbbb（6 比特表示 content 长度）	1 字节	最大长度为 63 的字节数组
01 bbbbbb xxxxxxxx（14 比特表示 content 长度）	2 字节	最大长度为 $2^{14}-1$ 的字节数组
10——aaaaaaaa bbbbbbbb cccccccc dddddddd（32 比特表示 content 长度）	5 字节	最大长度为 $2^{32}-1$ 的字节数组
11 00 0000	1 字节	int16 整数
11 01 0000	1 字节	int32 整数
11 10 0000	1 字节	int64 整数
11 11 0000	1 字节	24 位整数
11 11 1110	1 字节	8 位整数
11 11 xxxx	1 字节	没有 content 字段；xxxx 表示 0～12 的整数

可以看出，根据 encoding 字段第 1 个字节的前 2 位，可以判断 content 字段存储的是整数或者字节数组（及其最大长度）。当 content 存储的是字节数组时，后续字节标识字节数组的实际长度；当 content 存储的是整数时，可根据第 3、第 4 位判断整数的具体类型。而当 encoding 字段标识当前元素存储的是 0～12 的立即数时，数据直接存储在 encoding 字段的最后 4 位，此时没有 content 字段。参照 encoding 字段的编码表格，Redis 预定义了以下常量对应 encoding 字段的各编码类型：

```
#define ZIP_STR_06B (0 << 6)
#define ZIP_STR_14B (1 << 6)
#define ZIP_STR_32B (2 << 6)
#define ZIP_INT_16B (0xc0 | 0<<4)
#define ZIP_INT_32B (0xc0 | 1<<4)
#define ZIP_INT_64B (0xc0 | 2<<4)
#define ZIP_INT_24B (0xc0 | 3<<4)
#define ZIP_INT_8B 0xfe
```

4.2　结构体

4.1 节介绍了压缩列表的存储结构，我们发现对于压缩列表的任意元素，获取前一个元素的长度、判断存储的数据类型、获取数据内容都需要经过复杂的解码运算。解码后的结果应该被缓存起来，为此定义了结构体 zlentry，用于表示解码后的压缩列表元素。

```
typedef struct zlentry {
    unsigned int prevrawlensize;
    unsigned int prevrawlen;
```

```
    unsigned int lensize;
    unsigned int len;
    unsigned char encoding;

    unsigned int headersize;

    unsigned char *p;
} zlentry;
```

结构体 zlentry 定义了 7 个字段，而 4.1 节显示每个元素只包含 3 个字段。

回顾压缩列表元素的编码结构，可变因素实际上不止 3 个：previous_entry_length 字段的长度（prevrawlensize）、previous_entry_length 字段存储的内容（prevrawlen）、encoding 字段的长度（lensize）、encoding 字段的内容（len 表示元素数据内容的长度，encoding 表示数据类型）和当前元素首地址（p）；而 headersize 则表示当前元素的首部长度，即 previous_entry_length 字段长度与 encoding 字段长度之和。

函数 zipEntry 用来解码压缩列表的元素，存储于 zlentry 结构体。

```
void zipEntry(unsigned char *p, zlentry *e) {
    ZIP_DECODE_PREVLEN(p, e->prevrawlensize, e->prevrawlen);
    ZIP_DECODE_LENGTH(p + e->prevrawlensize, e->encoding, e->lensize, e->len);
    e->headersize = e->prevrawlensize + e->lensize;
    e->p = p;
}
```

解码主要可以分为以下两个步骤。

1）解码 previous_entry_length 字段，此时入参 ptr 指向元素首地址。

```
#define ZIP_BIG_PREVLEN 254

#define ZIP_DECODE_PREVLEN(ptr, prevlensize, prevlen) do {
    if ((ptr)[0] < ZIP_BIG_PREVLEN) {
        (prevlensize) = 1;
        (prevlen) = (ptr)[0];
    } else {
        (prevlensize) = 5;
        memcpy(&(prevlen), ((char*)(ptr)) + 1, 4);
        memrev32ifbe(&prevlen);
    }
} while(0);
```

2）解码 encoding 字段逻辑，此时入参 ptr 指向元素首地址偏移 previous_entry_length 字段长度的位置。

```
#define ZIP_STR_MASK 0xc0

#define ZIP_DECODE_LENGTH(ptr, encoding, lensize, len) do {
    (encoding) = (ptr[0]);
    // ptr[0]<11000000说明是字节数组，前两个比特为字节数组编码类型
    if ((encoding) < ZIP_STR_MASK) (encoding) &= ZIP_STR_MASK;
```

```
    if ((encoding) < ZIP_STR_MASK) {
        if ((encoding) == ZIP_STR_06B) {
            (lensize) = 1;
            (len) = (ptr)[0] & 0x3f;
        } else if ((encoding) == ZIP_STR_14B) {
            (lensize) = 2;
            (len) = (((ptr)[0] & 0x3f) << 8) | (ptr)[1];
        } else if ((encoding) == ZIP_STR_32B) {
            (lensize) = 5;
            (len) = ((ptr)[1] << 24) |
                    ((ptr)[2] << 16) |
                    ((ptr)[3] <<  8) |
                    ((ptr)[4]);
        } else {
            panic("Invalid string encoding 0x%02X", (encoding));
        }
    } else {
        (lensize) = 1;
        (len) = zipIntSize(encoding);
    }
} while(0);
```

字节数组只根据ptr[0]的前2个比特即可判断类型，而判断整数类型需要ptr[0]的前4个比特，代码如下。

```
unsigned int zipIntSize(unsigned char encoding) {
    switch(encoding) {
    case ZIP_INT_8B:  return 1;
    case ZIP_INT_16B: return 2;
    case ZIP_INT_24B: return 3;
    case ZIP_INT_32B: return 4;
    case ZIP_INT_64B: return 8;
    }

    //0～12立即数
    if (encoding >= ZIP_INT_IMM_MIN && encoding <= ZIP_INT_IMM_MAX)
        return 0;
    panic("Invalid integer encoding 0x%02X", encoding);
    return 0;
}
```

4.3 基本操作

本节主要介绍压缩列表的基本操作，包括创建压缩列表、插入元素、删除元素及遍历压缩列表，让读者从源码层次进一步理解压缩列表。

4.3.1 创建压缩列表

创建压缩列表的API定义如下，函数无输入参数，返回参数为压缩列表首地址。

```
unsigned char *ziplistNew(void);
```

创建空的压缩列表，只需要分配初始存储空间 11(4+4+2+1) 个字节，并对 zlbytes、zltail、zllen 和 zlend 字段初始化即可。

```
unsigned char *ziplistNew(void) {
    //ZIPLIST_HEADER_SIZE = zlbytes + zltail + zllen;
    unsigned int bytes = ZIPLIST_HEADER_SIZE+1;
    unsigned char *zl = zmalloc(bytes);
    ZIPLIST_BYTES(zl) = intrev32ifbe(bytes);
    ZIPLIST_TAIL_OFFSET(zl) = intrev32ifbe(ZIPLIST_HEADER_SIZE);
    ZIPLIST_LENGTH(zl) = 0;

    //结尾标识0XFF
    zl[bytes-1] = ZIP_END;
    return zl;
}
```

4.3.2 插入元素

压缩列表插入元素的 API 定义如下，函数输入参数 zl 表示压缩列表首地址，p 指向元素插入位置，s 表示数据内容，slen 表示数据长度，返回参数为压缩列表首地址。

```
unsigned char *ziplistInsert(unsigned char *zl, unsigned char *p,
                             unsigned char *s, unsigned int slen);
```

插入元素可以简要分为 3 个步骤：① 将元素内容编码；② 重新分配空间；③ 复制数据。下面分别讲解每个步骤的实现逻辑。

1. 编码

编码即计算 previous_entry_length 字段、encoding 字段和 content 字段的内容。那么如何获取前一个元素的长度呢？此时就需要根据元素的插入位置分情况讨论。插入元素位置示意如图 4-3 所示。

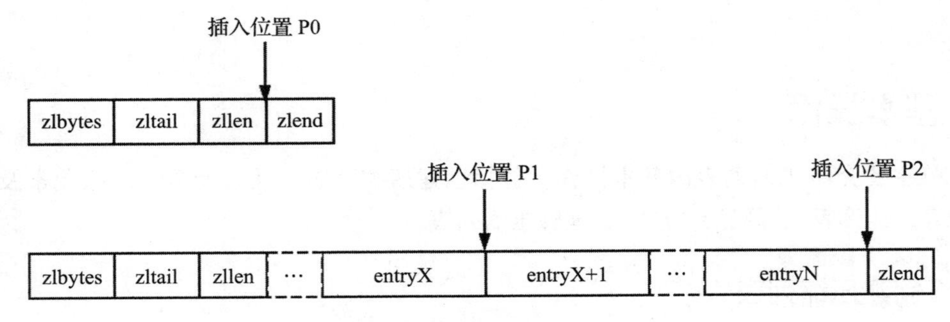

图 4-3 插入元素位置示意

1）当压缩列表为空、插入位置为P0时，不存在前一个元素，即前一个元素的长度为0。

2）当插入位置为P1时，需要获取entryX元素的长度，而entryX+1元素的previous_entry_length字段存储的就是entryX元素的长度，比较容易获取。

3）当插入位置为P2时，需要获取entryN元素的长度，entryN是压缩列表的尾元素，计算元素长度时需要将其3个字段长度相加，函数实现如下。

```
unsigned int zipRawEntryLength(unsigned char *p) {
    unsigned int prevlensize, encoding, lensize, len;
    ZIP_DECODE_PREVLENSIZE(p, prevlensize);
    ZIP_DECODE_LENGTH(p + prevlensize, encoding, lensize, len);
    return prevlensize + lensize + len;
}
```

其中ZIP_DECODE_LENGTH的逻辑在4.2节已经讲过，ZIP_DECODE_PREVLENSIZE的逻辑与ZIP_DECODE_PREVLEN基本相同。

encoding字段标识的是当前元素存储的数据类型和数据长度。编码时首先尝试将数据内容解析为整数，如果解析成功，则按照压缩列表整数类型编码存储；如果解析失败，则按照压缩列表字节数组类型编码存储。

```
if (zipTryEncoding(s,slen,&value,&encoding)) {
    reqlen = zipIntSize(encoding);
} else {
    reqlen = slen;
}
reqlen += zipStorePrevEntryLength(NULL,prevlen);
reqlen += zipStoreEntryEncoding(NULL,encoding,slen);
```

上述程序尝试按照整数解析新添加元素的数据内容，数值存储在变量value中，编码存储在变量encoding中。如果解析成功，还需要计算整数所占字节数。

变量reqlen最终存储的是当前元素所需空间大小，初始赋值为元素content字段所需空间大小，再累加previous_entry_length和encoding字段所需空间大小。

2. 重新分配空间

由于新插入了元素，压缩列表所需空间增大，因此需要重新分配存储空间。那么空间大小是不是添加元素前的压缩列表长度与新添加元素长度之和呢？并不完全是。压缩列表长度变化示意如图4-4所示。

插入元素前，entryX元素的长度为128字节，entryX+1元素的previous_entry_length字段占1个字节；添加元素entryNEW，元素长度为1024字节，此时entryX+1元素的previous_entry_length字段需要占5个字节，即压缩列表的长度不仅增加了1024个字节，还要加上entryX+1元素扩展的4个字节。而entryX+1元素的长度可能增加4个字节、减少4个字节或不变。

由于重新分配了空间，新元素插入的位置指针P会失效，可以预先计算好指针P相对于压缩列表首地址的偏移量，待分配空间之后再偏移即可。

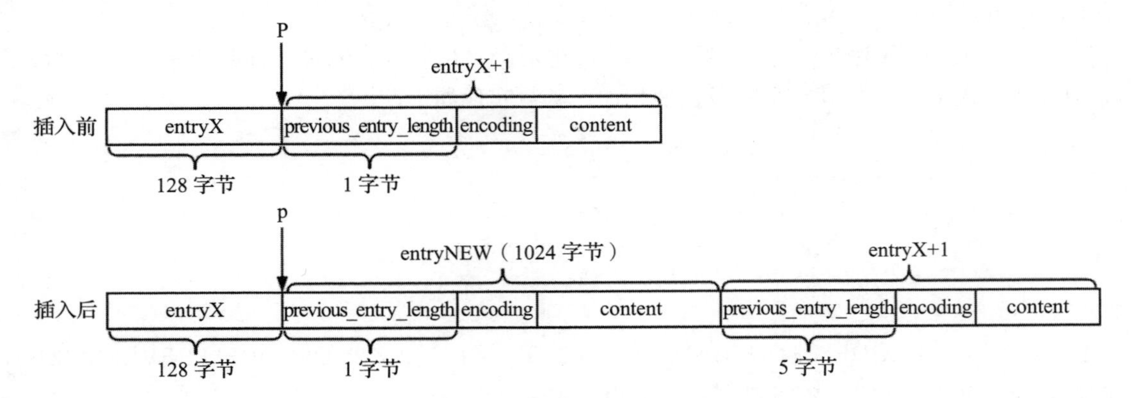

图4-4 压缩列表长度变化示意

```
size_t curlen = intrev32ifbe(ZIPLIST_BYTES(zl));
int forcelarge = 0;
nextdiff = (p[0] != ZIP_END) ? zipPrevLenByteDiff(p,reqlen) : 0;
if (nextdiff == -4 && reqlen < 4) {
    nextdiff = 0;
    forcelarge = 1;
}
//存储偏移量
offset = p-zl;
//调用realloc重新分配空间
zl = ziplistResize(zl,curlen+reqlen+nextdiff);
//重新偏移到插入位置P
p = zl+offset;
```

nextdiff与forcelarge在这里有什么用呢？分析ziplistResize函数的第二个参数，curlen表示插入元素前压缩列表的长度；reqlen表示新插入元素的长度；而nextdiff表示entryX+1元素长度的变化，取值可能为0（长度不变）、4（长度增加4）或–4（长度减少4）。我们再思考下，当nextdiff=4而reqlen<4时会发生什么呢？没错，插入元素导致压缩列表所需空间减小了，即函数ziplistResize内部调用realloc重新分配的空间小于指针zl指向的空间。我们知道realloc重新分配空间时，返回的地址可能不变（当前位置有足够的内存空间可供分配），当重新分配的空间减小时，realloc可能会将多余的空间回收，导致数据丢失。因此需要避免这种情况的发生，即重新赋值nextdiff=0，同时使用forcelarge标记这种情况。

那么，nextdiff=–4时，reqlen会小于4吗？nextdiff=–4说明插入元素之前entryX+1元素的previous_entry_length字段的长度是5字节，即entryX元素的总长度大于或等于254

字节，所以 entryNEW 元素的 previous_entry_length 字段同样需要 5 个字节，即 entryNEW 元素的总长度肯定是大于 5 个字节的，reqlen 又怎么会小于 4 呢？正常情况下是不会出现这种情况的，但是由于存在连锁更新（将在 4.4 节介绍），可能会出现 nextdiff=–4 但 entryX 元素的总长度小于 254 字节的情况，此时 reqlen 可能会小于 4。

3. 数据复制

重新分配空间之后，需要将位置 P 后的元素移动到指定位置，将新元素插入到位置 P。我们假设 entryX+1 元素的长度增加 4（即 nextdiff=4），此时压缩列表数据复制示意如图 4-5 所示。

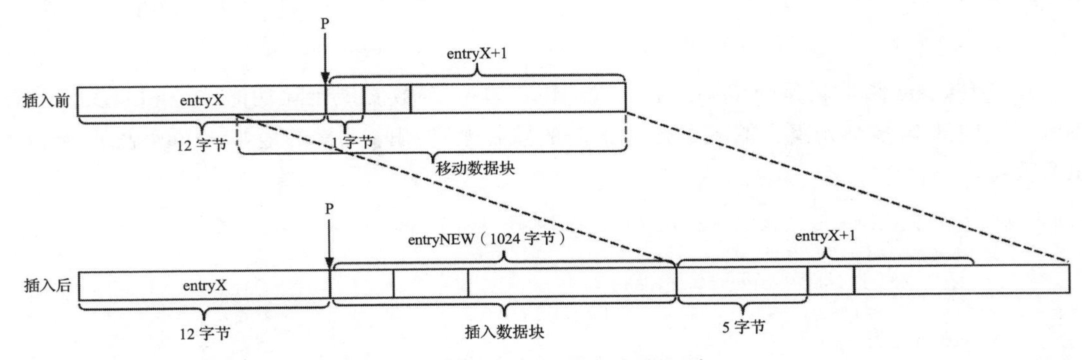

图 4-5 压缩列表数据复制示意

从图 4-5 中可以看到，位置 P 后的所有元素都需要移动，移动的偏移量是待插入元素 entryNEW 的长度，移动的数据块长度是位置 P 后所有元素的长度之和加上 nextdiff 的值，数据移动之后还需要更新 entryX+1 元素的 previous_entry_length 字段。

```
//为什么减1呢？zlend结束表示恒为0xFF，不需要移动
memmove(p+reqlen,p-nextdiff,curlen-offset-1+nextdiff);

//更新entryX+1元素的previous_entry_length字段
if (forcelarge)
    //entryX+1元素的previous_entry_length字段依然占5个字节；
    //但是entryNEW元素的长度小于4字节
    zipStorePrevEntryLengthLarge(p+reqlen,reqlen);
else
    zipStorePrevEntryLength(p+reqlen,reqlen);
//更新zltail字段
ZIPLIST_TAIL_OFFSET(zl) =
    intrev32ifbe(intrev32ifbe(ZIPLIST_TAIL_OFFSET(zl))+reqlen);
zipEntry(p+reqlen, &tail);
if (p[reqlen+tail.headersize+tail.len] != ZIP_END) {
    ZIPLIST_TAIL_OFFSET(zl) =
        intrev32ifbe(intrev32ifbe(ZIPLIST_TAIL_OFFSET(zl))+nextdiff);
}
```

```
//更新zllen字段
ZIPLIST_INCR_LENGTH(zl,1);
```

第一次更新尾元素偏移量之后，为什么指向的元素可能不是尾元素呢？因为当entryX+1元素就是尾元素时，只需要更新一次尾元素的偏移量；但是当entryX+1元素不是尾元素且entryX+1元素的长度发生了改变时，尾元素偏移量还需要加上nextdiff的值。

4.3.3 删除元素

压缩列表删除元素的API定义如下，函数输入参数zl指向压缩列表首地址；*p指向待删除元素的首地址（参数p同时可以作为输出参数）；返回参数为压缩列表首地址。

```
unsigned char *ziplistDelete(unsigned char *zl, unsigned char **p);
```

ziplistDelete函数只是简单调用底层_ziplistDelete函数实现删除功能。_ziplistDelete函数可以同时删除多个元素，输入参数p指向的是首个待删除元素的地址；num表示待删除元素数目。

```
unsigned char *ziplistDelete(unsigned char *zl, unsigned char **p) {
    size_t offset = *p-zl;
    zl = __ziplistDelete(zl,*p,1);
    *p = zl+offset;
    return zl;
}
```

删除元素同样可以简要分为三个步骤：① 计算待删除元素的总长度；② 数据复制；③ 重新分配空间。下面分别讨论每个步骤的实现逻辑。

1）**计算待删除元素的总长度**。zipRawEntryLength函数在4.3.2节已经讲过，这里不再详述；

```
//解码第一个待删除元素
zipEntry(p, &first);

//遍历所有待删除元素，同时指针p向后偏移
for (i = 0; p[0] != ZIP_END && i < num; i++) {
    p += zipRawEntryLength(p);
    deleted++;
}
//totlen即为待删除元素总长度
totlen = p-first.p;
```

2）**数据复制**。第1步完成之后，指针first与指针p之间的元素都是待删除的。当指针p恰好指向zlend字段时，不再需要复制数据，只需要更新尾节点的偏移量即可。下面分析另一种情况，即指针p指向的是某一个元素，而不是zlend字段。

删除元素时，压缩列表所需空间减小，减小的量是否仅为待删除元素的总长度呢？答案同样是否定的。举个简单的例子，图4-6是经过第1步之后的压缩列表示意。

删除元素 entryX+1 到元素 entryN−1 之间的 N−X−1 个元素，元素 entryN−1 的长度为 12 字节，因此元素 entryN 的 previous_entry_length 字段占 1 个字节；删除这些元素之后，entryX 成为了 entryN 的前一个元素，元素 entryX 的长度为 512 字节，因此元素 entryN 的 previous_entry_length 字段需要占 5 个字节，即删除元素之后的压缩列表的总长度还与元素 entryN 长度的变化量有关。

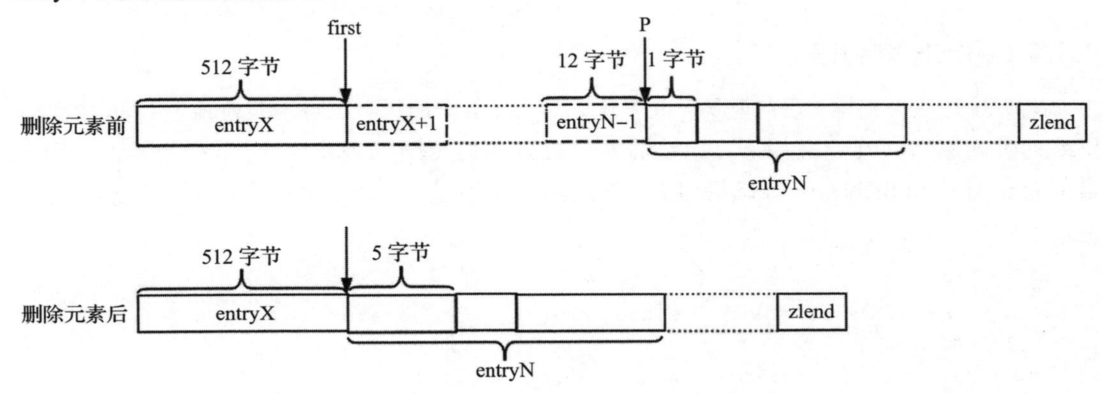

图 4-6　压缩列表删除元素示意

```
//计算元素entryN长度的变化量
nextdiff = zipPrevLenByteDiff(p,first.prevrawlen);
//更新元素entryN的previous_entry_length字段
p -= nextdiff;
zipStorePrevEntryLength(p,first.prevrawlen);
//更新zltail
ZIPLIST_TAIL_OFFSET(zl) =
    intrev32ifbe(intrev32ifbe(ZIPLIST_TAIL_OFFSET(zl))-totlen);
zipEntry(p, &tail);
if (p[tail.headersize+tail.len] != ZIP_END) {
    ZIPLIST_TAIL_OFFSET(zl) =
        intrev32ifbe(intrev32ifbe(ZIPLIST_TAIL_OFFSET(zl))+nextdiff);
}
//数据复制
memmove(first.p,p,
    intrev32ifbe(ZIPLIST_BYTES(zl))-(p-zl)-1);
```

与 4.3.2 节中更新 zltail 字段相同，当 entryN 元素就是尾元素时，只需要更新一次尾元素的偏移量；但是当 entryN 元素不是尾元素且 entryN 元素的长度发生了改变时，尾元素偏移量还需要加上 nextdiff 的值。

3）**重新分配空间**。逻辑与 4.3.2 插入元素的逻辑基本类似，这里不再赘述。代码如下。

```
offset = first.p-zl;
zl = ziplistResize(zl, intrev32ifbe(ZIPLIST_BYTES(zl))-totlen+nextdiff);
p = zl+offset;
ZIPLIST_INCR_LENGTH(zl,-deleted);
```

思考一下：在4.3.2中我们提到，调用ziplistResize函数重新分配空间时，如果重新分配的空间小于指针zl指向的空间时，可能会出现问题。而删除元素时，压缩列表的长度肯定是减小的。

因为删除元素时，先复制数据，再重新分配空间，即调用ziplistResize函数时，多余的那部分空间存储的数据已经被复制了，此时回收这部分空间并不会造成数据丢失。

4.3.4 遍历压缩列表

遍历就是从头到尾（后向遍历）或者从尾到头（前向遍历）访问压缩列表中的每个元素。压缩列表的遍历API定义如下，函数输入参数zl指向压缩列表首地址，p指向当前访问元素的首地址；ziplistNext函数返回后一个元素的首地址，ziplistPrev返回前一个元素的首地址。

```
//后向遍历
unsigned char *ziplistNext(unsigned char *zl, unsigned char *p);
//前向遍历
unsigned char *ziplistPrev(unsigned char *zl, unsigned char *p);
```

压缩列表每个元素的previous_entry_length字段存储的是前一个元素的长度，因此压缩列表的前向遍历相对简单，表达式p-previous_entry_length即可获取前一个元素的首地址，这里不做详述。后向遍历时，需要解码当前元素，计算当前元素的长度，才能获取后一个元素首地址；ziplistNext函数实现如下。

```
unsigned char *ziplistNext(unsigned char *zl, unsigned char *p) {
    //zl参数无用；这里只是为了避免警告
    ((void) zl);
    if (p[0] == ZIP_END) {
        return NULL;
    }
    p += zipRawEntryLength(p);
    if (p[0] == ZIP_END) {
        return NULL;
    }
    return p;
}
```

其中zipRawEntryLength函数在4.3.2节中已经讲过，这里不再赘述。

4.4 连锁更新

压缩列表连锁更新示意如图4-7所示，删除压缩列表zl1位置P1的元素entryX，或者在压缩列表zl2位置P2插入元素entryY时，会出现什么情况呢？

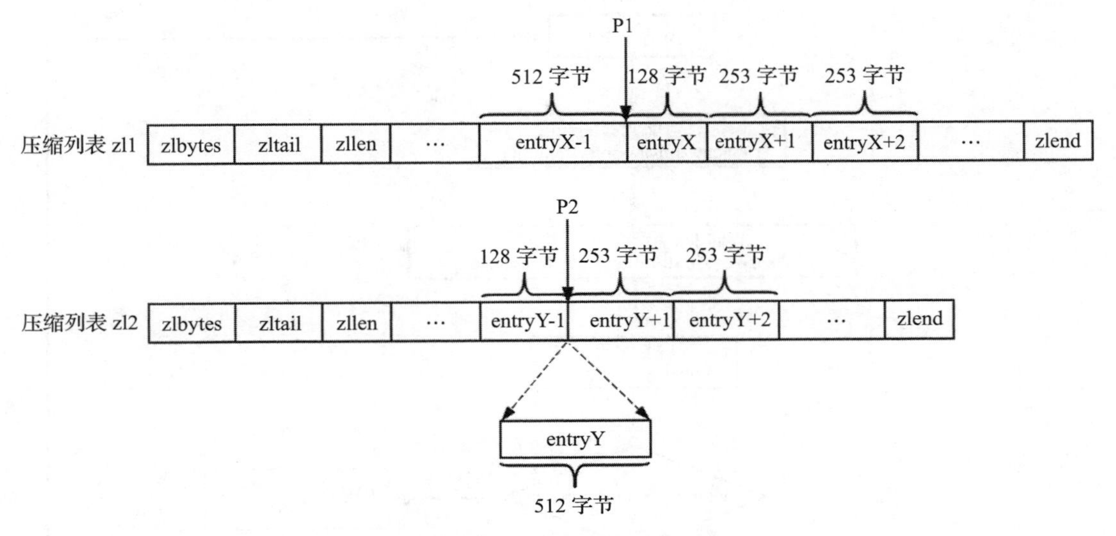

图 4-7 压缩列表连锁更新示意

压缩列表 zl1 中，元素 entryX 之后的所有元素（entryX+1、entryX+2 等）的长度都是 253 字节，显然这些元素 previous_entry_length 字段的长度都是 1 字节。当删除元素 entryX 时，元素 entryX+1 的前驱节点改为元素 entryX-1，长度为 512 字节，元素 entryX+1 的 previous_entry_length 字段需要 5 字节才能存储元素 entryX-1 的长度，则元素 entryX+1 的长度需要扩展至 257 字节；而由于元素 entryX+1 长度的增大，元素 entryX+2 的 previous_entry_length 字段同样需要改变。依此类推，由于删除了元素 entryX，之后的所有元素（entryX+1、entryX+2 等）的长度都必须扩展，而每次扩展都将重新分配内存，导致效率很低。压缩列表 zl2 中，插入元素 entryY 时同样会出现这种情况，称为连锁更新。从以上分析可以看出，连锁更新会导致多次重新分配内存及数据复制，效率很低。但是出现这种情况的概率是很低的，因此对于删除元素和插入元素操作，Redis 并没有为了避免连锁更新而采取措施。Redis 只是在删除元素和插入元素操作的末尾，检查是否需要更新后续元素的 previous_entry_length 字段，其实现函数为 _ziplistCascadeUpdate，连锁更新实现逻辑如图 4-8 所示。

4.5 本章小结

本章首先介绍了压缩列表的存储结构，随后从源码层详细分析了压缩列表的基本操作：创建压缩列表、插入元素、删除元素和遍历压缩列表，最后分析了压缩列表连锁更新的原因及解决方案。通过本章的学习，读者可对压缩列表有较深刻的认识。

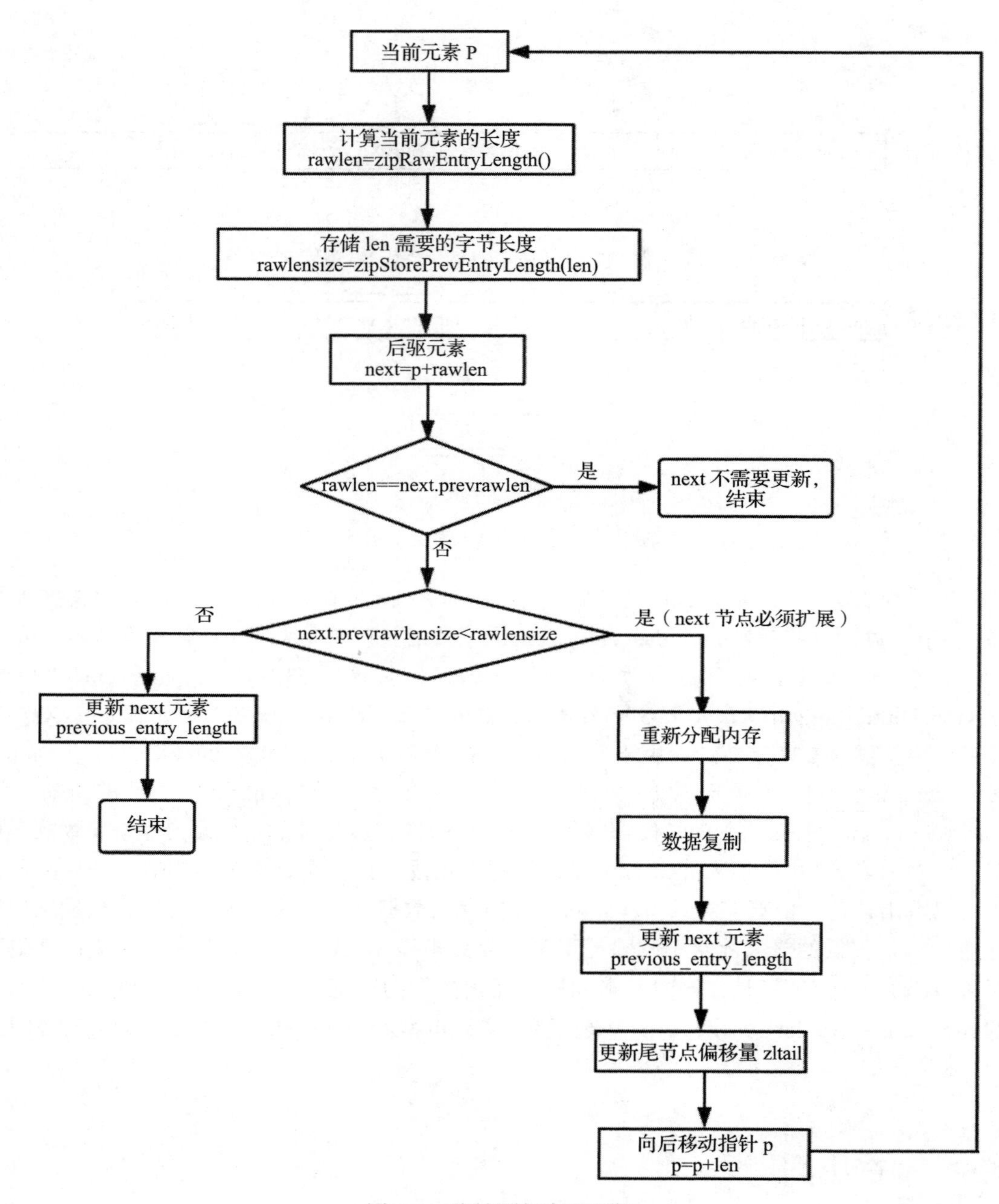

图 4-8　连锁更新实现逻辑

第5章 Chapter 5

字　典

本章将介绍 Redis 数据库重要的数据结构之一——字典。什么是字典？ Redis 如何实现字典？字典的基本操作与应用有哪些？下面围绕这三个问题来逐步讲解。

5.1 基本概念

字典又称散列表，是用来存储键值（key-value）对的一种数据结构，在很多高级语言中都有实现，如 PHP 的数组。但是 C 语言没有这种数据结构，Redis 是 K-V 型数据库，整个数据库是用字典来存储的，对 Redis 数据库进行任何增、删、改、查操作，实际就是对字典中的数据进行增、删、改、查操作。

根据 Redis 数据库的特点，便可知字典有如下特征。

1）可以存储海量数据，键值对是映射关系，可以根据键以 $O(1)$ 的时间复杂度取出或插入关联值。

2）键值对中键的类型可以是字符串、整型、浮点型等，且键是唯一的。例如：执行 set test "hello world" 命令，此时的键 test 类型为字符串，如 test 这个键存在数据库中，则为修改操作，否则为插入操作。

3）键值对中值的类型可为 String、Hash、List、Set、SortedSet。

> 注意　键指的是 Redis 命令中的 key，值为键对应设置的值；例如，set key val 命令，键为“key”、值为“val”，key 与 val 合称为键值对。

根据上述 3 个特征，我们思考一下，“字典”这个数据结构该怎么去设计与实现呢？都需要哪些字段呢？为了让读者更好地理解字典，接下来将围绕这几个特征，逐步讲解字典这个数据结构该如何去设计。

Redis 底层是 C 语言编写的，要实现第一个特征："可以存储海量数据存储"，此时这个数据结构需添加第一个字段 data 字段，用于指向数据存储的内存地址。

"海量数据中可以 $O(1)$ 的时间复杂度去取值"，能实现这个特征首先想到的是 C 数组，既可以存储海量数据，又可以根据下标以 O(1) 的时间复杂度取值，此时我们暂定第一个字段 data 应该为一个数组，接下来我们看下 C 数组的实现原理，来探索下为什么它会如此高效。

5.1.1 数组

有限个类型相同的对象的集合称为**数组**。组成数组的各个对象称为数组的元素，用于区分数组的各个元素的数字编号称为下标。元素的类型可为：数值、字符、指针、结构体等。

C 数组是如何做到以 O(1) 的时间复杂度读取、插入数据呢？

我先看一个简单的例子：

```
// 声明
int a[10];
```

在上述例子中，用 C 语言声明了一个长度为 10 的数组 a，换句话说，数组 a 是由 10 个相同类型的对象组成的集合，这 10 个对象存储在一块连续的内存中，默认 a 指向的是首地址，详见图 5-1。

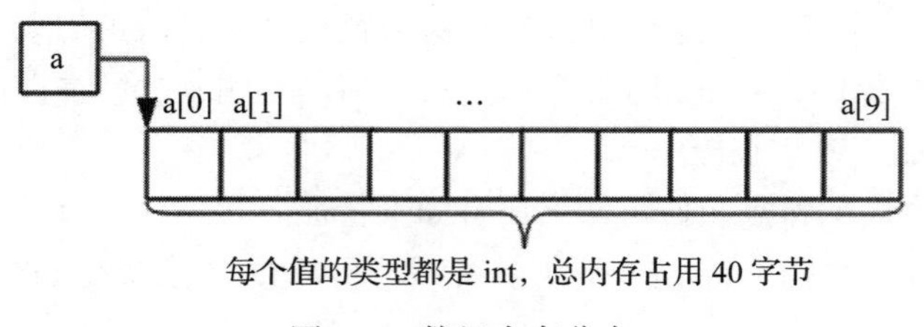

图 5-1　数组内存分布

当需要对数组 a 中元素进行操作时，C 语言需通过下标找到其对应的内存地址，然后才能对这块内存进行对应的操作。例如，读取 a[9] 的值（见图 5-2），C 语言实际上会先转换为 *(a+9) 的形式，a[9] 与 *(a+9)）这两种形式是等价的，我们对等式两边再取地址，便可得出 &a[9]==a+9，也就是说，要得到 a[9] 的地址，可以通过对数组 a 的首地址偏移 9 个元素就行。由此也可以知道，数组根据下标取值时，是通过头指针和偏移量来实现。

当一个数组中数据非常海量时，通过头指针 + 偏移量的方式也能以 O(1) 的时间复杂度定位到数据所在的内存地址，然后进行对应的操作。C 数组这个特征，显然是解决海量数据存储并使其能快速读取的不二之选。

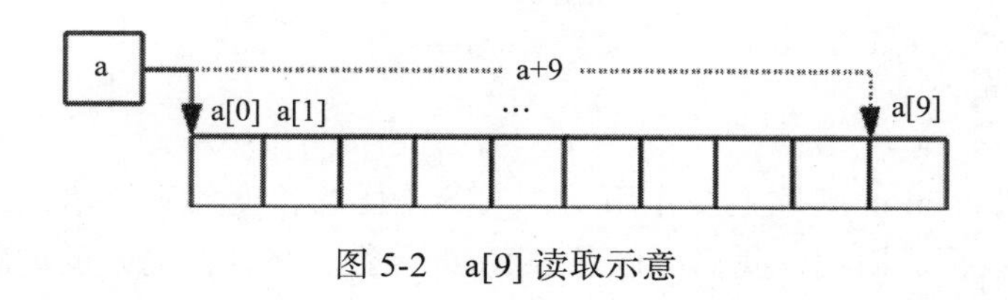

图 5-2 a[9] 读取示意

通过数组介绍可知，C 数组通过下标可以快速定位到元素，且只要内存够用，也可以存储海量的数据，基本满足第一个特征，因此，满足特征 1 的字典数据结构示意图可设计为如图 5-3 所示。

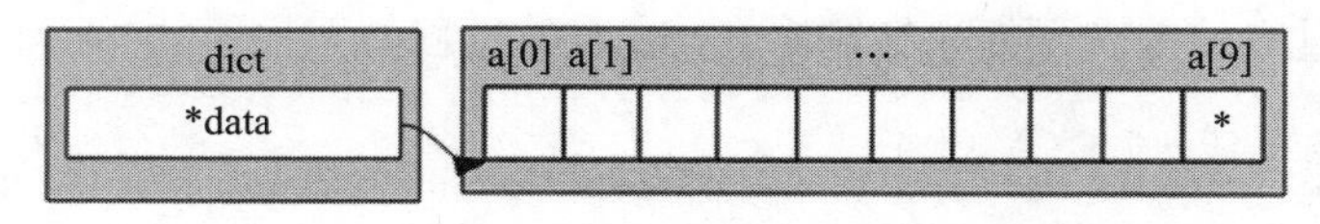

图 5-3 字典结构示意图（带数组结构）

通过前文数组介绍可知，“下标”的含义是数组中第几个元素的意思，只能为整数。根据第 2 个特征中键的描述：“键值对中键的类型可以为字符串、整型、浮点型等”，显然不能直接当成下标使用，此时，需要对键做一些特殊处理，处理过程我们称为 Hash。

5.1.2 Hash 函数

Hash 一般翻译为“散列”，也有直接音译为“哈希”，作用是把任意长度的输入通过散列算法转换成固定类型、固定长度的散列值，换句话说，Hash 函数可以把不同键转换成唯一的整型数据。散列函数一般拥有如下特征：

1）相同的输入经 Hash 计算后得出相同输出；

2）不同的输入经 Hash 计算后一般得出不同输出值，但也可能会出现相同输出值。

所以，好的 Hash 算法是经过 Hash 计算后其输出值具有强随机分布性。例如 Daniel J.Bernstein 在 comp.lang.c 上发布的“ times 33” 散列函数，其使用的核心算法是：“ hash(i)=hash(i-1)*33+str[i]”，这是针对字符串已知的最好的散列函数之一，因为其计算速度快，而且输出值分布得很好。

在应用上，通常使用现成的开源 Hash 算法，例如 Redis 自带客户端就是使用“ times 33”散列函数来计算字符串的 Hash 值，Redis 服务端的 Hash 函数使用的是 siphash 算法，主要功能与客户端 Hash 函数类似，其优点是针对有规律的键计算出来的 Hash 值也具有强随机分布性，但算法较为复杂，因此，笔者选择了客户端 Hash 函数作为示例，较为简单，便于读者理解，源码如下：

```
static unsigned int dictGenHashFunction (const unsigned char *buf, int len) {
    unsigned int hash = 5381;
    while (len--)
```

```
        hash = ((hash << 5) + hash) + (*buf++); /* hash * 33 + c */
    return hash;
}
```

dictGenHashFunction 函数主要作用是，入参是任意长度的字符串，通过 Hash 计算后返回无符号整型数据。因此，我们可以通过 Hash 函数，将任意输入的键转换成整型数据，使其可以当作数组的下标使用。

读到这里，想必有读者会有疑问，前文中字典的第 2 个特征是“键的类型可以为字符串、整型、浮点型等”，而 Hash 函数只把字符串转换成整型数据，当遇到键的类型为非字符串时该如何处理？答案很简单，第 2 个特征中键的类型是客户端感知的，而 Redis 服务端收到客户端发送过来的键实际都为字符串。gdb 跟进过程如下：

```
client:
    127.0.0.1:6379>  set 100.86  hello /*在数据库中设置键为浮点型,值为字符类型的键值对*/
server:
    gdb  redis-server                    /*gdb跟进redis-server*/
    (gdb) r                              /*启动server*/
    (gdb) b dictGenHashFunction          /*在Hash函数处打断点，验证server收到客户端传来键
                                           的类型,客户端在此后执行set命令*/
    (gdb) c                              /*跳转到断点处*/
    (gdb) p (char *) key                 /*打印键*/
    $4 = 0x7ffff1a1b0d3 "100.86"         /*收到的键的值实际为一串字符串”100.86”*/
    (gdb) p len                          /*字符串长度为6*/
    $5 = 6
```

当客户端执行“ set 100.86 hello”命令时，此时的键在客户端看来是浮点型数据，但 Redis 服务端收到的键的值其实就是字符串——100.86，字符串长度为 6，经过 Hash 函数转换后返回值为 11361771491584941503。

通过前面 gdb 跟进可知，Hash 函数可以将任意输入的键转换成整型数据输出，但又引出一个新问题，键的 Hash 值非常大，直接拿来当数组下标显然不太行，下标值过大会导致存储数据的数组（“ data”字段）占用内存过大。此时我们需要给这个数组的大小设限，比如 Redis 的实现，初始化时数组容量为 4，已存入数据量将超过总容量时需进行扩容一倍。因此我们设计的字典数据结构在这就需要添加第 2 及第 3 个字段，分别为：① 总容量——size 字段；② 已存入数据量——used 字段。加上这两个字段，字典数据结构示意图可设计为如图 5-4 所示。

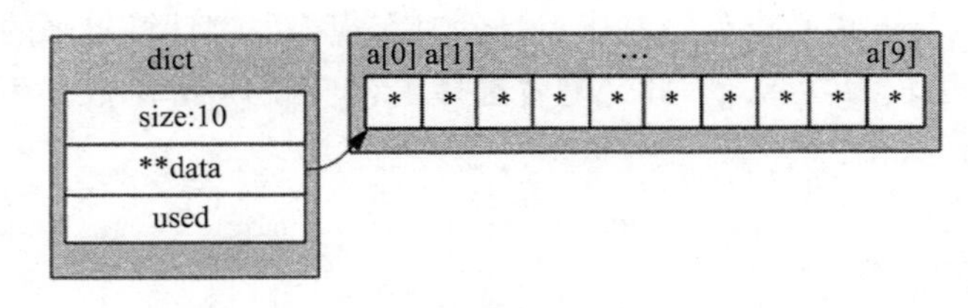

图 5-4　字典结构示意图（带容量限制）

那过大的 Hash 值与较小的数组下标怎么关联呢？最简单的办法是，用 Hash 值与数组容量取余，会得到一个永远小于数组容量大小的值，此时的值也就恰好可以当作数组下标来使用，我们把取余之后的值称为键在该字典中的索引值，即“索引值 == 数组下标值”，拿到“键”的索引值后，我们就知道数组中哪个元素是用来存储键值对中的“值”了。但此方法并不是完美的，还会出现一个问题，Hash 冲突。

> **注意** 不同键的 Hash 值具有强随机分布性，因此不同键的 Hash 值与数组容量取余后的索引值也具有强随机分布性。也就是说，不同的键值对存储在数组中的位置一般也不同。

5.1.3 Hash 冲突

通过前文 Hash 简介可知，不同的键输入经 Hash 计算后的值具有强随机分布性，但也有小概率是相同的值，此时会导致键最终计算的索引值相同，也就是说，此时两个不同的键会关联上同一个数组下标，我们称这些键出现了冲突。

为了解决 Hash 冲突，所以数组中的元素除了应把键值对中的“值”存储外，还应该存储“键”信息和一个 next 指针，next 指针可以把冲突的键值对串成单链表，“键”信息用于判断是否为当前要查找的键。此时数组中元素的字段也明确了，字典数据结构示意图可设计为如图 5-5 所示。

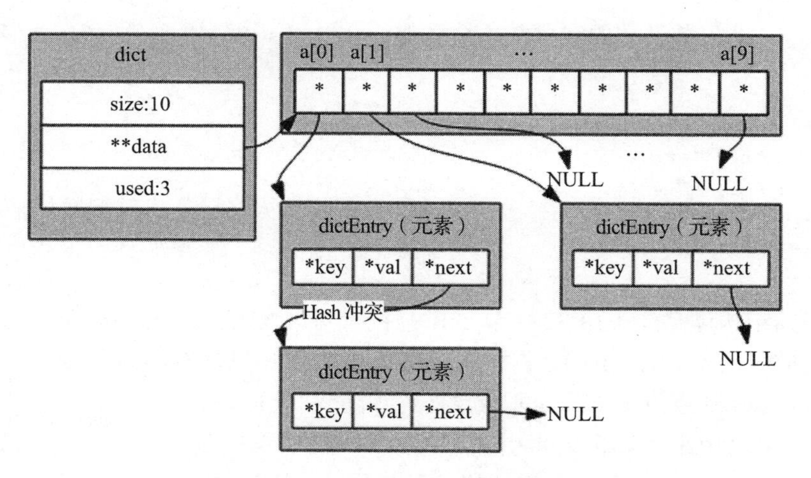

图 5-5 字典结构示意图（整体结构）

当根据键去找值时，分如下几步。

第 1 步：键通过 Hash、取余等操作得到索引值，根据索引值找到对应元素。

第 2 步：判断元素中键与查找的键是否相等，相等则读取元素中的值返回，否则判断 next 指针是否有值，如存在值，则读取 next 指向元素，回到第 2 步继续执行，如不存在值，则代表此键在字典中不存在，返回 NULL。

字典数据结构设计到这，第2个特征的前半部分也就能实现了，还一个特征是“键是唯一的”，所以在每次键值对插入字典前都执行一遍上述查找操作，如果键已存在则修改该元素中的值就行，否则执行插入操作。

第3个特征的实现，即“键值对中值的类型可为String、Hash、List、Set、SortedSet”，可以将数组元素中的val字段设置成指针，通过指针指向值所在任意内存。

至此，我们对字典这个数据结构的设计也就完成了，想必大家已经知道字典产生的前因后果，接下来我们一起看下Redis中字典的实现是如何做的。

5.2 Redis字典的实现

Redis的字典也是通过Hash函数来实现的，因为Redis是基于工程应用，需要考虑的因素会更多，所以其数据结构比5.1节设计的字典要更加复杂，但基本原理上是一致的，接下来我们看下Redis字典实现所用到的数据结构。

Redis字典实现依赖的数据结构主要包含了三部分：字典、Hash表、Hash表节点。字典中嵌入了两个Hash表，Hash表中的table字段存放着Hash表节点，Hash表节点对应存储的是键值对。

1. Hash表

Hash表，与5.1节设计的字典结构体类似，在Redis源码中取名为Hash表，其数据结构如下：

```
typedef struct dictht {
    dictEntry **table;              /*指针数组，用于存储键值对*/
    unsigned long size;             /*table数组的大小*/
    unsigned long sizemask;         /*掩码 = size - 1 */
    unsigned long used;             /*table数组已存元素个数，包含next单链表的数据*/
} dictht;
```

Hash表的结构体整体占用32字节，其中table字段是数组，作用是存储键值对，该数组中的元素指向的是dictEntry的结构体，每个dictEntry里面存有键值对。size表示table数组的总大小。used字段记录着table数组已存键值对个数。

sizemask字段用来计算键的索引值，sizemask的值恒等于size–1。我们知道，索引值是键Hash值与数组总容量取余之后的值，而Redis为提高性能对这个计算进行了优化，具体计算步骤如下。

第1步： 人为设定Hash表的数组容量初始值为4，随着键值对存储量的增加，就需对Hash表扩容，新扩容的容量大小设定为当前容量大小的一倍，也就是说，Hash表的容量大小只能为4,8,16,32…。而sizemask掩码的值就只能为3,7,15,31…，对应的二进制为11,111,1111,11111…，因此掩码值的二进制肯定是每一位都为1。

第2步： 索引值=Hash值&掩码值，对应Redis源码为：idx = hash & d->ht[table].sizemask，

其计算结果等同 Hash 值与 Hash 表容量取余，而计算机的位运算要比取余运算快很多。

图 5-6 为初始化好的一个空 Hash 表结构示意图，默认容量大小是 4。

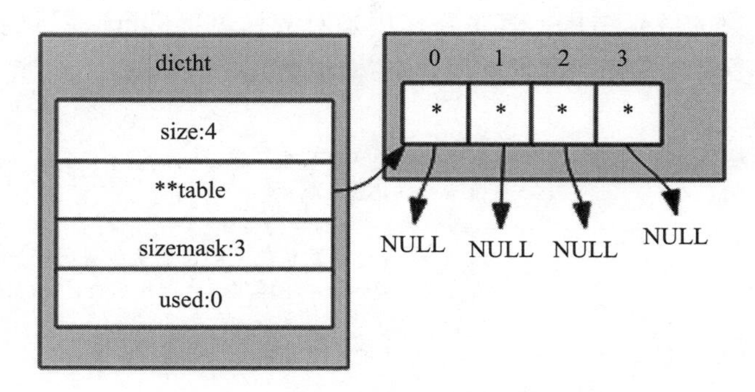

图 5-6 空 Hash 表结构示意图

2. Hash 表节点

Hash 表中的元素是用 dictEntry 结构体来封装的，主要作用是存储键值对，具体结构体如下：

```
typedef struct dictEntry {
    void *key;                    /*存储键*/
    union {
        void *val;                /*db.dict中的val*/
        uint64_t u64;
        int64_t s64;              /*db.expires中存储过期时间*/
        double d;
    } v;                          /*值，是个联合体*/
    struct dictEntry *next;       /*当Hash冲突时，指向冲突的元素，形成单链表*/
} dictEntry;
```

Hash 表中元素结构体和我们前面自定义的元素结构体类似，整体占用 24 字节，key 字段存储的是键值对中的键。v 字段是个联合体，存储的是键值对中的值，在不同场景下使用不同字段。例如，用字典存储整个 Redis 数据库所有的键值对时，用的是 *val 字段，可以指向不同类型的值；再比如，字典被用作记录键的过期时间时，用的是 s64 字段存储；当出现了 Hash 冲突时，next 字段用来指向冲突的元素，通过头插法，形成单链表。

示例：有 3 个键值对，分别依次添加 k2=>v2、k1=>v1、k3=>v3，假设 k1 与 k2 Hash 出现冲突，那么这是 3 个键值对在字典中存储结构示意图如图 5-7 所示。

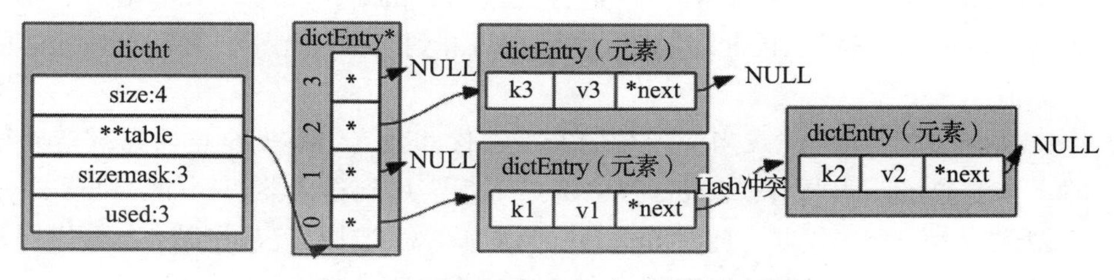

图 5-7 两个元素冲突后（结构示意图）

3. 字典

Redis 字典实现除了包含前面介绍的两个结构体 Hash 表及 Hash 表节点外，还在最外面层封装了一个叫字典的数据结构，其主要作用是对散列表再进行一层封装，当字典需要进行一些特殊操作时要用到里面的辅助字段。具体结构体如下：

```
typedef struct dict {
    dictType *type;             /*该字典对应的特定操作函数*/
    void *privdata;             /*该字典依赖的数据*/
    dictht ht[2];               /*Hash表，键值对存储在此*/
    long rehashidx;             /*rehash标识。默认值为-1，代表没进行rehash操作；不为-1时，
                                  代表正进行rehash操作，存储的值表示Hash表ht[0]的rehash操
                                  作进行到了哪个索引值*/
    unsigned long iterators; /* 当前运行的迭代器数*/
} dict;
```

字典这个结构体整体占用 96 字节，其中 type 字段，指向 dictType 结构体，里面包含了对该字典操作的函数指针，具体如下：

```
typedef struct dictType {
    uint64_t (*hashFunction)(const void *key);                      /*该字典对应的Hash函数*/
    void *(*keyDup)(void *privdata, const void *key);               /*键对应的复制函数*/
    void *(*valDup)(void *privdata, const void *obj);               /*值对应的复制函数*/
    int (*keyCompare)(void *privdata, const void *key1, const void *key2); /*键的比对函数*/
        void (*keyDestructor)(void *privdata, void *key);           /*键的销毁函数*/
        void (*valDestructor)(void *privdata, void *obj);           /*值的销毁函数*/
} dictType;
```

Redis 字典这个数据结构，除了主数据库的 K-V 数据存储外，还有很多其他地方会用到。例如，Redis 的哨兵模式，就用字典存储管理所有的 Master 节点及 Slave 节点；再如，数据库中键值对的值为 Hash 类型时，存储这个 Hash 类型的值也是用的字典。在不同的应用中，字典中的键值对形态都可能不同，而 dictType 结构体，则是为了实现各种形态的字典而抽象出来的一组操作函数。

- privdata 字段，私有数据，配合 type 字段指向的函数一起使用。
- ht 字段，是个大小为 2 的数组，该数组存储的元素类型为 dictht，虽然有两个元素，但一般情况下只会使用 ht[0]，只有当该字典扩容、缩容需要进行 rehash 时，才会用到 ht[1]，rehash 介绍详见 5.3.2 节。
- rehashidx 字段，用来标记该字典是否在进行 rehash，没进行 rehash 时，值为 -1，否则，该值用来表示 Hash 表 ht[0] 执行 rehash 到了哪个元素，并记录该元素的数组下标值。
- iterators 字段，用来记录当前运行的安全迭代器数，当有安全迭代器绑定到该字典时，会暂停 rehash 操作。Redis 很多场景下都会用到迭代器，例如：执行 keys 命令会创建一个安全迭代器，此时 iterators 会加 1，命令执行完毕则减 1，而执行 sort 命令时会创建普通迭代器，该字段不会改变，关于迭代器的介绍详见 5.4.1 节。

一个完整的 Redis 字典的数据结构如图 5-8 所示。

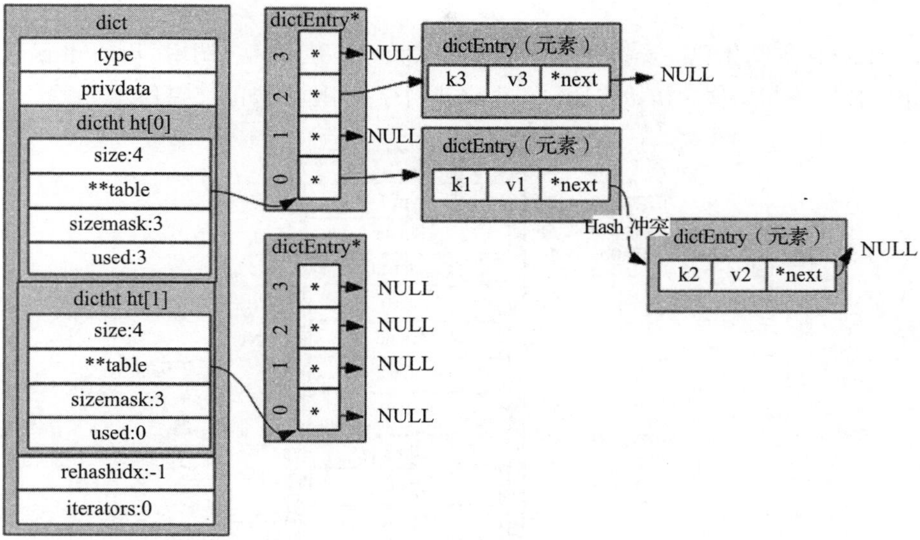

图 5-8 Redis 字典结构示意图

5.3 基本操作

前文讲解了字典的概念及 Redis 字典的基本实现，接下来通过执行命令并结合 Redis 源码，来看下字典是如何进行初始化及如何添加、修改、查找、删除元素的。

5.3.1 字典初始化

在 redis-server 启动中，整个数据库会先初始化一个空的字典用于存储整个数据库的键值对。初始化一个空字典，调用的是 dict.h 文件中的 dictCreate 函数，对应源码为：

```
/* 创建一个新的Hash表 */
dict *dictCreate(dictType *type, void *privDataPtr){
    dict *d = zmalloc(sizeof(*d));//96字节
    _dictInit(d,type,privDataPtr);//结构体初始化值
    return d;
}
/* Initialize the hash table */
int _ dictInit (dict *d, dictType *type, void *privDataPtr){
    _dictReset(&d->ht[0]);
    _dictReset(&d->ht[1]);
    d->type = type;
    d->privdata = privDataPtr;
    d->rehashidx = -1;
```

```
    d->iterators = 0;
    return DICT_OK;
}
```

dictCreate 函数初始化一个空字典的主要步骤为：申请空间、调用 _dictInit 函数，给字典的各个字段赋予初始值。初始化后，一个字典内存占用情况如图 5-9 所示。

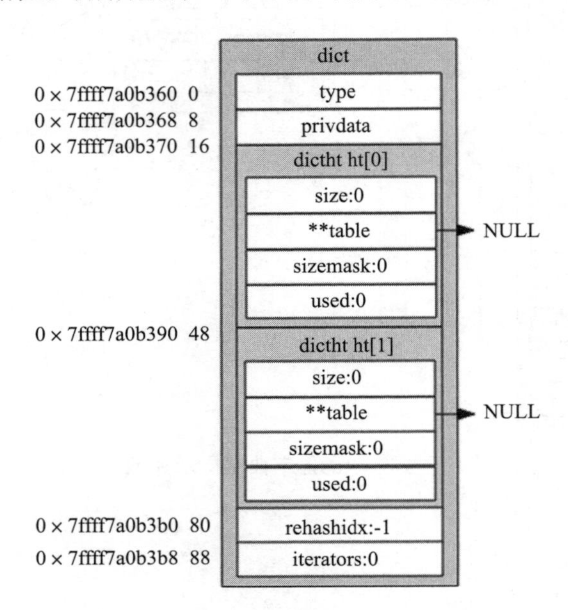

图 5-9 Redis 空字典内存占用示意图

5.3.2 添加元素

redis-server 启动完后，再启动 redis-cli 连上 Server，执行命令"set k1 v1"：

```
[root@4367741a692f src]# ./redis-cli
127.0.0.1:6379> set  k1 v1
```

上述命令是给 Server 的空数据库添加第一对键值对，Server 端收到命令后，最终会执行到 setKey (redisDb *db, robj *key, robj *val) 函数，前文介绍字典的特性时提到过，每个键必须是唯一的，所以元素添加需要经过这么几步来完成：先查找该键是否存在，存在则执行修改，否则添加键值对。而 setKey 函数的主要逻辑也是如此，其主要流程如下。

第 1 步：调用 dictFind 函数，查询键是否存在，是则调用 dbOverwrite 函数修改键值对，否则调用 dbAdd 函数添加元素。

第 2 步：dbAdd 最终调用 dict.h 文件中的 dictAdd 函数插入键值对。

继续查看 dictAdd 函数是如何插入键值对的，其源码如下：

```
int dictAdd(dict *d, void *key, void *val){  /*调用前会查找key存在与否，不存在则调用dictAdd
                                                函数*/
```

```
    dictEntry *entry = dictAddRaw(d,key,NULL); /*添加键，字典中键已存在则返回NULL，否
                                                 则添加键至新节点中，返回新节点*/
    if (!entry) return DICT_ERR;               /*键存在则返回错误*/
    dictSetVal(d, entry, val);                 /*设置值*/
    return DICT_OK;
}
```

dictAdd 函数主要作用是，添加键值对，执行步骤如下。

1）调用 dictAddRaw 函数，添加键，字典中键已存在则返回 NULL，否则添加键至 Hash 表中，并返回新加的 Hash 节点。

2）给返回的新节点设置值，即更新其 val 字段。

我们再看下 dictAddRaw 函数如何做到添加键与查找键，其源码如下：

```
dictEntry *dictAddRaw(dict *d, void *key, dictEntry **existing)/*入参字典、键、Hash表节点地址*/
{
    if (dictIsRehashing(d)) _dictRehashStep(d);  /*该字典是否在进行rehash操作中，是则
                                                   执行一次rehash*/
    if ((index = _dictKeyIndex(d, key, dictHashKey(d,key), existing)) == -1)
        /*查找键，找到则直接返回-1, 并把老节点存入existing字段，否则把新节点的索引值返回。
          如果遇到Hash表容量不足，则进行扩容*/
        return NULL;
    ht = dictIsRehashing(d) ? &d->ht[1] : &d->ht[0]; /*是否进行rehash操作中，是则插入至散列
                                                       表ht[1]中，否则插入散列表ht[0] */
    /*申请新节点内存，插入散列表中，给新节点存入键信息*/
    entry = zmalloc(sizeof(*entry));
    entry->next = ht->table[index];
    ht->table[index] = entry;
    ht->used++;
    dictSetKey(d, entry, key);
    return entry;
}
```

dictAddRaw 函数主要作用是添加或查找键，添加成功返回新节点，查找成功返回 NULL 并把老节点存入 existing 字段。该函数中比较核心的是调用 _dictKeyIndex 函数，作用是得到键的索引值，索引值获取与前文介绍的函数类似，主要有这么两步：

```
dictHashKey(d,key)                     //第1步：调用该字典的Hash函数得到键的Hash值
idx = hash & d->ht[table].sizemask;    //第2步：用键的Hash值与字典掩码取与，得到索引值
```

dictAddRaw 函数拿到键的索引值后则可直接定位“键值对”要存入的位置，新创建一个节点存入即可。执行完添加键值对操作后，字典对应的内存占用结构示意图，如图 5-10 所示。

1. 字典扩容

随着 Redis 数据库添加操作逐步进行，存储键值对的字典会出现容量不足，达到上限，此时就需要对字典的 Hash 表进行扩容，扩容对应的源码是 dict.h 文件中的 dictExpand 函数，对应源码如下：

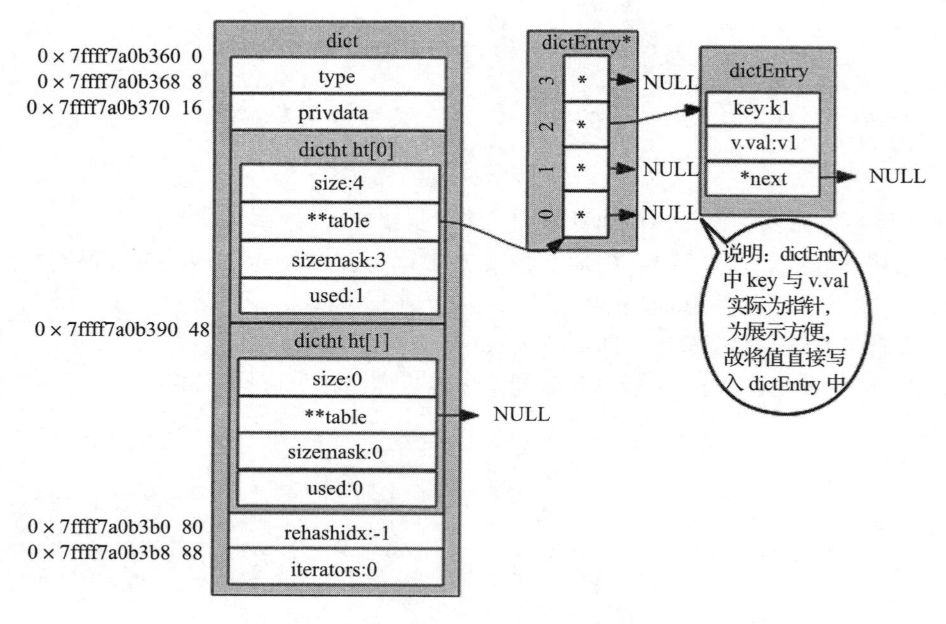

图 5-10　字典添加一个元素后（结构示意图）

```
int dictExpand(dict *d, unsigned long size){//传入size = d->ht[0].used*2
    dictht n;
    unsigned long realsize = _dictNextPower(size); /*重新计算扩容后的值，必须为2的N次方幂*/
    n.size = realsize;
    n.sizemask = realsize-1;
    n.table = zcalloc(realsize*sizeof(dictEntry*));
    n.used = 0;
    d->ht[1] = n;  /*扩容后的新内存放入ht[1]中*/
    d->rehashidx = 0;      /*非默认的-1,表示需进行rehash*/
    return DICT_OK;
}
```

扩容主要流程为：① 申请一块新内存，初次申请时默认容量大小为 4 个 dictEntry；非初次申请时，申请内存的大小则为当前 Hash 表容量的一倍。② 把新申请的内存地址赋值给 ht[1]，并把字典的 rehashidx 标识由 -1 改为 0，表示之后需要进行 rehash 操作。此时字典的内存结构示意图为图 5-11 所示。

扩容后，字典容量及掩码值会发生改变，同一个键与掩码经位运算后得到的索引值就会发生改变，从而导致根据键查找不到值的情况。解决这个问题的方法是，新扩容的内存放到一个全新的 Hash 表中（ht[1]），并给字典打上在进行 rehash 操作中的标识（即 rehashidx!=-1）。此后，新添加的键值对都往新的 Hash 表中存储；而修改、删除、查找操作需要在 ht[0]、ht[1] 中进行检查，然后再决定去对哪个 Hash 表操作。除此之外，还需要把老 Hash 表（ht[0]）中的数据重新计算索引值后全部迁移插入到新的 Hash 表 (ht[1]) 中，此迁移过程称作 rehash，我们下面讲解 rehash 的实现。

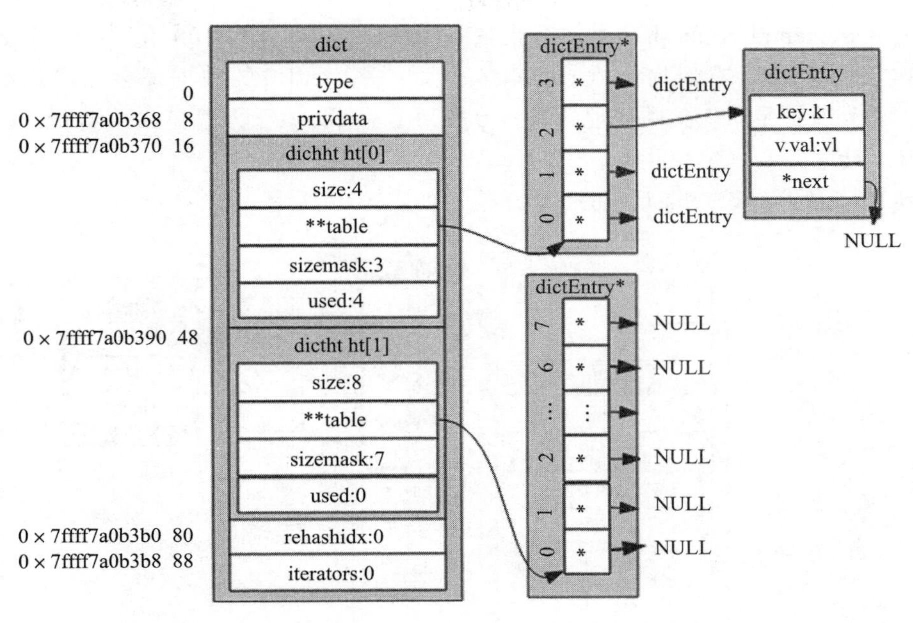

图 5-11　扩容后结构示意图

2. 渐进式 rehash

rehash 除了扩容时会触发，缩容时也会触发。Redis 整个 rehash 的实现，主要分为如下几步完成。

1）给 Hash 表 ht[1] 申请足够的空间；扩容时空间大小为当前容量 *2，即 d->ht[0].used*2；当使用量不到总空间 10% 时，则进行缩容。缩容时空间大小则为能恰好包含 d->ht[0].used 个节点的 2^N 次方幂整数，并把字典中字段 rehashidx 标识为 0。

2）进行 rehash 操作调用的是 dictRehash 函数，重新计算 ht[0] 中每个键的 Hash 值与索引值（重新计算就叫 rehash），依次添加到新的 Hash 表 ht[1]，并把老 Hash 表中该键值对删除。把字典中字段 rehashidx 字段修改为 Hash 表 ht[0] 中正在进行 rehash 操作节点的索引值。

3）rehash 操作后，清空 ht[0]，然后对调一下 ht[1] 与 ht[0] 的值，并把字典中 rehashidx 字段标识为 -1。

我们知道，Redis 可以提供高性能的线上服务，而且是单进程模式，当数据库中键值对数量达到了百万、千万、亿级别时，整个 rehash 过程将非常缓慢，如果不优化 rehash 过程，可能会造成很严重的服务不可用现象。Redis 优化的思想很巧妙，利用分而治之的思想了进行 rehash 操作，大致的步骤如下。

执行插入、删除、查找、修改等操作前，都先判断当前字典 rehash 操作是否在进行中，进行中则调用 dictRehashStep 函数进行 rehash 操作（每次只对 1 个节点进行 rehash 操作，共执行 1 次）。除这些操作之外，当服务空闲时，如果当前字典也需要进行 rehsh 操作，则会调用 incrementallyRehash 函数进行批量 rehash 操作（每次对 100 个节点进行 rehash 操作，共执行 1 毫秒）。在经历 N 次 rehash 操作后，整个 ht[0] 的数据都会迁移到 ht[1] 中，这样做的好处就把是本应集中处理的时间分散到了上百万、千万、亿次操作中，所以其耗时可忽略不计。

图 5-10 经过渐进式 rehash 后的结构示意图如图 5-12 所示。

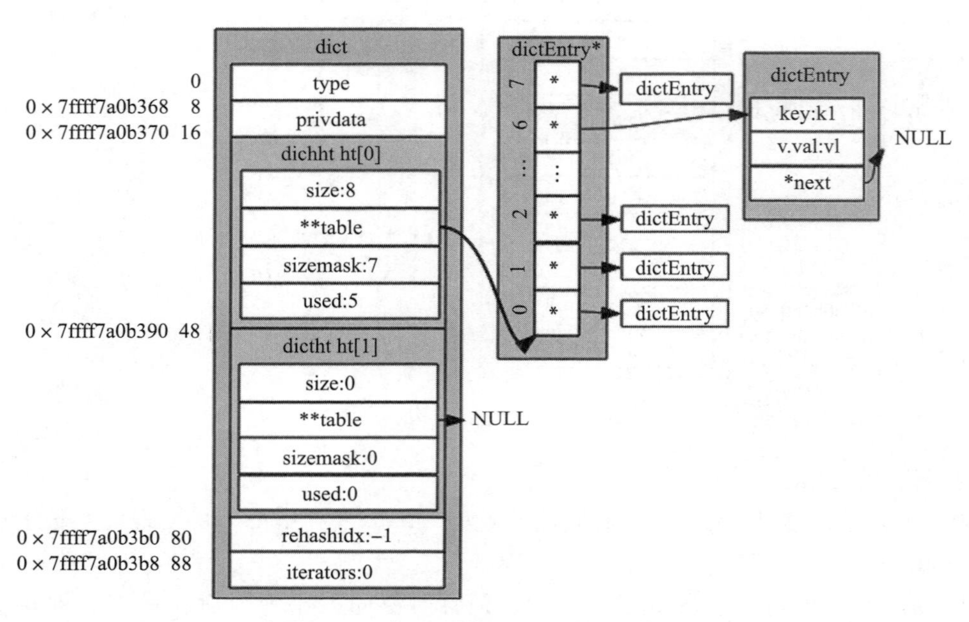

图 5-12 渐进式 rehash 后结构示意图

5.3.3 查找元素

看完 rehash 后，我们看下查找元素，例如还用之前的客户端去读取 k1 的值。

```
127.0.0.1:6379> get  k1
"v1"
```

Server 收到 get 命令后，最终查找键值对会执行到 dict.h 文件中的 dictFind 函数，源码如下：

```
dictFind(dict *d, const void *key){
    h = dictHashKey(d, key);               //得到键的Hash值
    for (table = 0; table <= 1; table++) {//遍历查找Hash表 ht[0]与ht[1]
        idx = h & d->ht[table].sizemask;   //根据Hash值获取到对应的索引值
        he = d->ht[table].table[idx];
        while(he) {                        //如果存在值则遍历该值中的单链表
            if (key==he->key || dictCompareKeys(d, key, he->key))
                return he;                 //找到与键相等的值,返回该节点
            he = he->next;
        }
```

```
        if (!dictIsRehashing(d)) return NULL;//如果未进行rehash操作，则只读取ht[0]
    }
    return NULL;
}
```

查找键的源码，整个过程比较简单，主要分如下几个步骤。

1）根据键调用Hash函数取得其Hash值。

2）根据Hash值取到索引值。

3）遍历字典的两个Hash表，读取索引对应的元素。

4）遍历该元素单链表，如找到了与自身键匹配的键，则返回该元素。

5）找不到则返回NULL。

5.3.4 修改元素

继续跟进修改字典中的键值对，客户端执行如下命令：

```
127.0.0.1:6379> set  k1 v1_update
OK
```

Server收到set命令后，会查询键是否已经在数据库中存在，存在则最终会执行db.c文件中的dbOverwrite函数，其源码如下：

```
void dbOverwrite(redisDb *db, robj *key, robj *val) {
    dictEntry *de = dictFind(db->dict,key->ptr); //查找键存在与否，返回存在的节点
    serverAssertWithInfo(NULL,key,de != NULL);   //不存在则中断执行
    dictEntry auxentry = *de;
    robj *old = dictGetVal(de);                  //获取老节点的val字段值
    dictSetVal(db->dict, de, val);               //给节点设置新的值
        dictFreeVal(db->dict, &auxentry);        //释放节点中旧val内存
}
```

修改键的源码，虽然没有调用dict.h中的方法去修改字典中元素，但修改过程基本类似，Redis修改键值对，整个过程主要分如下几个步骤：

1）调用dictFind查找键是否存在；

2）不存在则中断执行；

3）修改节点键值对中的值为新值；

4）释放旧值内存。

5.3.5 删除元素

继续跟进删除字典中键值对，在客户端执行如下命令：

```
127.0.0.1:6379> del  k1
(integer) 1
```

Server收到del命令后，最终删除键值对会执行dict.h文件中的dictDelete函数，其主要的执行过程为：

1）查找该键是否存在于该字典中；

2）存在则把该节点从单链表中剔除；

3）释放该节点对应键占用的内存、值占用的内存，以及本身占用的内存；

4）给对应的 Hash 表的 used 字典减 1 操作。

当字典中数据经过一系列操作后，使用量不到总空间 <10% 时，就会进行缩容操作，将 Redis 数据库占用内存保持在合理的范围内，不浪费内存。

字典缩容的核心函数有两个：

```
void tryResizeHashTables(int dbid) {
    if (htNeedsResize(server.db[dbid].dict))  //判断是否需要缩容：used/size<10%
        dictResize(server.db[dbid].dict);     //执行缩容操作
}
int dictResize (dict *d){                     //缩容函数
    int minimal;
    minimal = d->ht[0].used;
    if (minimal < DICT_HT_INITIAL_SIZE)       //容量最小值为4
        minimal = DICT_HT_INITIAL_SIZE;
    return dictExpand (d, minimal);           //调用扩容函数，实质进行的是缩容
}
```

整个缩容的步骤大致为：判断当前的容量是否达到最低阈值，即 used/size<10%，达到了则调用 dictResize 函数进行缩容，缩容后的函数容量实质为 used 的最小 2^N 整数。缩容操作和扩容操作实质差不多，最终调用的都是 dictExpand 函数，之后的操作与扩容一致，不再重复讲解。

5.4 字典的遍历

前文已经讲解了字典的基本概念、基本操作，本节将讲解字典的遍历操作，遍历数据库的原则为：① 不重复出现数据；② 不遗漏任何数据。熟悉 Redis 命令的读者应该知道，遍历 Redis 整个数据库主要有两种方式：**全遍历**（例如 keys 命令）、**间断遍历**（hscan 命令），这两种方式将在下面进行详细讲解。

- 全遍历：一次命令执行就遍历完整个数据库。
- 间断遍历：每次命令执行只取部分数据，分多次遍历。

5.4.1 迭代器遍历

迭代器——可在容器（容器可为字典、链表等数据结构）上遍访的接口，设计人员无须关心容器的内容，调用迭代器固定的接口就可遍历数据，在很多高级语言中都有实现。

字典迭代器主要用于迭代字典这个数据结构中的数据，既然是迭代字典中的数据，必然会出现一个问题，迭代过程中，如果发生了数据增删，则可能导致字典触发 rehash 操作，或迭代开始时字典正在进行 rehash 操作，从而导致一条数据可能多次遍历到。那 Redis 如

何解决这个问题呢？带着这个疑问，我们接下来一起看下迭代器的实现。

Redis 源码中迭代器实现的基本数据结构如下：

```
typedef struct dictIterator {
    dict *d;                //迭代的字典
    int index;              //当前迭代到Hash表中哪个索引值
    int table, safe;        //table用于表示当前正在迭代的Hash表，即ht[0]与ht[1]，safe用于表
                              示当前创建的是否为安全迭代器
    dictEntry *entry, *nextEntry;//当前节点，下一个节点
    long long fingerprint;//字典的指纹，当字典未发生改变时，该值不变，发生改变时则值也随着改变
} dictIterator;
```

整个数据结构占用了 48 字节，其中 d 字段指向需要迭代的字典；index 字段代表当前读取到 Hash 表中哪个索引值；table 字段表示当前正在迭代的 Hash 表（即 ht[0] 与 ht[1] 中的 0 和 1）；safe 字段表示当前创建的迭代器是否为安全模式；entry 字段表示正在读取的节点数据；nextEntry 字段表示 entry 节点中的 next 字段所指向的数据。

fingerprint 字段是一个 64 位的整数，表示在给定时间内字典的状态。在这里称其为字典的指纹，因为该字段的值为字典（dict 结构体）中所有字段值组合在一起生成的 Hash 值，所以当字典中数据发生任何变化时，其值都会不同，生成算法不做过多解读，读者可参见源码 dict.c 文件中的 dictFingerprint 函数。

为了让迭代过程变得简单，Redis 也提供了迭代相关的 API 函数，主要为：

```
dictIterator *dictGetIterator(dict *d);             /*初始化迭代器*/
dictIterator *dictGetSafeIterator(dict *d);         /*初始化安全的迭代器*/
dictEntry *dictNext(dictIterator *iter);            /*通过迭代器获取下一个节点*/
void dictReleaseIterator(dictIterator *iter);       /*释放迭代器*/
```

简单介绍完迭代器的基本结构、字段含义及 API，我们来看下 Redis 如何解决增删数据的同时不出现读取数据重复的问题。Redis 为单进程单线程模式，不存在两个命令同时执行的情况，因此只有当执行的命令在遍历的同时删除了数据，才会触发前面的问题。我们把迭代器遍历数据分为两类：

1）普通迭代器，只遍历数据；

2）安全迭代器，遍历的同时删除数据。

1. 普通迭代器

普通迭代器迭代字典中数据时，会对迭代器中 fingerprint 字段的值作严格的校验，来保证迭代过程中字典结构不发生任何变化，确保读取出的数据不出现重复。

当 Redis 执行部分命令时会使用普通迭代器迭代字典数据，例如 sort 命令。sort 命令主要作用是对给定列表、集合、有序集合的元素进行排序，如果给定的是有序集合，其成员名存储用的是字典，分值存储用的是跳跃表，则执行 sort 命令读取数据的时候会用到迭代器来遍历整个字典。

普通迭代器迭代数据的过程比较简单，主要分为如下几个步骤。

1）调用dictGetIterator函数初始化一个普通迭代器，此时会把iter->safe值置为0，表示初始化的迭代器为普通迭代器，初始化后的结构示意图如图5-13所示。

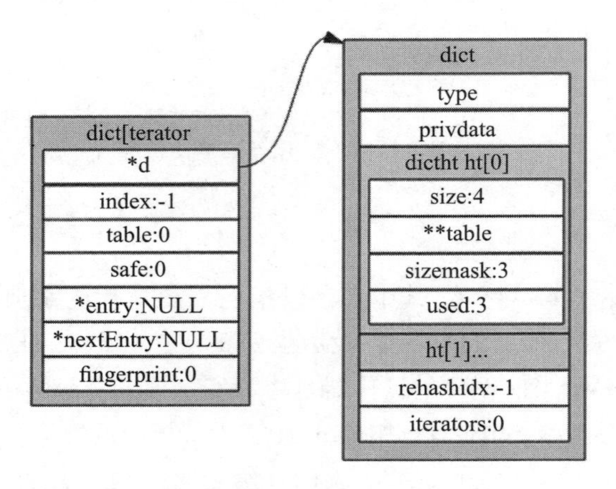

图5-13 初始化后迭代器结构示意图

2）循环调用dictNext函数依次遍历字典中Hash表的节点，首次遍历时会通过dictFingerprint函数拿到当前字典的指纹值，此时结构示意图如图5-14所示。

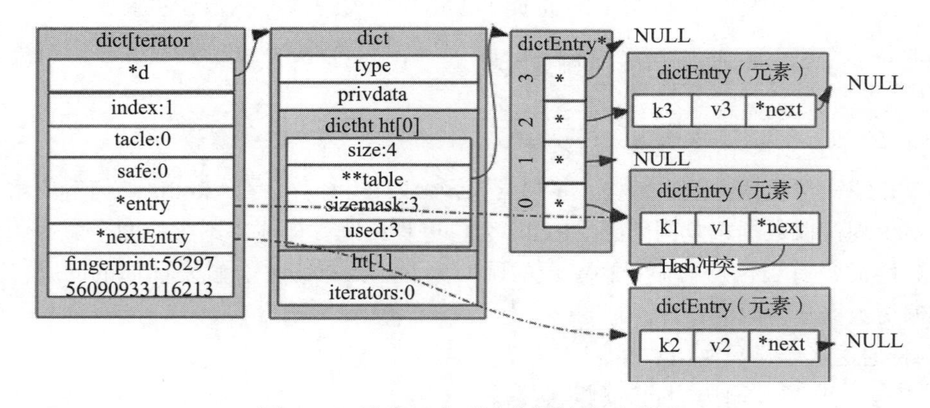

图5-14 迭代一次后迭代器结构示意图

注意 entry与nextEntry两个指针分别指向Hash冲突后的两个父子节点。如果在安全模式下，删除了entry节点，nextEntry字段可以保证后续迭代数据不丢失。

3）当调用dictNext函数遍历完字典Hash表中节点数据后，释放迭代器时会继续调用dictFingerprint函数计算字典的指纹值，并与首次拿到的指纹值比较，不相等则输出异常"=== ASSERTION FAILED ===",且退出程序执行。

普通迭代器通过步骤1、步骤3的指纹值对比，来限制整个迭代过程中只能进行迭代操作，即迭代过程中字典数据的修改、添加、删除、查找等操作都不能进行，只能调用

dictNext 函数迭代整个字典，否则就报异常，由此来保证迭代器取出数据的准确性。

> 注意 对字典进行修改、添加、删除、查找操作都会调用 dictRehashStep 函数，进行渐进式 reahash 操作，从而导致 fingerprint 值发生改变。

2. 安全迭代器

安全迭代器和普通迭代器迭代数据原理类似，也是通过循环调用 dictNext 函数依次遍历字典中 Hash 表的节点。安全迭代器确保读取数据的准确性，不是通过限制字典的部分操作来实现的，而是通过限制 rehash 的进行来确保数据的准确性，因此迭代过程中可以对字典进行增删改查等操作。

我们知道，对字典的增删改查操作会调用 dictRehashStep 函数进行渐进式 rehash 操作，那如何对 rehash 操作进行限制呢，我们一起看下 dictRehashStep 函数源码实现：

```
static void _dictRehashStep(dict *d) {
    if (d->iterators == 0) dictRehash(d,1);//字典正在运行迭代操作的安全迭代器个数
}
```

原理上很简单，如果当前字典有安全迭代器运行，则不进行渐进式 rehash 操作，rehash 操作暂停，字典中数据就不会被重复遍历，由此确保了读取数据的准确性。

当 Redis 执行部分命令时会使用安全迭代器迭代字典数据，例如 keys 命令。keys 命令主要作用是通过模式匹配，返回给定模式的所有 key 列表，遇到过期的键则会进行删除操作。Redis 数据键值对都存储在字典中，因此 keys 命令会通过安全迭代器来遍历整个字典。安全迭代器整个迭代过程也较为简单，主要分如下几个步骤。

第 1 步：调用 dictGetSafeIterator 函数初始化一个安全迭代器，此时会把 iter->safe 值置为 1，表示初始化的迭代器为安全迭代器，初始化完后的结构示意图与图 5-12 类似，safe 字段置为 1。

第 2 步：循环调用 dictNext 函数依次遍历字典中 Hash 表的节点，首次遍历时会把字典中 iterators 字段进行加 1 操作，确保迭代过程中渐进式 rehash 操作会被中断执行。

第 3 步：当调用 dictNext 函数遍历完字典 Hash 表中节点数据后，释放迭代器时会把字典中 iterators 字段进行减 1 操作，确保迭代后渐进式 rehash 操作能正常进行。

安全迭代器是通过步骤 1、步骤 3 中对字典的 iterators 字段进行修改，使得迭代过程中渐进式 rehash 操作被中断，由此来保证迭代器读取数据的准确性。

5.4.2 间断遍历

前文讲解了“全遍历”字典的实现，但有一个问题凸显出来，当数据库中有海量数据时，执行 keys 命令进行一次数据库全遍历，耗时肯定不短，会造成短暂的 Redis 不可用，所以在 Redis 在 2.8.0 版本后新增了 scan 操作，也就是“间断遍历”。而 dictScan 是“间断

遍历”中的一种实现，主要在迭代字典中数据时使用，例如hscan命令迭代整个数据库中的key，以及zscan命令迭代有序集合所有成员与值时，都是通过dictScan函数来实现的字典遍历。dictScan遍历字典过程中是可以进行rehash操作的，通过算法来保证所有的数据能被遍历到。

我们看下dictScan函数参数介绍：

```
unsigned long dictScan(dict *d, unsigned long v,dictScanFunction *fn,
                       dictScanBucketFunction* bucketfn,
                       void *privdata)
```

变量d是当前迭代的字典；变量v标识迭代开始的游标（即Hash表中数组索引），每次遍历后会返回新的游标值，整个遍历过程都是围绕这个游标值的改动进行，来保证所有的数据能被遍历到；fn是函数指针，每遍历一个节点则调用该函数处理；bucketfn函数在整理碎片时调用；privdata是回调函数fn所需参数。

执行hscan命令时外层调用dictScan函数示例：

```
long maxiterations = count*10;
    //count为hscan命令传入的count值，代表获取数据个数。Hash表处于病态时（例如大部分的节点为
      空时），最大迭代次数为 10*count
do {
    cursor = dictScan(ht, cursor, scanCallback, NULL, privdata);
        //调用dictScan 函数迭代字典数据，cursor字段初始值为hscan命令传入值，代表迭代Hash数
          组的游标起点值
} while (cursor && maxiterations-- &&
      listLength(keys) < (unsigned long)count);
```

dictScan函数间断遍历字典过程中会遇到如下3种情况。

1）从迭代开始到结束，散列表没有进行rehash操作。

2）从迭代开始到结束，散列表进行了扩容或缩容操作，且恰好为两次迭代间隔期间完成了rehash操作。

3）从迭代开始到结束，某次或某几次迭代时散列表正在进行rehash操作。

1. 遍历过程中始终未遇到rehash操作

每次迭代都没有遇到rehash操作，也就是遍历字典只遇到第1或第2种情况。其实第1种情况，只要依次按照顺序遍历Hash表ht[0]中节点即可，第2种情况因为在遍历的整个过程中，期间字典可能发生了扩容或缩容操作，如果依然按照顺序遍历，则可能会出现数据重复读取的现象。例如图5-15中所示，下标为0的键值对在扩容一次后可能分布在下标为0或4的节点中，倘若第1次遍历了0下标节点的数据，第2次遍历时字典已经进行了一次扩容操作，后续若依次遍历，则原先0下标节点的数据可能重复出现。Redis为了做到不漏数据且尽量不重复数据，统一采用了一种叫作reverse binary iteration的方法来进行间断数据迭代，接下来看下其主要源码实现，迭代的代码如下：

```
t0 = &(d->ht[0]);
m0 = t0->sizemask;
de = t0->table[v & m0];//避免缩容后游标超出Hash表最大值
while (de) {//循环遍历当前节点的单链表
    next = de->next;
    fn(privdata, de);//依次将节点中键值对存入privdata字段中的单链表
    de = next;
}
```

整个迭代过程强依赖游标值 v 变量，根据 v 找到当前需读取的 Hash 表元素，然后遍历该元素单链表上所有的键值对，依次执行 fn 函数指针执行的函数，对键值对进行读取操作。

为了兼容迭代间隔期间可能发生的缩容与扩容操作，每次迭代时都会对 v 变量（游标值）进行修改，以确保迭代出的数据无遗漏，游标具体变更算法为：

```
v |= ~m0;
v = rev(v);// 二进制逆转
v++;
v = rev(v);//二进制逆转
```

为了让大家更好地理解该算法及整个迭代过程，我用 3 个假设的例子，并结合游标变更算法来分别说明不同情况下迭代的顺序。

第 1 种假设：“假设 Hash 表大小为 4，迭代从始至终未进行扩容缩容操作”，此时数组的掩码为 m0=0x11，~m0 =0x100，游标值的变化如表 5-1 所示。

表 5-1 第 1 种假设游标值的变化

输　入	初始值	*v* |= 0x100	v=rev(*v*)	v++	v=rev(v)	最终结果
第 1 次游标为 0	0x000	0x100	0x001	0x010	0x010	2
第 2 次游标为 2	0x010	0x110	0x011	0x100	0x001	1
第 3 次游标为 1	0x001	0x101	0x101	0x110	0x011	3
第 4 次游标为 3	0x011	0x111	0x111	0x000	0x000	0

因此整个表遍历顺序为，0、2、1、3 的顺序，恰好把所有的节点遍历完。

第 2 种假设：“假设 Hash 表大小为 4，进行第 3 次迭代时，Hash 表扩容到了 8”，表为 4 时，数组的掩码为 m0=0x11，~m0=0x100，游标值的变化顺序如表 5-2 所示。

表 5-2 第 2 种假设游标值的变化

输　入	初始值	*v* |= 0x100	v=rev(*v*)	v++	v=rev(v)	最终结果
第 1 次游标为 0	0x000	0x100	0x001	0x010	0x010	2
第 2 次游标为 2	0x010	0x110	0x011	0x100	0x001	1

进行第 3 次迭代时，表大小扩容到了 8，数组的掩码 m0=0x111，~m0 =0x1000 ，接下来游标值的变化顺序如表 5-3 所示。

表 5-3 第 3 次迭代时游标值的变化

输　入	初始值	v |= 0x1000	v=rev(v)	v++	v=rev(v)	最终结果
第 3 次游标为 1	0x0001	0x1001	0x1001	0x1010	0x0101	5
第 4 次游标为 5	0x0101	0x1101	0x1011	0x1100	0x0011	3
第 5 次游标为 3	0x0011	0x1011	0x1101	0x1110	0x0111	7
第 6 次游标为 1	0x0111	0x1111	0x1111	0x0000	0x000	0

此时我们发现，迭代只进行 6 次就完成了，顺序为 0、2、1、5、3、7，扩容后少遍历了 4、6，因为游标为 0、2 的数据在扩容前已经迭代完，而 Hash 表大小从 4 扩容至 8，再经过 rehash 后，游标为 0、2 的数据可能会分布在 0|4、2|6 上，因此扩容后的游标 4、6 不需要再迭代，扩容后新老 Hash 表数据的逻辑对应关系如图 5-15 所示。

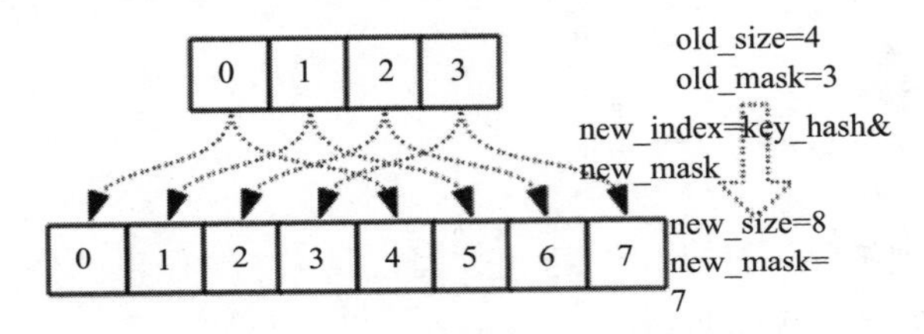

图 5-15 扩容 rehash 后新老表数据分布对应图

第 3 种假设：“假设 Hash 表大小为 8，迭代进行到了第 5 次时，Hash 表缩容到了 4”，Hash 表为 8 时，数组的掩码为 m0=0x111，~m0=0x1000，游标值的变化顺序如表 5-4 所示。

表 5-4 第 3 种假设游标值的变化

输　入	初始值	v |= 0x1000	v=rev(v)	v++	v=rev(v)	最终结果
第 1 次游标为 0	0x0000	0x1000	0x0001	0x0010	0x0100	4
第 2 次游标为 4	0x0100	0x1100	0x0011	0x0100	0x0010	2
第 3 次游标为 2	0x0010	0x1010	0x0101	0x0110	0x0110	6
第 4 次游标为 6	0x0110	0x1110	0x0111	0x1000	0x0001	1

进行第 5 次迭代时，Hash 表大小缩容到了 4，数组的掩码为 m0=0x11，~m0=0x100，接下来游标值的变化顺序如表 5-5 所示。

表 5-5 第 5 次迭代时游标值的变化

输　入	初始值	v |= 0x100	v=rev(v)	v++	v=rev(v)	最终结果
第 5 次游标为 1	0x001	0x101	0x101	0x110	0x011	3
第 6 次游标为 3	0x011	0x111	0x111	0x000	0x000	0

同样，迭代只进行 6 次就迭代完了，顺序为 0、4、2、6、1、3，缩容后少遍历了 0、2，因为游标为 0、2 的数据在缩容前已经迭代完，而 Hash 表大小从缩容至 4，再经过 rehash

后，游标为 0、2 的数据缩容前会分布在 0|4、2|6 上，而这 4 个对应缩容前的游标都已经遍历，缩容后则无须重复遍历。

根据前面 3 种假设逐步分析可知，只要是遍历的时候没有遇到 rehash 正好在进行中，通过上述游标变更算法，不管中间是否经历了缩容 / 扩容，都可以遍历完整个 Hash 表，不遗漏任何数据。这里还有一种特殊的情况没说明，比如多次间断遍历的时候该字典缩容了两次，则可能造成遍历的数据出现重复，但现实生产环境中，一般 Redis 短时间内频繁缩容了两次的概率不大，因此影响也有限。

2. 遍历过程中遇到 rehash 操作

从迭代开始到结束，某次或某几次迭代时散列表正在进行 rehash 操作，rehash 操作中会同时并存两个 Hash 表：一张为扩容或缩容后的表 ht[1]，一张为老表 ht[0]，ht[0] 的数据通过渐进式 rehash 会逐步迁移到 ht[1] 中，最终完成整个迁移过程。

因为大小两表并存，所以需要从 ht[0] 和 ht[1] 中都取出数据，整个遍历过程为：先找到两个散列表中更小的表，先对小的 Hash 表遍历，然后对大的 Hash 表遍历，迭代的代码如下：

```
t0 = &d->ht[0];t1 = &d->ht[1];
    if (t0->size > t1->size) {
    t0 = &d->ht[1];t1 = &d->ht[0];
}
m0 = t0->sizemask;m1 = t1->sizemask;
de = t0->table[v & m0];
while (de) {/*迭代第一张小Hash表*/
    next = de->next;
    fn(privdata, de);
    de = next;
}
do {/*迭代第二张大Hash表*/
    de = t1->table[v & m1];
    while (de) {
        next = de->next;
        fn(privdata, de);
        de = next;
    }
    v |= ~m1;v = rev(v); v++; v = rev(v);
    } while (v & (m0 ^ m1));
```

结合 rehash 中游标变更算法，为了让大家更好地理解该算法及整个迭代过程，举个例子简单讲解这种情况下迭代的顺序：假设 Hash 表大小为 8，扩容到 16，迭代从始至终每次迭代都在进行 rehash 操作，接下来两张表数据遍历次序如表 5-6 所示。

表 5-6 两张表数据遍历次序

游　　标	ht[0] 遍历顺序	ht[1] 遍历顺序		游标最终值
第 1 次游标为 0	0	0	8	4
第 2 次游标为 4	4	4	12	2

（续）

游　标	ht[0] 遍历顺序	ht[1] 遍历顺序		游标最终值
第 3 次游标为 2	2	2	10	6
第 4 次游标为 6	6	6	14	1
第 5 次游标为 1	1	1	9	5
第 6 次游标为 5	5	5	13	3
第 7 次游标为 3	3	3	11	7
第 8 次游标为 7	7	7	15	0

针对这种情况，ht[0] 表的迭代顺序为：0、4、2、6、1、5、3、7，恰好整张表都迭代完，不遗漏也不重复任何数据，而 ht[1] 表也依次对每个节点进行了迭代，不遗漏也不重复迭代数据。

除了这种情况的迭代外，还有两种情况：① 迭代过程中某几次遇到了字典扩容的 rehash 操作；② 迭代过程中某几次遇到了字典缩容的 rehash 操作。针对这两种情况下的游标变化及迭代顺序，笔者不做过多阐述，感兴趣的读者可以结合源码自己来写出两张表的遍历顺序。

这套算法能满足这样的特点，主要是巧妙地利用了扩容及缩容正好为整数倍增长或减少的原理，根据这个特征，很容易就能推导出同一个节点的数据扩容 / 缩容后在新的 Hash 表中的分布位置，从而避免了重复遍历或漏遍历。

5.5 API 列表

前面几节讲解了字典概念及难点，本节主要介绍字典相关的 API 函数，Redis 源码中对每个函数都有详细说明，读者也可自行查看。

字典的所有 API 方法声明都在 dict.h 文件中，具体每个 API 的作用如下：

```
dict *dictCreate(dictType *type, void *privDataPtr);//初始化字典
int dictExpand(dict *d, unsigned long size);        //字典扩容
int dictAdd(dict *d, void *key, void *val);         //添加键值对，已存在则不添加
//添加key，并返回新添加的key对应的节点。若已存在，则存入existing字段，并返回-1
dictEntry *dictAddRaw(dict *d, void *key, dictEntry **existing);
dictEntry *dictAddOrFind(dict *d, void *key);       //添加或查找key
int dictReplace(dict *d, void *key, void *val);     //添加键值对，若存在则修改，否则添加
int dictDelete(dict *d, const void *key);//删除节点
dictEntry *dictUnlink(dict *ht, const void *key); //删除key,但不释放内存
void dictFreeUnlinkedEntry(dict *d, dictEntry *he);//释放dictUnlink函数删除key的内存
void dictRelease(dict *d);//释放字典
dictEntry * dictFind(dict *d, const void *key);     //根据键查找元素
void *dictFetchValue(dict *d, const void *key);     //根据键查找出值
int dictResize(dict *d);   //将字典表的大小调整为包含所有元素的最小值，即收缩字典
```

```
dictIterator *dictGetIterator(dict *d);//初始化普通迭代器
dictIterator *dictGetSafeIterator(dict *d);        // 初始化安全迭代器
dictEntry *dictNext(dictIterator *iter);           //通过迭代器获取下一个节点
void dictReleaseIterator(dictIterator *iter);      //释放迭代器
dictEntry *dictGetRandomKey(dict *d);              //随机得到一个键
//随机得到几个键
unsigned int dictGetSomeKeys(dict *d, dictEntry **des, unsigned int count);
void dictGetStats(char *buf, size_t bufsize, dict *d); //读取字典的状态、使用情况等
uint64_t dictGenHashFunction(const void *key, int len);//hash函数-字母大小写敏感
//Hash函数，字母大小写不敏感
uint64_t dictGenCaseHashFunction(const unsigned char *buf, int len);
void dictEmpty(dict *d, void(callback)(void*));//清空一个字典
void dictEnableResize(void);                    //开启Resize
void dictDisableResize(void);                   //关闭Resize
int dictRehash(dict *d, int n);                 //渐进式rehash，n为进行几步
int dictRehashMilliseconds(dict *d, int ms);    //持续性rehash，ms为持续多久
void dictSetHashFunctionSeed(uint8_t *seed);    //设置新的散列种子
uint8_t *dictGetHashFunctionSeed(void);         //获取当前散列种子值
unsigned long dictScan(dict *d, unsigned long v, dictScanFunction *fn,
    dictScanBucketFunction *bucketfn, void *privdata);//间断性的迭代字段数据
uint64_t dictGetHash(dict *d, const void *key);      //得到键的Hash值
dictEntry **dictFindEntryRefByPtrAndHash(dict *d, const void *oldptr, uint64_t
    hash);//使用指针+hash值去查找元素
```

5.6 本章小结

本章讲解了字典的基本概念，并对其实现进行深入解读，字典在 Redis 数据库中起到了举足轻重的作用，想必读者读完这章之后，对字典的概念及 Redis 数据库底层是如何存储数据都会有一个较为清晰的了解。请思考，在 5.2.1 节中介绍字典的基本实现中为什么 Hash 表数组中存放的是每个 dictEntry 的指针地址，而不是直接把 dictEntry 嵌入到 Hash 表数组中去？

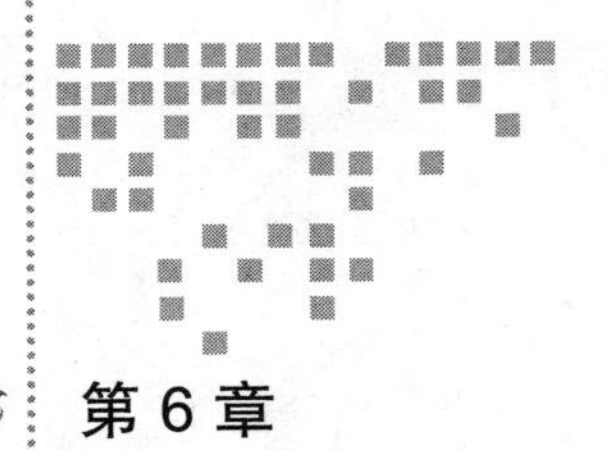

Chapter 6 第6章

整数集合

整数集合（intset）是一个有序的、存储整型数据的结构。我们知道 Redis 是一个内存数据库，所以必须考虑如何能够高效地利用内存。当 Redis 集合类型的元素都是整数并且都处在 64 位有符号整数范围之内时，使用该结构体存储。

例如，在客户端输入如下命令并查看其编码。

```
127.0.0.1:6379> sadd testSet 1 2 -1 -6,
(integer) 4
127.0.0.1:6379> object encoding testSet
"intset"
```

在两种情况下，底层编码会发生转换。一种情况为当元素个数超过一定数量之后（默认值为 512），即使元素类型仍然是整型，也会将编码转换为 hashtable，该值由如下配置项决定：

```
set-max-intset-entries 512
```

另一种情况为当增加非整型变量时，例如在集合中增加元素 'a' 后，testSet 的底层编码从 intset 转换为 hashtable：

```
127.0.0.1:6379> sadd testSet  'a'
(integer) 1
127.0.0.1:6379> object encoding testSet
"hashtable"
```

6.1 数据存储

整数集合在 Redis 中可以保存 int16_t、int32_t、int64_t 类型的整型数据，并且可以保证集合中不会出现重复数据。每个整数集合使用一个 intset 类型的数据结构表示。intset 结构体（见图 6-1）表示如下：

```
typedef struct intset {
    uint32_t encoding;//编码类型
    uint32_t length;//元素个数
    int8_t contents[];//柔性数组,根据encoding字段决定几个字节表示一个元素
} intset
```

encoding	length	element 1	element 2	element n

图 6-1　Intset 的结构

encoding：编码类型，决定每个元素占用几个字节。有如下 3 种类型。

1）INTSET_ENC_INT16：当元素值都位于 INT16_MIN 和 INT16_MAX 之间时使用。该编码方式为每个元素占用 2 个字节。

2）INTSET_ENC_INT32：当元素值位于 INT16_MAX 到 INT32_MAX 或者 INT32_MIN 到 INT16_MIN 之间时使用。该编码方式为每个元素占用 4 个字节。

3）INTSET_ENC_INT64：当元素值位于 INT32_MAX 到 INT64_MAX 或者 INT64_MIN 到 INT32_MIN 之间时使用。该编码方式为每个元素占用 8 个字节。

判断一个值需要什么类型的编码格式，只需要查看该值所处的范围即可，如表 6-1 所示。

表 6-1　值 value 和编码的关系

编　码	值
INTSET_ENC_INT64	(2147483647, 9223372036854775807) 或 [-9223372036854775808, –2147483648)
INTSET_ENC_INT32	(32767, 2147483647] 或 [–2147483648, -32768)
INTSET_ENC_INT16	[–32768,32767]

intset 结构体会根据待插入的值决定是否需要进行扩容操作。扩容会修改 encoding 字段，而 encoding 字段决定了一个元素在 contents 柔性数组中占用几个字节。所以当修改 encoding 字段之后，intset 中原来的元素也需要在 contents 中进行相应的扩展。注意，根据表 6-1 能得到一个简单的结论，只要待插入的值导致了扩容，则该值在待插入的 intset 中不是最大值就是最小值。这个结论在下文插入元素时会用到。

encoding 字段在 Redis 中使用宏来表示，其定义如下：

```
#define INTSET_ENC_INT16 (sizeof(int16_t))
#define INTSET_ENC_INT32 (sizeof(int32_t))
#define INTSET_ENC_INT64 (sizeof(int64_t))
```

每种编码类型实际的值如表 6-2 所示。

表 6-2 编码类型

宏	值
INTSET_ENC_INT16	2
INTSET_ENC_INT32	4
INTSET_ENC_INT64	8

因为 encoding 字段实际取值为 2、4、8，所以 encoding 字段可以直接比较大小。当待插入值的 encoding 字段大于待插入 intset 的 encoding 时，说明需要进行扩容操作，并且也能表明该待插入值在该 intset 中肯定不存在。

- length：元素个数。即一个 intset 中包括多少个元素。
- contents：存储具体元素。根据 encoding 字段决定多少个字节表示一个元素。

按此存储结构，上文示例中生成的 testSet 存储内容如图 6-2 所示。

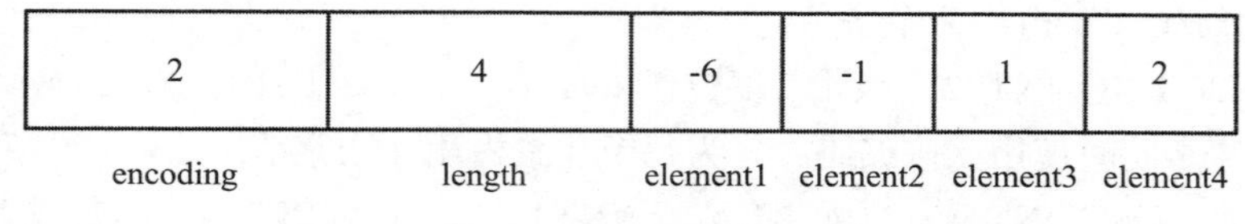

图 6-2 testSet 存储格式

encoding 字段为 2，代表 INTSET_ENC_INT16。length 字段为 4，代表该 intset 中有 4 个元素。根据 encoding 字段，每个元素分别占用两个字节，并且按从小到大的顺序排列，依次为 -6、-1、1 和 2。

下边使用 GDB 实际查看一下 testSet 的存储结构：使用 gdb 调试 Redis。当执行 object 类型的命令时，会调用 objectCommandLookup 函数。我们在 objectCommandLookup 处设置断点，然后从客户端再次执行 object encoding testSet 命令，然后从断点处依次执行（gdb 调试中涉及结构体 dictEntry 可参考第 5 章，robj 可参考第 8 章）。

```
(gdb) b objectCommandLookup
Breakpoint 1 at 0x43c620: file object.c, line 996.
//在objectCommandLookup处设置断点
(gdb) c
Continuing.
Breakpoint 1, objectCommandLookup (c=0x7f2f6751b840, key=0x7f2f6741b320) at object.c:996
996 robj *objectCommandLookup(client *c, robj *key) {
//输入c(continue)直接跳转到断点处
(gdb) n
999      if ((de = dictFind(c->db->dict,key->ptr)) == NULL) return NULL;
//输入n执行下一步
(gdb) n
1000      return (robj*) dictGetVal(de);
//输入n执行下一步
(gdb) p * (robj *)de.v.val
```

```
$1 = {type = 2, encoding = 6, lru = 11650620, refcount = 1, ptr = 0x7f2f6746a660}
//de是一个dictEntry结构体,de.v.val代表testSet值的robj,此处可以看到type为2代表set类型,encoding
  为6代表是intset编码类型
(gdb) p *(intset *)((robj *)de.v.val).ptr
$2 = {encoding = 2, length = 4, contents = 0x7f2f6746a660 "\002"}
//de.v.val.ptr的指针转换为intset类型,可以看到此处encoding是2,代表INTSET_ENC_INT16,length
  为4说明testSet有4个元素
```

下边分别打印出每个元素，可以看到元素是按 -6，-1，1，2 有序排列：

```
(gdb) p *(int16_t *)(((intset *)((robj *)de.v.val).ptr).contents)
$17 = -6
//打印第一个元素
(gdb) p *(int16_t *)(((intset *)((robj *)de.v.val).ptr).contents+2)
$19 = -1
//int16_t占用两个字节,所以首地址加2即可打印出下一个元素
(gdb) p *(int16_t *)(((intset *)((robj *)de.v.val).ptr).contents+4)
$20 = 1
//打印第3个元素
(gdb) p *(int16_t *)(((intset *)((robj *)de.v.val).ptr).contents+6)
$21 = 2
//打印第4个元素
```

打印出这个 intset 占用的总字节数：

```
 (gdb) p intsetBlobLen(((robj *)de.v.val).ptr))
$23 = 16
//调用intsetBlobLen打印出此intset占用的字节数
(gdb) p sizeof(intset)
$24 = 8
//打印出intset结构体本身占用字节数
```

intset 结构体本身占用 8 字节，4 个元素按 INTSET_ENC_INT16 编码，每个占用 2 字节，8+4×2=16，正好是 16 个字节。

6.2　基本操作

本节先介绍如何在 intset 中查询、添加、删除元素，然后在 6.2.4 节介绍 intset 中常用的 API 及其操作复杂度。

6.2.1　查询元素

查询元素的入口函数是 intsetFind，该函数首先进行一些防御性判断，如果没有通过判断则直接返回。intset 是按从小到大有序排列的，所以通过防御性判断之后使用二分法进行元素的查找。以下是 Redis 中 intset 查询代码的实现：

```
uint8_t intsetFind(intset *is, int64_t value) {
    uint8_t valenc = _intsetValueEncoding(value);//判断编码方式
```

```
    return valenc <= intrev32ifbe(is->encoding) && intsetSearch(is,value,NULL);
        //编码方式如果大于当前intset的编码方式，直接返回0。否则调用intsetSearch函数进行查找
}

static uint8_t intsetSearch(intset *is, int64_t value, uint32_t *pos) {
    int min = 0, max = intrev32ifbe(is->length)-1, mid = -1;
    int64_t cur = -1;
    if (intrev32ifbe(is->length) == 0) { //如果intset中没有元素，直接返回0
        if (pos) *pos = 0;
        return 0;
    } else { //如果元素大于最大值或者小于最小值，直接返回0
        if (value > _intsetGet(is,intrev32ifbe(is->length)-1)) {
            if (pos) *pos = intrev32ifbe(is->length);
            return 0;
        } else if (value < _intsetGet(is,0)) {
            if (pos) *pos = 0;
            return 0;
        }
    }
    while(max >= min) {//二分查找该元素
        mid = ((unsigned int)min + (unsigned int)max) >> 1;
        cur = _intsetGet(is,mid);
        if (value > cur) {
            min = mid+1;
        } else if (value < cur) {
            max = mid-1;
        } else {
            break;
        }
    }
    if (value == cur) {//查找到返回1，未查找到返回0
        if (pos) *pos = mid;
        return 1;
    } else {
        if (pos) *pos = min;
        return 0;
    }
}
```

intset查询的具体流程如图6-3所示。

1）函数标签 uint8_t intsetFind(intset *is, int64_t value)。第1个参数为待查询的Intset，第2个参数为待查找的值。首先判断待查找的值需要的编码格式（判断方法见表6-1），如果编码大于该intset的编码（从表6-2可见，3种编码格式实际值分别为2、4、8，所以直接进行大小比较），则肯定不存在该值，直接返回，否则调用intsetSearch函数。

intsetSearch函数的函数标签为：

```
static uint8_t intsetSearch(intset *is, int64_t value, uint32_t *pos)
```

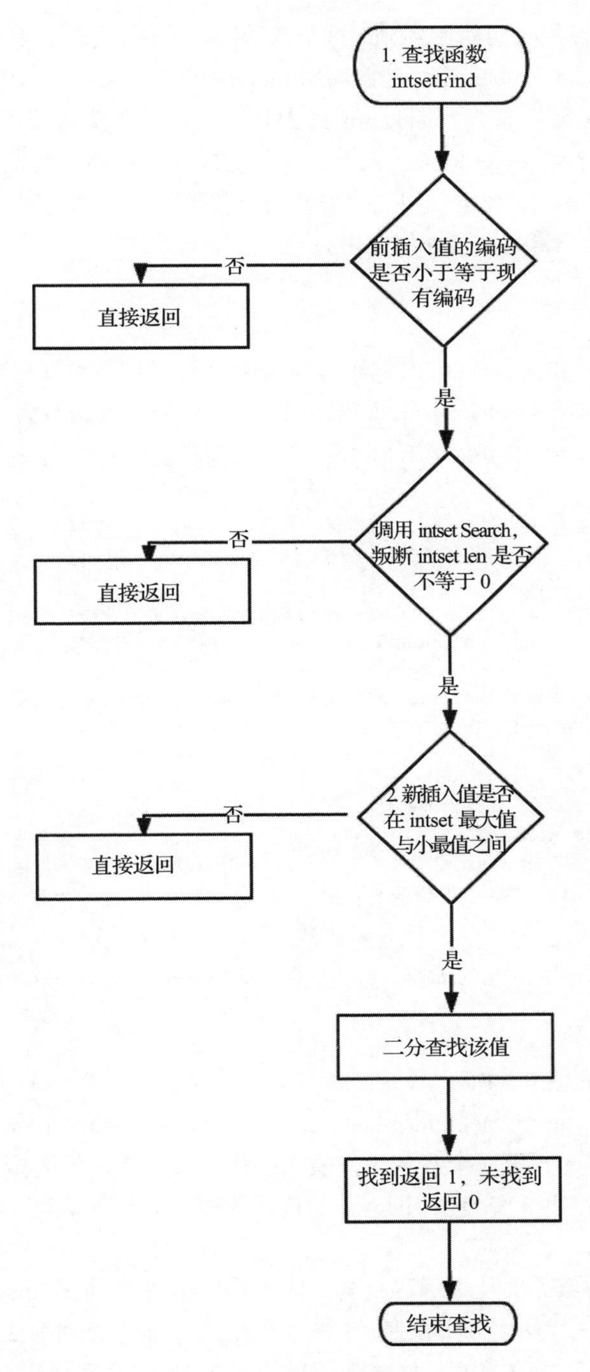

图 6-3 intset 查找元素

可以看到该函数标签只比 intsetFind 多出第 3 个参数 pos（6.2.2 节介绍添加元素时会使

用该函数进行查找，查找时会使用到pos这个参数，如果未查找到该元素，pos参数会记录需要插入该元素的位置)。intsetFind函数调用intsetSearch时会将pos参数置为NULL。

2）intsetSearch函数中首先判断该intset中是否有值，无值直接返回0。如果有值再判断待插入的值是否介于此intset的最大值与最小值之间，如果不在此范围内也返回0。

3）因为intset是个有序数组，用二分查找法寻找该值，找到返回1，未找到返回0。

至此，intset查找元素的接口介绍完毕。

6.2.2 添加元素

添加元素的入口函数是intsetAdd，该函数根据插入值的编码类型和当前intset的编码类型决定是直接插入还是先进行intset升级再执行插入（升级插入的函数为intsetUpgradeAndAdd，见图6-6）。如下是Redis中intset添加元素的代码实现：

```
intset *intsetAdd(intset *is, int64_t value, uint8_t *success) {
    uint8_t valenc = _intsetValueEncoding(value);//获取添加元素的编码值
    uint32_t pos;
    if (success) *success = 1;
    if (valenc > intrev32ifbe(is->encoding)) {//如果大于当前intset的编码，说明需要进行升级
        return intsetUpgradeAndAdd(is,value); //调用intsetUpgradeAndAdd进行升级后添加
    } else {
        if (intsetSearch(is,value,&pos)) {//否则先进行查重，如果已经存在该元素，直接返回
            if (success) *success = 0;
            return is;
        }
        //如果元素不存在，则添加元素
        is = intsetResize(is,intrev32ifbe(is->length)+1);//首先将intset占用内存扩容
        //如果插入元素在intset中间位置，调用intsetMoveTail给元素挪出空间
        if (pos < intrev32ifbe(is->length)) intsetMoveTail(is,pos,pos+1);
    }
    _intsetSet(is,pos,value);//保存元素
    is->length = intrev32ifbe(intrev32ifbe(is->length)+1);//修改intset的长度，将其加1
    return is;
}
```

添加元素的流程如图6-4所示。

1）函数标签为intset *intsetAdd(intset *is, int64_t value, uint8_t *success);，其第1个参数为待添加元素的Intset，第2个参数为待插入的值，第3个参数选传，如果传递了第3个参数，则插入成功时将第3个参数success的值置为1，如果该元素已经在集合中存在，则将success置为0

2）判断要插入的值需要什么编码格式（见表6-1）。如果当前intset的编码格式小于待插入值需要的编码格式（从表6-2看到，3种编码格式实际值分别为2、4、8，所以插入的值需要的编码格式大于当前的编码格式，即需要进行升级），则调用intsetUpgradeAndAdd函数并返回（因为集合类型不能有重复的元素，如果待插入值编码格式大于当前intset的编码格式，说明需要插入的值肯定不在当前集合中，所以在intsetUpgradeAndAdd中不需要再

去查重，详细流程见图 6-6）。

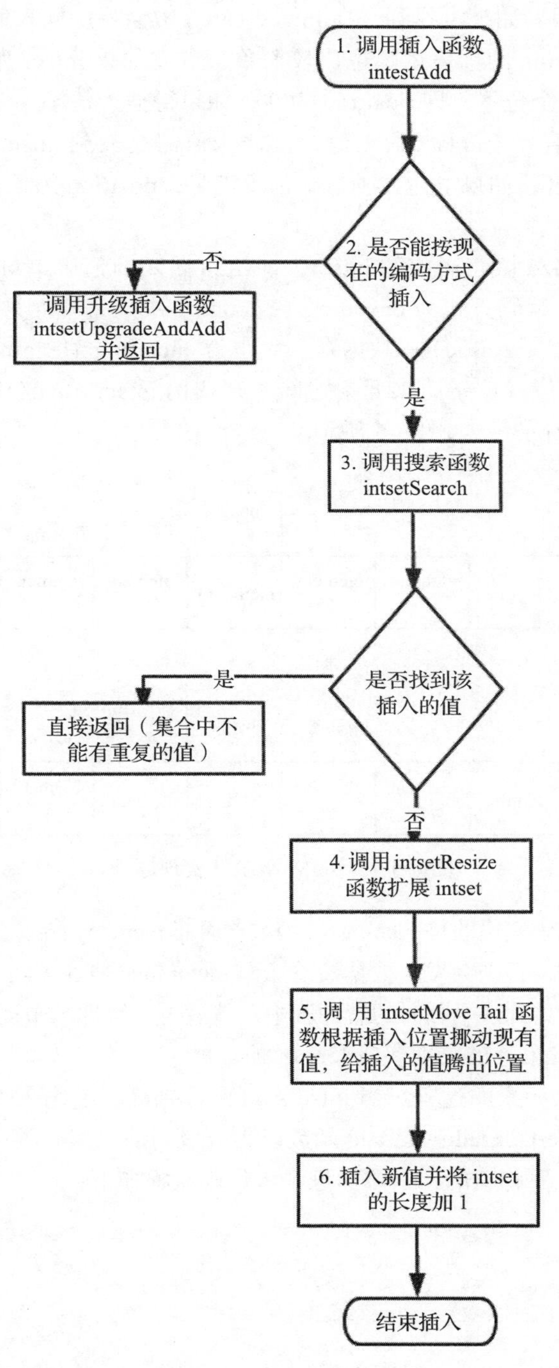

图 6-4　intset 添加元素

3）调用 intsetSearch 函数进行查重，即插入的值是否在当前集合中，如果找到了就不能再次插入，直接返回。如果没找到，在 intsetSearch 中会将待插入值需要插入的位置赋值给 position 字段。position 的计算逻辑也比较简单，首先如果 intset 为空，则需要将待插入值置于该 intset 的第一个位置，即 position 为 0；如果待插入值小于 intset 最小值，position 也为 0；如果待插入值大于 intset 最大值，待插入值需要放到 intset 的最后一个位置，即 position 为 intset 的长度；如果上述几种情况都不满足，position 为该 intset 中待插入值小于的第一个数之前的位置。

4）调用 intsetResize 扩充当前的 intset，即给新插入的值申请好存储空间。假设原来的元素个数为 length，编码方式为 encoding（encoding 决定每个元素占用的空间大小），则 intsetResize 会重新分配（realloc）一块内存，大小为 encoding*(length+1) 个元素的空间。

5）如果要插入的位置位于原来元素之间，则调用 intsetMoveTail 将 position 开始的数据移动到 position+1 的位置，如图 6-5 所示。

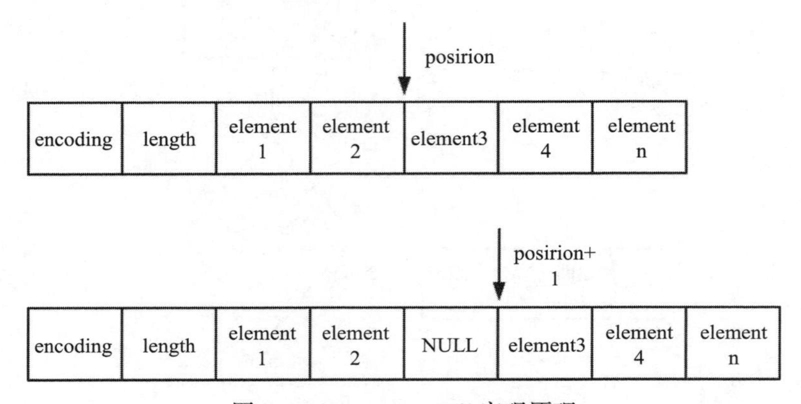

图 6-5 intsetMoveTail 实现原理

intsetMoveTail 函数中使用的是 memmove 函数，而非 memcpy 函数。memcpy 函数的目的地址和源地址不能有重叠，否则会发生数据覆盖。而 memmove 地址之间可以有重叠，其实现原理为先将源地址数据拷贝到一个临时的缓冲区中，然后再从缓冲区中逐字节拷贝到目的地址。

6）插入新值并将 intset 的长度字段 length 加 1。

以上是不升级插入元素的过程。当 intsetAdd 函数判断当前编码类型不能存放需要添加的元素时，会调用 intsetUpgradeAndAdd 函数以先升级当前的编码类型。并且按新编码类型重新存储现有数据，然后将新的元素添加进去。代码流程如下：

```
static intset *intsetUpgradeAndAdd(intset *is, int64_t value) {
    uint8_t curenc = intrev32ifbe(is->encoding);//
    uint8_t newenc = _intsetValueEncoding(value);
    int length = intrev32ifbe(is->length);
    int prepend = value < 0 ? 1 : 0;
    //如果待插入元素小于0，说明需要插入到intset的头部位置。如果大于0，需要插到intset的末尾位
      置。此处原理前文有说明，既然执行了扩容，则说明待插入元素不是最大值就是最小值
```

```
    is->encoding = intrev32ifbe(newenc);
    is = intsetResize(is,intrev32ifbe(is->length)+1);//将intset内存空间进行扩容
    while(length--)//从最后一个元素逐个往前扩容。注意必须从最后一个元素开始，否则有可能会导致
                    元素覆盖
        _intsetSet(is,length+prepend,_intsetGetEncoded(is,length,curenc));
    if (prepend)//如果待插入元素小于0，插入intset头部位置
        _intsetSet(is,0,value);
    else //否则插入末尾位置
        _intsetSet(is,intrev32ifbe(is->length),value);
    is->length = intrev32ifbe(intrev32ifbe(is->length)+1);//修改intset的长度，将其加1
    return is;
}
```

图 6-6 为 intset 升级后添加元素的流程图。

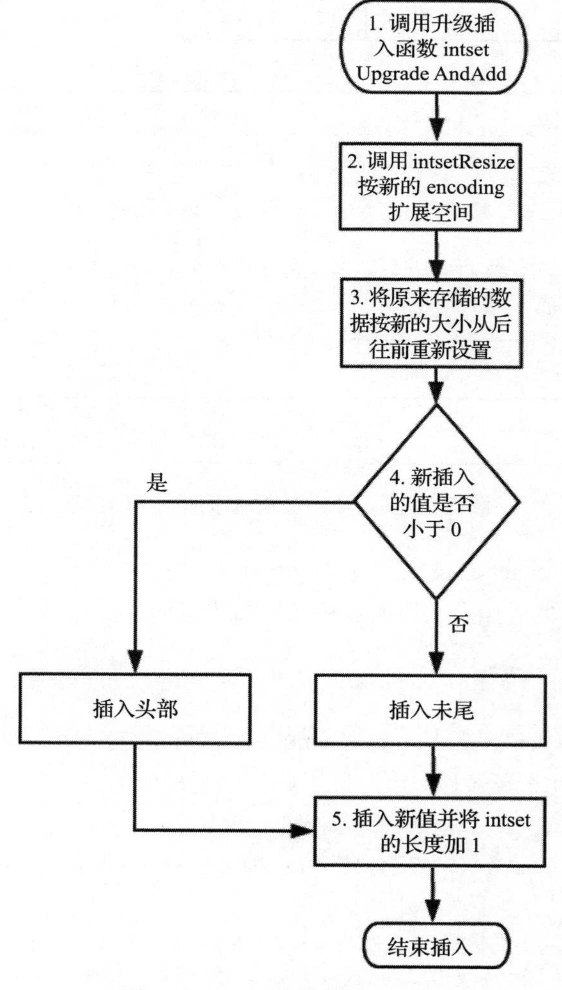

图 6-6 intset 升级并添加元素

Redis 中 intset 升级并添加元素的代码流程如下。

1）函数标签为 static intset *intsetUpgradeAndAdd(intset *is, int64_t value)。

2）根据新的编码方式调用 intsetResize 重新申请空间。假设新编码方式为 encoding1，现有元素个数为 length，则需要的空间为 encoding1*(length+1)。

3）移动并扩容原来的元素。注意扩容原来的元素时，按照从后往前的顺序依次扩容，这样可以避免数据被覆盖。如果待插入值是正数，则该值是最大值，在最后一位。如果待插入值是负数，则该值为最小值，在第一位。

4）根据新插入值是正数还是负数，将值插入相应的位置。图 6-7 和图 6-8 假设每个元素所占容量扩大为原来的 2 倍。

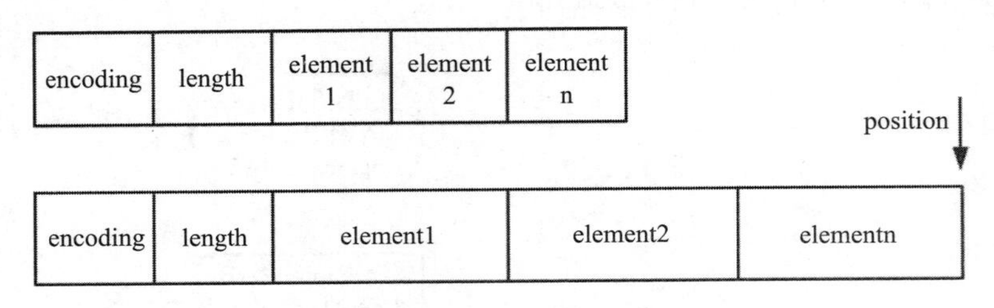

图 6-7　插入值是正数时添加元素的位置

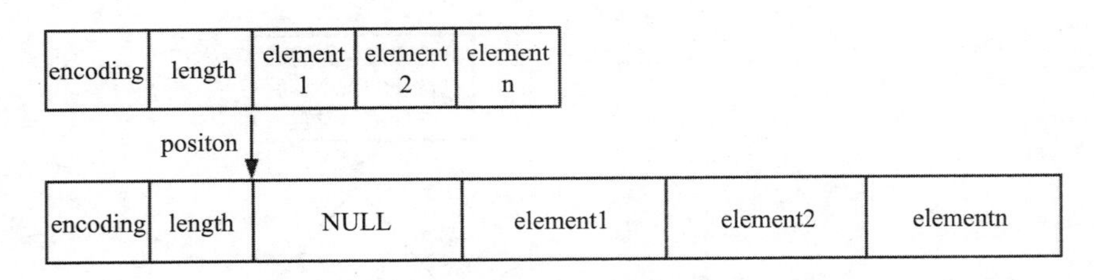

图 6-8　插入值是负数时添加元素的位置

5）插入新值并将 intset 的长度字段 length 加 1。

至此，intset 升级然后插入元素的过程已经描述完毕。

6.2.3　删除元素

intset 删除元素的入口函数是 intsetRemove，该函数查找需要删除的元素然后通过内存地址的移动直接将该元素覆盖掉。删除元素的代码流程如下：

```
intset *intsetRemove(intset *is, int64_t value, int *success) {
    uint8_t valenc = _intsetValueEncoding(value);//获取待删除元素编码
    uint32_t pos;
    if (success) *success = 0;
    //待删除元素编码必须小于等于intset编码并且查找到该元素，才会执行删除操作
    if (valenc <= intrev32ifbe(is->encoding) && intsetSearch(is,value,&pos)) {
        uint32_t len = intrev32ifbe(is->length);
```

```
        if (success) *success = 1;
        //如果待删除元素位于中间位置,则调用intsetMoveTail直接覆盖掉该元素
        //如果待删除元素位于intset末尾,则intset收缩内存后直接将其丢弃
        if (pos < (len-1)) intsetMoveTail(is,pos+1,pos);
        is = intsetResize(is,len-1);
        is->length = intrev32ifbe(len-1);//修改intset的长度，将其减1
    }
    return is;
}
```

intset 删除元素的具体流程如图 6-9 所示。

1）函数标签为 intset *intsetRemove (intset *is, int64_t value, int *success)，首先判断编码是否小于等于当前编码，若不是，直接返回。

2）调用 intsetSearch 查找该值是否存在，不存在则直接返回；存在则获取该值所在位置 position。

3）如果要删除的数据不是该 intset 的最后一个值，则通过将 position+1 和之后位置的数据移动到 position 来覆盖掉 position 位置的值。图 6-5 是将 position 位置的数据往后挪动到 position+1，给新插入的数据留出空间，反之如果将 position+1 位置的数据整体往前挪动到 position 位置，则会将 position 位置的数据覆盖。如果要删除的数据是该 intset 的最后一个值，假设该 intset 长度为 length，则调用 intsetResize 分配 length−1 长度的空间之后会自动丢弃掉 position 位置的值。最后更新 intset 的 length 为 length−1。

至此，intset 的删除操作就完成了。

6.2.4 常用 API

表 6-3 为 intset 常用 API 实现的简单归纳。

表 6-3 intset 常用 API 实现

函数标签	实现原理	函数返回值
intset *intsetNew(void)	初始化一个 intset，编码为 INTSET_ENC_INT16，长度为 0。content 未分配空间	intset 指针
intset *intsetAdd(intset *is, int64_t value, uint8_t *success)	在 intset 中插入指定的值。若 success 不为 NULL，成功时置为 1；若待插入的值已存在则将 success 置为 0	intset 指针
intset *intsetRemove(intset *is, int64_t value, int *success)	在 intset 中删除指定的值。若 success 不为 NULL，成功时置为 1；若待插入的值已存在，则将 success 置为 0	intset 指针
uint8_t intsetFind(intset *is, int64_t value)	在 intset 中查找值是否存在	成功返回 1，失败返回 0
int64_t intsetRandom(intset *is)	在 intset 中随机返回一个元素	随机返回其中一个元素值
uint8_t intsetGet(intset *is, uint32_t pos, int64_t *value) uint32_t intsetLen(const intset *is)	在 intset 中获取指定位置处的值。将获取的值放入 value 中 获取 intset 的长度。通过 intset 结构体的 length 字段获得	intset 的长度
size_t intsetBlobLen(intset *is)	获取 intset 总共占用的字节数。计算方法为 length* encoding+ sizeof(intset)，即元素个数乘以元素编码方式 +intset 结构体本身占用的字节数	intset 共占用的字节数

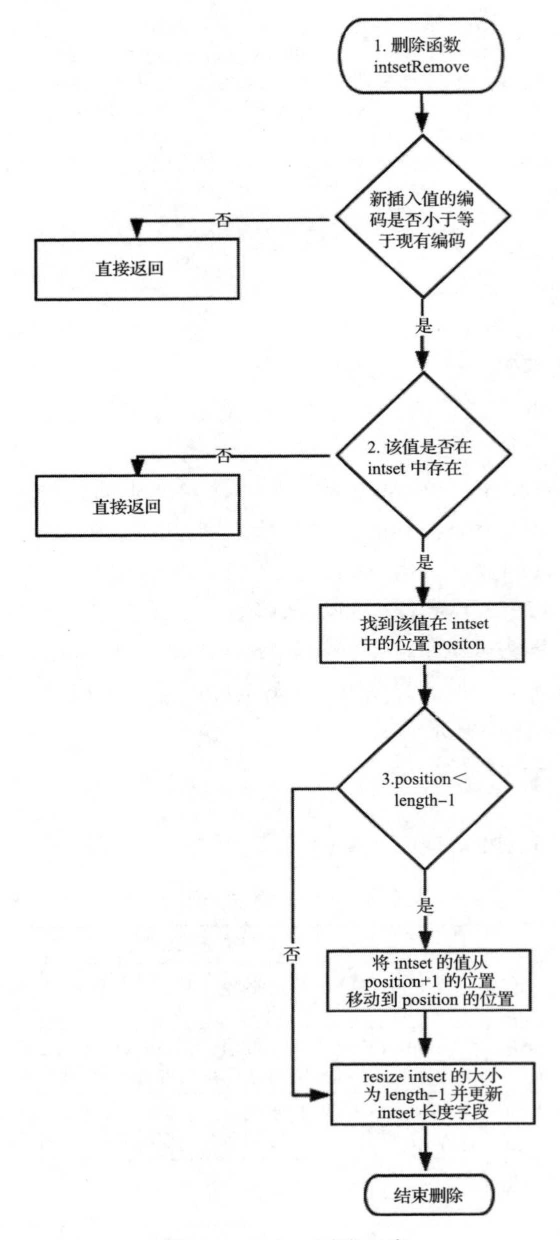

图 6-9 intset 删除元素

表6-4为intset常用API操作复杂度。

表 6-4 intset 常用 API 操作复杂度

函　数	描　述	复　杂　度
intsetNew	创建一个 intset	$O(1)$

（续）

函 数	描 述	复 杂 度
intsetAdd	intset 中插入一个元素	$O(N)$
intsetRemove	intset 中删除一个元素	$O(N)$
intsetFind	intset 中查找一个元素	$O(\log N)$
intsetRandom	intset 中随机返回一个元素	$O(1)$
intsetGet	intset 中指定位置获取一个元素	$O(1)$
intsetLen	获取 intset 的长度	$O(1)$
intsetBlobLen	获取 intset 占用的总字节数	$O(1)$

6.3 本章小结

intset 用于 Redis 中集合类型的数据。当集合元素都是整型并且元素不多时使用 intset 保存。并且元素按从小到大顺序保存。本章首先介绍了 intset 的存储结构并通过 GDB 验证一个集合类型存储为 intset 时实际的存储方式，然后介绍 intset 增加、删除和查找元素的方法。最后介绍了一些 intset 常见的 API 和操作复杂度。

Chapter 7 第7章

quicklist的实现

quicklist是Redis底层最重要的数据结构之一，它是Redis对外提供的6种基本数据结构中List的底层实现，在Redis 3.2版本中引入。在引入quicklist之前，Redis采用压缩链表（ziplist）以及双向链表（adlist）作为List的底层实现。当元素个数比较少并且元素长度比较小时，Redis采用ziplist作为其底层存储；当任意一个条件不满足时，Redis采用adlist作为底层存储结构。这么做的主要原因是，当元素长度较小时，采用ziplist可以有效节省存储空间，但ziplist的存储空间是连续的，当元素个数比较多时，修改元素时，必须重新分配存储空间，这无疑会影响Redis的执行效率，故而采用一般的双向链表。

quicklist是综合考虑了时间效率与空间效率引入的新型数据结构，本章将对其具体实现细节为读者一一展现。

7.1 quicklist简介

quicklist由List和ziplist结合而成，ziplist在本书第4章已经讲述。本节将对List以及quicklist进行简单概述。

（1）List简介

链表是这样一种数据结构，其中的各对象按线性顺序排列。链表与数组的不同点在于，数组的顺序由下标决定，链表的顺序由对象中的指针决定。List是链型数据存储常用的数据结构，可以是单向链表、双向链表，可以是排序链表、无序链表，可以是循环链表、非循环链表。链表具有可快速插入、删除的优点。由于List查找复杂度为$O(n)$，n为元素个数，所以不适用于快速查找的场合。Redis 3.2版本之前使用的双向非循环链表的基本结构如图7-1所示。

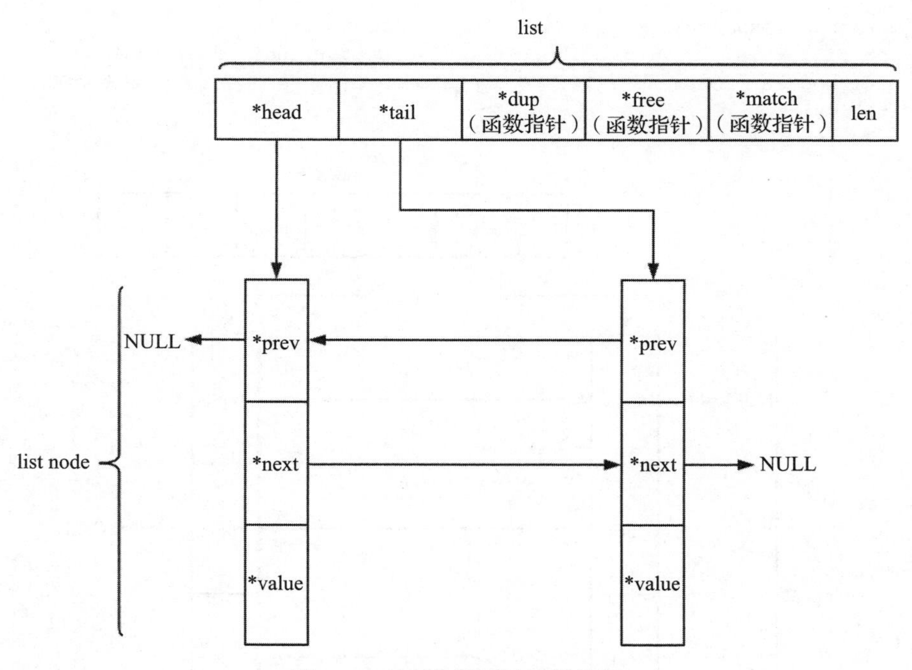

图 7-1　双向非循环链表结构图

（2）quicklist 简介

quicklist 是 Redis 3.2 中新引入的数据结构，能够在时间效率和空间效率间实现较好的折中。Redis 中对 quciklist 的注释为 A doubly linked list of ziplists。顾名思义，quicklist 是一个双向链表，链表中的每个节点是一个 ziplist 结构。quicklist 可以看成是用双向链表将若干小型的 ziplist 连接到一起组成的一种数据结构。当 ziplist 节点个数过多，quicklist 退化为双向链表，一个极端的情况就是每个 ziplist 节点只包含一个 entry，即只有一个元素。当 ziplist 元素个数过少时，quicklist 可退化为 ziplist，一种极端的情况就是 quicklist 中只有一个 ziplist 节点。

7.2　数据存储

如前文所述，quicklist 是一个由 ziplist 充当节点的双向链表。quicklist 的存储结构如图 7-2 所示。

quicklist 有如下几种核心结构：

```
typedef struct quicklist {
    quicklistNode *head;
    quicklistNode *tail;
    unsigned long count;         /* total count of all entries in all ziplists */
```

```
    unsigned long len;          /* number of quicklistNodes */
    int fill : 16;              /* fill factor for individual nodes */
    unsigned int compress : 16; /* depth of end nodes not to compress;0=off */
} quicklist;
```

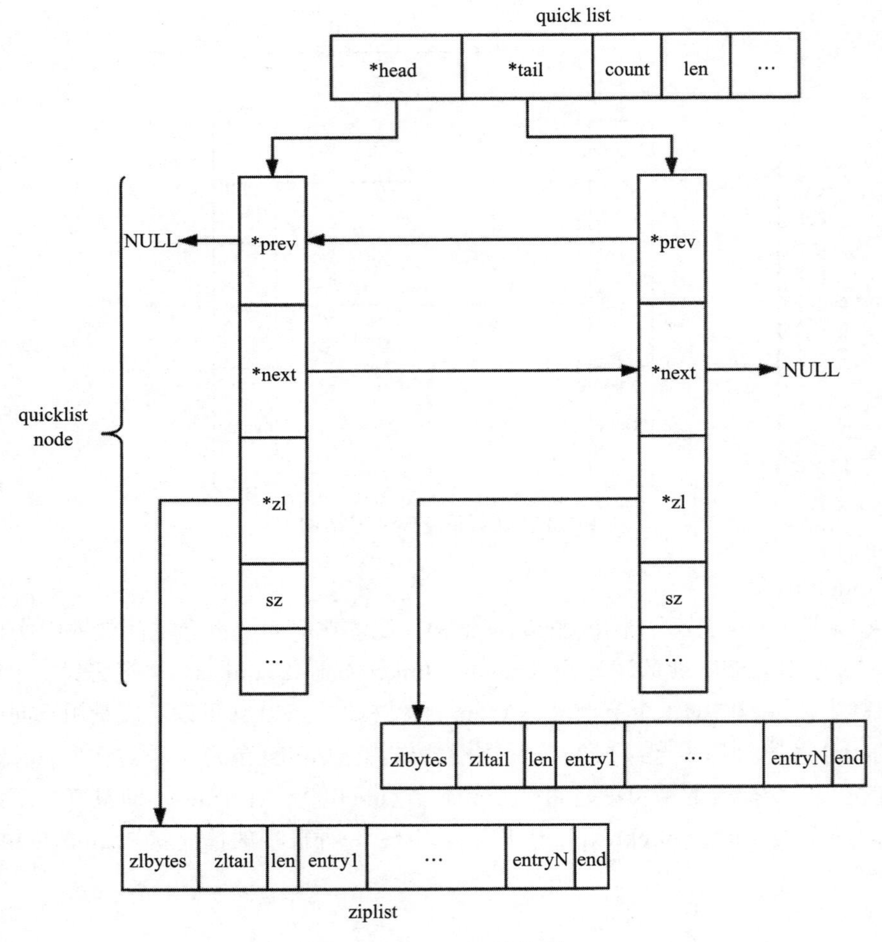

图 7-2 quicklist 结构图

其中 head、tail 指向 quicklist 的首尾节点；count 为 quicklist 中元素总数；len 为 quicklist Node（节点）个数；fill 用来指明每个 quicklistNode 中 ziplist 长度，当 fill 为正数时，表明每个 ziplist 最多含有的数据项数，当 fill 为负数时，含义如表 7-1 所示。

表 7-1 数值对应含义表

数 值	含 义
−1	ziplist 节点最大为 4KB
−2	ziplist 节点最大为 8KB

（续）

数 值	含 义
–3	ziplist 节点最大为 16KB
–4	ziplist 节点最大为 32KB
–5	ziplist 节点最大为 64KB

从表 7-1 中可以看出，fill 取负数时，必须大于等于 –5。我们可以通过 Redis 修改参数 list-max-ziplist-size 配置节点所占内存大小。实际上每个 ziplist 节点所占的内存会在该值上下浮动；考虑 quicklistNode 节点个数较多时，我们经常访问的是两端的数据，为了进一步节省空间，Redis 允许对中间的 quicklistNode 节点进行压缩，通过修改参数 list-compress-depth 进行配置，即设置 compress 参数，该项的具体含义是两端各有 compress 个节点不压缩，当 compress 为 1 时，quicklistNode 个数为 3 时，其结构图如图 7-3 所示。

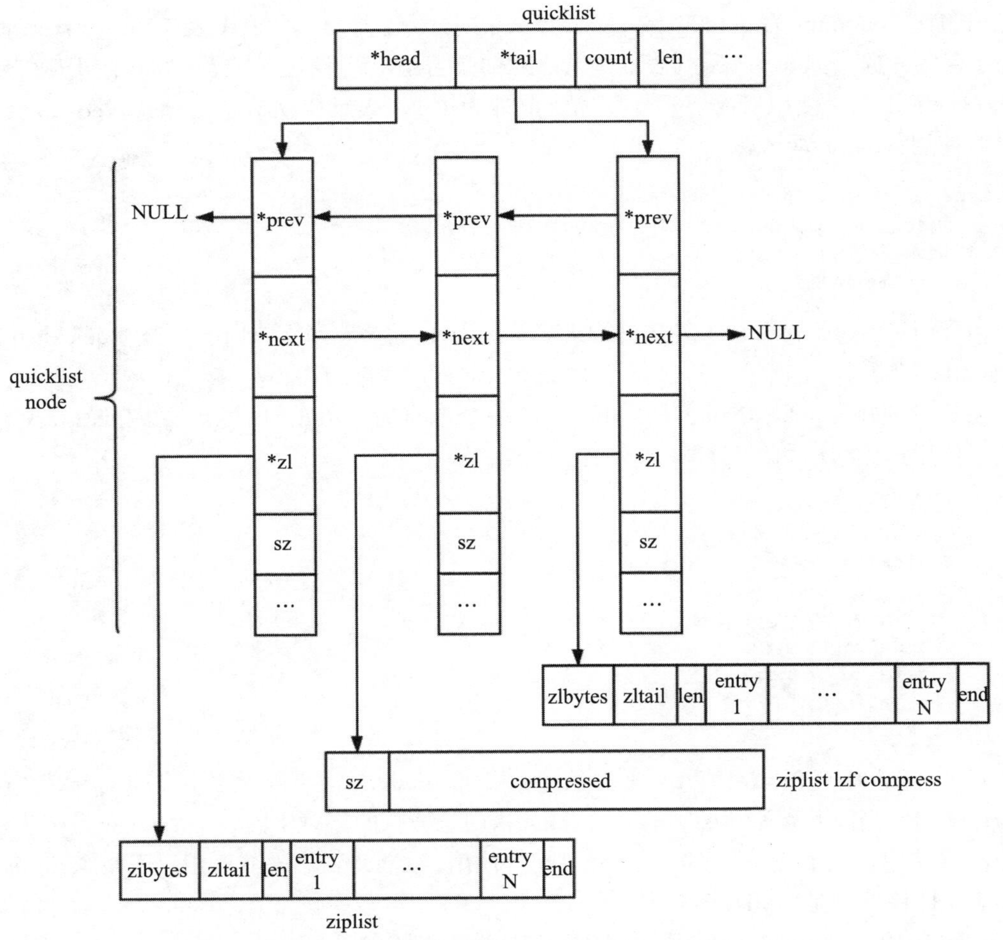

图 7-3 带数据压缩的 quicklist

quicklistNode 是 quicklist 中的一个节点，其结构如下：

```
typedef struct quicklistNode {
    struct quicklistNode *prev;
    struct quicklistNode *next;
    unsigned char *zl;
    unsigned int sz;             /* ziplist size in bytes */
    unsigned int count : 16;     /* count of items in ziplist */
    unsigned int encoding : 2;   /* RAW==1 or LZF==2 */
    unsigned int container : 2;  /* NONE==1 or ZIPLIST==2 */
    unsigned int recompress : 1; /* was this node previous compressed? */
    unsigned int attempted_compress : 1; /* node can't compress; too small */
    unsigned int extra : 10;     /* more bits to steal for future usage */
} quicklistNode;
```

其中，prev、next 指向该节点的前后节点；zl 指向该节点对应的 ziplist 结构；sz 代表整个 ziplist 结构的大小；encoding 代表采用的编码方式：1 代表是原生的，2 代表使用 LZF 进行压缩；container 为 quicklistNode 节点 zl 指向的容器类型：1 代表 none，2 代表使用 ziplist 存储数据；recompress 代表这个节点之前是否是压缩节点，若是，则在使用压缩节点前先进行解压缩，使用后需要重新压缩，此外为 1，代表是压缩节点；attempted_compress 测试时使用；extra 为预留。

```
typedef struct quicklistLZF {
    unsigned int sz; /* LZF size in bytes*/
    char compressed[];
} quicklistLZF;
```

当我们对 ziplist 利用 LZF 算法进行压缩时，quicklistNode 节点指向的结构为 quicklistLZF。quicklistLZF 结构如上所示，其中 sz 表示 compressed 所占字节大小。

当我们使用 quicklistNode 中 ziplist 中的一个节点时，Redis 提供了 quicklistEntry 结构以便于使用，该结构如下：

```
typedef struct quicklistEntry {
    const quicklist *quicklist;
    quicklistNode *node;
    unsigned char *zi;
    unsigned char *value;
    long long longval;
    unsigned int sz;
    int offset;
} quicklistEntry;
```

其中，quicklist 指向当前元素所在的 quicklist；node 指向当前元素所在的 quicklistNode 结构；zi 指向当前元素所在的 ziplist；value 指向该节点的字符串内容；longval 为该节点的整型值；sz 代表该节点的大小，与 value 配合使用；offset 表明该节点相对于整个 ziplist 的偏移量，即该节点是 ziplist 第多少个 entry。

quicklistIter 是 quicklist 中用于遍历的迭代器，结构如下：

```
typedef struct quicklistIter {
    const quicklist *quicklist;
    quicklistNode *current;
    unsigned char *zi;
    long offset; /* offset in current ziplist */
    int direction;
} quicklistIter;
```

其中，quicklist 指向当前元素所处的 quicklist；current 指向元素所在 quicklistNode；zi 指向元素所在的 ziplist；offset 表明节点在所在的 ziplist 中的偏移量；direction 表明迭代器的方向。

7.3　数据压缩

quicklist 每个节点的实际数据存储结构为 ziplist，这种结构的主要优势在于节省存储空间。为了进一步降低 ziplist 所占用的空间，Redis 允许对 ziplist 进一步压缩，Redis 采用的压缩算法是 LZF，压缩过后的数据可以分成多个片段，每个片段有 2 部分：一部分是解释字段，另一部分是存放具体的数据字段。解释字段可以占用 1～3 个字节，数据字段可能不存在。结构如图 7-4 所示。

图 7-4　LZF 压缩后的数据结构图

具体而言，LZF 压缩的数据格式有 3 种，即解释字段有 3 种。

1）字面型，解释字段占用 1 个字节，数据字段长度由解释字段后 5 位决定。示例如图 7-5 所示，图中 L 是数据长度字段，数据长度是长度字段组成的字面值加 1。

000L LLLL

1. 直接读取后续的数据字段内容，长度为所有 L 组成的字面增加 1
2. 例如：0000 0001 代表数据字段长度为 2

图 7-5　字面型

2）简短重复型，解释字段占用 2 个字节，没有数据字段，数据内容与前面数据内容重复，重复长度小于 8，示例如图 7-6 所示，图中 L 是长度字段，数据长度为长度字段的字面值加 2，o 是偏移量字段，位置偏移量是偏移字段组成的字面值加 1。

LLLo ooo	oooo oooo

1. 长度是所有 L 组成的字面值加 2，偏移量是所有 o 组成的字面增加 1
2. 例如（0010 0000 0000 0100）代表与前面 5 字节处内容重复，重复 3 个字节

图 7-6　简短重复型

3）批量重复型，解释字段占 3 个字节，没有数据字段，数据内容与前面内容重复。示例如图 7-7 所示，图中 L 是长度字段，数据长度为长度字段的字面值加 9，o 是偏移量字段，位置偏移量是偏移字段组成的字面值加 1。

1. 长度是所有 L 组成的字面值加 9，偏移量是所有 o 组成的字面值加 1
2. 例如（1110 0000 0000 0010 0001 0000）代表与前面 17 字节处内容重复，重复 11 个字节

图 7-7　批量重复型

7.3.1　压缩

LZF 数据压缩的基本思想是：数据与前面重复的，记录重复位置以及重复长度，否则直接记录原始数据内容。压缩算法的流程如下：遍历输入字符串，对当前字符及其后面 2 个字符进行散列运算，如果在 Hash 表中找到曾经出现的记录，则计算重复字节的长度以及位置，反之直接输出数据。下面给出了 LZF 源码的核心部分。

```
define IDX(h) (((h >> 8) - h*5) & ((1 << 16) - 1))
//in_data, in_len待压缩数据以及长度; out_data, out_len压缩后数据及长度
unsigned int lzf_compress (const void *const in_data, unsigned int in_len,
        void *out_data, unsigned int out_len)
{
    //htab用于散列运算，进而获取上次重复点的位置
    int htab[1 << 16] = {0};
    unsigned int hval = ((ip[0] << 8) | ip[1]);

    while (ip < in_end - 2)
    {
        //计算该元素以及其后面2个元素的Hash值，计算在Hash表中的位置
        hval = ((hval << 8) | ip[2]);
        unsigned int *hslot = htab + IDX (hval);
        ref = *hslot;
        if (...){ //之前出现过
            //统计重复长度，ip为输入数据当前处理位置指针，ref为数据之前出现的位置
            do
                len++;
            while (len < maxlen && ref[len] == ip[len]);

            //将重复长度,重复位置的偏移量写入，op为当前输出位置指针，off为偏移位置，len为重复长度
            if (len < 7) *op++ = (off >> 8) + (len << 5);
            else{
                *op++ = (off >> 8) + (7 << 5);
                *op++ = len - 7;
            }
        //更新Hash表
```

```
        }else{
            //直接输出当前字符
        }
    }
    //将剩余数据写入输出数组，返回压缩后的数据长度
}
```

7.3.2 解压缩

根据 LZF 压缩后的数据格式，我们可以较为容易地实现 LZF 的解压缩。值得注意的是，可能存在重复数据与当前位置重叠的情况，例如在当前位置前的 15 个字节处，重复了 20 个字节，此时需要按位逐个复制。源码实现的核心部分如下：

```
unsigned int
lzf_decompress (const void *const in_data,  unsigned int in_len,
                void *out_data, unsigned int out_len)
{
    do{//ip指向当前待处理的输入数据
        unsigned int ctrl = *ip++;
        if (ctrl < (1 << 5)){
            ctrl++;
            //直接读取后面的数据
        }else {
            //计算重复的位置和长度，len为重复长度，ref为重复位置，op指向当前的输出位置
            ...
            switch (len)
            {
                default:
                    len += 2;
                    if (op >= ref + len){
                        //直接复制重复的数据
                        memcpy (op, ref, len);
                        op += len;
                    }
                    else{
                        //重复数据与当前位置产生重叠，按字节顺序复制
                        do
                            *op++ = *ref++;
                        while (--len);
                    }
                break;
                case 9: *op++=*ref++;
                ...
            }
        }
    }while (ip < in_end);
}
```

7.4 基本操作

quicklist是一种数据结构，故而其基本操作为增、删、改、查，下面逐一进行介绍，并重点对其源码实现中的边界条件进行分析。由于quicklist利用ziplist结构进行实际的数据存储，所以quicklist的大部分操作实际是利用ziplist的函数接口实现的，对于ziplist结构，前文已经给出了详细的解释，本章不再详细介绍。

7.4.1 初始化

初始化是构建quicklist结构的第一步，由quicklistCreate函数完成，该函数的主要功能就是初始化quicklist结构。默认初始化的quicklist结构如图7-8所示。

head	tail	len	count	fill	compress
NULL	NULL	0	0	0	–2

图7-8 quicklist初始化结构图

quicklist的初始化代码如下：

```
quicklist *quicklistCreate(void) {
    struct quicklist *quicklist;                  //声明quicklist变量
    quicklist = zmalloc(sizeof(*quicklist));      //为quicklist申请空间
    quicklist->head = quicklist->tail = NULL;     //初始化quicklist结构体变量
    quicklist->len = 0;
    quicklist->count = 0;
    quicklist->compress = 0;
    quicklist->fill = -2;                         //从表7-1中可知, ziplist大小限制是8KB
    return quicklist;
}
```

从初始化部分可以看出，Redis默认quicklistNode每个ziplist的大小限制是8KB，并且不对节点进行压缩。在初始化完成后，也可以设置其属性，接口有：

```
void quicklistSetCompressDepth(quicklist *quicklist, int depth);
void quicklistSetFill(quicklist *quicklist, int fill);
void quicklistSetOptions(quicklist *quicklist, int fill, int depth);
```

除了上述的默认初始化方法外，还可以在初始化时设置quicklist的属性。相关接口的定义如下：

```
quicklist *quicklistNew(int fill, int compress);
//根据fill, compress先构造新的quicklist, 之后将zl添加进去
quicklist *quicklistCreateFromZiplist(int fill, int compress, unsigned char *zl);
```

7.4.2 添加元素

添加元素是数据结构操作的第一步。quicklist 提供了 push 操作，对外接口为 quicklistPush，可以在头部或者尾部进行插入，具体的操作函数为 quicklistPushHead 与 quicklistPushTail。两者的思路基本一致，下面针对 quicklistPushHead 进行讲解。

quicklistPushHead 的基本思路是：查看 quicklist 原有的 head 节点是否可以插入，如果可以就直接利用 ziplist 的接口进行插入，否则新建 quicklistNode 节点进行插入。函数的入参为待插入的 quicklist，需要插入的数据 value 及其大小 sz；函数返回值代表是否新建了 head 节点，0 代表没有新建，1 代表新建了 head。

```
int quicklistPushHead(quicklist *quicklist, void *value, size_t sz) {
        quicklistNode *orig_head = quicklist->head;
        if (_quicklistNodeAllowInsert(quicklist->head, quicklist->fill, sz)) {
            //头部节点仍然可以插入
            quicklist->head->zl =
                ziplistPush(quicklist->head->zl, value, sz, ZIPLIST_HEAD);
            quicklistNodeUpdateSz(node);
        } else {
            //头部节点不可以继续插入，新建quicklistNode, ziplist
            quicklistNode *node = quicklistCreateNode();
            node->zl = ziplistPush(ziplistNew(), value, sz, ZIPLIST_HEAD);
            quicklistNodeUpdateSz(node);
            //将新建的quicklistNode插入到quicklist结构体中
            _quicklistInsertNodeBefore(quicklist, quicklist->head, node);
        }
    //update quicklist count info
}
```

_quicklistNodeAllowInsert 用来判断 quicklist 的某个 quicklistNode 节点是否允许继续插入。_quicklistInsertNodeBefore 用于在 quicklist 的某个节点之前插入新的 quicklistNode 节点。值得注意的是，当 ziplist 已经包含节点时，在 ziplist 头部插入数据可能导致 ziplist 的连锁更新。

除了 push 操作外，quicklist 还提供了在任意位置插入的方法。对外接口为 quicklistInsertBefore 与 quicklistInsertAfter，二者的底层实现都是 _quicklistInsert。quicklist 的一般插入操作如图 7-9 所示。

对于 quicklist 的一般插入可以分为可以继续插入和不能继续插入。

1）当前插入位置所在的 quicklistNode 仍然可以继续插入，此时可以直接插入。

2）当前插入位置所在的 quicklistNode 不能继续插入，此时可以分为如下几种情况。

① 需要向当前 quicklistNode 第一个元素（entry1）前面插入元素，当前 ziplist 所在的 quicklistNode 的前一个 quicklistNode 可以插入，则将数据插入到前一个 quicklistNode。如果前一个 quicklistNode 不能插入（不包含前一个节点为空的情况），则新建一个 quicklistNode 插入到当前 quicklistNode 前面。

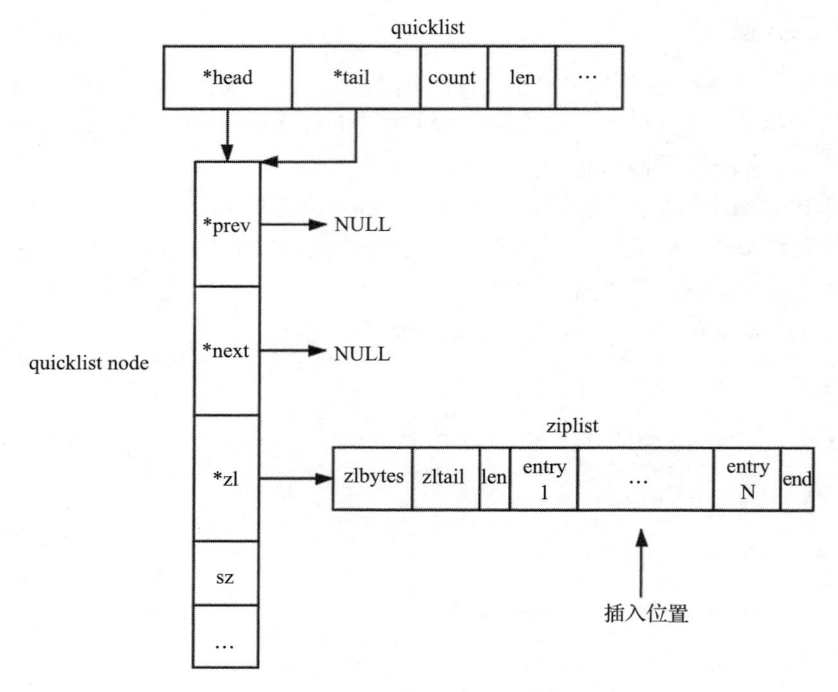

图 7-9 quicklist 插入

② 需要向当前 quicklistNode 的最后一个元素（entryN）后面插入元素，当前 ziplist 所在的 quicklistNode 的后一个 quicklistNode 可以插入，则直接将数据插入到后一个 quicklistNode。如果后一个 quicklistNode 不能插入（不包含为后一个节点为空的情况），则新建一个 quicklistNode 插入到当前 quicklistNode 的后面。

③ 不满足前面 2 个条件的所有其他种情况，将当前所在的 quicklistNode 以当前待插入位置为基准，拆分成左右两个 quicklistNode，之后将需要插入的数据插入到其中一个拆分出来的 quicklistNode 中。

这部分的源码实现，主要依赖于一般的链表操作以及 ziplist 提供的插入接口。至于 quicklistNode 的拆分是先复制一份 ziplist，通过对新旧两个 ziplist 进行区域删除操作实现的。这部分源码实现较为简单，此处不再赘述。

7.4.3 删除元素

quicklist 对于元素删除提供了删除单一元素以及删除区间元素 2 种方案。对于删除单一元素，我们可以使用 quicklist 对外的接口 quicklistDelEntry 实现，也可以通过 quicklistPop 将头部或者尾部元素弹出。quicklistDelEntry 函数调用底层 quicklistDelIndex 函数，该函数可以删除 quicklistNode 指向的 ziplist 中的某个元素，其中 p 指向 ziplist 中某个 entry 的起始位置。quicklistPop 可以弹出头部或者尾部元素，具体实现是通过 ziplist 的接口获取元素值，再通过上述的quicklistDelIndex将数据删除。两个函数的标签如下：

```
//删除指定位置的元素
int quicklistDelIndex(quicklist *quicklist, quicklistNode *node, unsigned char **p)
//data, sz用于存储ziplist中的字符串数据，slong用于存储整型数据
int quicklistPop(quicklist *quicklist, int where, unsigned char **data,
                 unsigned int *sz, long long *slong);
```

对于删除区间元素，quicklist提供了quicklistDelRange接口，该函数可以从指定位置删除指定数量的元素。函数原型如下：

```
int quicklistDelRange(quicklist *quicklist, const long start,
                      const long count)
```

其中，quicklist为需要操作的快速链表，start为需要删除的元素的起始位置，count为需要删除的元素个数。返回0代表没有删除任何元素，返回1并不代表删除了count个元素，因为count可能大于quicklist所有元素个数，故而只能代表操作成功。

如图7-10所示，在进行区间删除时，先找到start所在位置对应的quicklistNode，计算当前quicklistNode需要删除的元素个数，如果仍有元素待删除，则移动至下一个quicklistNode继续删除。之后，依次循环下去，直到删除了所需的元素个数或者后续数据已空，核心部分代码如下：

```
//extent为剩余需要删除的元素个数, entry.offset是当前需要删除的起始位置, del表示本节点需要删
  除的元素个数
while (extent) {
        //保存下个quicklistNode，因为本节点可能会被删掉
        quicklistNode *next = node->next;
        unsigned long del;
        int delete_entire_node = 0;
        if (entry.offset == 0 && extent >= node->count) {
            //需要删除整个quicklistNode
            delete_entire_node = 1;
            del = node->count;
        } else if (entry.offset >= 0 && extent >= node->count) {
            //删除本节点剩余所有元素
            del = node->count - entry.offset;
        } else if (entry.offset < 0) {
            //entry.offset < 0代表从后向前，相反数代表这个ziplist后面剩余元素个数。
            del = -entry.offset;
            if (del > extent) del = extent;
        } else {
            //删除本节点部分元素
            del = extent;
        }

        if (delete_entire_node) {
            __quicklistDelNode(quicklist, node);
        } else {
            node->zl = ziplistDeleteRange(node->zl, entry.offset, del);
```

```
        quicklistNodeUpdateSz(node);
        node->count -= del;
        quicklist->count -= del;
        quicklistDeleteIfEmpty(quicklist, node);
    }

    extent -= del;        //剩余待删除元素个数
    node = next;          //下个quicklistNode
    entry.offset = 0;     //从下个quicklistNode起始位置开始删
}
```

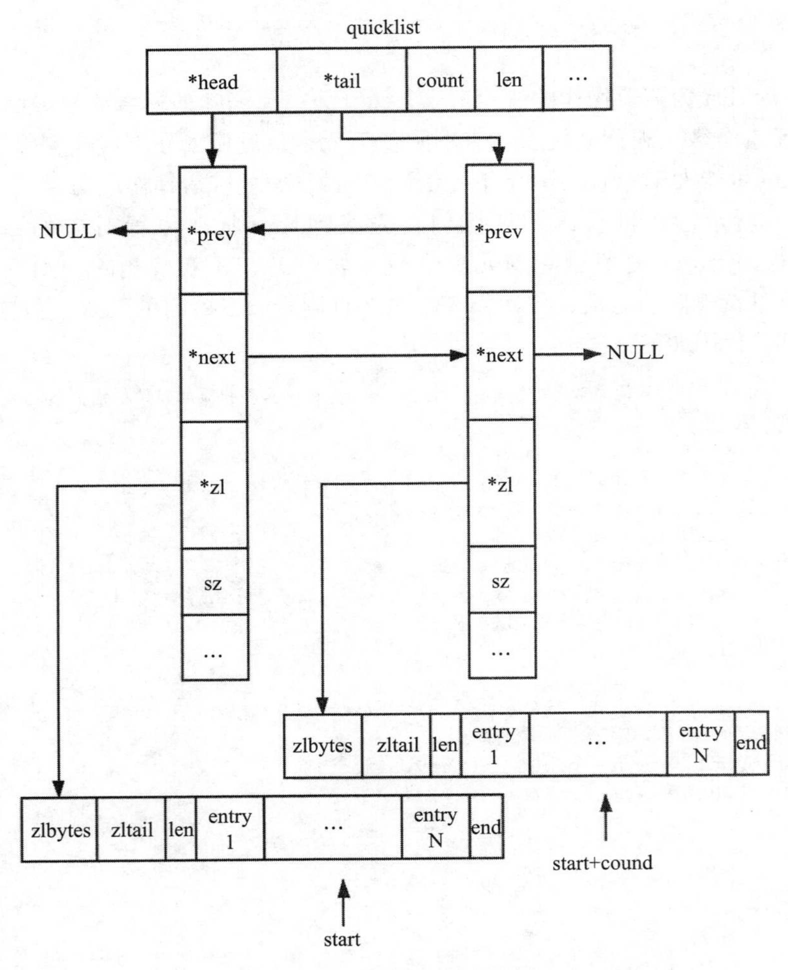

图 7-10 quicklist 区间删除

7.4.4 更改元素

quicklist 更改元素是基于 index，主要的处理函数为 quicklistReplaceAtIndex。其基本

思路是先删除原有元素，之后插入新的元素。quicklist不适合直接改变原有元素，主要由于其内部是ziplist结构，ziplist在内存中是连续存储的，当改变其中一个元素时，可能会影响后续元素。故而，quicklist采用先删除后插入的方案。实现源码如下，此处不再分析。

```
int quicklistReplaceAtIndex(quicklist *quicklist, long index, void *data,
                            int sz) {
    quicklistEntry entry;
    if (quicklistIndex(quicklist, index, &entry)) {
        entry.node->zl = ziplistDelete(entry.node->zl, &entry.zi);
        entry.node->zl = ziplistInsert(entry.node->zl, entry.zi, data, sz);
        quicklistNodeUpdateSz(entry.node);
        return 1;
    } else {
        return 0;
    }
}
```

7.4.5 查找元素

quicklist查找元素主要是针对index，即通过元素在链表中的下标查找对应元素。基本思路是，首先找到index对应的数据所在的quicklistNode节点，之后调用ziplist的接口函数ziplistGet得到index对应的数据，源码中的处理函数为quicklistIndex。

```
//idx为需要查找的下标，结果写入entry，返回0代表没有找到，1代表找到
int quicklistIndex(const quicklist *quicklist, const long long idx,
                   quicklistEntry *entry) {
    quicklistNode *n;
    unsigned long long accum = 0, index;
    //当idx值为负数时，代表从尾部向头部的偏移量，-1代表尾部元素
    int forward = idx < 0 ? 0 : 1;

    //初始化entry，index以及quicklistNode
    ...

    //遍历quicklistNode节点，找到index对应的quicklistNode
    while (likely(n)) {
        if ((accum + n->count) > index) {
            break;
        } else {
            accum += n->count;
            n = forward ? n->next : n->prev;
        }
    }

    //计算index所在的ziplist的偏移量
    entry->node = n;
    if (forward) {
        entry->offset = index - accum;
    } else {
```

```
        entry->offset = (-index) - 1 + accum;
    }
    entry->zi = ziplistIndex(entry->node->zl, entry->offset);
    //利用ziplist获取元素
    ziplistGet(entry->zi, &entry->value, &entry->sz, &entry->longval);
    return 1;
}
```

对于迭代器遍历的情况，源码实现较为简单，主要是通过quicklistIter记录当前元素的位置信息以及迭代器的前进方向，限于篇幅，此处不再进行详细分析。

```
//获取指向头部，依次向后的迭代器；或者指向尾部，依次向前的迭代器
quicklistIter *quicklistGetIterator(const quicklist *quicklist, int direction);
//获取idx位置的迭代器，可以向后或者向前遍历
quicklistIter *quicklistGetIteratorAtIdx(const quicklist *quicklist,
                                         int direction, const long long idx);
//获取迭代器指向的下一个元素
int quicklistNext(quicklistIter *iter, quicklistEntry *node);
```

7.4.6 常用API

本节对quicklist常用的API进行总结，并给出其操作的时间复杂度。我们假设quicklist的节点个数为n，即quicklistNode的个数为n；每个quicklistNode指向的ziplist的元素个数为m；区间操作中区间长度为l，具体如表7-2所示。

表7-2 quicklist接口API

函数名称	函数用途	时间复杂度
quicklistCreate	创建默认quicklist	O(1)
quicklistNew	创建自定义属性quicklist	O(1)
quicklistPushHead	在头部插入数据	O(m)
quicklistPushTail	在尾部插入数据	O(m)
quicklistPush	在头部或者尾部插入数据	O(m)
quicklistInsertAfter	在某个元素后面插入数据	O(m)
quicklistInsertBefore	在某个元素前面插入数据	O(m)
quicklistDelEntry	删除某个元素	O(m)
quicklistDelRange	删除某个区间的所有元素	O(l/m+m)
quicklistPop	弹出头部或者尾部元素	O(m)
quicklistReplaceAtIndex	替换某个元素	O(m)
quicklistIndex	获取某个位置的元素	O(n+m)
quicklistGetIterator	获取指向头部或尾部的迭代器	O(1)
quicklistGetIteratorAtIdx	获取指向特定位置的迭代器	O(n+m)
quicklistNext	获取迭代器指向的下一个元素	O(m)

7.5　本章小结

本章主要介绍了 Redis 中常用的底层数据结构 quicklist，主要介绍了 quicklist 常规情况以及压缩情况的底层存储。除此之外，我们详细介绍了 quicklist 的基本操作，讲述了各种情况下数据存储的变化。最后，我们给出了 quicklist 对外常用 API 接口及其复杂度。

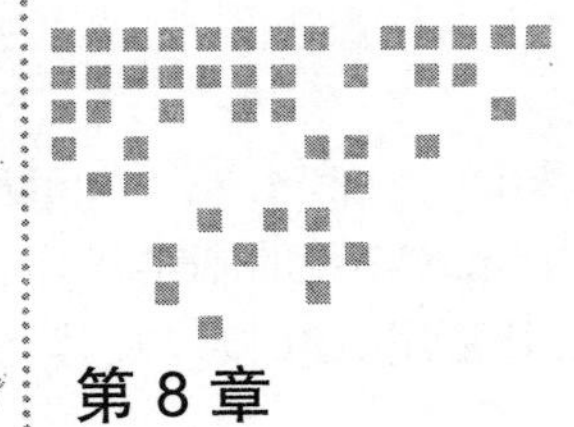

Chapter 8 第 8 章

Stream

消息队列是分布式系统中不可缺少的组件之一，主要有异步处理、应用解耦、限流削峰的功能。目前应用较为广泛的消息队列有 RabbitMQ、RocketMQ、Kafka 等。Redis 在最新的 5.0.0 版本中也加入了消息队列的功能，这就是 Stream。本章将详细介绍 Redis Stream 相关的底层数据结构，帮助读者探索 Stream 实现的秘密。

8.1 Stream 简介

Redis Stream 的结构如图 8-1 所示，它主要由消息、生产者、消费者、消费组 4 部分组成。

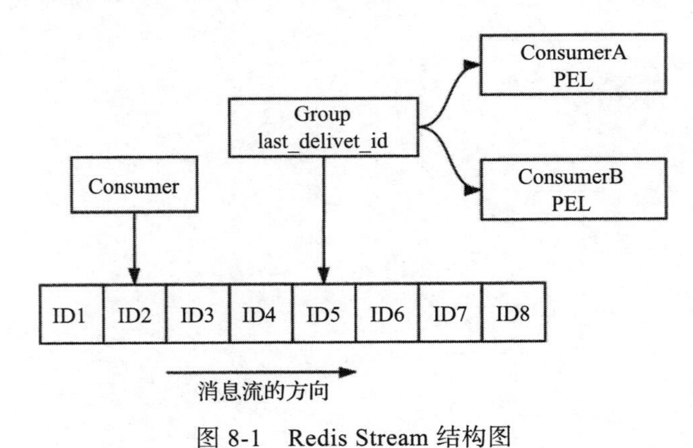

图 8-1 Redis Stream 结构图

Redis 中的消息，通过如下指令可以创建一个消息流并向其中加入一条消息：

```
xadd mystream1 * name hb age 20
```

其中，mystream1 为 Stream 的名称；* 代表由 Redis 自行生成消息 ID；name、age 为该消息的 field；hb、20 则为对应的 field 的值。每个消息都由以下两部分组成。

- 每个消息有唯一的消息 ID，消息 ID 严格递增。
- 消息内容由多个 field-value 对组成。

生产者负责向消息队列中生产消息，消费者消费某个消息流。消费者可以归属某个消费组，也可以不归属任何消费组。当消费者不归属于任何消费组时，该消费者可以消费消息队列中的任何消息。

消费组是 Stream 的一个重要概念，具有以下特点。

- 每个消费组通过组名称唯一标识，每个消费组都可以消费该消息队列的全部消息，多个消费组之间相互独立。
- 每个消费组可以有多个消费者，消费者通过名称唯一标识，消费者之间的关系是竞争关系，也就是说一个消息只能由该组的一个成员消费。
- 组内成员消费消息后需要确认，每个消息组都有一个待确认消息队列（pending entry list，pel），用以维护该消费组已经消费但没有确认的消息。
- 消费组中的每个成员也有一个待确认消息队列，维护着该消费者已经消费尚未确认的消息。

Redis Stream 的底层实现主要使用了 listpack 以及 Rax 树，下面我们一一介绍。

8.1.1 Stream 底层结构 listpack

Redis 源码对于 listpack 的解释为 A lists of strings serialization format，一个字符串列表的序列化格式，也就是将一个字符串列表进行序列化存储。Redis listpack 可用于存储字符串或者整型。图 8-2 为 listpack 的整体结构图。

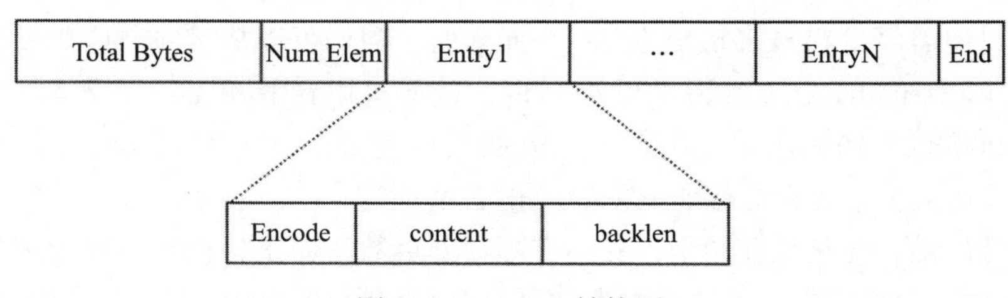

图 8-2 listpack 结构图

listpack 由 4 部分组成：Total Bytes、Num Elem、Entry 以及 End，下面介绍各部分的具体含义。

1）Total Bytes 为整个 listpack 的空间大小，占用 4 个字节，每个 listpack 最多占用 4294967295Bytes。

2）Num Elem 为 listpack 中的元素个数，即 Entry 的个数，占用 2 个字节，值得注意的是，这并不意味着 listpack 最多只能存放 65 535 个 Entry，当 Entry 个数大于等于 65 535

时，Num Elem 被设置为 65 535，此时如果需要获取元素个数，需要遍历整个 listpack。

3）End 为 listpack 结束标志，占用 1 个字节，内容为 0xFF。

4）Entry 为每个具体的元素。

Entry 为 listpack 中的具体元素，其内容可以为字符串或者整型，每个 Entry 由 3 部分组成，每部分的具体含义如下。

Encode 为该元素的编码方式，占用 1 个字节，之后是内容字段 content，二者紧密相连。表 8-1 详细介绍了 Encode 字段。

表 8-1　listpack Encode

Encode 的内容（2 进制表示）	含　义
0xxx xxxx	7 位无符号整型，后 7bit 为数据（即 content）
10LL LLLL	6 位长度的字符串，后 6bit 为字符串长度，之后为字符串内容
110x xxxx	13 位整型，后 5bit 以及下个字节为数据内容
1110 LLLL	12 位长度的字符串，后 4bit 以及下个字节为字符串长度，之后为字符串内容
1111 0000	32 位长度的字符串，后 4 个字节为字符串长度，之后为字符串内容
1111 0001	16 位整型，后 2 个字节为数据
1111 0010	24 位整型，后 3 个字节为数据
1111 0011	32 位整型，后 4 个字节为数据
1111 0100	64 位整型，后 8 个字节为数据

backlen 记录了这个 Entry 的长度（Encode+content），注意并不包括 backlen 自身的长度，占用的字节数小于等于 5。backlen 所占用的每个字节的第一个 bit 用于标识；0 代表结束，1 代表尚未结束，每个字节只有 7 bit 有效。值得一提的是，backlen 主要用于从后向前遍历，当我们需要找到当前元素的上一个元素时，我们可以从后向前依次查找每个字节，找到上一个 Entry 的 backlen 字段的结束标识，进而可以计算出上一个元素的长度。例如 backlen 为 00000001 10001000，代表该元素的长度为 0000001 0001000，即 136 字节。通过计算即可算出上一个元素的首地址（entry 的首地址）。

值得注意的是，在整型存储中，并不实际存储负数，而是将负数转换为正数进行存储。例如，在 13 位整型存储中，存储范围为 [0, 8191]，其中 [0, 4095] 对应非负的 [0, 4095]（当然，[0, 127] 将会采用 7 位无符号整型存储），而 [4096, 8191] 则对应 [–4096, –1]。

8.1.2　Stream 底层结构 Rax 简介

1. 概要

前缀树是字符串查找时，经常使用的一种数据结构，能够在一个字符串集合中快速查找到某个字符串，下面给出一个简单示例，如图 8-3 所示。

由于树中每个节点只存储字符串中的一个字符，故而有时会造成空间的浪费。Rax 的出现就是为了解决这一问题。Redis 对于 Rax 的解释为 A radix tree implement，基数树的一种实现。Rax 中不仅可以存储字符串，同时还可以为这个字符串设置一个值，也就是 key-value。

Rax 树通过节点压缩节省空间，只有一个 key(foo) 的 Rax 树如图 8-4 所示，其中中括号代表非压缩节点，双引号代表压缩节点（压缩节点，非压缩节点下文将详细介绍），(iskey=1) 代表该节点存储了一个 key，如无特别说明，后续部分的图，也是如此。

在上述节点的基础上插入 key(foobar) 后，Rax 树结构如图 8-5 所示。

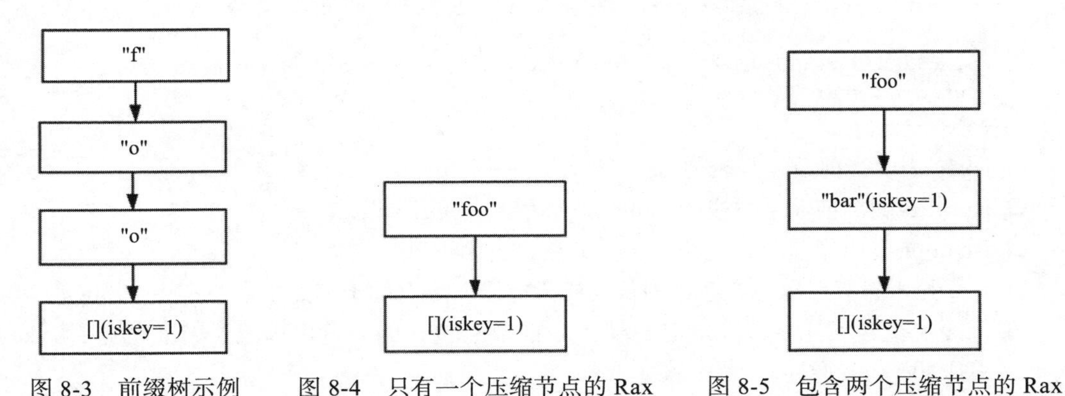

图 8-3 前缀树示例　　图 8-4 只有一个压缩节点的 Rax　　图 8-5 包含两个压缩节点的 Rax

含有两个 key(foobar, footer) 的 Rax 树结构图如图 8-6 所示。

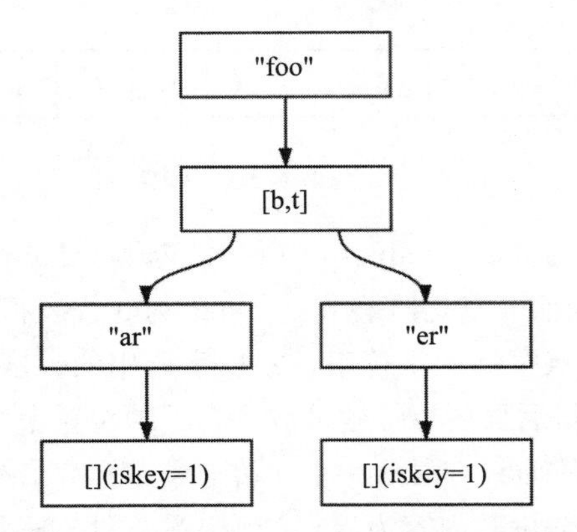

图 8-6 含有 foobar、footer 两个 key 的 Rax

值得注意的是，对于非压缩节点，其内部字符是按照字典序排序的，例如上述第二个节点，含有 2 个字符 b、t，二者是按照字典序排列的。

2. 关键结构体介绍

1）rax 结构代表一个 Rax 树，它包含 3 个字段，指向头节点的指针，元素个数（即 key

的个数）以及节点个数。

```
typedef struct rax {
    raxNode *head;
    uint64_t numele;
    uint64_t numnodes;
} rax;
```

2）raxNode代表Rax树中的一个节点，它的定义如下：

```
typedef struct raxNode {
    uint32_t iskey:1;    /* Does this node contain a key? */
    uint32_t isnull:1;   /* Associated value is NULL (don't store it). */
    uint32_t iscompr:1;  /* Node is compressed. */
    uint32_t size:29;    /* Number of children, or compressed string len. */
    unsigned char data[];
} raxNode;
```

- iskey表明当前节点是否包含一个key，占用1bit；
- isnull表明当前key对应的value是否为空，占用1bit；
- iscompr表明当前节点是否为压缩节点，占用1bit；
- size为压缩节点压缩的字符串长度或者非压缩节点的子节点个数，占用29bit；
- data中包含填充字段，同时存储了当前节点包含的字符串以及子节点的指针、key对应的value指针。

raxNode分为2类，压缩节点和非压缩节点，下面分别进行介绍。

1）**压缩节点**。我们假设该节点存储的内容为字符串ABC，其结构图如图8-7所示。

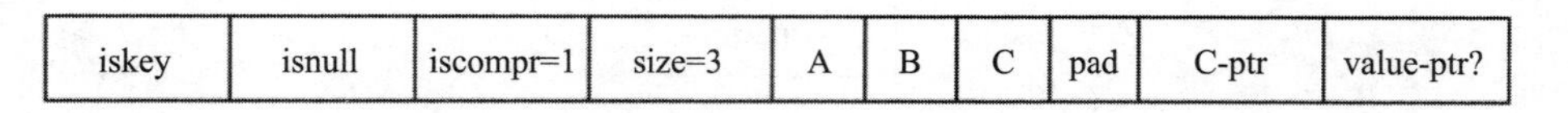

图8-7　压缩节点示例图

- iskey为1且isnull为0时，value-ptr存在，否则value-ptr不存在；
- iscompr为1代表当前节点是压缩节点，size为3代表存储了3个字符；
- 紧随size的是该节点存储的字符串，根据字符串的长度确定是否需要填充字段（填充必要的字节，使得后面的指针地址放到合适的位置上）；
- 由于是压缩字段，故而只有最后一个字符有子节点。

2）**非压缩节点**。我们假设其内容为XY，结构图如图8-8所示。

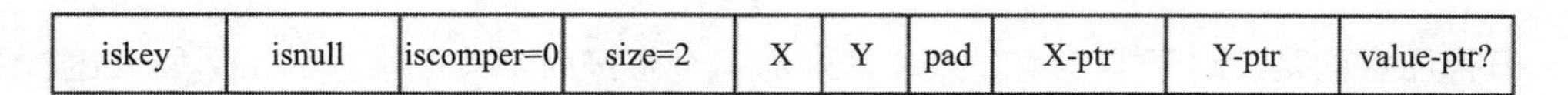

图8-8　非压缩节点示例图

与压缩节点的不同点在于，每个字符都有一个子节点，值得一提的是，字符个数小于2

时，都是非压缩节点。为了实现Rax树的遍历，Redis提供了raxStack及raxIterator两种结构，下面逐一介绍。

① raxStack结构用于存储从根节点到当前节点的路径，具体定义如下：

```
#define RAX_STACK_STATIC_ITEMS 32
typedef struct raxStack {
    void **stack;
    size_t items, maxitems;
    void *static_items[RAX_STACK_STATIC_ITEMS];
    int oom;
} raxStack;
```

- ❑ stack用于记录路径，该指针可能指向static_items（路径较短时）或者堆空间内存；
- ❑ items, maxitems代表stack指向的空间的已用空间以及最大空间；
- ❑ static_items是一个数组，数组中的每个元素都是指针，用于存储路径；
- ❑ oom代表当前栈是否出现过内存溢出。

② raxIterator用于遍历Rax树中所有的key，该结构的定义如下：

```
typedef struct raxIterator {
    int flags;
    rax *rt;                  /* Radix tree we are iterating. */
    unsigned char *key;       /* The current string. */
    void *data;               /* Data associated to this key. */
    size_t key_len;           /* Current key length. */
    size_t key_max;           /* Max key len the current key buffer can hold. */
    unsigned char key_static_string[RAX_ITER_STATIC_LEN];
    raxNode *node;            /* Current node. Only for unsafe iteration. */
    raxStack stack;           /* Stack used for unsafe iteration. */
    raxNodeCallback node_cb; /*Optional node callback. Normally set to NULL.*/
} raxIterator;
```

- ❑ flags为当前迭代器标志位，目前有3种，RAX_ITER_JUST_SEEKED代表当前迭代器指向的元素是刚刚搜索过的，当需要从迭代器中获取元素时，直接返回当前元素并清空该标志位即可；RAX_ITER_EOF代表当前迭代器已经遍历到rax树的最后一个节点；RAX_ITER_SAFE代表当前迭代器为安全迭代器，可以进行写操作。
- ❑ rt为当前迭代器对应的rax。
- ❑ key存储了当前迭代器遍历到的key，该指针指向key_static_string或者从堆中申请的内存。
- ❑ data指向当前key关联的value值。
- ❑ key_len, key_max为key指向的空间的已用空间以及最大空间。
- ❑ key_static_string为key的默认存储空间，当key比较大时，会使用堆空间内存。
- ❑ node为当前key所在的raxNode。

- stack 记录了从根节点到当前节点的路径，用于 raxNode 的向上遍历。
- node_cb 为节点的回调函数，通常为空。

8.1.3 Stream 结构

如图 8-9 所示，Redis Stream 的实现依赖于 Rax 结构以及 listpack 结构。从图 8-9 中可以看出，每个消息流都包含一个 Rax 结构。以消息 ID 为 key、listpack 结构为 value 存储在 Rax 结构中。每个消息的具体信息存储在这个 listpack 中。以下亮点是值得注意的。

1）每个 listpack 都有一个 master entry，该结构中存储了创建这个 listpack 时待插入消息的所有 field，这主要是考虑同一个消息流，消息内容通常具有相似性，如果后续消息的 field 与 master entry 内容相同，则不需要再存储其 field。

2）每个 listpack 中可能存储多条消息。

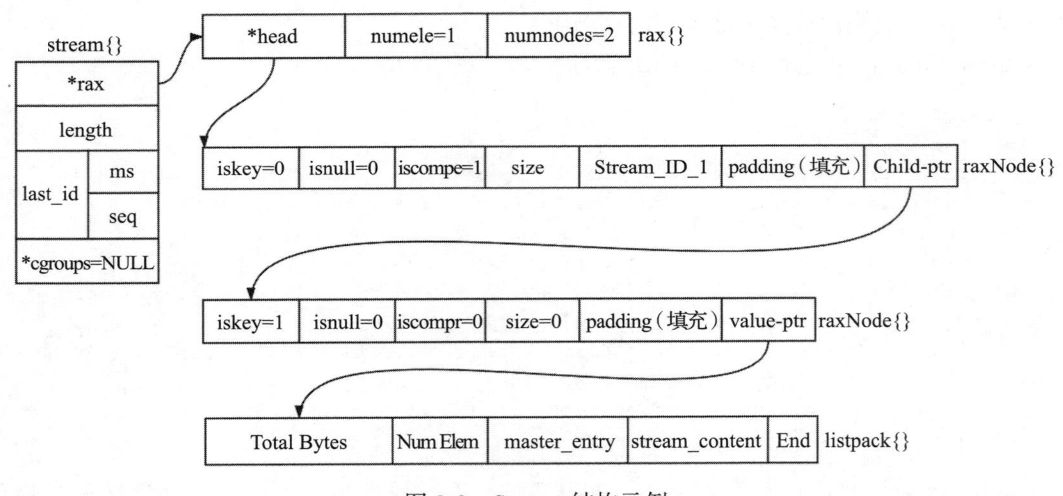

图 8-9　Stream 结构示例

1. 消息存储

（1）消息 ID

streamID 定义如下，以每个消息创建时的时间（1970 年 1 月 1 号至今的毫秒数）以及序号组成，共 128 位。

```
typedef struct streamID {
    uint64_t ms;        /* Unix time in milliseconds. */
    uint64_t seq;       /* Sequence number. */
} streamID;
```

（2）消息存储的格式

Stream 的消息内容存储在 listpack 中，由 8.1.1 节可知，listpack 用于存储字符串或者整型数据，listpack 中的单个元素称为 entry，下文介绍的消息存储格式的每个字段都是一个 entry，并不是将整个消息作为字符串储存的。值得注意的是，每个 listpack 会存储多个消息，具体存储的消息个数是由 stream-node-max-bytes（listpack 节点最大占用的内存数，默认 4096）和 stream-node-max-entries（每个 listpack 最大存储的元素个数，默认 100）决定的。

- 每个消息会占用多个 listpack entry。
- 每个 listpack 会存储多个消息。

每个 listpack 在创建时，会构造该节点的 master entry（根据第一个插入的消息构建），其结构如图 8-10 所示。

count	deleted	num-fields	field-1	field-2	…	field-N	0

图 8-10 listpack master entry 结构

- count 为当前 listpack 中的所有未删除的消息个数。
- deleted 为当前 listpack 中所有已经删除的消息个数。
- num-fields 为下面的 field 的个数。
- field-1, …, filed-N 为当前 listpack 中第一个插入的消息的所有 field 域。
- 0 为标识位，在从后向前遍历该 listpack 的所有消息时使用。

再次强调，上面介绍的字段（count、deleted 等）都是 listpack 的一个元素，此处省略了 listpack 每个元素存储时的 encoding 以及 backlen 字段，该部分内容详见上一节。存储一个消息时，如果该消息的 field 域与 master entry 的域完全相同，则不需要再次存储 field 域，此时其消息存储如图 8-11 所示。

flags	streamID.ms	streamID.seq	value-1	…	value-N	lp-count

图 8-11 消息存储

- flags 字段为消息标志位，STREAM_ITEM_FLAG_NONE 代表无特殊标识，STREAM_ITEM_FLAG_DELETED 代表该消息已经被删除，STREAM_ITEM_FLAG_SAMEFIELDS 代表该消息的 field 域与 master entry 完全相同。
- streamID.ms 以及 streamID.seq 为该消息 ID 减去 master entry id 之后的值。
- value 域存储了该消息的每个 field 域对应的内容。
- lp-count 为该消息占用 listpack 的元素个数，也就是 3+N。

如果该消息的 field 域与 master entry 不完全相同，此时消息的存储如图 8-12 所示。

flags	streamID.ms	streamID.seq	num-fields	field-1	value-1	…	field-N	value-N	lp-count

图 8-12 消息存储

- flags 为消息标志位，与上面一致；
- streamID.ms，streamID.seq 为该消息 ID 减去 master entry id 之后的值；
- num-fields 为该消息 field 域的个数；
- field-value 存储了消息的域值对，也就是消息的具体内容；
- lp-count 为该消息占用的 listpack 的元素个数，也就是 4+2N。

2. 关键结构体介绍

1）stream。stream 的结构如下所示：

```
typedef struct stream {
    rax *rax;               /* The radix tree holding the stream. */
    uint64_t length;        /* Number of elements inside this stream. */
    streamID last_id;       /* Zero if there are yet no items. */
    rax *cgroups;           /* Consumer groups dictionary: name -> streamCG */
} stream;
```

- rax 存储消息生产者生产的具体消息，每个消息有唯一的 ID。以消息 ID 为键，消息内容为值存储在 rax 中，值得注意的是，rax 中的一个节点可能存储多个消息，下面会详细介绍消息内容存储的具体格式。
- length 代表当前 stream 中的消息个数（不包括已经删除的消息）。
- last_id 为当前 stream 中最后插入的消息的 ID，stream 为空时，设置为 0。
- cgroups 存储了当前 stream 相关的消费组，以消费组的组名为键，streamCG 为值存储在 rax 中，该结构下面会详细介绍。

2）消费组。消费组是 Stream 中的一个重要概念，每个 Stream 会有多个消费组，每个消费组通过组名称进行唯一标识，同时关联一个 streamCG 结构，该结构定义如下：

```
typedef struct streamCG {
    streamID last_id;
    rax *pel;
    rax *consumers;
} streamCG;
```

- last_id 为该消费组已经确认的最后一个消息的 ID；
- pel 为该消费组尚未确认的消息，并以消息 ID 为键，streamNACK（代表一个尚未确认的消息）为值，该结构下文会介绍；
- consumers 为该消费组中所有的消费者，并以消费者的名称为键，streamConsumer（代表一个消费者）为值。

3）消费者。每个消费者通过 streamConsumer 唯一标识，该结构如下：

```
typedef struct streamConsumer {
    mstime_t seen_time;
    sds name;
    rax *pel;
} streamConsumer;
```

- seen_time 为该消费者最后一次活跃的时间；
- name 为消费者的名称；
- pel 为该消费者尚未确认的消息，以消息 ID 为键，streamNACK 为值。

4）未确认消息。未确认消息（streamNACK）维护了消费组或者消费者尚未确认的消息，值得注意的是，消费组中的 pel 的元素与每个消费者的 pel 中的元素是共享的，即该消费组消费了某个消息，这个消息会同时放到消费组以及该消费者的 pel 队列中，并且二者是同一个 streamNACK 结构。

```
typedef struct streamNACK {
    mstime_t delivery_time;
    uint64_t delivery_count;
    streamConsumer *consumer;
} streamNACK;
```

- delivery_time 为该消息最后发送给消费方的时间。
- delivery_count 为该消息已经发送的次数（组内的成员可以通过 xclaim 命令获取某个消息的处理权，该消息已经分给组内另一个消费者但其并没有确认该消息）。
- consumer 为该消息当前归属的消费者。

5）迭代器。为了遍历 stream 中的消息，Redis 提供了 streamIterator 结构：

```
typedef struct streamIterator {
    stream *stream;             /* The stream we are iterating. */
    streamID master_id;         /* ID of the master entry at listpack head. */
    uint64_t master_fields_count;
    unsigned char *master_fields_start;
    unsigned char *master_fields_ptr;    /* Master field to emit next. */
    int entry_flags;            /* Flags of entry we are emitting. */
    int rev;                    /* True if iterating end to start (reverse). */
    uint64_t start_key[2];      /* Start key as 128 bit big endian. */
    uint64_t end_key[2];        /* End key as 128 bit big endian. */
    raxIterator ri;             /* Rax iterator. */
    unsigned char *lp;          /* Current listpack. */
    unsigned char *lp_ele;      /* Current listpack cursor. */
    unsigned char *lp_flags;    /* Current entry flags pointer. */
    unsigned char field_buf[LP_INTBUF_SIZE];
    unsigned char value_buf[LP_INTBUF_SIZE];
} streamIterator;
```

streamIterator 的结构较为复杂，我们将逐一介绍其每一项的具体含义。

- stream 为当前迭代器正在遍历的消息流。
- 消息内容实际存储在 listpack 中，每个 listpack 都有一个 master entry（也就是第一个插入的消息），master_id 为该消息 id。
- master_fields_count 为 master entry 中 field 域的个数。
- master_fields_start 为 master entry field 域存储的首地址。

- 当listpack中消息的field域与master entry的field域完全相同时，该消息会复用master entry的field域，在我们遍历该消息时，需要记录当前所在的field域的具体位置，master_fields_ptr就是实现这个功能的。
- entry_flags为当前遍历的消息的标志位。
- rev代表当前迭代器的方向。
- start_key, end_key为该迭代器处理的消息ID的范围。
- ri为rax迭代器，用于遍历rax中所有的key。
- lp为当前listpack指针。
- lp_ele为当前正在遍历的listpack中的元素。
- lp_flags指向当前消息的flag域。
- field_buf, value_buf用于从listpack读取数据时的缓存。

8.2 Stream底层结构listpack的实现

listpack是Stream用于存储消息内容的结构，从8.1节的介绍中可以看出，该结构查询效率低，并且只适合于末尾增删。考虑到消息流中，通常只需要向其末尾增加消息，故而可以采用该结构，本节我们将会详细介绍该结构的基本操作。

8.2.1 初始化

listpack的初始化较为简单，如图8-13所示。

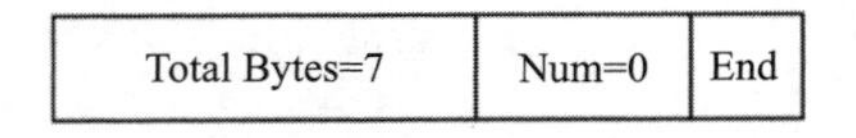

图8-13 listpack初始化

listpack的初始化函数如下，此处不再详细解释：

```
unsigned char *lpNew(void) {
    // LP_HDR_SIZE = 6, 为listpack的头部
    unsigned char *lp = lp_malloc(LP_HDR_SIZE+1); //申请空间
    if (lp == NULL) return NULL;
    lpSetTotalBytes(lp,LP_HDR_SIZE+1);
    lpSetNumElements(lp,0);
    lp[LP_HDR_SIZE] = LP_EOF; //LP_EOF = 0xFF
    return lp;
}
```

8.2.2 增删改操作

listpack提供了2种添加元素的方式：一种是在任意位置插入元素，一种是在末尾插

入元素。在末尾插入元素的底层实现通过调用任意位置插入元素进行，具体实现为 lpInsert 函数。

listpack 的删除操作被转换为用空元素替换的操作。

listpack 的替换操作（即改操作）的底层实现也是通过 lpInsrt 函数实现的。

该函数的定义如下：

```
unsigned char *lpInsert(unsigned char *lp, unsigned char *ele, uint32_t size,
    unsigned char *p, int where, unsigned char **newp)
```

- lp 为当前待操作的 listpack；
- ele 为待插入的新元素或者待替换的新元素，ele 为空时，也就是删除操作；
- size 为 ele 的长度；
- p 为待插入的位置或者带替换的元素位置；
- where 有 LP_BEFORE（前插）、LP_AFTER（后插）、LP_REPLACE（替换）；
- *newp 用于返回插入的元素、替换的元素、删除元素的下一个元素。

该函数返回 null 或者插入的元素，替换的元素，删除元素的下一个元素。删除或者替换的主要过程如下：

1）计算需要插入的新元素或者替换旧元素的新元素需要的空间；

2）计算进行插入或者替换后整个 listpack 所需的空间，通过 realloc 申请空间；

3）调整新的 listpack 中的老的元素的位置，为待操作元素预留空间；

4）释放旧的 listpack；

5）在新的 listpack 中进行插入或替换的操作；

6）更新新的 listpack 结构头部的统计信息。

考虑到 listpack 结构简单，限于篇幅，此处省略具体代码。

8.2.3 遍历操作

listpack 提供了一组接口用于遍历其所有元素，核心思想是利用每个 entry 的 encode 或者 backlen 字段获取当前 entry 的长度，由于接口实现较为简单，此处不再详细介绍。

```
unsigned char *lpFirst(unsigned char *lp); //获取第一个元素位置
unsigned char *lpLast(unsigned char *lp);  //获取最后一个元素位置
unsigned char *lpNext(unsigned char *lp, unsigned char *p);//下一个元素位置
unsigned char *lpPrev(unsigned char *lp, unsigned char *p);//上一个元素位置
```

值得注意的是，此处获取的仅仅是某个 entry 首地址的指针，如果要读取当前元素则需要使用下一节介绍的 lpGet 接口。

8.2.4 读取元素

lpGet 用于获取 p 指向的 Listpack 中真正存储的元素：①当元素采用字符串编码时，返回字符串的第一个元素位置，count 为元素个数；②当采用整型编码时，若 intbuf 不为空，

则将整型数据转换为字符串存储在 intbuf 中，count 为元素个数，并返回 intbuf。若 intbuf 为空，直接将数据存储在 count 中，返回 null。

```
unsigned char *lpGet(unsigned char *p, int64_t *count, unsigned char *intbuf)
```

lpGet 的实现较为简单，主要是利用了每个 entry 的 encode 字段，此处省略具体代码。

8.3 Stream 底层结构 Rax 的实现

Stream 的消息内容存储在 listpack 中，但是如果将所有消息都存储在一个 listpack 中，则会存在效率问题。例如，查询某个消息时，需要遍历整个 listpack；插入消息时，需要重新申请一块很大的空间。为了解决这些问题，Redis Stream 通过 Rax 组织这些 listpack，下面具体介绍该结构的基本操作。

8.3.1 初始化

Rax 的初始化过程如下：

```
rax *raxNew(void) {
    rax *rax = rax_malloc(sizeof(*rax)); //申请空间
    rax->numele = 0;                     //当前元素个数为0
    rax->numnodes = 1;                   //当前节点个数为1
    rax->head = raxNewNode(0,0);         //构造头节点
    return rax;
}
```

初始化完成后，Rax 结构如图 8-14 所示。

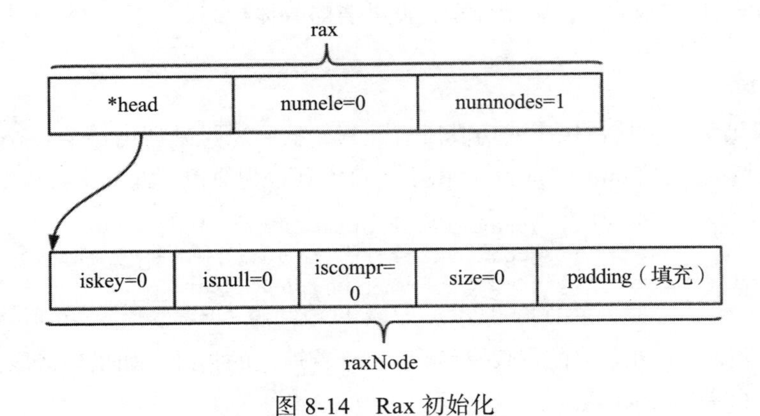

图 8-14　Rax 初始化

8.3.2 查找元素

rax 提供了查找 key 的接口 raxFind，该接口用于获取 key 对应的 value 值，其定义如下所示：

```
//在rax中查找长度为len的字符串s(s为rax中的一个key), 找到返回该key对应的value
void *raxFind(rax *rax, unsigned char *s, size_t len) {
    raxNode *h;
    int splitpos = 0;
    size_t i = raxLowWalk(rax,s,len,&h,NULL,&splitpos,NULL);
    if (i != len || (h->iscompr && splitpos != 0) || !h->iskey)
        return raxNotFound; //没有找到这个key
    return raxGetData(h);    //查到key, 将key对应的value返回
}
```

可以看出，raxLowWalk 为查找 key 的核心函数，首先看下该函数的接口定义：

```
static inline size_t raxLowWalk(rax *rax, unsigned char *s, size_t len, raxNode
    **stopnode, raxNode ***plink, int *splitpos, raxStack *ts)
```

- rax 为待查找的 Rax；
- s 为待查找的 key；
- len 为 s 的长度；
- *stopnode 为查找过程中的终止节点，也就意味着，当 rax 查找到该节点时，待查找的 key 已经匹配完成，或者当前节点无法与带查找的 key 匹配；
- *plink 用于记录父节点中指向 *stopnode 的指针的位置，当 *stopnode 变化时，也需要修改父节点指向该节点的指针；
- *splitpos 用于记录压缩节点的匹配位置；
- 当 ts 不为空时，会将查找该 key 的路径写入该变量。

该函数返回 s 的匹配长度，当 s != len 时，表示未查找到该 key；当 s == len 时，需要检验 *stopnode 是否为 key，并且当 *stopnode 为压缩节点时，还需要检查 splitpos 是否为 0（可能匹配到某个压缩节点中间的某个元素）。该函数的执行过程可以分为如下几步。

1）初始化变量。

2）从 rax 根节点开始查找，知道当前待查找节点无子节点或者 s 查找完毕。对于每个节点来说，如果为压缩节点，则需要与 s 中的字符完全匹配。如果为非压缩节点，则查找与当前待匹配字符相同的字符。

3）如果当前待匹配节点能够与 s 匹配，则移动位置到其子节点，继续匹配。

```
raxNode *h = rax->head; //从根节点开始匹配
raxNode **parentlink = &rax->head;
size_t i = 0; //当前待匹配字符位置
size_t j = 0; //当前匹配的节点的位置

while(h->size && i < len) { //当前节点有子节点且尚未走到s字符串的末尾
    unsigned char *v = h->data;
    if (h->iscompr) {
        //压缩节点是否能够完全匹配s字符串
        for (j = 0; j < h->size && i < len; j++, i++) {
            if (v[j] != s[i]) break;
        }
```

```
            if (j != h->size) break; //当前压缩节点不能完全匹配或者s已经到达末尾
        } else {
            //非压缩节点遍历节点元素，查找与当前字符匹配的位置
            for (j = 0; j < h->size; j++) {
                if (v[j] == s[i]) break;
            }
            if (j == h->size) break; //未在非压缩节点找到匹配的字符
            i++; //非压缩节点可以匹配，移动到s的下一个字符
        }
        //当前节点能够匹配s
        if (ts) raxStackPush(ts,h); /* Save stack of parent nodes. */
        raxNode **children = raxNodeFirstChildPtr(h);
        if (h->iscompr) j = 0;
        //将当前节点移动到其第j个子节点
        memcpy(&h,children+j,sizeof(h));
        parentlink = children+j;
        j = 0;
    }
    if (stopnode) *stopnode = h;
    if (plink) *plink = parentlink;
    if (splitpos && h->iscompr) *splitpos = j;
    return i;
```

8.3.3 添加元素

用户可以向 rax 中插入 key-value 对，对于已存在的 key，rax 提供了 2 种方案，覆盖或者不覆盖原有的 value，对应的接口分别为 raxInsert、raxTryInsert，两个接口的定义如下：

```
//将s指向的长度为len的key插入到rax中，data为该key对应的value,如果key已经存在，old返回该key
  之前的value，同时会使用data覆盖该key之前的value
int raxInsert(rax *rax, unsigned char *s, size_t len, void *data, void **old) {
    return raxGenericInsert(rax,s,len,data,old,1);
}
    //参数与raxInsert含义相同，但是当key已经存在时，不进行插入
int raxTryInsert(rax *rax, unsigned char *s, size_t len, void *data, void **old) {
    return raxGenericInsert(rax,s,len,data,old,0);
}
```

下面重点介绍插入操作的真正实现函数 raxGenericInsert，该函数定义如下：

```
//函数参数与raxInsert基本一致，只是增加overwrite用于标识key存在时是否覆盖
int raxGenericInsert(rax *rax, unsigned char *s, size_t len, void *data, void
     **old, int overwrite)
```

1. 查找 key 是否存在

```
size_t i;
int j = 0;
raxNode *h, **parentlink;
i = raxLowWalk(rax,s,len,&h,&parentlink,&j,NULL);
```

2. 找到 key

根据 raxLowWalk 的返回值，如果当前 key 已经存在，则直接对该节点进行操作。

```
if (i == len && (!h->iscompr || j == 0)) {
        //查看之前是否存储value,没有则申请空间
        if (!h->iskey || (h->isnull && overwrite)) {
            h = raxReallocForData(h,data);
            if (h) memcpy(parentlink,&h,sizeof(h));
        }
        /* Update the existing key if there is already one. */
        if (h->iskey) {
            if (old) *old = raxGetData(h);
            if (overwrite) raxSetData(h,data);
            errno = 0;
            return 0; /* Element already exists. */
        }
        raxSetData(h,data);
        rax->numele++;
        return 1; /* Element inserted. */
    }
```

3. key 不存在

1）在查找 key 的过程中，如果最后停留在某个压缩节点上，此时需要对该压缩节点进行拆分，具体拆分情况分为以下几种，以图 8-15 为例。

- ❑ 向上述 Rax 树中插入 key "ciao"，此时需要将 "annibale" 节点拆分为 2 部分：第一部分是非压缩节点，第二部分为压缩节点。
- ❑ 插入 key "ago"，需要将 "annibale" 节点拆分为 3 部分：非压缩节点，非压缩节点，压缩节点。
- ❑ 插入 key "annienter"，需要将 "annibale" 节点拆分为 3 部分：压缩节点，非压缩节点，压缩节点。
- ❑ 插入 key "annibaie"，需要将 "annibale" 拆成 3 部分：压缩节点，非压缩节点，非压缩节点。

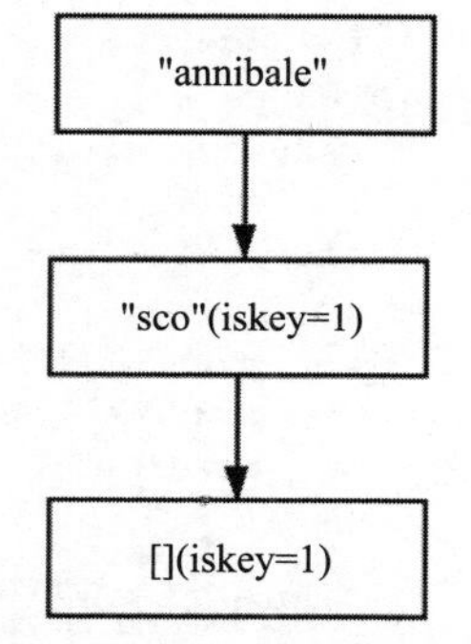

图 8-15　Rax 节点拆分

- ❑ 插入 key "annibali"，需要将 "annibale" 拆成 2 部分：压缩节点，非压缩节点。
- ❑ 插入 key "a"，将 "annibale" 拆分成 2 部分：非压缩节点，压缩节点。
- ❑ 插入 key "anni"，将 "annibale" 拆分成 2 个压缩节点。

虽然对压缩节点进行拆分的过程分为 7 种，但总体而言分为 2 类：一类是新插入的 key 是当前节点的一部分，另一类是新插入的 key 和压缩节点的某个位置不匹配。对于第一种情况，我们将压缩节点进行拆分后直接设置新的 key-value 即可。对于第二类情况，我们需要在拆分后的相应位置的非压缩节点中插入新 key 的相应不匹配字符，之后将新 key 的剩余部分插入到这个非压缩节点的子节点中。

2）如果查找 key 完成后，不匹配节点为某个非压缩节点，或者某个压缩节点的某个字

符不匹配，进行节点拆分后导致的不匹配位置为拆分后创建的非压缩节点，此时仅仅需要将当前待匹配字符插入到这个非压缩节点上（注意字符按照字典序排列），并为其创建子节点。之后，将剩余字符放入新建的子节点中即可（如果字符长度过长，需要进行分割）。

以上即为key不存在的处理逻辑，限于篇幅，此处省略具体代码。

8.3.4 删除元素

Rax的删除操作主要有3个接口，可以删除rax中的某个key，或者释放整个rax，在释放rax时，还可以设置释放回调函数，在释放rax的每个key时，都会调用这个回调函数，3个接口的定义如下：

```
//在rax中删除长度为len的s(s代表待删除的key), *old用于返回该key对应的value
int raxRemove(rax *rax, unsigned char *s, size_t len, void **old);
//释放rax
void raxFree(rax *rax);
//释放rax，释放每个key时，都会调用free_callback函数
void raxFreeWithCallback(rax *rax, void (*free_callback)(void*));
```

rax的释放操作，采用的是深度优先算法，具体代码此处省略。下面重点介绍raxRemove函数，当删除rax中的某个key-value对时，首先查找key是否存在，不存在则直接返回，存在则需要进行删除操作。

```
raxNode *h;
raxStack ts;
raxStackInit(&ts);
int splitpos = 0;
size_t i = raxLowWalk(rax,s,len,&h,NULL,&splitpos,&ts);
if (i != len || (h->iscompr && splitpos != 0) || !h->iskey) {
    //没有找到需要删除的key
    raxStackFree(&ts);
    return 0;
}
```

如果key存在，则需要进行删除操作，删除操作完成后，Rax树可能需要进行压缩。具体可以分为下面2种情况，此处所说的压缩是指将某个节点与其子节点压缩成一个节点，叶子节点没有子节点，不能进行压缩。

1）某个节点只有一个子节点，该子节点之前是key，经删除操作后不再是key，此时可以将该节点与其子节点压缩，如图8-16所示，删除foo后，可以将Rax进行压缩，压缩后为"foobar"->[](iskey=1)。

2）某个节点有两个子节点，经过删除操作后，只剩下一个子节点，如果这个子节点不是key，则可以将该节点与这个子节点压缩。如图8-17所示，删除foobar后，可以将Rax树进行压缩，压缩成"footer" -> [](iskey=1)。

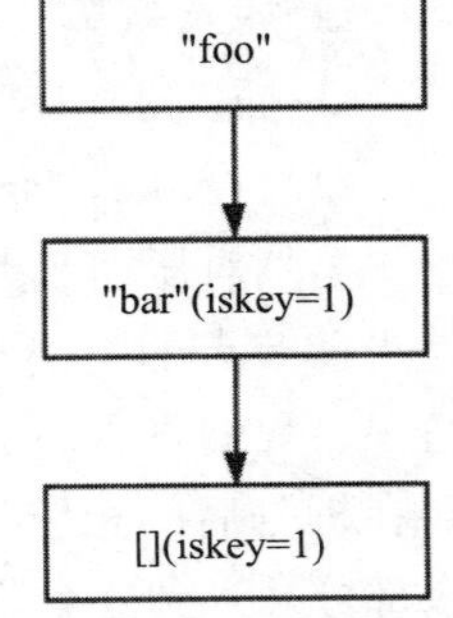

图8-16 Rax节点压缩

删除操作具体可以分为 2 个阶段，删除阶段以及压缩阶段。例如，图 8-17 删除 "foobar" 时，需要从下向上，删除可以删除的节点。图 8-16 在删除 "foo" 时，则不需要删除节点。这部分的实现逻辑主要是利用查找 key 时记录的匹配路径，依次向上直到无法删除为止。

```
if (h->size == 0) {
        raxNode *child = NULL;
        while(h != rax->head) {
            child = h;
            rax_free(child);
            rax->numnodes--;
            h = raxStackPop(&ts);
            //如果节点为key或者子节点个数不为1，则无法继续删除
            if (h->iskey || (!h->iscompr && h->size != 1)) break;
        }
        if (child) {
            raxNode *new = raxRemoveChild(h,child);
            if (new != h) {
                raxNode *parent = raxStackPeek(&ts);
                raxNode **parentlink;
                if (parent == NULL) {
                    parentlink = &rax->head;
                } else {
                    parentlink = raxFindParentLink(parent,h);
                }
                memcpy(parentlink,&new,sizeof(new));
            }
            //删除后查看是否可以尝试压缩
            if (new->size == 1 && new->iskey == 0) {
                trycompress = 1;
                h = new;
            }
        }
    } else if (h->size == 1) {
        //可以尝试进行压缩
        trycompress = 1;
    }
```

删除阶段完成后，需要尝试对 Rax 树进行压缩。压缩过程可以细化为 2 步。

① 找到可以进行压缩的第一个元素，之后将所有可进行压缩的节点进行压缩。由于 raxRowWalk 函数已经记录了查找 key 的过程，压缩时只需从记录栈中不断弹出元素，即可找到可进行压缩的第一个元素，过程如下：

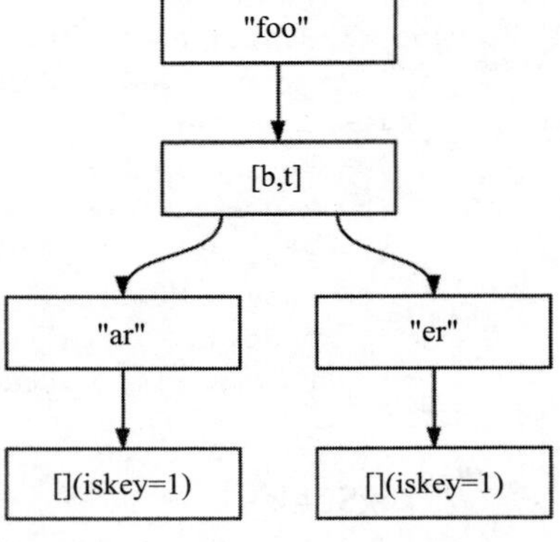

图 8-17 Rax 节点压缩

```
raxNode *parent;
while(1) {
    parent = raxStackPop(&ts);
```

```
    if (!parent || parent->iskey ||
        (!parent->iscompr && parent->size != 1)) break;
            //可以进行压缩
    h = parent;
}
raxNode *start = h; //可以进行压缩的第一个节点
```

② 找到第一个可压缩节点后，进行数据压缩。由于可压缩的节点都只有一个子节点，压缩过程只需要读取每个节点的内容，创建新的节点，并填充新节点的内容即可，此处省略。

8.3.5 遍历元素

为了能够遍历rax中所有的key，Redis提供了迭代器操作。Redis中实现的迭代器为双向迭代器，可以向前，也可以向后，顺序是按照key的字典序排列的。通过rax的结构图可以看出，如果某个节点为key，则其子节点的key按照字典序比该节点的key大。另外，如果当前节点为非压缩节点，则其最左侧节点的key是其所有子节点的key中最小的。迭代器的主要接口有：

```
void raxStart(raxIterator *it, rax *rt);
int raxSeek(raxIterator *it, const char *op, unsigned char *ele, size_t len);
int raxNext(raxIterator *it);
int raxPrev(raxIterator *it);
void raxStop(raxIterator *it);
int raxEOF(raxIterator *it);
```

1. raxStart

raxStart用于初始化raxIterator结构，具体实现如下所示：

```
void raxStart(raxIterator *it, rax *rt) {
    it->flags = RAX_ITER_EOF; //默认值为迭代结束
    it->rt = rt;
    it->key_len = 0;
    it->key = it->key_static_string;
    it->key_max = RAX_ITER_STATIC_LEN;
    it->data = NULL;
    it->node_cb = NULL;
    raxStackInit(&it->stack);
}
```

2. raxSeek

在raxStart初始化迭代器后，必须调用raxSeek函数初始化迭代器的位置。该函数的定义如下：

```
int raxSeek(raxIterator *it, const char *op, unsigned char *ele, size_t len)
```

- it为raxStart初始化的迭代器。

- op 为查找操作符，可以为大于（>）、小于（<）、大于等于（>=）、小于等于（<=）、等于（=）、首个元素（^）、末尾元素（$）。
- ele 为待查找的 key。
- len 为 ele 的长度。

查找末尾元素可以直接在 Rax 中找到最右侧的叶子节点，查找首个元素被转换为查找大于等于空的操作。处理大于、小于、等于等操作主要分为以下几步。

1）在 rax 中查找 key：

```
size_t i = raxLowWalk(it->rt,ele,len,&it->node,NULL,&splitpos,&it->stack);
```

2）如果 key 找到，并且 op 中设置了等于，则操作完成：

```
if (eq && i == len && (!it->node->iscompr || splitpos == 0) &&
        it->node->iskey)
    {
        //找到该key并且op中设置了=
        if (!raxIteratorAddChars(it,ele,len)) return 0; /* OOM. */
        it->data = raxGetData(it->node);
    }
```

3）如果仅仅设置等于，并没有找到 key，则将迭代器的标志位设置为末尾。

4）如果设置了等于但没有找到 key，或者设置了大于或者小于符号，则需要继续查找，这一步又分为 2 步。

① 首先将查找 key 的路径中所有匹配的字符，放入迭代器存储 key 的数组中：

```
//将查找过程的最后一个节点放入路径栈
if (!raxStackPush(&it->stack,it->node)) return 0;
for (size_t j = 1; j < it->stack.items; j++) {
    raxNode *parent = it->stack.stack[j-1];
    raxNode *child = it->stack.stack[j];
    if (parent->iscompr) {
        if (!raxIteratorAddChars(it,parent->data,parent->size))
            return 0;
        } else {
            raxNode **cp = raxNodeFirstChildPtr(parent);
            unsigned char *p = parent->data;
            while(1) {
                raxNode *aux;
                memcpy(&aux,cp,sizeof(aux));
                if (aux == child) break;
                cp++;
                p++;
            }
            if (!raxIteratorAddChars(it,p,1)) return 0;
        }
    }
//将最后一个节点从路径栈中弹出
raxStackPop(&it->stack);
```

② 根据key的匹配情况以及op的参数，在rax中继续查找下一个或者上一个key，此时主要利用的是raxIteratorNextStep、raxIteratorPrevStep两个接口，这两个接口也是raxNext以及raxPrev的核心处理函数，我们之后详细介绍。

3. raxNext & raxPrev

raxNext与raxPrev为逆操作，二者具有高度的相似性，此处我们以raxNext为例，讲解其具体实现。raxNext源码如下：

```
int raxNext(raxIterator *it) {
    if (!raxIteratorNextStep(it,0)) {
        errno = ENOMEM;
        return 0;
    }
    if (it->flags & RAX_ITER_EOF) {
        errno = 0;
        return 0;
    }
    return 1;
}
```

从上述可以看出，raxNext主要依赖于raxIteratorNextStep函数。该函数的定义如下：

```
int raxIteratorNextStep(raxIterator *it, int noup)
```

- it为待移动的迭代器。
- noup为标志位，可以取0或者1。在raxSeek中，我们有时需要查找比某个key大的下一个key，并且这个带查找的key可能并不存在，此时可能需要将noup设置为1。

raxNext处理过程的重点有3点：①如果迭代器当前的节点有子节点，则沿着其最左侧的节点一直向下，直到找到下一个key；②如果当前节点没有子节点，则利用迭代器中的路径栈，依次弹出其父节点，查找父节点是否有其他比当前key大的子节点（迭代器中已经记录了当前的key，通过该值可以进行查找）；注意noup为1时，我们已经假设迭代器当前节点为上一个key的父节点，故而在路径栈弹出时，第一次需要忽略。

```
while(1) {
    int children = it->node->iscompr ? 1 : it->node->size;
    if (!noup && children) {
        if (!raxStackPush(&it->stack,it->node)) return 0;
        raxNode **cp = raxNodeFirstChildPtr(it->node);
        if (!raxIteratorAddChars(it,it->node->data,
            it->node->iscompr ? it->node->size : 1)) return 0;
        memcpy(&it->node,cp,sizeof(it->node));
        //当前节点为key节点，直接返回
        ...
    } else {
        while(1) {
```

```
            int old_noup = noup;
            //已经迭代到rax头部节点，结束
            ...
            unsigned char prevchild = it->key[it->key_len-1];
            if (!noup) it->node = raxStackPop(&it->stack);
            else noup = 0; //第一次弹出父节点的操作被跳过
            int todel = it->node->iscompr ? it->node->size : 1;
            raxIteratorDelChars(it,todel);
            if (!it->node->iscompr && it->node->size > (old_noup ? 0 : 1)) {
                raxNode **cp = raxNodeFirstChildPtr(it->node);
                int i = 0;
                while (i < it->node->size) {
                    //遍历节点所有子节点，找到下一个比当前key大的子节点
                    if (it->node->data[i] > prevchild) break;
                    i++; cp++;
                }
                if (i != it->node->size) {
                    //找到了一个子节点比当前key大
                    raxIteratorAddChars(it,it->node->data+i,1);
                    if (!raxStackPush(&it->stack,it->node)) return 0;
                    memcpy(&it->node,cp,sizeof(it->node));
                    //当前节点为key，获取值后返回，不是key则跳出内部while循环
                    ...
                }
            }
        }
    }
```

4. raxStop & raxEOF

raxEOF 用于标识迭代器迭代结束，raxStop 用于结束迭代并释放相关资源，二者的实现较为简单，源码如下：

```
int raxEOF(raxIterator *it) {
    return it->flags & RAX_ITER_EOF;
}
void raxStop(raxIterator *it) {
    if (it->key != it->key_static_string) rax_free(it->key);
    raxStackFree(&it->stack);
}
```

8.4 Stream 结构的实现

Stream 可以看作是一个消息链表。对一个消息而言，只能新增或者删除，不能更改消息内容，故而本节主要介绍 Stream 相关结构的初始化以及增删查操作。首先介绍消息流的初始化，之后讲解消息的增删查、消费组的增删查以及消费组中消费者的增删查，最后，介绍如何遍历消息流中的所有消息。

8.4.1 初始化

streamNew 函数用于实现 stream 的初始化：

```
stream *streamNew(void) {
    stream *s = zmalloc(sizeof(*s));
    s->rax = raxNew();
    s->length = 0;
    s->last_id.ms = 0;
    s->last_id.seq = 0;
    s->cgroups = NULL;
    return s;
}
```

Stream 初始化后如图 8-18 所示。

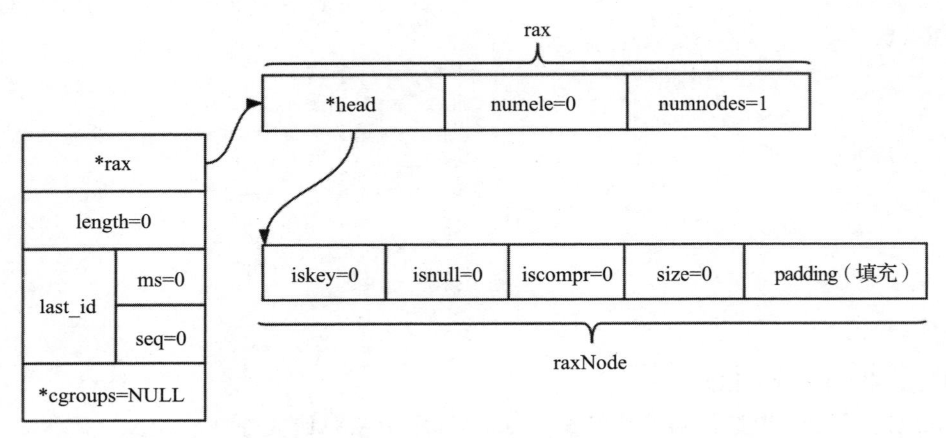

图 8-18　Stream 结构初始化

8.4.2 添加元素

本节主要介绍如何向消息流中添加消息、增加消费组以及向消费组中增加消费者。值得一提的是，任何用户都可以向某个消息流添加消息，或者消费某个消息流中的消息。

1. 添加消息

Redis 提供了 streamAppendItem 函数，用于向 stream 中添加一个新的消息：

```
int streamAppendItem(stream *s, robj **argv, int64_t numfields, streamID *added_
    id, streamID *use_id)
```

s 为待插入的数据流：

- argv 为待插入的消息内容，argv[0] 为 field_1，argv[1] 为 value_1，依此类推；
- numfields 为待插入的消息的 field 的总数；
- added_id 不为空，并且插入成功时，将新插入的消息 id 写入 added_id 以供调用方使用；

❑ use_id 为调用方为该消息定义的消息 id，该消息 id 应该大于 s 中任意一个消息的 id。

增加消息的流程如下。

① 获取 rax 的最后一个 key 所在的节点，由于 Rax 树是按照消息 id 的顺序存储的，所以最后一个 key 节点存储了上一次插入的消息。

② 查看该节点是否可以插入这条新的消息。

③ 如果该节点已经不能再插入新的消息（listpack 为空或者已经达到设定的存储最大值），在 rax 中插入新的节点（以消息 id 为 key，新建 listpack 为 value），并初始化新建的 listpack；如果仍然可以插入消息，则对比插入的消息与 listpack 中的 master 消息对应的 fields 是否完全一致，完全一致则表明该消息可以复用 master 的 field。

④ 将待插入的消息内容插入到新建的 listpack 中或者原来的 rax 的最后一个 key 节点对应的 listpack 中，这一步主要取决于前 2 步的结果。

该函数主要是利用了 listpack 以及 rax 的相关接口，此处省略具体代码。

2. 新增消费组

通过 streamCreateCG 为消息流新增一个消费组，以消费组的名称为 key，该消费组的 streamCG 结构为 value，放入 rax 中。

```
streamCG *streamCreateCG(stream *s, char *name, size_t namelen, streamID *id) {
    //如果当前消息流尚未有消费组，则新建消费组
    if (s->cgroups == NULL) s->cgroups = raxNew();
    //查看是否已经有该消费组，有则新建失败
    if (raxFind(s->cgroups,(unsigned char*)name,namelen) != raxNotFound)
        return NULL;
    //新建消费组，并初始化相关变量
    streamCG *cg = zmalloc(sizeof(*cg));
    cg->pel = raxNew();
    cg->consumers = raxNew();
    cg->last_id = *id;
    //将该消费组插入到消息流的消费组树中，以消费组的名称为key，对应的streamCG为value
    raxInsert(s->cgroups,(unsigned char*)name,namelen,cg,NULL);
    return cg;
}
```

3. 新增消费者

Stream 允许为某个消费组增加消费者，但没有直接提供在某个消费组中创建消费者的接口，而是在查询某个消费组的消费者时，发现该消费组没有该消费者时选择插入该消费者，该接口在 8.4.4 节进行介绍。

8.4.3 删除元素

本节首先介绍如何从消息流中删除消息以及限制消息流的大小。之后，讲解如何释放消费组中的消费者以及如何释放整个消费组。

1. 删除消息

Redis 提供了 streamIteratorRemoveEntry 函数用于移除某个消息，值得注意的是，该函数通常只是设置待移除消息的标志位为已删除，并不会将该消息从所在的 listpack 中删除。当消息所在的整个 listpack 的所有消息都已删除时，则会从 rax 中释放该节点。

```
void streamIteratorRemoveEntry(streamIterator *si, streamID *current) {
    unsigned char *lp = si->lp; //lp为当前消息所在的listpack
    int64_t aux;
    int flags = lpGetInteger(si->lp_flags);
    flags |= STREAM_ITEM_FLAG_DELETED;
    lp = lpReplaceInteger(lp,&si->lp_flags,flags); //设置消息的标志位

    unsigned char *p = lpFirst(lp);
    aux = lpGetInteger(p);
    if (aux == 1) {
        //当前Listpack只有待删除消息，可以直接删除节点
        lpFree(lp);
        raxRemove(si->stream->rax,si->ri.key,si->ri.key_len,NULL);
    } else {
        //修改listpack master enty中的统计信息
        lp = lpReplaceInteger(lp,&p,aux-1);
        p = lpNext(lp,p); /* Seek deleted field. */
        aux = lpGetInteger(p);
        lp = lpReplaceInteger(lp,&p,aux+1);
        //查看listpack是否有变化(listpack中元素变化导致的扩容缩容)
        if (si->lp != lp)
            raxInsert(si->stream->rax,si->ri.key,si->ri.key_len,lp,NULL);
    }
    ...
}
```

2. 裁剪消息流

除了删除某个具体的消息外，Redis Stream 还提供了消息流的裁剪功能，也就是将消息流的大小（未删除的消息个数，不包含已经删除的消息）裁剪到给定大小，删除消息时，按照消息 id，从小到大删除。该接口为 streamTrimByLength：

```
//stream为待裁剪的消息流; maxlen为消息流中最大的消息个数; approx为是否可以存在偏差
int64_t streamTrimByLength(stream *s, size_t maxlen, int approx)
```

对于消息流的裁剪，主要有以下几点。

1）消息删除是按照消息 id 的顺序进行删除的，也就是说先删除最先插入（即消息 id 最小的）消息。

2）从效率的角度上说，函数调用时最好加上 approx 标志位。

接下来介绍该函数的具体实现过程。

1）获取 stream 的 Rax 树的第一个 key 所在的节点：

```
if (s->length <= maxlen)return 0;//stream中的消息个数小于maxlen,不需要删除
raxIterator ri;                    //初始化rax迭代器
raxStart(&ri,s->rax);
raxSeek(&ri,"^",NULL,0);
int64_t deleted = 0;               //统计已经删除的消息个数
```

2）遍历 rax 树的节点，不断删除消息，直到剩余消息个数满足要求：

```
while(s->length > maxlen && raxNext(&ri)){ //遍历Rax树删除消息直到满足要求
}
```

3）具体删除消息的部分可以分为如下几步。

- 查看是否需要删除当前节点，如果删除该节点存储的全部消息后仍然未达到要求，则删除该节点。
- 不需要删除该节点存储的全部消息，如果函数参数中设置了“approx”，则不再进行处理，可以直接返回。
- 不需要删除该节点的全部消息，则遍历该节点存储的消息，将部分消息的标志位设置为已经删除。

在遍历 Stream 的消息节点时，有时需要删除当前节点，删除节点的代码如下：

```
if (s->length - entries >= maxlen) { //需要删除该节点的全部消息
    lpFree(lp);
    //调用Rax的接口删除key
    raxRemove(s->rax,ri.key,ri.key_len,NULL);
    raxSeek(&ri,">=",ri.key,ri.key_len);
    s->length -= entries;
    deleted += entries;
    continue;
}
```

不需要删除该节点的全部消息，但是没有设置 approx 标志位，也意味着需要遍历当前节点的消息，将其部分消息设置为已删除。该部分代码实现如下：

```
while(p) { //遍历该节点存储的全部消息，依次删除，直到消息个数满足要求
    int flags = lpGetInteger(p);
    int to_skip;
    /* Mark the entry as deleted. */
    if (!(flags & STREAM_ITEM_FLAG_DELETED)) {
        flags |= STREAM_ITEM_FLAG_DELETED;
        lp = lpReplaceInteger(lp,&p,flags);
        deleted++;
        s->length--;
        if (s->length <= maxlen) break; /* Enough entries deleted. */
    }
    //移动到下一个消息
    ...
}
```

3. 释放消费组

释放消费组的接口为streamFreeCG，该接口主要完成2部分内容，首先释放该消费组的pel链表，之后释放消费组中的每个消费者。

```
void streamFreeCG(streamCG *cg) {
    //删除该消费组的pel链表，释放时设置回调函数用于释放每个消息对应的streamNACK结构
    raxFreeWithCallback(cg->pel,(void(*)(void*))streamFreeNACK);
    //释放每个消费者时，需要释放该消费者对应的streamConsumer结构
    raxFreeWithCallback(cg->consumers,(void(*)(void*))streamFreeConsumer);
    zfree(cg);
}
void streamFreeNACK(streamNACK *na) {
    zfree(na);
}
```

4. 释放消费者

释放消费者时，需要注意的是，不需要释放该消费者的pel，因为该消费者的未确认消息结构streamNACK是与消费组的pel共享的，直接释放相关内存即可。

```
void streamFreeConsumer(streamConsumer *sc) {
    raxFree(sc->pel); //此处仅仅是将存储streamNACK的Rax树释放
    sdsfree(sc->name);
    zfree(sc);
}
```

8.4.4 查找元素

在使用Stream时，我们经常需要查找消息、查找消费组、查找消费组中的消费者等操作，本节将详细介绍这些查找的实现。

（1）查找消息

Stream查找消息是通过迭代器实现的，这部分内容我们将在8.4.5节进行介绍。

（2）查找消费组

Redis提供了streamLookupCG接口用于查找Stream的消费组，该接口较为简单，主要是利用Rax的查询接口：

```
streamCG *streamLookupCG(stream *s, sds groupname) {
    if (s->cgroups == NULL) return NULL;
    //从stream流的消费组树中查找该消费组
    streamCG *cg = raxFind(s->cgroups,(unsigned char*)groupname,
                           sdslen(groupname));
    return (cg == raxNotFound) ? NULL : cg;
}
```

（3）查找消息组中的消费者

Redis提供了streamLookupConsumer接口用于查询某个消费组中的消费者。消费者不存在时，可以选择是否将该消费者添加进消费组。

```
//在消费组cg中查找消费者name；如果没有查到并且create为1时，将该消费者加入消费组
streamConsumer *streamLookupConsumer(streamCG *cg, sds name, int create) {
    streamConsumer *consumer = raxFind(cg->consumers,(unsigned char*)name, sdslen(name));
    if (consumer == raxNotFound) {
        if (!create) return NULL; //不需要插入
        consumer = zmalloc(sizeof(*consumer));
        consumer->name = sdsdup(name);
        consumer->pel = raxNew();
        raxInsert(cg->consumers,(unsigned char*)name,sdslen(name),
                  consumer,NULL);
    }
    consumer->seen_time = mstime(); //已经查询到该消费者，更新时间戳
    return consumer;
}
```

8.4.5　遍历

Redis 提供了 Stream 的迭代器 streamIterator，用于遍历 Stream 中的消息，跟 streamIterator 相关的接口主要有以下 4 个：

```
void streamIteratorStart(streamIterator *si, stream *s, streamID *start, streamID
    *end, int rev);
int streamIteratorGetID(streamIterator *si, streamID *id, int64_t *numfields);
void streamIteratorGetField(streamIterator *si, unsigned char **fieldptr,
unsigned char **valueptr, int64_t *fieldlen, int64_t *valuelen);
void streamIteratorStop(streamIterator *si);
```

- streamIteratorStart 用于初始化迭代器，值得注意的是，需要指定迭代器的方向。
- streamIteratorGetID 与 streamIteratorGetField 配合使用，用于遍历所有消息的所有 field-value。
- streamIteratorStop 用于释放迭代器的相关资源。

首先看下这些接口的使用：

```
streamIterator myiterator;
streamIteratorStart(&myiterator,...);
int64_t numfields;
while(streamIteratorGetID(&myiterator,&ID,&numfields)) {
    while(numfields--) {
        unsigned char *key, *value;
        size_t key_len, value_len;
        streamIteratorGetField(&myiterator, &key, &val, &key_len, &val_len);
    }
}
streamIteratorStop(&myiterator);
```

下面一一介绍这 4 个接口。

1）streamIteratorStart 接口，该接口负责初始化 streamIterator。它的具体实现主要是利用 Rax 提供的迭代器：

```
void streamIteratorStart(streamIterator *si, stream *s, streamID *start, streamID
    *end, int rev) {
    ...
    raxStart(&si->ri,s->rax);
    if (!rev) { //正向迭代器
        if (start && (start->ms || start->seq)) { //设置了开始的消息id
            raxSeek(&si->ri,"<=",(unsigned char*)si->start_key,
                sizeof(si->start_key));
            if (raxEOF(&si->ri)) raxSeek(&si->ri,"^",NULL,0);
        } else {
            //默认情况为指向Rax树中第一个key所在的节点
            raxSeek(&si->ri,"^",NULL,0);
        }
    } else { //逆向迭代器
        if (end && (end->ms || end->seq)) {
            raxSeek(&si->ri,"<=",(unsigned char*)si->end_key,
                sizeof(si->end_key));
            if (raxEOF(&si->ri)) raxSeek(&si->ri,"$",NULL,0);
        } else {
            raxSeek(&si->ri,"$",NULL,0);
        }
    }
...
```

2）streamIteratorGetID 接口较为复杂，该接口负责获取迭代器当前的消息 id，可以分为以下 2 步。

① 查看当前所在的 Rax 树的节点是否仍然有其他消息，没有则根据迭代器方向调用 Rax 迭代器接口向前或者向后移动。

② 在 rax key 对应的 listpack 中，查找尚未删除的消息，此处需要注意 streamIterator 的指针移动。

3）streamIteratorGetField 接口则直接使用该迭代器内部的指针，获取当前消息的 field-value 对：

```
void streamIteratorGetField(streamIterator *si, unsigned char **fieldptr, unsigned
    char **valueptr, int64_t *fieldlen, int64_t *valuelen) {
    if (si->entry_flags & STREAM_ITEM_FLAG_SAMEFIELDS) {
        //当前消息的field内容与master_fields一致，读取master_field域内容
        *fieldptr = lpGet(si->master_fields_ptr,fieldlen,si->field_buf);
        si->master_fields_ptr = lpNext(si->lp,si->master_fields_ptr);
    } else { //直接获取当前的field，移动lp_ele指针
        *fieldptr = lpGet(si->lp_ele,fieldlen,si->field_buf);
        si->lp_ele = lpNext(si->lp,si->lp_ele);
    }
    //获取field对应的value，并将迭代器lp_ele指针向后移动
    *valueptr = lpGet(si->lp_ele,valuelen,si->value_buf);
    si->lp_ele = lpNext(si->lp,si->lp_ele);
}
```

4）streamIteratorStop 接口主要利用 raxIterator 接口释放相关资源：

```
void streamIteratorStop(streamIterator *si) {
    raxStop(&si->ri);
}
```

8.5　本章小结

本章主要介绍了 Stream 的底层实现。首先讲解了 Stream 结构需要依赖的两种数据结构 Listpack 以及 Rax，并详细介绍了这两种结构的基本操作。之后，进一步说明了 Stream 是如何利用这两种结构的。

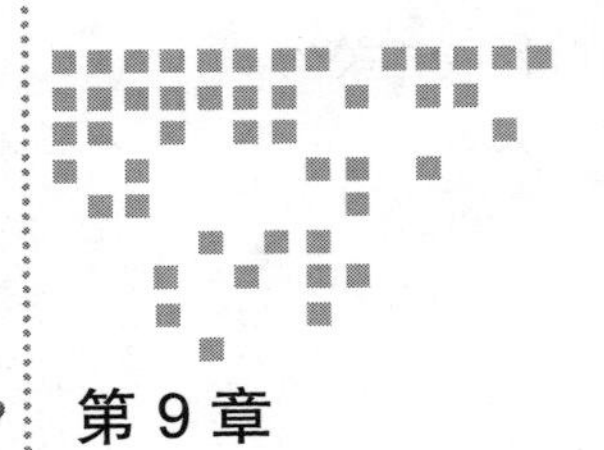

Chapter 9 第 9 章

命令处理生命周期

第 2～8 章介绍了 Redis 的基本数据结构，接下来主要讲解所有命令的源码实现。在讲解命令实现之前，需要先了解一下服务器处理客户端命令请求的整个流程，包括服务器启动监听，接收命令请求并解析，执行命令请求，返回命令回复等，这也是本章的主题“命令处理的生命周期”。

Redis 服务器是典型的事件驱动程序，因此事件处理显得尤为重要，而 Redis 将事件分为两大类：文件事件与时间事件。文件事件即 socket 的读写事件，时间事件用于处理一些需要周期性执行的定时任务，本章将对这两种事件作详细介绍。

9.1 基本知识

为了更好地理解服务器与客户端的交互，还需要学习一些基础知识，比如客户端信息的存储，Redis 对外支持的命令集合，客户端与服务器 socket 读写事件的处理，Redis 内部定时任务的执行等，本节将对这些知识进行简要介绍。

9.1.1 对象结构体 robj

Redis 是一个 key-value 型数据库，key 只能是字符串，value 可以是字符串、列表、集合、有序集合和散列表，这 5 种数据类型用结构体 robj 表示，我们称之为 Redis 对象。结构体 robj 的 type 字段表示对象类型，5 种对象类型在 server.h 文件中定义：

```
#define OBJ_STRING 0
#define OBJ_LIST 1
#define OBJ_SET 2
```

```
#define OBJ_ZSET 3
#define OBJ_HASH 4
```

针对某一种类型的对象，Redis 在不同情况下可能采用不同的数据结构存储，结构体 robj 的 encoding 字段表示当前对象底层存储采用的数据结构，即对象的编码，总共定义了 11 种 encoding 常量，见表 9-1：

表 9-1　对象编码类型表

encoding 常量	数据结构	可存储对象类型
OBJ_ENCODING_RAW	简单动态字符串（sds）	字符串
OBJ_ENCODING_INT	整数	字符串
OBJ_ENCODING_HT	字典（dict）	集合、散列表、有序集合
OBJ_ENCODING_ZIPMAP	未使用	
OBJ_ENCODING_LINKEDLIST	不再使用	
OBJ_ENCODING_ZIPLIST	压缩列表（ziplist）	散列表、有序集合
BJ_ENCODING_INTSET	整数集合（intset）	集合
OBJ_ENCODING_SKIPLIST	跳跃表（skiplist）	有序集合
OBJ_ENCODING_EMBSTR	简单动态字符串（sds）	字符串
OBJ_ENCODING_Quicklist	快速链表（quicklist）	列表
OBJ_ENCODING_STREAM	stream	stream

对象的整个生命周期中，编码不是一成不变的，比如集合对象。当集合中所有元素都可以用整数表示时，底层数据结构采用整数集合；当执行 sadd 命令向集合中添加元素时，Redis 总会校验待添加元素是否可以解析为整数，如果解析失败，则会将集合存储结构转换为字典。如下所示：

```
if (subject->encoding == OBJ_ENCODING_INTSET) {
    if (isSdsRepresentableAsLongLong(value,&llval) == C_OK) {

        subject->ptr = intsetAdd(subject->ptr,llval,&success);

    } else {
        //编码转换
        setTypeConvert(subject,OBJ_ENCODING_HT);
    }
}
```

对象在不同情况下可能采用不同的数据结构存储，那对象可能同时采用多种数据结构存储吗？根据上面的表格，有序集合可能采用压缩列表、跳跃表和字典存储。使用字典存储时，根据成员查找分值的时间复杂度为 O(1)，而对于 zrange 与 zrank 等命令，需要排序才能实现，时间复杂度至少为 O(NlogN)；使用跳跃表存储时，zrange 与 zrank 等命令的时间复杂度为 O(logN)，而根据成员查找分值的时间复杂度同样是 O(logN)。字典与跳跃表各有优势，因此 Redis 会同时采用字典与跳跃表存储有序集合。这里有读者可能会有疑问，同时采用两种数据结构存储不浪费空间吗？数据都是通过指针引用的，两种存储方式只需要额外存储一些指针即可，空间消耗是可以接受的。有序集合结构定义如下：

```
typedef struct zset {
    dict *dict;
    zskiplist *zsl;
} zset;
```

观察表 9-1，注意到编码 OBJ_ENCODING_RAW 和 OBJ_ENCODING_EMBSTR 都表示的是简单动态字符串，那么这两种编码有什么区别吗？在回答此问题之前需要先了解结构体 robj 的定义：

```
#define LRU_BITS 24

typedef struct redisObject {
    unsigned type:4;
    unsigned encoding:4;
    unsigned lru:LRU_BITS;   //缓存淘汰使用
    int refcount;            //引用计数
    void *ptr;
} robj;
```

下面详细分析结构体各字段含义。

1）ptr 是 void* 类型的指针，指向实际存储的某一种数据结构，但是当 robj 存储的数据可以用 long 类型表示时，数据直接存储在 ptr 字段。可以看出，为了创建一个字符串对象，必须分配两次内存，robj 与 sds 存储空间；两次内存分配效率低下，且数据分离存储降低了计算机高速缓存的效率。因此提出 OBJ_ENCODING_EMBSTR 编码的字符串，当字符串内容比较短时，只分配一次内存，robj 与 sds 连续存储，以此提升内存分配效率与数据访问效率。OBJ_ENCODING_EMBSTR 编码的字符串内存结构如图 9-1 所示。

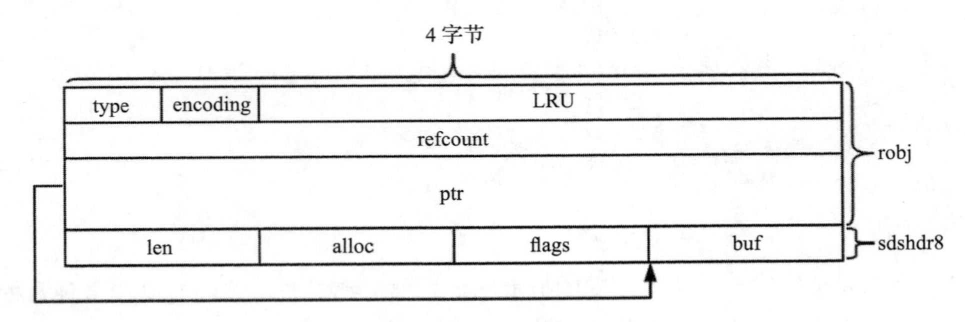

图 9-1　EMBSTR 编码字符串对象内存结构

2）refcount 存储当前对象的引用次数，用于实现对象的共享。共享对象时，refcount 加 1；删除对象时，refcount 减 1，当 refcount 值为 0 时释放对象空间。删除对象的代码如下：

```
void decrRefCount(robj *o) {
    if (o->refcount == 1) {
        switch(o->type) { //根据对象类型，释放其指向数据结构空间
        case OBJ_STRING: freeStringObject(o); break;
        case OBJ_LIST: freeListObject(o); break;
        case OBJ_SET: freeSetObject(o); break;
        …………
        }
        zfree(o); //释放对象空间
    } else {
        //引用计数减1
        if (o->refcount != OBJ_SHARED_REFCOUNT) o->refcount--;
    }
}
```

3）lru 字段占 24 比特，用于实现缓存淘汰策略，可以在配置文件中使用 maxmemory-policy 配置已用内存达到最大内存限制时的缓存淘汰策略。lru 根据用户配置的缓存淘汰策略存储不同数据，常用的策略就是 LRU 与 LFU。LRU 的核心思想是，如果数据最近被访问过，那么将来被访问的几率也更高，此时 lru 字段存储的是对象访问时间；LFU 的核心思想是，如果数据过去被访问多次，那么将来被访问的频率也更高，此时 lru 字段存储的是上次访问时间与访问次数。例如使用 GET 命令访问数据时，会执行下面代码更新对象的 lru 字段：

```
if (server.maxmemory_policy & MAXMEMORY_FLAG_LFU) {
    updateLFU(val);
} else {
    val->lru = LRU_CLOCK();
}
```

LRU_CLOCK 函数用于获取当前时间，注意此时间不是实时获取的，Redis 以 1 秒为周期执行系统调用获取精确时间，缓存在全局变量 server.lruclock，LRU_CLOCK 函数获取的只是该缓存时间。

updateLFU 函数用于更新对象的上次访问时间与访问次数，函数实现如下：

```
void updateLFU(robj *val) {
    unsigned long counter = LFUDecrAndReturn(val);
    counter = LFULogIncr(counter);
    val->lru = (LFUGetTimeInMinutes()<<8) | counter;
}
```

可以发现 lru 的低 8 比特存储的是对象的访问次数，高 16 比特存储的是对象的上次访问时间，以分钟为单位；需要特别注意的是函数 LFUDecrAndReturn，其返回计数值 counter，对象的访问次数在此值上累加。为什么不直接累加呢？因为假设每次只是简单的对访问次数累加，那么越老的数据一般情况下访问次数越大，即使该对象可能很长时间已经没有访问，相反新对象的访问次数通常会比较小，显然这是不公平的。因此访问次数应该有一个随时间衰减的过程，函数 LFUDecrAndReturn 实现了此衰减功能。

9.1.2 客户端结构体 client

Redis 是典型的客户端服务器结构，客户端通过 socket 与服务端建立网络连接并发送命令请求，服务端处理命令请求并回复。Redis 使用结构体 client 存储客户端连接的所有信息，包括但不限于客户端的名称、客户端连接的套接字描述符、客户端当前选择的数据库 ID、客户端的输入缓冲区与输出缓冲区等。结构体 client 字段较多，此处只介绍命令处理主流程所需的关键字段。

```
typedef struct client {
    uint64_t id;
    int fd;
    redisDb *db;
    robj *name;
     time_t lastinteraction

    sds querybuf;
    int argc;
    robj **argv;
    struct redisCommand *cmd;

    list *reply;
    unsigned long long reply_bytes;
    size_t sentlen;
    char buf[PROTO_REPLY_CHUNK_BYTES];
    int bufpos;

} client;
```

各字段含义如下。

- ❑ id 为客户端唯一 ID，通过全局变量 server.next_client_id 实现。
- ❑ fd 为客户端 socket 的文件描述符。
- ❑ db 为客户端使用 select 命令选择的数据库对象。redisDb 结构体定义如下：

```
typedef struct redisDb {
    int id;
    long long avg_ttl;

    dict *dict;
    dict *expires;
    dict *blocking_keys;
    dict *ready_keys;
    dict *watched_keys;
} redisDb;
```

- ❑ id 为数据库序号，默认情况下 Redis 有 16 个数据库，id 序号为 0～15。
- ❑ dict 存储数据库所有键值对。
- ❑ expires 存储键的过期时间。
- ❑ avg_ttl 存储数据库对象的平均 TTL，用于统计。

使用命令 BLPOP 阻塞获取列表元素时，如果链表为空，会阻塞客户端，同时将此列表键记录在 blocking_keys；当使用命令 PUSH 向列表添加元素时，会从字典 blocking_keys 中查找该列表键，如果找到说明有客户端正阻塞等待获取此列表键，于是将此列表键记录到字典 ready_keys，以便后续响应正在阻塞的客户端；第 13 章列表键命令将会详细介绍。

Redis 支持事务，命令 multi 用于开启事务，命令 exec 用于执行事务；但是开启事务到执行事务期间，如何保证关心的数据不会被修改呢？ Redis 采用乐观锁实现。开启事务的同时可以使用 watch key 命令监控关心的数据键，而 watched_keys 字典存储的就是被 watch 命令监控的所有数据键，其中 key-value 分别为数据键与客户端对象。当 Redis 服务器接收到写命令时，会从字典 watched_keys 中查找该数据键，如果找到说明有客户端正在监控此数据键，于是标记客户端对象为 dirty；待 Redis 服务器收到客户端 exec 命令时，如果客户端带有 dirty 标记，则会拒绝执行事务。

- name：客户端名称，可以使用命令 CLIENT SETNAME 设置。
- lastinteraction：客户端上次与服务器交互的时间，以此实现客户端的超时处理。
- querybuf：输入缓冲区，recv 函数接收的客户端命令请求会暂时缓存在此缓冲区。
- argc：输入缓冲区的命令请求是按照 Redis 协议格式编码字符串，需要解析出命令请求的所有参数，参数个数存储在 argc 字段，参数内容被解析为 robj 对象，存储在 argv 数组。
- cmd：待执行的客户端命令；解析命令请求后，会根据命令名称查找该命令对应的命令对象，存储在客户端 cmd 字段，可以看到其类型为 struct redisCommand，我们将会在 9.1.4 节详细介绍命令结构体。
- reply：输出链表，存储待返回给客户端的命令回复数据。

链表节点存储的值类型为 clientReplyBlock，定义如下：

```
typedef struct clientReplyBlock {
    size_t size, used;
    char buf[];
} clientReplyBlock;
```

可以看到链表节点本质上就是一个缓冲区（buffer），其中 size 表示缓冲区空间总大小，used 表示缓冲区已使用空间大小。

- reply_bytes：表示输出链表中所有节点的存储空间总和；
- sentlen：表示已返回给客户端的字节数；
- buf：输出缓冲区，存储待返回给客户端的命令回复数据，bufpos 表示输出缓冲区中数据的最大字节位置，显然 sentlen～bufpos 区间的数据都是需要返回给客户端的。可以看到 reply 和 buf 都用于缓存待返回给客户端的命令回复数据，为什么同时需要 reply 和 buf 的存在呢？其实二者只是用于返回不同的数据类型而已，将在 9.3.3 节详细介绍。

9.1.3 服务端结构体 redisServer

结构体 redisServer 存储 Redis 服务器的所有信息，包括但不限于数据库、配置参数、命令表、监听端口与地址、客户端列表、若干统计信息、RDB 与 AOF 持久化相关信息、主从复制相关信息、集群相关信息等。结构体 redisServer 的字段非常多，这里只对部分字段做简要说明，以便读者对服务端有个粗略了解，至于其他字段在讲解各知识点时会进行说明。结构体 redisServer 定义如下：

```
struct redisServer {
    char *configfile;

    int dbnum;
    redisDb *db;
    dict *commands;

    aeEventLoop *el;

    int port;
    char *bindaddr[CONFIG_BINDADDR_MAX];
    int bindaddr_count;
    int ipfd[CONFIG_BINDADDR_MAX];
    int ipfd_count;

    list *clients;
    int maxidletime;
}
```

各字段含义如下。

- configfile：配置文件绝对路径。
- dbnum：数据库的数目，可通过参数 databases 配置，默认 16。
- db：数据库数组，数组的每个元素都是 redisDb 类型。
- commands：命令字典，Redis 支持的所有命令都存储在这个字典中，key 为命令名称，vaue 为 struct redisCommand 对象，将在 9.1.4 节详细介绍。
- el：Redis 是典型的事件驱动程序，el 代表 Redis 的事件循环，类型为 aeEventLoop，将在 9.1.5 节详细介绍。
- port：服务器监听端口号，可通过参数 port 配置，默认端口号 6379。
- bindaddr：绑定的所有 IP 地址，可以通过参数 bind 配置多个，例如 bind 192.168.1.100 10.0.0.1，bindaddr_count 为用户配置的 IP 地址数目；CONFIG_BINDADDR_MAX 常量为 16，即最多绑定 16 个 IP 地址；Redis 默认会绑定到当前机器所有可用的 Ip 地址。
- ipfd：针对 bindaddr 字段的所有 IP 地址创建的 socket 文件描述符，ipfd_count 为创建的 socket 文件描述符数目。

- clients：当前连接到 Redis 服务器的所有客户端。
- maxidletime：最大空闲时间，可通过参数 timeout 配置，结合 client 对象的 lastinteraction 字段，当客户端没有与服务器交互的时间超过 maxidletime 时，会认为客户端超时并释放该客户端连接。

9.1.4　命令结构体 redisCommand

Redis 支持的所有命令初始都存储在全局变量 redisCommandTable，类型为 redisCommand，定义及初始化如下：

```
struct redisCommand redisCommandTable[] = {
    {"get",getCommand,2,"rF",0,NULL,1,1,1,0,0},
    {"set",setCommand,-3,"wm",0,NULL,1,1,1,0,0},
    …………
}
```

结构体 redisCommand 相对简单，主要定义了命令的名称、命令处理函数以及命令标志等：

```
struct redisCommand {
    char *name;
    redisCommandProc *proc;
    int arity;
    char *sflags;
    int flags;

    long long microseconds, calls;
};
```

各字段含义如下。

- name：命令名称。
- proc：命令处理函数。
- arity：命令参数数目，用于校验命令请求格式是否正确；当 arity 小于 0 时，表示命令参数数目大于等于 arity；当 arity 大于 0 时，表示命令参数数目必须为 arity；注意命令请求中，命令的名称本身也是一个参数，如 get 命令的参数数目为 2，命令请求格式为 get key。
- sflags：命令标志，例如标识命令时读命令还是写命令，详情参见表 9-2；注意到 sflags 的类型为字符串，此处只是为了良好的可读性。
- flags：命令的二进制标志，服务器启动时解析 sflags 字段生成。
- calls：从服务器启动至今命令执行的次数，用于统计。
- microseconds：从服务器启动至今命令总的执行时间，microseconds/calls 即可计算出该命令的平均处理时间，用于统计。

表 9-2 命令标志类型

字符标识	二进制标识	含 义	相关命令
w	CMD_WRITE	写命令	set、del、incr、lpush
r	CMD_READONLY	读命令	get、exists、llen
m	CMD_DENYOOM	内存不足时，拒绝执行此类命令	set、append、lpush
a	CMD_ADMIN	管理命令	save、shutdown、slaveof
p	CMD_PUBSUB	发布订阅相关命令	subscribe、unsubscribe
s	CMD_NOSCRIPT	命令不可以在 Lua 脚本使用	auth、save、brpop
R	CMD_RANDOM	随机命令，即使命令请求参数完全相同，返回结果也可能不同	srandmember、scan、time
S	CMD_SORT_FOR_SCRIPT	当在 Lua 脚本使用此类命令时，需要对输出结果做排序	sinter、sunion、sdiff
l	CMD_LOADING	服务器启动载入过程中，只能执行此类命令	select、auth、info
t	CMD_STALE	当从服务器与主服务器断开链接，且从服务器配置 slave-serve-stale-data no 时，从服务器只能执行此类命令	auth、shutdown、info
M	CMD_SKIP_MONITOR	此类命令不会传播给监视器	exec
k	CMD_ASKING	集群槽（slot）迁移时有用	restore-asking
F	CMD_FAST	命令执行时间超过门限时，会记录延迟事件，此标志用于区分延迟事件类型，F 表示 fast-command	get、setnx、strlen、exists

当服务器接收到一条命令请求时，需要从命令表中查找命令，而 redisCommandTable 命令表是一个数组，意味着查询命令的时间复杂度为 O(N)，效率低下。因此 Redis 在服务器初始化时，会将 redisCommandTable 转换为一个字典存储在 redisServer 对象的 commands 字段，key 为命令名称，value 为命令 redisCommand 对象。populateCommandTable 函数实现了命令表从数组到字典的转化，同时解析 sflags 生成 flags：

```
void populateCommandTable(void) {
    int numcommands =
            sizeof(redisCommandTable)/sizeof(structredisCommand);

    for (j = 0; j < numcommands; j++) {
        struct redisCommand *c = redisCommandTable+j;

        char *f = c->sflags;
        while(*f != '\0') {
            switch(*f) {
            case 'w': c->flags |= CMD_WRITE; break;
            case 'r': c->flags |= CMD_READONLY; break;
            }
            f++;
        }
```

```
        retval1 = dictAdd(server.commands, sdsnew(c->name), c);
    }
}
```

对于经常使用的命令，Redis 甚至会在服务器初始化的时候将命令缓存在 redisServer 对象，这样使用的时候就不需要每次都从 commands 字典中查找了：

```
struct redisServer {
    struct redisCommand  *delCommand,*multiCommand,*lpushCommand,
        *lpopCommand,*rpopCommand, *sremCommand, *execCommand,
        *expireCommand,*pexpireCommand;
}
```

9.1.5　事件处理

Redis 服务器是典型的事件驱动程序，而事件又分为文件事件（socket 的可读可写事件）与时间事件（定时任务）两大类。无论是文件事件还是时间事件都封装在结构体 aeEventLoop 中：

```
typedef struct aeEventLoop {
    int stop;

    aeFileEvent *events;
    aeFiredEvent *fired;
    aeTimeEvent *timeEventHead;

    void *apidata
    aeBeforeSleepProc *beforesleep;
    aeBeforeSleepProc *aftersleep;
} aeEventLoop;
```

stop 标识事件循环是否结束；events 为文件事件数组，存储已经注册的文件事件；fired 存储被触发的文件事件；Redis 有多个定时任务，因此理论上应该有多个时间事件，多个时间事件形成链表，timeEventHead 即为时间事件链表头节点；Redis 服务器需要阻塞等待文件事件的发生，进程阻塞之前会调用 beforesleep 函数，进程因为某种原因被唤醒之后会调用 aftersleep 函数。Redis 底层可以使用 4 种 I/O 多路复用模型（kqueue、epoll 等），apidata 是对这 4 种模型的进一步封装。

事件驱动程序通常存在 while/for 循环，循环等待事件发生并处理，Redis 也不例外，其事件循环如下：

```
while (!eventLoop->stop) {
    if (eventLoop->beforesleep != NULL)
        eventLoop->beforesleep(eventLoop);
    aeProcessEvents(eventLoop, AE_ALL_EVENTS|AE_CALL_AFTER_SLEEP);
}
```

函数 aeProcessEvents 为事件处理主函数，其第 2 个参数是一个标志位，AE_ALL_EVENTS 表示函数需要处理文件事件与时间事件，AE_CALL_AFTER_SLEEP 表示阻塞等待文件事件之后需要执行 aftersleep 函数。

1. 文件事件

Redis 客户端通过 TCP socket 与服务端交互，文件事件指的就是 socket 的可读可写事件。socket 读写操作有阻塞与非阻塞之分。采用阻塞模式时，一个进程只能处理一条网络连接的读写事件，为了同时处理多条网络连接，通常会采用多线程或者多进程，效率低下；非阻塞模式下，可以使用目前比较成熟的 I/O 多路复用模型，如 select/epoll/kqueue 等，视不同操作系统而定。

这里只对 epoll 作简要介绍。epoll 是 Linux 内核为处理大量并发网络连接而提出的解决方案，能显著提升系统 CPU 利用率。epoll 使用非常简单，总共只有 3 个 API：epoll_create 函数创建一个 epoll 专用的文件描述符，用于后续 epoll 相关 API 调用；epoll_ctl 函数向 epoll 注册、修改或删除需要监控的事件；epoll_wait 函数会阻塞进程，直到监控的若干网络连接有事件发生。

```
int epoll_create(int size)
```

输入参数 size 通知内核程序期望注册的网络连接数目，内核以此判断初始分配空间大小；注意在 Linux 2.6.8 版本以后，内核动态分配空间，此参数会被忽略。返回参数为 epoll 专用的文件描述符，不再使用时应该及时关闭此文件描述符。

```
int epoll_ctl(int epfd, int op, int fd, struct epoll_event *event)
```

函数执行成功时返回 0，否则返回 -1，错误码设置在变量 errno，输入参数含义如下。

- epfd：函数 epoll_create 返回的 epoll 文件描述符。
- op：需要进行的操作，EPOLL_CTL_ADD 表示注册事件，EPOLL_CTL_MOD 表示修改网络连接事件，EPOLL_CTL_DEL 表示删除事件。
- fd：网络连接的 socket 文件描述符。
- event：需要监控的事件，结构体 epoll_event 定义如下：

```
struct epoll_event {
    __uint32_t events;
    epoll_data_t data;
};
typedef union epoll_data {
    void *ptr;
    int fd;
    __uint32_t u32;
    __uint64_t u64;
} epoll_data_t;
```

其中 events 表示需要监控的事件类型，比较常用的是 EPOLLIN 文件描述符可读事件，EPOLLOUT 文件描述符可写事件；data 保存与文件描述符关联的数据。

```
int epoll_wait(int epfd,struct epoll_event * events,int maxevents,int timeout)
```

函数执行成功时返回 0，否则返回 -1，错误码设置在变量 errno；输入参数含义如下：

- epfd：函数 epoll_create 返回的 epoll 文件描述符；
- epoll_event：作为输出参数使用，用于回传已触发的事件数组；
- maxevents：每次能处理的最大事件数目；
- timeout：epoll_wait 函数阻塞超时时间，如果超过 timeout 时间还没有事件发生，函数不再阻塞直接返回；当 timeout 等于 0 时函数立即返回，timeout 等于 -1 时函数会一直阻塞直到有事件发生。

Redis 并没有直接使用 epoll 提供的 API，而是同时支持 4 种 I/O 多路复用模型，并将这些模型的 API 进一步统一封装，由文件 ae_evport.c、ae_epoll.c、ae_kqueue.c 和 ae_select.c 实现。

而 Redis 在编译阶段，会检查操作系统支持的 I/O 多路复用模型，并按照一定规则决定使用哪种模型。

以 epoll 为例，aeApiCreate 函数是对 epoll_create 的封装；aeApiAddEvent 函数用于添加事件，是对 epoll_ctl 的封装；aeApiDelEvent 函数用于删除事件，是对 epoll_ctl 的封装；aeApiPoll 是对 epoll_wait 的封装。

```
static int aeApiCreate(aeEventLoop *eventLoop);
static int aeApiAddEvent(aeEventLoop *eventLoop, int fd, int mask);
static void aeApiDelEvent(aeEventLoop *eventLoop, int fd, int delmask)
static int aeApiPoll(aeEventLoop *eventLoop, struct timeval *tvp);
```

4 个函数的输入参数含义如下。

- eventLoop：事件循环，与文件事件相关的最主要字段有 3 个，apidata 指向 I/O 多路复用模型对象，注意 4 种 I/O 多路复用模型对象的类型不同，因此此字段是 void* 类型；events 存储需要监控的事件数组，以 socket 文件描述符作为数组索引存取元素；fired 存储已触发的事件数组。

以 epoll 模型为例，apidata 字段指向的 I/O 多路复用模型对象定义如下：

```
typedef struct aeApiState {
    int epfd;
    struct epoll_event *events;
} aeApiState;
```

其中 epfd 函数 epoll_create 返回的 epoll 文件描述符，events 存储 epoll_wait 函数返回时已触发的事件数组。

- fd：操作的 socket 文件描述符；
- mask 或 delmask：添加或者删除的事件类型，AE_NONE 表示没有任何事件；AE_READABLE 表示可读事件；AE_WRITABLE 表示可写事件；
- tvp：阻塞等待文件事件的超时时间。

这里只对等待事件函数 aeApiPoll 实现作简要介绍：

```
static int aeApiPoll(aeEventLoop *eventLoop, struct timeval *tvp) {
    aeApiState *state = eventLoop->apidata;
    //阻塞等待事件的发生
    retval = epoll_wait(state->epfd,state->events,eventLoop->setsize,
                    tvp ? (tvp->tv_sec*1000 + tvp->tv_usec/1000) : -1);
    if (retval > 0) {
        int j;

        numevents = retval;
        for (j = 0; j < numevents; j++) {
            int mask = 0;
            struct epoll_event *e = state->events+j;
            //转换事件类型为Redis定义的
            if (e->events & EPOLLIN) mask |= AE_READABLE;
            if (e->events & EPOLLOUT) mask |= AE_WRITABLE;
            //记录已发生事件到fired数组
            eventLoop->fired[j].fd = e->data.fd;
            eventLoop->fired[j].mask = mask;
        }
    }
    return numevents;
}
```

函数首先需要通过eventLoop->apidata字段获取epoll模型对应的aeApiState结构体对象，才能调用epoll_wait函数等待事件的发生；epoll_wait函数将已触发的事件存储到aeApiState对象的events字段，Redis再次遍历所有已触发事件，将其封装在eventLoop->fired数组，数组元素类型为结构体aeFiredEvent，只有两个字段，fd表示发生事件的socket文件描述符，mask表示发生的事件类型，如AE_READABLE可读事件和AE_WRITABLE可写事件。

上面简单介绍了epoll的使用，以及Redis对epoll等IO多路复用模型的封装，下面我们回到本节的主题，文件事件。结构体aeEventLoop有一个关键字段events，类型为aeFileEvent数组，存储所有需要监控的文件事件。文件事件结构体定义如下：

```
typedef struct aeFileEvent {
    int mask;
    aeFileProc *rfileProc;
    aeFileProc *wfileProc;
    void *clientData;
} aeFileEvent;
```

- mask：存储监控的文件事件类型，如AE_READABLE可读事件和AE_WRITABLE可写事件；
- rfileProc：为函数指针，指向读事件处理函数；
- wfileProc：同样为函数指针，指向写事件处理函数；
- clientData：指向对应的客户端对象。

调用aeApiAddEvent函数添加事件之前，首先需要调用aeCreateFileEvent函数创建对应的文件事件，并存储在aeEventLoop结构体的events字段，aeCreateFileEvent函数简单实现如下：

```
int aeCreateFileEvent(aeEventLoop *eventLoop, int fd, int mask,
                      aeFileProc *proc, void *clientData){

    aeFileEvent *fe = &eventLoop->events[fd];

    if (aeApiAddEvent(eventLoop, fd, mask) == -1)
        return AE_ERR;
    fe->mask |= mask;
    if (mask & AE_READABLE) fe->rfileProc = proc;
    if (mask & AE_WRITABLE) fe->wfileProc = proc;
    fe->clientData = clientData;
    return AE_OK;
}
```

Redis服务器启动时需要创建socket并监听，等待客户端连接；客户端与服务器建立socket连接之后，服务器会等待客户端的命令请求；服务器处理完客户端的命令请求之后，命令回复会暂时缓存在client结构体的buf缓冲区，待客户端文件描述符的可写事件发生时，才会真正往客户端发送命令回复。这些都需要创建对应的文件事件：

```
aeCreateFileEvent(server.el, server.ipfd[j], AE_READABLE,
    acceptTcpHandler,NULL);

aeCreateFileEvent(server.el,fd,AE_READABLE,
    readQueryFromClient, c);

aeCreateFileEvent(server.el, c->fd, ae_flags,
    sendReplyToClient, c);
```

可以发现接收客户端连接的处理函数为acceptTcpHandler，此时还没有创建对应的客户端对象，因此函数aeCreateFileEvent第4个参数为NULL；接收客户端命令请求的处理函数为readQueryFromClient；向客户端发送命令回复的处理函数为sendReplyToClient。

最后思考一个问题，aeApiPoll函数的第2个参数是时间结构体timeval，存储调用epoll_wait时传入的超时时间，那么这个时间是怎么计算出来的呢？我们之前提过，Redis除了要处理各种文件事件外，还需要处理很多定时任务（时间事件），那么当Redis由于执行epoll_wait而阻塞时，恰巧定时任务到期而需要处理怎么办？要回答这个问题需要分析Redis事件循环的执行函数aeProcessEvents，函数在调用aeApiPoll之前会遍历Redis的时间事件链表，查找最早会发生的时间事件，以此作为aeApiPoll需要传入的超时时间。如下所示：

```
int aeProcessEvents(aeEventLoop *eventLoop, int flags)
{
```

```
    shortest = aeSearchNearestTimer(eventLoop);
    long long ms =
        shortest->when_sec - now_sec)*1000 +
        shortest->when_ms - now_ms;
    ............
    //阻塞等待文件事件发生
       numevents = aeApiPoll(eventLoop, tvp);

    for (j = 0; j < numevents; j++) {
        aeFileEvent *fe = &eventLoop->events[eventLoop->fired[j].fd];
        //处理文件事件，即根据类型执行rfileProc或wfileProc
    }

    //处理时间事件
    processed += processTimeEvents(eventLoop);
}
```

2. 时间事件

前面介绍了 Redis 文件事件，已经知道事件循环执行函数 aeProcessEvents 的主要逻辑：① 查找最早会发生的时间事件，计算超时时间；② 阻塞等待文件事件的产生；③ 处理文件事件；④ 处理时间事件。时间事件的执行函数为 processTimeEvents。

Redis 服务器内部有很多定时任务需要执行，比如定时清除超时客户端连接，定时删除过期键等，定时任务被封装为时间事件 aeTimeEvent 对象，多个时间事件形成链表，存储在 aeEventLoop 结构体的 timeEventHead 字段，它指向链表首节点。时间事件 aeTimeEvent 定义如下：

```
typedef struct aeTimeEvent {
    long long id;
    long when_sec;
    long when_ms;
    aeTimeProc *timeProc;
    aeEventFinalizerProc *finalizerProc;
    void *clientData;
    struct aeTimeEvent *next;
} aeTimeEvent;
```

各字段含义如下。

- id：时间事件唯一 ID，通过字段 eventLoop->timeEventNextId 实现；
- when_sec 与 when_ms：时间事件触发的秒数与毫秒数；
- timeProc：函数指针，指向时间事件处理函数；
- finalizerProc：函数指针，删除时间事件节点之前会调用此函数；
- clientData：指向对应的客户端对象；
- next：指向下一个时间事件节点。

时间事件执行函数 processTimeEvents 的处理逻辑比较简单，只是遍历时间事件链表，判断当前时间事件是否已经到期，如果到期则执行时间事件处理函数 timeProc：

```
static int processTimeEvents(aeEventLoop *eventLoop) {
    te = eventLoop->timeEventHead;
    while(te) {
        aeGetTime(&now_sec, &now_ms);
        if (now_sec > te->when_sec ||
            (now_sec == te->when_sec && now_ms >= te->when_ms)) {
            //处理时间事件
            retval = te->timeProc(eventLoop, id, te->clientData);
            //重新设置时间事件到期时间
            if (retval != AE_NOMORE) {
                aeAddMillisecondsToNow(retval,
                    &te->when_sec,&te->when_ms);
            }
        }
        te = te->next;
    }
}
```

注意时间事件处理函数 timeProc 返回值 retval，其表示此时间事件下次应该被触发的时间，单位为毫秒，且是一个相对时间，即从当前时间算起，retval 毫秒后此时间事件会被触发。

其实 Redis 只有一个时间事件，看到这里读者可能会有疑惑，服务器内部不是有很多定时任务吗，为什么只有一个时间事件呢？回答此问题之前我们需要先分析这个唯一的时间事件。Redis 创建时间事件节点的函数为 aeCreateTimeEvent，内部实现非常简单，只是创建时间事件并添加到时间事件链表。aeCreateTimeEvent 函数定义如下：

```
long long aeCreateTimeEvent(aeEventLoop *eventLoop,
                                long long milliseconds,
                                aeTimeProc *proc, void *clientData,
                                aeEventFinalizerProc *finalizerProc);
```

各字段含义如下。

- eventLoop：输入参数指向事件循环结构体；
- milliseconds：表示此时间事件触发时间，单位毫秒，注意这是一个相对时间，即从当前时间算起，milliseconds 毫秒后此时间事件会被触发；
- proc：指向时间事件的处理函数；
- clientData：指向对应的结构体对象；
- finalizerProc：同样是函数指针，删除时间事件节点之前会调用此函数。

读者可以在代码目录全局搜索 aeCreateTimeEvent，会发现确实只创建了一个时间事件：

```
aeCreateTimeEvent(server.el, 1, serverCron, NULL, NULL);
```

该时间事件在 1 毫秒后会被触发，处理函数为 serverCron，参数 clientData 与 finalizerProc 都为 NULL。而函数 serverCron 实现了 Redis 服务器所有定时任务的周期执行。

```
int serverCron(struct aeEventLoop *eventLoop, long long id, void
            *clientData) {
```

```
    run_with_period(100) {
        //100毫秒周期执行
    }
    run_with_period(5000) {
        //5000毫秒周期执行
    }
    //清除超时客户端连接
    clientsCron();
    //处理数据库
    databasesCron();

    server.cronloops++;
    return 1000/server.hz;
}
```

变量server.cronloops用于记录serverCron函数的执行次数，变量server.hz表示serverCron函数的执行频率，用户可配置，最小为1最大为500，默认为10。假设server.hz取默认值10，函数返回1000/server.hz，会更新当前时间事件的触发时间为100毫秒，即serverCron的执行周期为100毫秒。run_with_period宏定义实现了定时任务按照指定时间周期（_ms_）执行，此时会被替换为一个if条件判断，条件为真才会执行定时任务，定义如下：

```
#define run_with_period(_ms_) if ((_ms_ <= 1000/server.hz)
                              || !(server.cronloops%((_ms_)/(1000/server.hz))))
```

另外可以看到，serverCron函数会无条件执行某些定时任务，比如清除超时客户端连接，以及处理数据库（清除数据库过期键等）。需要特别注意一点，serverCron函数的执行时间不能过长，否则会导致服务器不能及时响应客户端的命令请求。下面以过期键删除为例，分析Redis是如何保证serverCron函数的执行时间。过期键删除由函数activeExpireCycle实现，由函数databasesCron调用，其函数是实现如下：

```
#define ACTIVE_EXPIRE_CYCLE_SLOW_TIME_PERC 25

void activeExpireCycle(int type) {
    timelimit =
        1000000*ACTIVE_EXPIRE_CYCLE_SLOW_TIME_PERC/server.hz/100;
    timelimit_exit = 0;

    for (j = 0; j < dbs_per_call && timelimit_exit == 0; j++) {
        do {
            //查找过期键并删除

            if ((iteration & 0xf) == 0) {
                elapsed = ustime()-start;
                if (elapsed > timelimit) {
                    timelimit_exit = 1;
                    break;
                }
            }
```

```
        }while (expired > ACTIVE_EXPIRE_CYCLE_LOOKUPS_PER_LOOP/4)
    }
}
```

函数 activeExpireCycle 最多遍历“dbs_per_call”个数据库，并记录每个数据库删除的过期键数目；当删除过期键数目大于门限时，认为此数据库过期键较多，需要再次处理。考虑到极端情况，当数据库键数目非常多且基本都过期时，do-while 循环会一直执行下去。因此我们添加 timelimit 时间限制，每执行 16 次 do-while 循环，检测函数 activeExpireCycle 执行时间是否超过 timelimit，如果超过则强制结束循环。

初看 timelimit 的计算方式可能会比较疑惑，其计算结果使得函数 activeExpireCycle 的总执行时间占 CPU 时间的 25%，即每秒函数 activeExpireCycle 的总执行时间为 1000000×25/100 单位微秒。仍然假设 server.hz 取默认值 10，即每秒函数 activeExpireCycle 执行 10 次，那么每次函数 activeExpireCycle 的执行时间为 1 000 000×25/100/10，单位微秒。

9.2 server 启动过程

上一节我们讲述了客户端、服务端、事件处理等基础知识，下面开始学习 Redis 服务器的启动过程，这里主要分为 server 初始化，监听端口以及等待命令 3 节。

9.2.1 server 初始化

服务器初始化主流程（见图 9-2）可以简要分为 7 个步骤：① 初始化配置，包括用户可配置的参数，以及命令表的初始化；② 加载并解析配置文件；③ 初始化服务端内部变量，其中就包括数据库；④ 创建事件循环 eventLoop；⑤ 创建 socket 并启动监听；⑥ 创建文件事件与时间事件；⑦ 开启事件循环。下面详细介绍步骤①～步骤④，至于步骤⑤～步骤⑦将会在 9.2.2 节介绍。

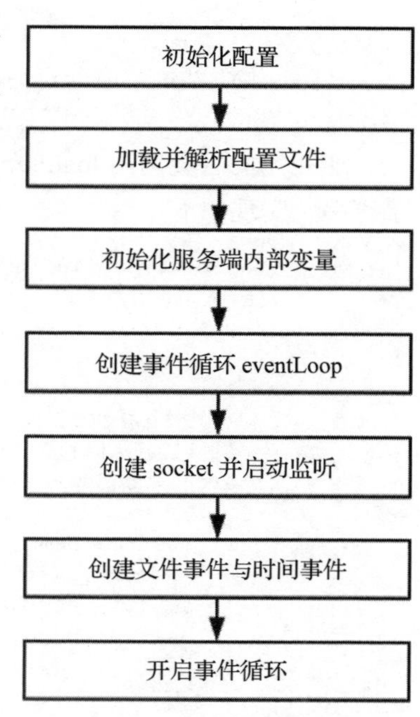

图 9-2　server 初始化流程

步骤①，初始化配置，由函数 initServerConfig 实现，具体操作就是给配置参数赋初始值：

```
void initServerConfig(void) {
    //serverCron函数执行频率，默认10
    server.hz = CONFIG_DEFAULT_HZ;
    //监听端口，默认6379
    server.port = CONFIG_DEFAULT_SERVER_PORT;
    //最大客户端数目，默认10 000
    server.maxclients = CONFIG_DEFAULT_MAX_CLIENTS;
    //客户端超时时间，默认0，即永不超时
    server.maxidletime = CONFIG_DEFAULT_CLIENT_TIMEOUT;
    //数据库数目，默认16
```

```
    server.dbnum = CONFIG_DEFAULT_DBNUM;

    //初始化命令表，9.1.4节已经讲过，这里不再详述
    populateCommandTable();

    ............
}
```

步骤②，加载并解析配置文件，入口函数为loadServerConfig，函数声明如下：

```
void loadServerConfig(char *filename, char *options)
```

输入参数filename表示配置文件全路径名称，options表示命令行输入的配置参数，例如我们通常以如下命令启动Redis服务器：

```
/home/user/redis/redis-server /home/user/redis/redis.conf -p 4000
```

使用GDB启动redis-server，函数loadServerConfig输入参数如下：

```
(gdb) p filename
$1 = 0x778880 "/home/user/redis/redis.conf"
(gdb) p options
$2 = 0x7ffff1a21d33 "\"-p\" \"4000\" "
```

Redis的配置文件语法相对简单，每一行是一条配置，格式如“配置参数1[参数2][……]”，加载配置文件只需要一行一行将文件内容读取到内存中即可，GDB加载到内存中的配置如下：

```
(gdb) p config
"bind 127.0.0.1\n\nprotected-mode yes\n\nport 6379\ntcp-backlog 511\n\ntcp-
    keepalive 300\n\n........."
```

加载完成后会调用loadServerConfigFromString函数解析配置，输入参数config即配置字符串，实现如下：

```
void loadServerConfigFromString(char *config) {
    //分割配置字符串多行，totlines记录行数
    lines = sdssplitlen(config,strlen(config),"\n",1,&totlines);

    for (i = 0; i < totlines; i++) {
        //跳过注释行与空行
        if (lines[i][0] == '#' || lines[i][0] == '\0') continue;
        argv = sdssplitargs(lines[i],&argc); //解析配置参数
        //赋值
        if (!strcasecmp(argv[0],"timeout") && argc == 2) {
            server.maxidletime = atoi(argv[1]);
        }else if (!strcasecmp(argv[0],"port") && argc == 2) {
            server.port = atoi(argv[1]);
        }
        //其他配置
    }
}
```

函数首先将输入配置字符串以“\n”为分隔符划分为多行，totlines记录总行数，lines数组存储分割后的配置，数组元素类型为字符串SDS；for循环遍历所有配置行，解析配置参数，并根据参数内容设置结构体server各字段。注意，Redis配置文件中行开始“#”字符标识本行内容为注释，解析时需要跳过。

步骤③，初始化服务器内部变量，比如客户端链表、数据库、全局变量和共享对象等；入口函数为initServer，函数逻辑相对简单，这里只简要说明。

```
void initServer(void) {
    server.clients = listCreate(); //初始化客户端链表
    //创建数据库字典
    server.db = zmalloc(sizeof(redisDb)*server.dbnum);
    for (j = 0; j < server.dbnum; j++) {
        server.db[j].dict = dictCreate(&dbDictType,NULL);
        …………
    }
}
```

注意数据库字典的dictType指向的是结构体dbDictType，其中定义了数据库字典键的散列函数、键比较函数，以及键与值的析构函数，定义如下：

```
dictType dbDictType = {
    dictSdsHash,
    NULL,
    NULL,
    dictSdsKeyCompare,
    dictSdsDestructor,
    dictObjectDestructor
};
```

数据库的键都是SDS类型，键散列函数为dictSdsHash，键比较函数为dictSdsKeyCompare，键析构函数为dictSdsDestructor；数据库的值是robj对象，值析构函数为dictObjectDestructor；键和值的内容赋值函数都为NULL。

9.1.1节提到对象robj的refcount字段存储当前对象的引用次数，意味着对象是可以共享的。要注意的是，只有当对象robj存储的是0～10000的整数时，对象robj才会被共享，且这些共享整数对象的引用计数初始化为INT_MAX，保证不会被释放。执行命令时Redis会返回一些字符串回复，这些字符串对象同样在服务器初始化时创建，且永远不会尝试释放这类对象。所有共享对象都存储在全局结构体变量shared。

```
void createSharedObjects(void) {
    //创建命令回复字符串对象
    shared.ok = createObject(OBJ_STRING,sdsnew("+OK\r\n"));
    shared.err = createObject(OBJ_STRING,sdsnew("-ERR\r\n"));
    //创建0~10000整数对象
    for (j = 0; j < OBJ_SHARED_INTEGERS; j++) {
        shared.integers[j] =
            makeObjectShared(createObject(OBJ_STRING,(void*)(long)j));
```

```
        shared.integers[j]->encoding = OBJ_ENCODING_INT;
    }
}
```

步骤④，创建事件循环eventLoop，即分配结构体所需内存，并初始化结构体各字段；epoll就是在此时创建的：

```
aeEventLoop *aeCreateEventLoop(int setsize) {
    if ((eventLoop = zmalloc(sizeof(*eventLoop))) == NULL) goto err;
    eventLoop->events = zmalloc(sizeof(aeFileEvent)*setsize);
    eventLoop->fired = zmalloc(sizeof(aeFiredEvent)*setsize);

    if (aeApiCreate(eventLoop) == -1) goto err;
}
```

输入参数setsize理论上等于用户配置的最大客户端数目即可，但是为了确保安全，这里设置setsize等于最大客户端数目加128。函数aeApiCreate内部调用epoll_create创建epoll，并初始化结构体eventLoop的字段apidata。9.1.5节对事件循环已经有详细介绍。

9.2.2 启动监听

9.2.1节介绍了服务器初始化的前面4个步骤：① 初始化配置；② 加载并解析配置文件；③ 初始化服务端内部变量，包括数据库、全局共享变量等；④ 创建时间循环eventLoop。完成这些操作之后，Redis将创建socket并启动监听，同时创建对应的文件事件与时间事件并开始事件循环。下面将详细介绍步骤⑤～⑦。

步骤⑤，创建socket并启动监听。

用户可通过指令port配置socket绑定端口号，指令bind配置socket绑定IP地址；注意指令bind可配置多个IP地址，中间用空格隔开；创建socket时只需要循环所有IP地址即可。

```
int listenToPort(int port, int *fds, int *count) {
    for (j = 0; j < server.bindaddr_count || j == 0; j++) {
        //创建socket并启动监听，文件描述符存储在fds数组作为返回参数
        fds[*count] = anetTcpServer(server.neterr,port,server.bindaddr[j],
            server.tcp_backlog);
        //设置socket非阻塞
        anetNonBlock(NULL,fds[*count]);
        (*count)++;
    }
}
```

输入参数port表示用户配置的端口号，server结构体的bindaddr_count字段存储用户配置的IP地址数目，bindaddr字段存储用户配置的所有IP地址。函数anetTcpServer实现了socket的创建、绑定，以及监听流程，这里不过多详述。参数fds与count可用作输出参数，fds数组存储创建的所有socket文件描述符，count存储socket数目。

注意：所有创建的 socket 都会设置为非阻塞模式，原因在于 Redis 使用了 IO 多路复用模式，其要求 socket 读写必须是非阻塞的，函数 anetNonBlock 通过系统调用 fcntl 设置 socket 非阻塞模式。

步骤⑥，创建文件事件与时间事件。

步骤⑤中已经完成了 socket 的创建与监听，9.1.5 节的第 1 节提到 socket 的读写事件被抽象为文件事件，因为对于监听的 socket 还需要创建对应的文件事件。

```
for (j = 0; j < server.ipfd_count; j++) {
    if (aeCreateFileEvent(server.el, server.ipfd[j], AE_READABLE,
        acceptTcpHandler,NULL) == AE_ERR){
        }
}
```

server 结构体的 ipfd_count 字段存储创建的监听 socket 数目，ipfd 数组存储创建的所有监听 socket 文件描述符，需要遍历所有的监听 socket，为其创建对应的文件事件。可以看到监听事件的处理函数为 acceptTcpHandler，实现了 socket 连接请求的 accept，以及客户端对象的创建。

9.1.5 节的第 2 节提到定时任务被抽象为时间事件，且 Redis 只创建了一个时间事件，在服务端初始化时创建。此时间事件的处理函数为 serverCron，初次创建时 1 毫秒后就会被触发。

```
if (aeCreateTimeEvent(server.el, 1, serverCron, NULL, NULL) == AE_ERR) {
    exit(1);
}
```

步骤⑦开启事件循环。

前面 6 个步骤已经完成了服务端的初始化工作，并在指定 IP 地址、端口监听客户端连接请求，同时创建了文件事件与时间事件；此时只需要开启事件循环等待事件发生即可。

```
void aeMain(aeEventLoop *eventLoop) {
    eventLoop->stop = 0;
    //开始事件循环
    while (!eventLoop->stop) {
        if (eventLoop->beforesleep != NULL)
            eventLoop->beforesleep(eventLoop);
        //事件处理主函数
        aeProcessEvents(eventLoop, AE_ALL_EVENTS|AE_CALL_AFTER_SLEEP);
    }
}
```

事件处理主函数 aeProcessEvents 已经详细介绍过，这里需要重点关注函数 beforesleep，它在每次事件循环开始，即 Redis 阻塞等待文件事件之前执行。函数 beforesleep 会执行一些不是很费时的操作，如：集群相关操作、过期键删除操作（这里可称为快速过期键删除）、向客户端返回命令回复等。这里简要介绍一下快速过期键删除操作。

```
void beforeSleep(struct aeEventLoop *eventLoop) {
    if (server.active_expire_enabled && server.masterhost == NULL)
        activeExpireCycle(ACTIVE_EXPIRE_CYCLE_FAST);
}
```

Redis过期键删除有两种策略：① 访问数据库键时，校验该键是否过期，如果过期则删除；② 周期性删除过期键，beforeSleep函数与serverCron函数都会执行。server结构体的active_expire_enabled字段表示是否开启周期性删除过期键策略，用户可通过set-active-expire指令配置；masterhost字段存储当前Redis服务器的master服务器的域名，如果为NULL说明当前服务器不是某个Redis服务器的slaver。注意到这里依然是调用函数activeExpireCycle执行过期键删除，只是参数传递的是ACTIVE_EXPIRE_CYCLE_FAST，表示快速过期键删除。

回顾下9.1.5节里第2节讲述的函数activeExpireCycle的实现，函数计算出timelimit，即函数最大执行时间，循环删除过期键时会校验函数执行时间是否超过此限制，超过则结束循环。显然快速过期键删除时只需要缩短timelimit即可，计算策略如下：

```
void activeExpireCycle(int type) {
    static int timelimit_exit = 0;
    static long long last_fast_cycle = 0

    if (type == ACTIVE_EXPIRE_CYCLE_FAST) {
        //上次activeExpireCycle函数是否已经执行完毕
        if (!timelimit_exit) return;
        //当前时间距离上次执行快速过期键删除是否已经超过2000微秒
        if (start < last_fast_cycle + 1000*2) return;
        last_fast_cycle = start;
    }
    //快速过期键删除时，函数执行时间不超过1000微秒
    if (type == ACTIVE_EXPIRE_CYCLE_FAST)
        timelimit = 1000;
}
```

执行快速过期键删除有很多限制，当函数activeExpireCycle正在执行时直接返回；当上次执行快速过期键删除的时间距离当前时间小于2000微秒时直接返回。思考下为什么可以通过变量timelimit_exit判断函数activeExpireCycle是否正在执行呢？注意到变量timelimit_exit声明为static，即函数执行完毕不会释放变量空间。那么可以在函数activeExpireCycle入口赋值timelimit_exit为0，返回之前赋值timelimit_exit为1，由此便可通过变量timelimit_exit判断函数activeExpireCycle是否正在执行。变量last_fast_cycle声明为static也是同样的用意。同时可以看到当执行快速过期键删除时，设置函数activeExpireCycle的最大执行时间为1000微秒。

函数aeProcessEvents为事件处理主函数，它首先查找最近发生的时间事件，调用epoll_wait阻塞等待文件事件的发生并设置超时事件；待epoll_wait返回时，处理触发的文件事件；最后处理时间事件。步骤6中已经创建了文件事件，为监听socket的读事件，事

件处理函数为 acceptTcpHandler，即当客户端发起 socket 连接请求时，服务端会执行函数 acceptTcpHandler 处理。acceptTcpHandler 函数主要做了 3 件事：① 接受（accept）客户端的连接请求；② 创建客户端对象，并初始化对象各字段；③ 创建文件事件。步骤②与步骤③由函数 createClient 实现，输入参数 fd 为接受客户端连接请求后生成的 socket 文件描述符。

```
client *createClient(int fd) {
    client *c = zmalloc(sizeof(client));
    //设置socket为非阻塞模式
    anetNonBlock(NULL,fd);
    //设置TCP_NODELAY
    anetEnableTcpNoDelay(NULL,fd);
    //如果服务端配置了tcpkeepalive，则设置SO_KEEPALIVE
    if (server.tcpkeepalive)
        anetKeepAlive(NULL,fd,server.tcpkeepalive);
    if (aeCreateFileEvent(server.el,fd,AE_READABLE,
        readQueryFromClient, c) == AE_ERR){
    }

    //初始化client结构体各字段
}
```

为了使用 I/O 多路复用模式，此处同样需要设置 socket 为非阻塞模式。

TCP 是基于字节流的可靠传输层协议，为了提升网络利用率，一般默认都会开启 Nagle。当应用层调用 write 函数发送数据时，TCP 并不一定会立刻将数据发送出去，根据 Nagle 算法，还必须满足一定条件才行。Nagle 是这样规定的：如果数据包长度大于一定门限时，则立即发送；如果数据包中含有 FIN（表示断开 TCP 链接）字段，则立即发送；如果当前设置了 TCP_NODELAY 选项，则立即发送；如果以上所有条件都不满足，则默认需要等待 200 毫秒超时后才会发送。Redis 服务器向客户端返回命令回复时，希望 TCP 能立即将该回复发送给客户端，因此需要设置 TCP_NODELAY。思考下如果不设置会怎么样呢？从客户端分析，命令请求的响应时间会大大加长。

TCP 是可靠的传输层协议，但每次都需要经历“三次握手”与“四次挥手”，为了提升效率，可以设置 SO_KEEPALIVE，即 TCP 长连接，这样 TCP 传输层会定时发送心跳包确认该连接的可靠性。应用层也不再需要频繁地创建与释放 TCP 连接了。server 结构体的 tcpkeepalive 字段表示是否启用 TCP 长连接，用户可通过参数 tcp-keepalive 配置。

接收到客户端连接请求之后，服务器需要创建文件事件等待客户端的命令请求，可以看到文件事件的处理函数为 readQueryFromClient，当服务器接收到客户端的命令请求时，会执行此函数。

9.3　命令处理过程

9.2 节分析了服务器的启动过程，包括解析配置文件，创建 socket 并启动监听，创建文件事件与时间事件并开启事件循环等。服务器启动完成后，只需要等待客户端连接并发送命令请求即可。本节主要介绍命令的处理过程，此过程分为3个阶段：解析命令请求、调用命令和返回结果给客户端。

9.3.1 命令解析

TCP是一种基于字节流的传输层通信协议，因此接收到的TCP数据不一定是一个完整的数据包，其有可能是多个数据包的组合，也有可能是某一个数据包的部分，这种现象被称为半包与粘包，如图9-3所示。

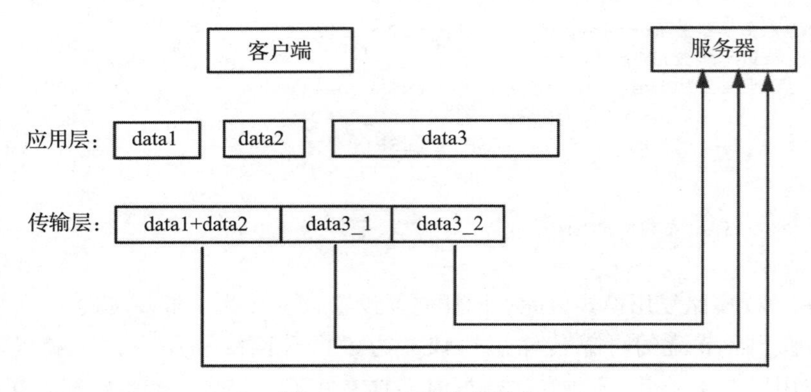

图9-3 TCP半包与粘包

客户端应用层分别发送3个数据包，data3、data2和data1，但是TCP传输层在真正发送数据时，将data3数据包分割为data3_1与data3_2，并且将data1与data2数据合并，此时服务器接收到的数据包就不是一个完整的数据包。

为了区分一个完整的数据包，通常有如下3种方法：① 数据包长度固定；② 通过特定的分隔符区分，比如HTTP协议就是通过换行符区分的；③ 通过在数据包头部设置长度字段区分数据包长度，比如FastCGI协议。

Redis采用自定义协议格式实现不同命令请求的区分，例如当用户在redis-cli客户端键入下面的命令：

```
SET redis-key value1
```

客户端会将该命令请求转换为以下协议格式，然后发送给服务器：

```
*3\r\n$3\r\nSET\r\n$9\r\nredis-key\r\n$6\r\nvalue1\r\n
```

其中，换行符\r\n用于区分命令请求的若干参数，“*3”表示该命令请求有3个参数，“$3”“$9”和“$6”等表示该参数字符串长度。

需要注意的是，Redis还支持在telnet会话输入命令的方式，只是此时没有了请求协议中的“*”来声明参数的数量，因此必须使用空格来分隔各个参数，服务器在接收到数据之后，会将空格作为参数分隔符解析命令请求。这种方式的命令请求称为内联命令。

Redis 服务器接收到的命令请求首先存储在客户端对象的 querybuf 输入缓冲区，然后解析命令请求各个参数，并存储在客户端对象的 argv（参数对象数组）和 argc（参数数目）字段。参考 9.2.2 节可以知道解析客户端命令请求的入口函数为 readQueryFromClient，会读取 socket 数据存储到客户端对象的输入缓冲区，并调用函数 processInputBuffer 解析命令请求。processInputBuffer 函数主要逻辑如图 9-4 所示。

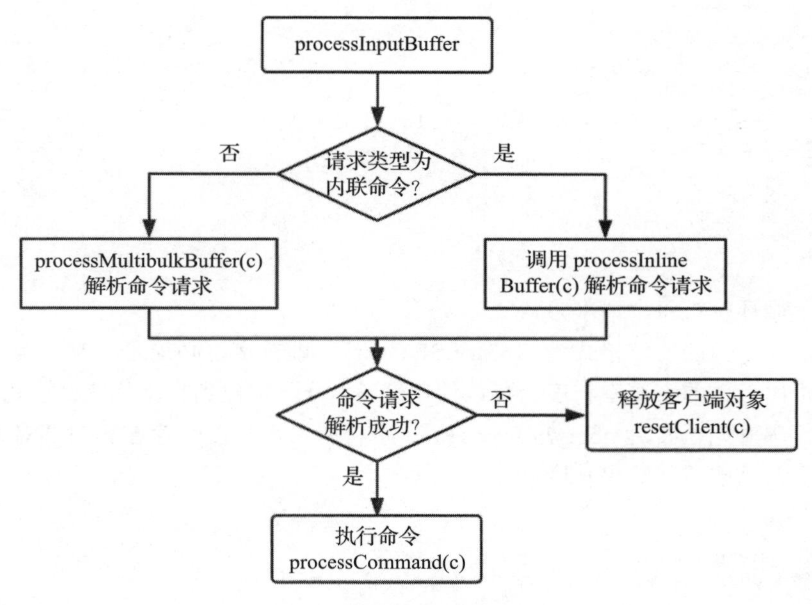

图 9-4　命令解析流程图

下面简要分析通过 redis-cli 客户端发送的命令请求的解析过程。假设客户端命令请求为“ SET redis-key value1”，在函数 processMultibulkBuffer 添加断点，GDB 打印客户端输入缓冲区内容如下：

```
(gdb) p c->querybuf
$3 = (sds) 0x7ffff1b45505
        "*3\r\n$3\r\nSET\r\n$9\r\nredis-key\r\n$6\r\nvalue1\r\n"
```

解析该命令请求可以分为 2 个步骤：

① 解析命令请求参数数目；

② 循环解析每个请求参数。

下面详细分析每个步骤的源码实现步骤。

步骤①　解析命令请求参数数目。

querybuf 指向命令请求首地址，命令请求参数数目的协议格式为“ *3\r\n”，即首字符必须是“ *”，并且可以使用字符“ \r”定位到行尾位置。解析后的参数数目暂存在客户端对象的 multibulklen 字段，表示等待解析的参数数目，变量 pos 记录已解析命令请求的长度。

```
//定位到行尾
newline = strchr(c->querybuf,'\r');

//解析命令请求参数数目，并存储在客户端对象的multibulklen字段
serverAssertWithInfo(c,NULL,c->querybuf[0] == '*');
string2ll(c->querybuf+1,newline-(c->querybuf+1),&ll);
c->multibulklen = ll;

//记录已解析位置偏移量
pos = (newline-c->querybuf)+2;
//分配请求参数存储空间
c->argv = zmalloc(sizeof(robj*)*c->multibulklen);
GDB打印主要变量内容如下:
(gdb) p c->multibulklen
$9 = 3
(gdb) p pos
$10 = 4
```

步骤② 循环解析每个请求参数。

命令请求各参数的协议格式为“$3\r\nSET\r\n”，即首字符必须是“$”。解析当前参数之前需要解析出参数的字符串长度，可以使用字符“\r”定位到行尾位置；注意，解析参数长度时，字符串开始位置为 querybuf+pos+1 ；字符串参数长度暂存在客户端对象的 bulklen 字段，同时更新已解析字符串长度 pos。

```
//定位到行尾
newline = strchr(c->querybuf+pos,'\r');
//解析当前参数字符串长度，字符串首字符偏移量为pos
if (c->querybuf[pos] != '$') {
    return C_ERR;
}
ok = string2ll(c->querybuf+pos+1,newline-(c->querybuf+pos+1),&ll);
pos += newline-(c->querybuf+pos)+2;
c->bulklen = ll;
```

GDB 打印主要变量内容如下：

```
(gdb) p c->querybuf+pos
$13 = 0x7ffff1b4550d "SET\r\n$9\r\nredis-key\r\n$6\r\nvalue1\r\n"
(gdb) p c->bulklen
$15 = 3
(gdb) p pos
$16 = 8
```

解析出参数字符串长度之后，可直接读取该长度的参数内容，并创建字符串对象；同时需要更新待解析参数 multibulklen。

```
//解析参数
c->argv[c->argc++] =
```

```
    createStringObject(c->querybuf+pos,c->bulklen);
pos += c->bulklen+2;

//待解析参数数目减1
c->multibulklen--;
```

当 multibulklen 值更新为 0 时，说明参数解析完成，结束循环。读者可以思考一下，待解析参数数目、当前参数长度为什么都需要暂存在客户端结构体？使用函数局部变量行不行？答案是肯定不行，原因就在于上面提到的 TCP 半包与粘包现象，服务器可能只接收到部分命令请求，例如“ *3\r\n$3\r\nSET\r\n$9\r\nredis”。当函数 processMultibulkBuffer 执行完毕时，同样只会解析部分命令请求“ *3\r\n$3\r\nSET\r\n$9\r\n”，此时就需要记录该命令请求待解析的参数数目，以及待解析参数的长度；而剩余待解析的参数“ redis”会继续缓存在客户端的输入缓冲区。

9.3.2　命令调用

参考图 9-4，解析完命令请求之后，会调用函数 processCommand 处理该命令请求，而处理命令请求之前还有很多校验逻辑，比如客户端是否已经完成认证，命令请求参数是否合法等。下面简要列出若干校验规则。

校验①：如果是 quit 命令直接返回并关闭客户端。

```
if (!strcasecmp(c->argv[0]->ptr,"quit")) {
    addReply(c,shared.ok);
    c->flags |= CLIENT_CLOSE_AFTER_REPLY;
    return C_ERR;
}
```

校验②：执行函数 lookupCommand 查找命令后，如果命令不存在返回错误。

```
c->cmd = c->lastcmd = lookupCommand(c->argv[0]->ptr);
if (!c->cmd) {
    addReplyErrorFormat(c,"unknown command '%s'",(char*)c->argv[0]->ptr);
    return C_OK;
}
```

校验③：如果命令参数数目不合法，返回错误。

```
if ((c->cmd->arity > 0 && c->cmd->arity != c->argc) ||
        (c->argc < -c->cmd->arity)) {
    addReplyErrorFormat(c,"wrong number of arguments for '%s' command",
        c->cmd->name);
    return C_OK;
}
```

命令结构体的 arity 用于校验参数数目是否合法，当 arity 小于 0 时，表示命令参数数目大于等于 arity 的绝对值；当 arity 大于 0 时，表示命令参数数目必须为 arity。注意命令请求中命令的名称本身也是一个参数。

校验④：如果配置文件中使用指令“requirepass password”设置了密码，且客户端没未认证通过，只能执行auth命令，auth命令格式为“AUTH password”。

```
if (server.requirepass && !c->authenticated && c->cmd->proc != authCommand){
    addReply(c,shared.noautherr);
    return C_OK;
}
```

校验⑤：如果配置文件中使用指令“maxmemory <bytes>”设置了最大内存限制，且当前内存使用量超过了该配置门限，服务器会拒绝执行带有“m”（CMD_DENYOOM）标识的命令，如SET命令、APPEND命令和LPUSH命令等。命令标识参见9.1.4节。

```
if (server.maxmemory) {
    int retval = freeMemoryIfNeeded();
    if ((c->cmd->flags & CMD_DENYOOM) && retval == C_ERR) {
        addReply(c, shared.oomerr);
        return C_OK;
    }
}
```

校验⑥：除了上面的5种校验，还有很多校验规则，比如集群相关校验、持久化相关校验、主从复制相关校验、发布订阅相关校验及事务操作等。这些校验规则会在相关章节会作详细介绍。

当所有校验规则都通过后，才会调用命令处理函数执行命令，代码如下：

```
start = ustime();
c->cmd->proc(c);
duration = ustime()-start;

//更新统计信息：当前命令执行时间与调用次数
c->lastcmd->microseconds += duration;
c->lastcmd->calls++;

//记录慢查询日志
slowlogPushEntryIfNeeded(c,c->argv,c->argc,duration);
```

执行命令完成后，如果有必要，还需要更新统计信息，记录慢查询日志，AOF持久化该命令请求，传播命令请求给所有的从服务器等。持久化与主从复制会在相关章节会作详细介绍，这里主要介绍慢查询日志的实现方式。代码如下：

```
void slowlogPushEntryIfNeeded(client *c, robj **argv, int argc,
                              long long duration) {
    //执行时间超过门限，记录该命令
    if (duration >= server.slowlog_log_slower_than)
        listAddNodeHead(server.slowlog,
                        slowlogCreateEntry(c,argv,argc,duration));

    //慢查询日志最多记录条数为slowlog_max_len，超过需删除
    while (listLength(server.slowlog) > server.slowlog_max_len)
```

```
        listDelNode(server.slowlog,listLast(server.slowlog));
}
```

可以在配置文件中使用指令“ slowlog-log-slower-than 10000”配置“执行时间超过多少毫秒”才会记录慢查询日志，指令“slowlog-max-len 128”配置慢查询日志最大数目，超过会删除最早的日志记录。可以看到慢查询日志记录在服务端结构体的 slowlog 字段，即使存取速度非常快，也不会影响命令执行效率。用户可通过“ SLOWLOG subcommand [argument]”命令查看服务器记录的慢查询日志。

9.3.3 返回结果

Redis 服务器返回结果类型不同，协议格式不同，而客户端可以根据返回结果的第一个字符判断返回类型。Redis 的返回结果可以分为 5 类。

1）状态回复，第一个字符是“+”；例如，SET 命令执行完毕会向客户端返回“+OK\r\n”。

```
addReply(c, ok_reply ? ok_reply : shared.ok);
```

变量 ok_reply 通常为 NULL，则返回的是共享变量 shared.ok，在服务器启动时就完成了共享变量的初始化：

```
shared.ok = createObject(OBJ_STRING,sdsnew("+OK\r\n"));
```

2）错误回复，第一个字符是“ - ”。例如，当客户端请求命令不存在时，会向客户端返回“-ERR unknown command 'testcmd' ”。

```
addReplyErrorFormat(c,"unknown command '%s'",(char*)c->argv[0]->ptr);
```

而函数 addReplyErrorFormat 内部实现会拼装错误回复字符串：

```
addReplyString(c,"-ERR ",5);
addReplyString(c,s,len);
addReplyString(c,"\r\n",2);
```

3）整数回复，第一个字符是“:”。例如，INCR 命令执行完毕向客户端返回“:100\r\n”。

```
addReply(c,shared.colon);
addReply(c,new);
addReply(c,shared.crlf);
```

其中共享变量 shared.colon 与 shared.crlf 同样都是在服务器启动时就完成了初始化：

```
shared.colon = createObject(OBJ_STRING,sdsnew(":"));
shared.crlf = createObject(OBJ_STRING,sdsnew("\r\n"));
```

4）批量回复，第一个字符是“$”。例如，GET 命令查找键向客户端返回结果“$5\r\nhello\r\n”，其中 $5 表示返回字符串长度。

```
//计算返回对象obj长度，并拼接为字符串“$5\r\n”
addReplyBulkLen(c,obj);
```

```
addReply(c,obj);
addReply(c,shared.crlf);
```

5）多条批量回复，第一个字符是“*”。例如，LRANGE命令可能会返回多个值，格式为“*3\r\n$6\r\nvalue1\r\n$6\r\nvalue2\r\n$6\r\nvalue3\r\n”，与命令请求协议格式相同，“*3”表示返回值数目，“$6”表示当前返回值字符串长度：

```
//拼接返回值数目“*3\r\n”
addReplyMultiBulkLen(c,rangelen);
//循环输出所有返回值
while(rangelen--) {
    //拼接当前返回值长度“$6\r\n”
    addReplyLongLongWithPrefix(c,len,'$');
    addReplyString(c,p,len);
    addReply(c,shared.crlf);
}
```

可以看到5种类型的返回结果都是调用类似于addReply函数返回的，那么是这些方法将返回结果发送给客户端的吗？其实不是。回顾9.1.2节讲述的客户端结构体client，其中有两个关键字段reply和buf，分别表示输出链表与输出缓冲区，而函数addReply会直接或者间接地调用以下函数将返回结果暂时缓存在reply或者buf字段：

```
//添加字符串到输出缓冲区
int _addReplyToBuffer(client *c, const char *s, size_t len)

//添加各种类型的对象到输出链表
void _addReplyObjectToList(client *c, robj *o)
void _addReplySdsToList(client *c, sds s)
void _addReplyStringToList(client *c, const char *s, size_t len)
```

那么思考一下，reply和buf字段都用于暂时缓存待发送给客户端的数据，数据优先缓存在哪个字段呢？两个字段能同时缓存数据吗？从_addReplyToBuffer函数可以得到答案：

```
int _addReplyToBuffer(client *c, const char *s, size_t len) {
    if (listLength(c->reply) > 0) return C_ERR;
}
```

调用函数_addReplyToBuffer缓存数据到输出缓冲区时，如果检测到reply字段有待返回给客户端的数据，则函数返回错误。而通常缓存数据时都会先尝试缓存到buf输出缓冲区，如果失败会再次尝试缓存到reply输出链表：

```
if (_addReplyToBuffer(c,obj->ptr,sdslen(obj->ptr)) != C_OK)
    _addReplyObjectToList(c,obj);
```

而函数addReply在将待返回给客户端的数据暂时缓存在输出缓冲区或者输出链表的同时，会将当前客户端添加到服务端结构体的clients_pending_write链表，以便后续能快速查找出哪些客户端有数据需要发送。

```
listAddNodeHead(server.clients_pending_write,c);
```

看到这里读者可能会有疑问，函数addReply只是将待返回给客户端的数据暂时缓存在输出缓冲区或者输出链表，那么什么时候将这些数据发送给客户端呢？读者是否还记得在介绍9.2.2节“步骤⑦开启事件循环”时，提到函数beforesleep在每次事件循环阻塞等待文件事件之前执行，主要执行一些不是很费时的操作，比如过期键删除操作，向客户端返回命令回复等。

函数beforesleep会遍历clients_pending_write链表中每一个客户端节点，并发送输出缓冲区或者输出链表中的数据。

```
//遍历clients_pending_write链表
listRewind(server.clients_pending_write,&li);
while((ln = listNext(&li))) {
    client *c = listNodeValue(ln);
    listDelNode(server.clients_pending_write,ln);
    //向客户端发送数据
    if (writeToClient(c->fd,c,0) == C_ERR) continue;
}
```

看到这里我想大部分读者可能都会认为返回结果已经发送给客户端，命令请求也已经处理完成了。其实不然，读者可以思考这么一个问题，当返回结果数据量非常大时，是无法一次性将所有数据都发送给客户端的，即函数writeToClient执行之后，客户端输出缓冲区或者输出链表中可能还有部分数据未发送给客户端。这时候怎么办呢？很简单，只需要添加文件事件，监听当前客户端socket文件描述符的可写事件即可。

```
if (aeCreateFileEvent(server.el, c->fd, AE_WRITABLE,
    sendReplyToClient, c) == AE_ERR){
}
```

可以看到该文件事件的事件处理函数为sendReplyToClient，即当客户端可写时，函数sendReplyToClient会发送剩余部分的数据给客户端。

至此，命令请求才算是真正处理完成了。

9.4　本章小结

为了更好地理解服务器与客户端的交互，本章首先介绍了一些基础结构体，如对象结构体robj、客户端结构体client、服务端结构体redisServer以及命令结构体redisCommand。

Redis服务器是典型的事件驱动程序，它将事件处理分为两大类：文件事件与时间事件。文件事件即socket的可读可写事件，时间事件即需要周期性执行的一些定时任务。Redis采用比较成熟的I/O多路复用模型（select/epoll等）处理文件事件，并对这些I/O多路复用模型进行简单封装。Redis服务器只维护了一个时间事件，该时间事件处理函数为serverCron，执行了所有需要周期性执行的一些定时任务。事件是理解Redis的基石，希望读者能认真学习。

最后本章介绍了服务器处理客户端命令请求的整个流程，包括服务器启动监听、接收命令请求并解析、执行命令请求和返回命令回复等，为读者学习后续章节打下基础。

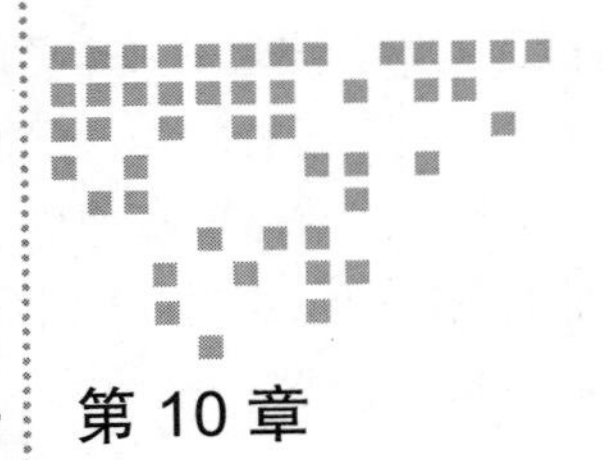

Chapter 10 第 10 章

键相关命令的实现

在前面的章节里，我们主要讲了 Redis 常用的底层数据结构以及命令处理的生命周期，本章将介绍键相关命令的源码实现。命令实现的过程中不是直接操作这些数据结构，我们将在 10.1 节讲解这两个结构。

在理解了 redisDb 和 redisObject 对象之后，我们按照查看键信息、设置键信息、查找和操作键将本章命令进行分类讲解，10.2 节讲解查看键信息相关命令，其中 object 和 type 命令是获取 redisObject 对象相关属性的操作，过期时间读取和修改相关命令是对 redisDb 的 expires 字典的操作，除此之外本章的命令都是对 redisDb 的 dict 字典的操作。

10.1 对象结构体和数据库结构体回顾

redisObject 和 redisDb 是本章最重要的两个结构体，对象的操作离不开 redisObject 结构体，数据库的操作离不开 redisDb 结构体，下面我们一起来看看 Redis 是如何设计这两个对象的。

10.1.1 对象结构体 redisObject

前面章节讲解了 Redis 主要的数据结构，为了便于操作和维护，Redis 在此基础上封装了 redisObject 对象，其定义在 server.h 文件，redisObject 根据 type 的不同可以分为字符串对象、列表对象、集合对象、有序集合对象、散列表对象、模块对象和流对象，在执行命令前可以根据对象类型判断是否可以执行当前命令，当然本章命令是键本身相关的操作命令，不存在类型判断。

此外对象保存了数据底层存储所使用的编码，在存储数据时，Redis 会自动选择合适的编码。对象还实现了引用计数，当程序不再使用对象时，对象会自动释放。

redisObject 结构如图 10-1 所示，该结构体保存了长度为 4bit 的 Redis 对象类型、长度为 4bit 的内部存储编码、长度为 24bit 的 lru、长度为 4byte 的引用计数以及 8byte 数据指针，redisObject 是对基础数据结构的封装，命令 object、type 就是对此对象的 encoding 和 type 的读取操作。

<table>
<tr><td>type</td><td>encoding</td><td>lru:24</td></tr>
<tr><td colspan="3">refcount</td></tr>
<tr><td colspan="3">ptr</td></tr>
</table>

图 10-1 redisObject 结构

1）type：type 表示 Redis 对象的类型，占用 4 位，目前包含如下类型。

```
#define OBJ_STRING 0  /* 字符串对象*/
#define OBJ_LIST 1    /* 列表对象 */
#define OBJ_SET 2     /* 集合对象 */
#define OBJ_ZSET 3    /* 有序集合对象 */
#define OBJ_HASH 4    /* 散列表对象 */
#define OBJ_MODULE 5  /* 模块对象 */
#define OBJ_STREAM 6  /* 流对象 */
```

2）encoding：encoding 表示对象内部存储的编码，在一定条件下，对象的编码可以在多个编码之间转化，长度占用 4 位，包含如下编码。

```
#define OBJ_ENCODING_RAW 0          /* Raw representation */
#define OBJ_ENCODING_INT 1          /* 编码为整数 */
#define OBJ_ENCODING_HT 2           /* 编码为散列表 */
#define OBJ_ENCODING_ZIPMAP 3       /* 编码为zipmap */
#define OBJ_ENCODING_LINKEDLIST 4 /* 不再使用：旧列表编码*/
#define OBJ_ENCODING_ZIPLIST 5      /* 编码为压缩列表 */
#define OBJ_ENCODING_INTSET 6       /* 编码为整数集合*/
#define OBJ_ENCODING_SKIPLIST 7     /* 编码为跳表*/
#define OBJ_ENCODING_EMBSTR 8       /* 编码为简短字符串*/
#define OBJ_ENCODING_Quicklist 9    /* 编码为快速链表*/
#define OBJ_ENCODING_STREAM 10      /* 编码为listpacks的基数树*/
```

3）lru：lru 占用 24 位，当用于 LRU 时表示最后一次访问时间，当用于 LFU 时，高 16 位记录分钟级别的访问时间，低 8 位记录访问频率 0 到 255，默认配置 8 位可表示最大 100 万访问频次，详细参见 object 命令。

4）refcount：refcount 表示对象被引用的计数，类型为整型，实际应用中参考意义不大。

5）ptr：ptr 是指向具体数据的指针，比如一个字符串对象，该指针指向存放数据 sds 的地址。

10.1.2 数据库结构体 redisDb

Redis 是内存数据库，除了需要 redisObject 对基础数据结构封装外，还需要一个结构体对数据库进行封装，用来管理数据库相关数据和实现相关操作，这个结构体就是 redisDb。

redisDb 有两个重要属性——dict 和 expires，分别是键空间散列表、过期时间散列表。dict 保存了所有的键值对，expires 保存了键的过期时间，像 scan、move、sort 等命令是对 redisDb 键空间散列表的操作，expire、persist 等命令是对 redisDb 键的过期时间散列表的操作，具体我们将在后面讲解，redisDb 结构体定义如下：

```
typedef struct redisDb {
    dict *dict;                 /* 键空间字典 */
    dict *expires;              /* key的超时时间字典 */
    dict *blocking_keys;        /* 阻塞的key */
    dict *ready_keys;           /* 准备好的key */
    dict *watched_keys;         /* 执行事务的key */
    int id;                     /* 数据库ID */
    long long avg_ttl;          /* 平均生存时间，用于统计 */
    list *defrag_later;         /* 逐渐尝试逐个碎片整理的key列表*/
} redisDb;
```

以下是属性说明。

- dict：键空间散列表，存放所有键值对。
- expires：过期时间散列表，存放键的过期时间，注意 dict 和 expires 中的键都指向同一个键的 sds。
- blocking_keys：处于阻塞状态的键和对应的 client。
- ready_keys：解除阻塞状态的键和对应的 client，与 blocking_keys 属性相对，为了实现需要阻塞的命令设计。
- watched_keys：watch 的键和对应的 client，主要用于事务。
- id：数据库 ID。
- avg_ttl：数据库内所有键的平均生存时间。
- defrag_later：逐渐尝试逐个碎片整理的 key 列表。

10.2 查看键信息

在 10.1 节对 redisDb、redisObject 对象介绍的基础上，本节介绍查看键属性命令，其中 object、type 命令用于获取 redisObject 对象属性，ttl 命令用于获取 redisObject 对象的过期时间。

10.2.1 查看键属性

object 命令用于检查 Redis 对象的内部属性，一般用于排查问题。

格式：

```
object subcommand [arguments [arguments]]
```

说明：object 命令从内部察看传入 key 的 Redis 对象属性。常用于排查问题或了解 Redis 内部存储编码的情况，通过读取 redisObject 对象的 refcount、encoding、lru 属性实现。

object 有 5 个子命令。

- help：帮助命令，object 命令使用手册。
- refcount：获得指定键关联的值的引用数，即 redisObject 对象 refcount 属性。
- encoding：获得指定键关联的值的内部存储使用的编码，即 redisObject 对象 encoding 属性的字符串表达，对象类型与底层编码对应关系见表 10-1。
- idletime：返回键的空闲时间，即自上次读写键以来经过的近似秒数。
- freq：返回键的对数访问频率计数器。当 maxmemory-policy 设置为 LFU 策略时，此子命令可用。

表 10-1　对象类型与编码关系

对象类型	编码类型
string	raw、int、embstr
list	quicklist
hash	dict、ziplist
set	intset、dict
zset	ziplist、skiplist+dict

源码分析：首先匹配子命令，如果子命令等于 help，则返回帮助信息，反之调用函数 objectCommandLookupOrReply，此函数是 object 命令的辅助函数，可在不修改 LRU 和其他参数的情况下查找对象，并带有回复功能。如果没有找到对象则返回空；找到对象则读取相应属性，这里主要介绍下 idletime 和 freq 子命令。

idletime 子命令获取 key 对应 value 的空转时间（单位：秒），注意是 value 的空转时间，而不是 key 的空转时间，因为 Redis 对象共享机制（0～10000 的 int 对象会共享，这个区间可配），value 对象属性可能会被相互影响，例如如果 key1 和 key2 的值都是 1，那么 value 属性会相互影响。代码如下：

```
void objectCommand(client *c) {
...
    else if (!strcasecmp(c->argv[1]->ptr,"idletime") && c->argc == 3) {
        // 获取对象
        if ((o = objectCommandLookupOrReply(c,c->argv[2],shared.nullbulk))
            == NULL) return;
        // 如果内存驱逐策略是LFU则返回错误
        if (server.maxmemory_policy & MAXMEMORY_FLAG_LFU) {
            addReplyError(c,"...");
```

```
            return;
        }
        // estimateObjectIdleTime返回空转的毫秒时间
        addReplyLongLong(c,estimateObjectIdleTime(o)/1000);
    }...
}
robj *objectCommandLookupOrReply(client *c, robj *key, robj *reply) {
    robj *o = objectCommandLookup(c,key);
    if (!o) addReply(c, reply);
    return o;
}
robj *objectCommandLookup(client *c, robj *key) {
    dictEntry *de;
    if ((de = dictFind(c->db->dict,key->ptr)) == NULL) return NULL;
    // 注意这里获取的是value对象(dictGetVal)，而非key对象(dictGetKey)
    return (robj*) dictGetVal(de);
}
```

当maxmemory-policy设置为LFU策略时，freq子命令调用函数LFUDecrAndReturn获取value对象的访问频率，同样该命令也有因共享对象而导致的问题，LFUDecrAndReturn函数中num_periods表示衰减数量，根据配置lfu_decay_time计算(单位：分钟)，与此对应的函数是LFULogIncr，代码如下：

```
void objectCommand(client *c) {
    ...
    else if (!strcasecmp(c->argv[1]->ptr,"freq") && c->argc == 3) {
        if ((o = objectCommandLookupOrReply(c,c->argv[2],shared.nullbulk))
            == NULL) return;
        //如果内存驱逐策略不是LFU则返回错误
        if (!(server.maxmemory_policy & MAXMEMORY_FLAG_LFU)) {
            addReplyError(c,"...");
            return;
        }
        // 计算频率
        addReplyLongLong(c,LFUDecrAndReturn(o));
    }
    ...
}
// 获取对象访问频率
unsigned long LFUDecrAndReturn(robj *o) {
    unsigned long ldt = o->lru >> 8;
    unsigned long counter = o->lru & 255;
    // 衰变算法，lfu_decay_time为可配置的衰减因子，默认为1(分钟)
    unsigned long num_periods = server.lfu_decay_time ? LFUTimeElapsed(ldt) /
        server.lfu_decay_time : 0;
    if (num_periods)
        counter = (num_periods > counter) ? 0 : counter - num_periods;
    return counter;
}
// 获取已经过去的分钟数
```

```
unsigned long LFUTimeElapsed(unsigned long ldt) {
    // 获取当前时间分钟数，最大65 535
    unsigned long now = LFUGetTimeInMinutes();
    if (now >= ldt) return now-ldt;
    return 65535-ldt+now;
}
// 增加访问频率
uint8_t LFULogIncr(uint8_t counter) {
    if (counter == 255) return 255;
    double r = (double)rand()/RAND_MAX;
    double baseval = counter - LFU_INIT_VAL;
    if (baseval < 0) baseval = 0;
    // 访问频率算法，lfu_log_factor为可配置的概率因子，默认为10
    double p = 1.0/(baseval*server.lfu_log_factor+1);
    if (r < p) counter++;
    return counter;
}
```

示例：

```
127.0.0.1:6379> set redis v5
OK
127.0.0.1:6379> object encoding redis
"embstr"
127.0.0.1:6379> object encoding redis1
(nil)
```

10.2.2　查看键类型

type 命令用于查看 key 的类型，一般用于排查问题。

格式：

```
type key
```

说明：返回 key 对应存储的值的类型，根据 Redis 对象 type 属性，可以是 none（key 不存在），string（字符串），list（列表），set（集合），zset（有序集），hash（散列表）。通过读取 redisObject 对象的 type 属性实现。

源码分析：如果没有查找到对象，返回 none，反之，读取 type 属性并返回他的字符串表达“o->type”即 redisObject 的 type 属性。

```
if (o == NULL) {
    type = "none"; // 没有对应的key
} else {
    switch(o->type) {
    case OBJ_STRING: type = "string"; break;
    case OBJ_LIST: type = "list"; break;
    case OBJ_SET: type = "set"; break;
    case OBJ_ZSET: type = "zset"; break;
    case OBJ_HASH: type = "hash"; break;
```

```
    case OBJ_STREAM: type = "stream"; break; //流
    case OBJ_MODULE: { // 模块
        moduleValue *mv = o->ptr;
        type = mv->type->name;
    }; break;
    default: type = "unknown"; break;
    }
}
```

示例：

```
127.0.0.1:6379> set redis v5
OK
127.0.0.1:6379> type redis
string
```

10.2.3 查看键过期时间

ttl命令返回key剩余的生存时间，单位秒。一般用于根据key生存时间进行业务逻辑判断处理等，也可用于排查问题。类似命令还有pttl返回以毫秒为单位的生存时间，它们调用函数都相同，此处以ttl命令为例。

格式：

```
ttl key
```

说明：返回键剩余的生存时间，单位秒。

源码分析：第1个参数是Redis客户端对象，client对象属性很多，这里的db表示选择的数据库，argv表示命令行参数，第2个参数output_ms表示是否以毫秒为输出单位，首先以不修改查找对象（最后访问时间，LOOKUP_NOTOUCH）方式查找key，若不存在则返回-2，存在则获取其过期时间，若已过期则返回0，没有过期则返回未过期的时间，其他情况返回默认值-1。

```
void ttlGenericCommand(client *c, int output_ms) {
    ...
    // 在过期字典里查找key对应的过期时间
    expire = getExpire(c->db,c->argv[1]);
    if (expire != -1) { // 表示有过期时间
        ttl = expire-mstime();
        if (ttl < 0) ttl = 0;
    }
    if (ttl == -1) {
        addReplyLongLong(c,-1);
    } else {
        // 毫秒转秒+500四舍五入
        addReplyLongLong(c,output_ms ? ttl : ((ttl+500)/1000));
    }
    ...
}
```

示例：

```
127.0.0.1:6379> set redis v5
OK
127.0.0.1:6379> expire redis 20
(integer) 1
127.0.0.1:6379> ttl redis
(integer) 20
127.0.0.1:6379> pttl redis
(integer) 20000
```

10.3　设置键信息

前面章节讲解了查看键信息的 4 个命令 object、type、ttl、pttl，本节继续讲解键相关命令，包括设置过期时间系列命令（expire）、删除过期时间命令（persist）和重命名命令（rename/renamenx），这些命令比较相似，都是对键信息的修改，其中过期时间系列命令比较常用。

10.3.1　设置键过期时间

expire 命令用于设置 key 的过期时间，一般情况下 redis 的 key 应该都有一个对应的过期时间。类似命令还有 expireat、pexpire、pexpireat，格式都一样，区别在于时间和单位。它们调用的函数也是同一个，此处以 expire 命令为例。

格式：

```
expire key seconds
```

说明：为 key 设定 seconds 秒的过期时间，命令底层调用函数为 expireGenericCommand，其原理是在 redisDb 过期字典里面添加或覆盖对应键值对，如果使用 set/getset 命令覆写会导致原来的过期时间被移除（参考 set/getset 命令源码分析），但 incr/rename/lpush 等非覆写命令不会修改 key 的过期时间。仅移除 key 的过期时间时可使用 persist 命令。

源码分析：basetime 为基准时间，unit 为时间单位，首先将秒转化为毫秒，然后再将毫秒时间转化为毫秒时间戳，统一参数之后进行对比，如果小于当前时间则删除，反之执行 setExpire 设置过期时间，setExpire 函数将 key 加入 redisDb 对象的 expires 字典，值为该 key 的过期时间。代码如下：

```
void expireGenericCommand(client *c, long long basetime, int unit) {
    ...
    if (unit == UNIT_SECONDS) when *= 1000; //单位转换
    when += basetime;                        //加上基准时间
    /* 上面两行将expire expireat pexpire的参数转化为 pexpireat参数统一处理 */
    ...
    // 非loading状态的主库，如果过期时间小于等于当前时间，则删除该过期key
```

```
    if (when <= mstime() && !server.loading && !server.masterhost) {
        // 根据配置不同，有同步和异步删除key
        ...
    } else {
        setExpire(c,c->db,key,when); // 向redisDb的expires字典里添加键值对
        ...
    }
}
```

示例：

```
127.0.0.1:6379> expire redis 20
(integer) 1
127.0.0.1:6379> ttl redis
20
```

10.3.2 删除键过期时间

persist命令用于移除key的过期时间，如果有。有时候我们需要将临时key变成永久key，那么可以使用persist命令处理。

格式：

```
persist key
```

说明：persist用于删除key的过期时间，使key永久有效，通过将key从redisDb对象的expires字典里删除实现。

源码分析：调用lookupKeyWrite函数，在查找前先查询过期字典，如果ttl到期则使键过期，如果键存在，则返回键的值对象，并从数据库的过期字典中删除指定key的对象。

```
if (lookupKeyWrite(c->db,c->argv[1])) {        // 为写操作查找key的对象
        if (removeExpire(c->db,c->argv[1])) { // 从过期字典里删除key的过期时间
            addReply(c,shared.cone);
            server.dirty++;
        } else {
            addReply(c,shared.czero);
        }
    }
```

示例：

```
127.0.0.1:6379> expire redis 20
(integer) 1
127.0.0.1:6379> ttl redis
(integer) 20
127.0.0.1:6379> persist redis
(integer) 1
127.0.0.1:6379> ttl redis
(integer) -1
```

10.3.3 重命名键

rename 命令将 key 重命名，使用频率较低。同样类似命令还有 renamenx，表示重命名后的 key 不存在时才能执行成功，因底层调用同一函数，所以将两个命令合并介绍。

格式：

```
rename key new_key
```

说明：重命名 key，key 不存在时返回错误，存在时，将被 new_key 覆盖。

源码实现：命令为 renamenx 时 nx 参数等于 1，先校验旧 key 名是否相同、是否存在，如果新 key 也存在，当 nx 等于 1 时返回 0，反之删除新 key。如果旧 key 有过期时间则给新 key 也加上过期时间，最后删除旧 key。

```
void renameGenericCommand(client *c, int nx) {
    ...
    expire = getExpire(c->db,c->argv[1]); //将key的过期时间保存到expire变量
    if (lookupKeyWrite(c->db,c->argv[2]) != NULL) { //新key存在则删除
        if (nx) { // 如果是RENAMENX命令则不操作直接返回0
            ...
        }
        dbDelete(c->db,c->argv[2]);
    }
    dbAdd(c->db,c->argv[2],o); //将旧key的值对象和新的key添加到redis字典
    // 如果原key有过期时间则对新key保留
    if (expire != -1) setExpire(c,c->db,c->argv[2],expire);
    dbDelete(c->db,c->argv[1]); // 删除旧key
    ...
}
```

示例：

```
127.0.0.1:6379> get redis
"v5"
127.0.0.1:6379> get redis1
(nil)
127.0.0.1:6379> rename redis redis1
OK
127.0.0.1:6379> get redis1
"v5"
127.0.0.1:6379> get redis
(nil)
```

10.3.4 修改键最后访问

touch 命令用于更新 key 的访问时间，避免被 lru 策略淘汰，使用频率较低。

格式：

```
touch key [key ...]
```

说明：改变key的最后访问时间。如果key不存在，则忽略该key。返回成功修改的数量。

源码分析：在入口函数touchCommand中，循环调用lookupKeyRead函数去修改key的最后访问时间，当然前提条件是没有rbd或者aof进程在运行。关键函数为lookupKey，关键代码如下：

```
robj *lookupKey(redisDb *db, robj *key, int flags) {
    ...
        // 没有rdb和aof线程运行并且flag不是LOOKUP_NOTOUCH则根据内存驱逐策略进行修改
        if (server.rdb_child_pid == -1 &&
            server.aof_child_pid == -1 &&
            !(flags & LOOKUP_NOTOUCH))
        {
            if (server.maxmemory_policy & MAXMEMORY_FLAG_LFU) {
                updateLFU(val);
            } else {
                val->lru = LRU_CLOCK();
            }
        }
        return val;
    ...
}
```

示例：

```
127.0.0.1:6379> set touchkey 1
OK
127.0.0.1:6379> touch touchkey
(integer) 1
```

10.4 查找键

本节介绍的命令都属于查询一类的，比如exists命令查询键是否存在，keys命令查找符合模式的键，scan命令遍历键，以及randomkey命令随机取键。其中exists命令和randomkey命令比较常用，keys命令由于其特性，一般被禁止在线上环境使用，scan命令在遍历过程中数据可以被修改，可能会造成不严谨的返回结果，但都有其合适的使用场景。

10.4.1 判断键是否存在

exists命令用于判断指定的key是否存在，并返回key存在的数量。使用频率较高。

格式：

```
exists  key1 key2 ... key_N
```

说明：检查key是否存在，返回key存在的数量。

源码分析：for循环调用expireIfNeeded函数，此函数在前面章节讲过，表示尝试删除已过期的key。然后调用dbExists，并根据返回结果累加数量。

```
for (j = 1; j < c->argc; j++) {
    expireIfNeeded(c->db,c->argv[j]);
    if (dbExists(c->db,c->argv[j])) count++;
}
```

示例：

```
127.0.0.1:6379> exists redis
(integer) 1
127.0.0.1:6379> del redis
(integer) 1
127.0.0.1:6379> exists redis redis1
(integer) 0
```

10.4.2　查找符合模式的键

keys 命令匹配合适的 key 并一次性返回，如果匹配的键较多，则可能阻塞服务器，因此该命令一般禁止在线上使用。

格式：

```
keys pattern
```

说明：keys 命令的作用是查找所有符合给定模式"pattern"的 key，使用该命令处理大数据库时，可能会造成服务器长时间阻塞（秒级）。

源码分析：初始化安全迭代器（迭代过程中允许修改数据），如果传入 pattern 为'*'则 allkeys 等于 true，迭代过程中判断 allkeys 或者字符串匹配为 true 并且没有过期则记录该 key。

```
void keysCommand(client *c) {
    ...
    di = dictGetSafeIterator(c->db->dict); // 将数据库键空间作为参数，初始化安全迭代器
    allkeys = (pattern[0] == '*' && pattern[1] == '\0'); // keys *
    while((de = dictNext(di)) != NULL) { // 遍历数据库键空间
        sds key = dictGetKey(de);
        robj *keyobj;
        /* 判断key是否与正则表达式匹配，若匹配且key没有过期则在回复给客户端的内容中记录 */
        if (allkeys || stringmatchlen(pattern,plen,key,sdslen(key),0)) {
            keyobj = createStringObject(key,sdslen(key));
            if (expireIfNeeded(c->db,keyobj) == 0) { // key未过期，过期则删除
                addReplyBulk(c,keyobj);
                numkeys++;
            }
            decrRefCount(keyobj);
        }
    }
    dictReleaseIterator(di);
    setDeferredMultiBulkLength(c,replylen,numkeys);
}
```

示例：

```
127.0.0.1:6379> keys *
 1) "redis"
 2) "redxs"
 3) "redzs"
127.0.0.1:6379> keys red?s
1) "redis"
2) "redxs"
3) "redzs"
127.0.0.1:6379> keys red*s
1) "redis"
2) "redxs"
3) "redzs"
127.0.0.1:6379> keys red[ix]s
1) "redis"
2) "redxs"
127.0.0.1:6379> keys red\[s    #特殊符号\转义
(empty list or set)
```

10.4.3 遍历键

scan 命令可以遍历数据库中几乎所有的键，并且不用担心阻塞服务器。使用频率较低。

格式：

```
scan cursor [MATCH pattern] [COUNT count]
```

说明：scan 命令和 hscan、sscan、zscan 命令都用于增量迭代，每次只返回少量数据，不会有像 keys 命令堵塞服务器的隐患。

源码分析：scan、sscan、hscan、zsan 分别有自己的命令入口，入口中会进行参数检测和游标赋值，然后进入统一的入口函数：dictscan，具体细节详见 dict 章节。需要注意的是迭代都是以“桶”为单位的，所以有时候因为 Hash 冲突的原因，scan 会多返回一些数据。代码如下：

```
void scanCommand(client *c) {
    unsigned long cursor;
    // 解析命令行游标参数
    if (parseScanCursorOrReply(c,c->argv[1],&cursor) == C_ERR) return;
    scanGenericCommand(c,NULL,cursor); // scan,sscan,hscan,zsan统一入口函数
}
```

scanGenericCommand 主要分 5 步。

1）解析 count 和 match 参数，如果没有指定 count，默认返回 10 条数据。

2）开始迭代集合，如果 key 保存为 ziplist 或者 intset，则一次性返回所有数据，游标为 0（scan 命令的游标参数为 0 时表示新一轮迭代开始，命令返回的游标值为 0 时表示迭代结束）。由于 Redis 设计只有数据量比较小的时候才会保存为 ziplist 或者 intset，所以此处不会影响性能。

3）游标在保存为 Hash 的时候发挥作用，具体入口函数为 dictScan，具体细节详见 dict 章节。

4）根据 match 参数过滤返回值，并且如果这个键已经过期也会直接过滤掉（Redis 中键过期之后并不会立即删除）。

5）返回结果到客户端，是一个数组，第 1 个值是游标，第 2 个值是具体的键值对。

示例：

```
127.0.0.1:6379> scan 0
1) "0"
2)  1) "redis3"
    2) "redis1"
    3) "redis4"
    4) "redis6"
    5) "redis5"
    6) "redis2"
```

10.4.4　随机取键

randomkey 命令随机返回数据库中的 key，使用频率较低。

格式：

```
randomkey
```

说明：在当前数据库中随机返回一个尚未过期的 key（不删除）。

源码分析：命令核心函数为 dictGetRandomKey，如果 Redis 正在 rehash，那么将 1 号散列表也作为随机查找的目标，否则只从 0 号散列表中查找节点，d->rehashidx 表示 rehash 当前的索引。

```
if (dictIsRehashing(d)) { // 正在rehash
    do {
        h = d->rehashidx + (random() % (d->ht[0].size +
                                        d->ht[1].size -  d->rehashidx));
        he = (h >= d->ht[0].size) ? d->ht[1].table[h - d->ht[0].size] :
                                  d->ht[0].table[h];
    } while(he == NULL);
} else {
    do {
        h = random() & d->ht[0].sizemask;
        he = d->ht[0].table[h];
    } while(he == NULL);
}
```

上面代码对散列索引进行随机处理，下面这段代码是对散列冲突导致的链表再次进行 random 处理，代码如下：

```
listlen = 0;
orighe = he;
```

```
while(he) {
    he = he->next;
    listlen++;                  // 记录散列冲突链表的长度
}
listele = random() % listlen; // 在链表中随机选取一个
he = orighe;
while(listele--) he = he->next;
return he
```

示例：

```
127.0.0.1:6379> randomkey
"redis"
```

10.5 操作键

本节讲解删除键、序列化/反序列化键、移动键和键排序操作，其中del是比较常用的删除键命令，unlink是Redis 4.0为了弥补del删除大值时阻塞服务器而加入的异步删除键命令。下面一起来看看这些命令的实现。

10.5.1 删除键

（1）del命令

该命令用于同步删除一个或多个key，因为是同步删除，所以在删除大key时可能会阻塞服务器。

格式：

```
del key [key ...]
```

说明：以阻塞方式删除key。

源码分析：del调用函数delGenericCommand，再循环调用dbSyncDelete函数，同步删除key、value、过期字典里对应的key（如果有），如果是集群还会删除key与slot（槽位）的对应关系。

```
int dbSyncDelete(redisDb *db, robj *key) {
    if (dictSize(db->expires) > 0) dictDelete(db->expires,key->ptr);
    if (dictDelete(db->dict,key->ptr) == DICT_OK) {
        if (server.cluster_enabled) slotToKeyDel(key);
        return 1;
    } else {
        return 0;
    }
}
```

示例：

```
127.0.0.1:6379> del redix rediz
(integer) 2
```

（2）unlink 命令

该命令以异步方式删除 key，这可以避免 del 删除大 key 的问题，unlink 在删除时会判断删除所需的工作量，以此决定使用同步还是异步删除（另一个线程中进行内存回收，不会阻塞当前线程），通常建议使用 unlink 代替 DEL 命令，但注意使用 unlink 命令需 Redis 版本在 4.0 及以上。

格式：

```
unlink key [key ...]
```

说明：根据删除 key 需要的工作量来选择以阻塞或非阻塞方式删除 key。

源码分析：同 del 一样，unlink 也是调用同一个命令执行函数 delGenericCommand，根据传参不同，unlink 循环调用 dbAsyncDelete，先删除过期字典里的 key（如果有），然后调用 dictUnlink 从键空间删除 key 的关联关系并返回被删除的实例，根据实例计算删除需要的工作量和是否被引用来决定是否使用惰性删除，最后再使用 dictFreeUnlinkedEntry 删除 dictUnlink 返回的实例，同样，如果该 Redis 是集群模式，还会删除 key 与 slot 的对应关系。

```
// 返回释放对象需要的工作量，字符串对象始终返回1
size_t free_effort = lazyfreeGetFreeEffort(val);
// 工作量大于阈值 并且没有被别的对象引用  LAZYFREE_THRESHOLD为64
if (free_effort > LAZYFREE_THRESHOLD && val->refcount == 1) {
    atomicIncr(lazyfree_objects,1);
    // 创建后台job，将val加入异步删除队列
    bioCreateBackgroundJob(BIO_LAZY_FREE,val,NULL,NULL);
    dictSetVal(db->dict,de,NULL);
}
```

其中 lazyfreeGetFreeEffort 是计算删除需要的工作量，计算了几个可能会有大 value 出现的对象，然后根据类型计算工作量，其他对象都返回 1，实现如下：

```
if (obj->type == OBJ_LIST) { // 列表对象
        quicklist *ql = obj->ptr;
        return ql->len;
    // 集合对象且编码为散列表
    } else if (obj->type == OBJ_SET && obj->encoding == OBJ_ENCODING_HT) {
        dict *ht = obj->ptr;
        return dictSize(ht);
    // 有序集合且编码为跳表
    } else if (obj->type == OBJ_ZSET && obj->encoding == OBJ_ENCODING_SKIPLIST){
        zset *zs = obj->ptr;
        return zs->zsl->length;
    // 散列对象且编码为散列表
    } else if (obj->type == OBJ_HASH && obj->encoding == OBJ_ENCODING_HT) {
        dict *ht = obj->ptr;
        return dictSize(ht);
```

```
    } else { // 其他情况返回1
        return 1; /* Everything else is a single allocation. */
    }
```

bioCreateBackgroundJob 函数创建一个 bio 任务，代码如下：

```
void bioCreateBackgroundJob(int type, void *arg1, void *arg2, void *arg3) {
    struct bio_job *job = zmalloc(sizeof(*job));
    job->time = time(NULL);
    job->arg1 = arg1;
    job->arg2 = arg2;
    job->arg3 = arg3;
    pthread_mutex_lock(&bio_mutex[type]); // 线程互斥锁
    listAddNodeTail(bio_jobs[type],job);  // 追加任务到对应类型的链表尾部
    bio_pending[type]++; // 标记未处理数据量
    pthread_cond_signal(&bio_newjob_cond[type]); // 唤醒一个异步处理线程
    pthread_mutex_unlock(&bio_mutex[type]);      // 解锁
}
```

type 表示任务类型，arg1、arg2、arg3 为参数，在处理任务时使用。创建的 bio_job 结构体包含当前时间和传入的 3 个参数，将 bio_job 结构体追加到对应类型的双向链表尾部，这个过程是线程互斥的。添加完成后调用 pthread_cond_signal 通知异步线程处理。

在使用 initServer 时会调用 bioInit 来初始化 bio，并生成 3 个异步处理线程，分别对应 3 个类型（BIO_CLOSE_FILE、BIO_AOF_FSYNC、BIO_LAZY_FREE）的双向链表，处理函数为 bioProcessBackgroundJobs，该函数从任务链表头部获取数据，根据类型和参数调用相关释放函数。

```
void *bioProcessBackgroundJobs(void *arg) {
    ...
    pthread_mutex_lock(&bio_mutex[type]); // 加上互斥锁
    ...
    while(1) {
        listNode *ln;

        if (listLength(bio_jobs[type]) == 0) { // 链表为空，继续等待
            pthread_cond_wait(&bio_newjob_cond[type],&bio_mutex[type]);
            continue;
        }
        ln = listFirst(bio_jobs[type]); // 从链表头部获取元素
        job = ln->value;
        pthread_mutex_unlock(&bio_mutex[type]); // 解锁

        if (type == BIO_CLOSE_FILE) {
            close((long)job->arg1);
        } else if (type == BIO_AOF_FSYNC) {
            redis_fsync((long)job->arg1);
        } else if (type == BIO_LAZY_FREE) {
            if (job->arg1) // 释放对象
                lazyfreeFreeObjectFromBioThread(job->arg1);
```

```
            else if (job->arg2 && job->arg3) // 释放数据库
                lazyfreeFreeDatabaseFromBioThread(job->arg2,job->arg3);
            else if (job->arg3) // 释放集群slot与key的映射关系
                lazyfreeFreeSlotsMapFromBioThread(job->arg3);
        } else {
            serverPanic("Wrong job type in bioProcessBackgroundJobs().");
        }
        zfree(job);

        pthread_mutex_lock(&bio_mutex[type]); // 加锁
        listDelNode(bio_jobs[type],ln);       // 删除任务
        bio_pending[type]--; // 任务计数减1
        pthread_cond_broadcast(&bio_step_cond[type]); // 广播消息
    }
}
```

其中，lazyfreeFreeObjectFromBioThread 函数用于释放对象，lazyfreeFreeDatabaseFromBioThread 函数用于释放数据库，lazyfreeFreeSlotsMapFromBioThread 函数用于释放 Redis 集群 slot 与 key 的映射关系，例如在 flushdb 使用 async 参数时会调用 lazyfreeFreeDatabaseFromBioThread 和 lazyfreeFreeSlotsMapFromBioThread 函数。下面主要讲一下函数 lazyfreeFreeObjectFromBioThread 如何释放对象的。代码如下：

```
void lazyfreeFreeObjectFromBioThread(robj *o) {
    decrRefCount(o);
    atomicDecr(lazyfree_objects,1); // 原子自减惰性释放数量
}

void decrRefCount(robj *o) {
    if (o->refcount == 1) {
        switch(o->type) {
        case OBJ_STRING: freeStringObject(o); break;
        case OBJ_LIST: freeListObject(o); break;
        case OBJ_SET: freeSetObject(o); break;
        case OBJ_ZSET: freeZsetObject(o); break;
        case OBJ_HASH: freeHashObject(o); break;
        case OBJ_MODULE: freeModuleObject(o); break;
        case OBJ_STREAM: freeStreamObject(o); break;
        default: serverPanic("Unknown object type"); break;
        }
        zfree(o);
    } else {
        if (o->refcount <= 0) serverPanic("decrRefCount against refcount <= 0");
        if (o->refcount != OBJ_SHARED_REFCOUNT) o->refcount--;
    }
}
```

在函数 decrRefCount 中，如果对象的 refcount 为 1 表示没有别的引用，可以释放内存，switch 里面对应的是各个类型对象的释放函数。在 unlink 命令出现之前，Redis 对象的 refcount 是有实际意义的，为了实现具有良好性能的惰性删除，Redis 对象共享只对 0 到

10 000（可配置）的整数进行共享（refcount=2 147 483 647），其他对象都不再共享，以此降低惰性删除时频繁加解锁竞争导致的性能下降。

示例：

```
127.0.0.1:6379> unlink redix
(integer) 1
```

10.5.2 序列化/反序列化键

（1）dump 命令

该命令将指定 key 序列化，一般使用较少。

格式：

```
dump key
```

说明：序列化 key 并返回序列化后的数据。

源码分析：createDumpPayload 是 dump 命令的关键函数，即组装序列化数据。序列化格式采用以类似 RDB 的格式序列化对象，它由对象类型字节和序列化对象组成，具体参考第 20 章。序列化尾部数据如图 10-2 所示，由 RDB 数据和 2 字节的 RDB 版本号以及 8 字节的 CRC64 校验码，注意对象类型和 RDB 版本号都参与了 CRC64 的校验，并且 RDB 版本和 CRC 都是小端储存。

...RDB payload	2bytes RDB version	8bytes CRC64

图 10-2 序列化格式

代码如下：

```
//以类似RDB的格式序列化对象。它由对象类型和序列化对象组成。具体格式可参考20.1节
rioInitWithBuffer(payload,sdsempty());//初始化payload
serverAssert(rdbSaveObjectType(payload,o)); //序列化对象类型并以此开头
serverAssert(rdbSaveObject(payload,o)); //序列化对象

buf[0] = RDB_VERSION & 0xff; //保存version的低8位
buf[1] = (RDB_VERSION >> 8) & 0xff; //保存version的高8位
payload->io.buffer.ptr = sdscatlen(payload->io.buffer.ptr,buf,2);
/* CRC64 */
crc = crc64(0,(unsigned char*)payload->io.buffer.ptr,
            sdslen(payload->io.buffer.ptr));
//对于目标机是大端字节序的机器，进行字节码的转换，使得不同字节序机器生成的rdb文件格式都是统一的
  （小端字节序），便于兼容
memrev64ifbe(&crc);
payload->io.buffer.ptr = sdscatlen(payload->io.buffer.ptr,&crc,8);
```

其中 rdbSaveObjectType 和 rdbSaveObject 函数的底层实现均为 rioWrite 函数。最终把内存中的对象数据直接写入 rio(Redis I/O) 的 io 中。

示例：

```
127.0.0.1:6379> dump redis
"\x00\xc0\x01\b\x00\x9fU\x0b\tx\x18\x9b\xc4"
```

（2）restore 命令

该命令使用 dump 命令序列化后的数据进行反序列化，使用频率较低。

格式：

```
restore key ttl serialized-value [replace]
```

说明：反序列化给定的序列化值，并与 key 关联。

源码分析：查找 key 是否存在，并根据参数 replace 决定返回与否，然后校验 RDB 版本号和 CRC64 校验码，如果没问题，则将序列化数据还原为对象。

```
void restoreCommand(client *c) {
    ...
    // 将序列化数据还原为对象
    rioInitWithBuffer(&payload,c->argv[3]->ptr);
    if (((type = rdbLoadObjectType(&payload)) == -1) ||
        ((obj = rdbLoadObject(type,&payload)) == NULL))
    {
        addReplyError(c,"Bad data format");
        return;
    }

    if (replace) dbDelete(c->db,c->argv[1]);              // 如果覆盖，则删除原对象
    dbAdd(c->db,c->argv[1],obj);
    if (ttl) setExpire(c,c->db,c->argv[1],mstime()+ttl); // 设置ttl参数
    ...
}
```

示例：

```
127.0.0.1:6379> get redis
(nil)
127.0.0.1:6379> restore redis "\x00\x01z\b\x00\x8cO}$\x14u\xbf+"
(error) ERR wrong number of arguments for 'restore' command
127.0.0.1:6379> restore redis 0 "\x00\x01z\b\x00\x8cO}$\x14u\xbf+"
OK
127.0.0.1:6379> get redis
"z"
```

10.5.3　移动键

（1）move 命令

该命令将指定 key 移动到另一个数据库，该命令使用较少。

格式：

```
move key db
```

说明：将key移动到另一个数据库。

源码分析：注意此命令不能工作在集群模式下，在非集群模式下检查目的数据库号，以及目的数据库key是否存在，如果都正常，将键值对添加到目的数据库，并保留原key的ttl（如果有），然后删除原数据库的key。

```
void moveCommand(client *c) {
    ...
    dbAdd(dst,c->argv[1],o); // 向目的数据库添加原库的键值对
    if (expire != -1) setExpire(c,dst,c->argv[1],expire); // 保留ttl，如果有
    dbDelete(src,c->argv[1]); // 删除原key
    ...
}
```

示例：

```
127.0.0.1:6379> select 0
OK
127.0.0.1:6379> get redis
"z"
127.0.0.1:6379> select 1
OK
127.0.0.1:6379[1]> get redis
(nil)
127.0.0.1:6379[1]> select 0
OK
127.0.0.1:6379> move redis 1
(integer) 1
127.0.0.1:6379> get redis
(nil)
127.0.0.1:6379> select 1
OK
127.0.0.1:6379[1]> get redis
"z"
```

（2）migrate命令

该命令将指定key迁移到另一个Redis实例，一般用于运维迁移数据。

格式：

```
migrate host port key|"" destination-db timeout [copy] [replace] [keys key [key ...]]
```

说明：将key原子性地从当前实例传送到目标实例的指定数据库上，一旦传送成功，key保证会出现在目标实例上，并且当前实例上的key会被删除。它在执行的时候会阻塞进行迁移的两个实例，直到迁移成功，迁移失败或等待超时。

该命令的实现函数是migrateCommand()函数，其原理是在当前实例对给定key执行dump命令，将对象序列化，然后通过socket传送到目标实例，目标实例再使用restore命

令对数据进行反序列化，并将反序列化所得的数据添加到数据库中。

选项 copy 表示保留当前实例的 key，选项 replace 表示覆盖目标实例上的 key，keys 表示需要迁移的 key，如果为空表示迁移所有 key。

示例：

```
127.0.0.1:6379>migrate 127.0.0.1 6380 "" 0 3000 KEYS redis redix
OK
```

10.5.4　键排序

sort 命令对列表，集合或有序集合中的元素进行排序，使用方法相对复杂。

格式：

```
sort key [BY pattern] [LIMIT offset count] [GET pattern [GET pattern ...]]
    [ASC|DESC] [ALPHA] [STORE destination]
```

说明：返回或保存 List、Set、Zset 类型的 key 中排序后的元素。

参数：

- BY：使用其他键的值作为权重进行排序，如果其他键不存在则跳过排序。
- LIMIT：限定排序返回的元素。
- GET：跟 BY 作用相反，将排序结果作为权重来排序匹配的其他键，可多次使用。
- ASC|DESC：正序倒序排序。
- ALPHA：对字符串进行排序，默认使用数字排序。
- STORE：将排序后的结果保存到指定的键。

实现步骤如下。

① 先查找 key，并判断对象类型是否为 List、Set 或 Zset 其中之一，然后将命令行参数 asc、desc、alpha、limit、store、by 或 get 解析为变量后，根据这些变量进行以下步骤（不一定全部执行）。

② 初始化 vectorlen 长度的排序数组，每个数组都是一个 redisSortObject 结构，其中 obj 为排序键的值，score 为排序数字值时使用，cmpobj 为按照 ALPHA 排序且有 BY 选项时使用。

③ 遍历键对应的值对象，将对象加入 redisSortObject 的 obj 属性。

④ 遍历 vector 数组，给 redisSortBoject 的 u 属性赋值（如果需要）。

⑤ 快速排序（如果需要）。

⑥ 遍历数组返回。

⑦ 释放 vector 数组。

redisSortObject 结构体定义如下：

```
typedef struct _redisSortObject {
    robj *obj;
```

```
    union {
        double score;
        robj *cmpobj;
    } u;
} redisSortObject;
```

源码分析：

第1步，根据key找到对应的值对象，根据对象类型调用相应的长度计算方法，根据长度（vectorlen）初始化redisSortObject排序对象。

```
switch(sortval->type) {
    case OBJ_LIST: vectorlen = listTypeLength(sortval); break;
    case OBJ_SET: vectorlen =  setTypeSize(sortval); break;
    case OBJ_ZSET: vectorlen = dictSize(((zset*)sortval->ptr)->dict); break;
    default: vectorlen = 0; serverPanic("Bad SORT type");
}
...
vector = zmalloc(sizeof(redisSortObject)*vectorlen);
```

第2步，遍历值对象具体实现，按照对象类型分别遍历，下面给出遍历list对象代码，如果不需要排序，则只遍历vectorlen次，否则将全部遍历。将遍历得出的对象添加到Redis排序对象。

```
while(listTypeNext(li,&entry)) { // 遍历list
    vector[j].obj = listTypeGet(&entry);
    vector[j].u.score = 0;
    vector[j].u.cmpobj = NULL;
    j++;
}
```

第3步，如果需要排序，则遍历vector数组给redisSortObject的u赋值，变量alpha即命令行参数ALPHA，变量sortby即命令行参数BY之后的参数，对应的是代码中变量byval，如果有sortby的情况下其值就是sortby对应的值对象，反之就是redisSortObject对象的obj。

```
  if (alpha) { // 即ALPHA
    if (sortby) vector[j].u.cmpobj = getDecodedObject(byval);
} else {
    if (sdsEncodedObject(byval)) { // 如果是字符串
        vector[j].u.score = strtod(byval->ptr,&eptr);
        ...
    } else if (byval->encoding == OBJ_ENCODING_INT) { // 如果是整数
        vector[j].u.score = (long)byval->ptr;
    }
    ...
}
```

第4步，如果需要排序，则执行快速排序，pqsort与qsort都是快速排序，区别在于pqsort有左右边界，用于命令行有limit参数时。

```
if (dontsort == 0) { // 需要排序
    ...
    if (sortby && (start != 0 || end != vectorlen-1))
        pqsort(vector,vectorlen,sizeof(redisSortObject),sortCompare, start,end);
    else
        qsort(vector,vectorlen,sizeof(redisSortObject),sortCompare); // 快排
}
```

第 5 步，输出时调用 lookupKeyByPattern，如果有 get 参数则匹配出对应 key 的值对象，否则使用排序 key 的值对象。

```
robj *val = lookupKeyByPattern(c->db,sop->pattern, vector[j].obj);
```

示例：

```
127.0.0.1:6379> lpush redis_sort 2 1 8 3 5
(integer) 5
127.0.0.1:6379> sort redis_sort
1) "1"
2) "2"
3) "3"
4) "5"
5) "8"
```

10.6 本章小结

本章介绍的命令不需要判断具体类型，可以作用于任何类型的键，需要注意的是：move 命令不能在集群模式下工作；sort 命令（子命令 by/get）部分功能受限，del 和 unlink 在使用上应加以区别，与 del 一样，在使用时可能导致服务器阻塞的命令还有 hgetall、lrange、smembers、flushall、flushdb、keys 等，其中前 3 个命令和 del 命令在使用时都是比较容易被忽略的；flushall、flushdb 有参数可以异步操作，具体细节可参考相应章节。

keys 命令的使用也需要注意，当数据库较大时，可能会导致阻塞；了解 scan 工作原理，合理选择使用场景；dump 命令序列化的数据不包含任何过期时间，所以在使用 restore 反序列化时需要自己指定过期时间，0 表示不过期。

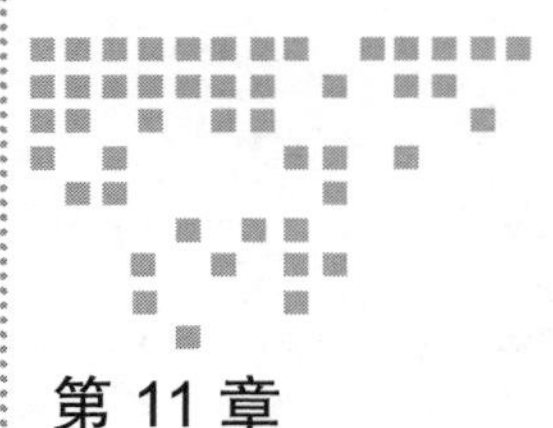

Chapter 11 第 11 章

字符串相关命令的实现

字符串命令是 Redis 最常见的命令，相对其他命令来说，字符串命令操作简单，参数较少。字符串命令虽然简单但作用强大，我们可以用字符串命令实现 key-value 的设置与获取，也可以实现计数器功能，甚至可以实现位操作。

11.1 相关命令介绍

Redis 字符串命令用于管理 Redis 中的字符串值，字符串在 Redis 中是以 key-value 形式存储在 redisDb 的 dict 中的。字符串的 key 经过 Hash 之后作为 dict 的键，只能是 string 类型，字符串的 value 是 dict 的值，用结构体 robj 来表示。字符串值 robj 的 type 值为 OBJ_STRING。当字符串值是 string 类型时，encoding 的值根据字符串的长短分别为 OBJ_ENCODING_RAW 或 OBJ_ENCODING_EMBSTR；当字符串值是 long 类型时，encoding 的值为 OBJ_ENCODING_INT。

字符串可以设置超时秒数或毫秒数。当设置的是超时秒数时，Redis 会将秒数统一转换为毫秒数来设置。Redis 将现在的毫秒时间戳与设置的毫秒数相加得到过期时间戳。所有键的过期时间戳存储在 redisDb 的 expire 字典中，字典的 key 是字符串 key 经过 Hash 之后的值，value 是字符串的到期毫秒时间戳。

计数器也是一个常用的功能。当 key 不存在（值默认为 0），或 key 的 robj 的 encoding 为 OBJ_ENCODING_INT 类型时，Redis 直接对字符串值加减一个整型值，并将运算后的新值设置到 redisDb 中并返回，以此来实现计数器功能。如果值可以转换成 float 类型，也可以加减一个 float 值实现浮点数的计数器功能。

位操作是所有编程语言的基础操作，Redis 虽不是编程语言但也提供了简单的位操作。

Redis 可以对字符串获取、设置任一字符的任一比特位，也可以对多个 key 进行位运算。在复杂的情况下，可以对多个连续的比特位进行获取和设置，而不论这几个 bit 位是否属于同一字节。

11.2 设置字符串

Redis 通过 set 相关命令将字符串设置到数据库，设置字符串时可以通过不同的命令行参数来指定字符串的超时时间、设置条件等，同时也可以批量设置字符串。

11.2.1 set 命令

set 命令用于将 key-value 设置到数据库。如果 key 已经设置，则 set 会用新值覆盖旧值，不管原 value 是何种类型，如果在设置时不指定 EX 或 PX 参数，set 命令会清除原有超时时间。

格式：

```
SET key value [NX] [XX] [EX <seconds>] [PX <milliseconds>]
```

参数：

- NX：当数据库中 key 不存在时，可以将 key-value 添加到数据库。
- XX：当数据库中 key 存在时，可以将 key-value 设置到数据库，与 NX 参数互斥。
- EX：key 的超时秒数。
- PX：key 的超时毫秒数，与 EX 参数互斥。

示例：

```
127.0.0.1:6379> set key hello
OK
127.0.0.1:6379> get key
"hello"
127.0.0.1:6379> set key hello NX
(nil)
127.0.0.1:6379> set key hello1 XX
OK
127.0.0.1:6379> get key
"hello1"
127.0.0.1:6379> set key hello1 XX EX 3600
OK
```

将 key-value 添加到 Redis 数据库需要经过以下 4 个操作。

1. 命令行解析额外参数

set 命令共支持 NX、XX、EX、PX 这 4 个额外参数，在执行 set 命令时，需要首先对这 4 个参数进行解析，此时需要 3 个局部变量来辅助实现：

```
robj *expire = NULL;
int unit = UNIT_SECONDS;
int flags = OBJ_SET_NO_FLAGS;
```

1）expire：超时时间，robj 类型。我们知道，Redis 在解析命令行参数时，会将各个参数解析成 robj 类型，当 expire 值不为 NULL 则表示需要设置 key 的超时时间。

2）unit：字符串的超时时间单位有秒和毫秒两种，程序中根据此值来确认超时的单位，此值只有两个取值，分别为

```
#define UNIT_SECONDS 0        //单位：秒
#define UNIT_MILLISECONDS 1  //单位：毫秒
```

3）flags：int 类型，它是一个二进制串，程序中根据此值来确定 key 是否应该被设置到数据库。它由下列 5 个值来表示不同的含义：

```
#define OBJ_SET_NO_FLAGS 0
#define OBJ_SET_NX (1<<0)     //标识key没有被设置过
#define OBJ_SET_XX (1<<1)     //标识key已经存在
#define OBJ_SET_EX (1<<2)     //标识key的超时时间被设置为单位秒
#define OBJ_SET_PX (1<<3)     //标识key的超时时间被设置为单位毫秒
```

在知道了这 3 个变量的意义之后，再来看解析参数的具体过程。由 set 命令的参数格式得知，前 3 个参数为 set、key、value，这 3 个参数是通用参数，我们暂时先不考虑，先从第 4 个参数开始依次向后通过 for 循环解析：

```
for (j = 3; j < c->argc; j++) {
    char *a = c->argv[j]->ptr;
    robj *next = (j == c->argc-1) ? NULL : c->argv[j+1];
```

*a 表示遍历参数时遇到的参数字符串；*next 表示当前遍历参数的下个参数，如果当前遍历到最后一个参数时，*next 的值为 NULL。

1）如果遇到参数 NX（不区分大小写），并且没有设置过 OBJ_SET_XX，表示 key 在没有被设置过的情况下才可以被设置，flags 赋值如下。

```
flags |= OBJ_SET_NX;
```

2）如果遇到参数 XX（不区分大小写），并且没有设置这 OBJ_SET_NX 时，表示 key 在已经被设置的情况下才可以被设置，flags 赋值如下。

```
flags |= OBJ_SET_XX;
```

3）如果遇到参数 EX（不区分大小写），并且没有设置过 OBJ_SET_PX，且下个参数存在，表示 key 的过期时间单位为秒，秒数由下个参数指定。

```
flags |= OBJ_SET_EX;
unit = UNIT_SECONDS;
expire = next;
j++;
```

设置过期时间时，由 EX 和时间两个参数共同确定，所以 EX 的下个参数肯定为秒数值，所以直接跳过下个参数的循环，j++。

4）如果遇到参数 PX（不区分大小写），并且没有设置过 OBJ_SET_EX，且下个参数存在。表示 key 的过期时间单位为毫秒，毫秒数由下个参数指定。

```
flags |= OBJ_SET_PX;
unit = UNIT_MILLISECONDS;
expire = next;
j++;
```

设置过期毫秒时，由 PX 和时间两个参数共同确定，所以 PX 的下个参数肯定为毫秒值，所以直接跳到下个参数的循环，j++。

2. value 编码

为了节省空间，在将 key-value 设置到数据库之前，根据 value 的不同长度和类型对 value 进行编码。编码的函数为

```
robj *tryObjectEncoding(robj *o)
```

set 命令执行时，向该函数传递的参数为 c->argv[2]，即 set 命令第 2 个参数 value 的 robj 值。我们以设置 key1 值为 100 的例子说明：

```
set key1 100
```

当进入此函数时，我们先来看一下现在 value 的类型：

```
(gdb) p *o
$1 = {type = 0, encoding = 8, lru = 13979927, refcount = 1, ptr = 0x7fc9cda28c73}
(gdb) p (char*)o->ptr
$2 = 0x7fc9cda28c73 "100"
```

可以看到，*o 的 type 的值为 0，encoding 的值为 8。从命令执行的生命周期相关的知识中，我们知道，type 为 0 表示字符串类型，encoding 为 8 表示 sds 类型。

```
#define OBJ_STRING 0    /* String object. */
#define OBJ_ENCODING_EMBSTR 8  /* Embedded sds string encoding */
```

我们将 o->ptr 强制转为 char* 类型，此时的值确实为我们设置的 value 值 100。

该函数执行过程经过如下几步。

1）判断 o 的类型是否为 string 类型。如果不为 string 类型则不能对 robj 类型进行操作：

```
serverAssertWithInfo(NULL,o,o->type == OBJ_STRING);
```

2）判断 o 的 encoding 是否为 sds 类型，只有 sds 类型的数据才可以进一步优化：

```
if (!sdsEncodedObject(o)) return o;
```

sdsEncodedObject 的定义如下：

```
#define sdsEncodedObject(objptr) (objptr->encoding == OBJ_ENCODING_RAW || objptr-
    >encoding == OBJ_ENCODING_EMBSTR)
```

此时的 encoding 为 OBJ_ENCODING_EMBSTR，所以此时是满足条件的。

3）判断引用计数 refcount，如果对象的引用计数大于 1，表示此对象在多处被引用。在 tryObjectEncoding 函数结束时可能会修改 o 的值，所以贸然继续进行可能会造成其他影响，所以在 refcount 大于 1 的情况下，结束函数的运行，将 o 直接返回：

```
if (o->refcount > 1) return o;
```

4）求 value 的字符串长度，当长度小于等于 20 时，试图将 value 转化为 long 类型，如果转换成功，则分为两种情况处理：

```
if ((server.maxmemory == 0 ||
    !(server.maxmemory_policy & MAXMEMORY_FLAG_NO_SHARED_INTEGERS)) &&
    value >= 0 &&
    value < OBJ_SHARED_INTEGERS)
{
    decrRefCount(o);
    incrRefCount(shared.integers[value]);
    return shared.integers[value];
} else {
    if (o->encoding == OBJ_ENCODING_RAW) sdsfree(o->ptr);
    o->encoding = OBJ_ENCODING_INT;
    o->ptr = (void*) value;
    return o;
}
```

其中 MAXMEMORY_FLAG_NO_SHARED_INTEGERS 和 OBJ_SHARED_INTEGERS 的定义如下：

```
#define MAXMEMORY_FLAG_NO_SHARED_INTEGERS \
    (MAXMEMORY_FLAG_LRU|MAXMEMORY_FLAG_LFU)
#define OBJ_SHARED_INTEGERS 10000
```

第一种情况：如果 Redis 的配置不要求运行 LRU 或 LFU 替换算法，并且转换后的 value 值小于 OBJ_SHARED_INTEGERS，那么会返回共享数字对象。之所以这里的判断跟替换算法有关，是因为替换算法要求每个 robj 有不同的 lru 字段值，所以用了替换算法就不能共享 robj 了。通过上一章我们知道 shared.integers 是一个长度为 10 000 的数组，里面预存了 10 000 个数字对象，从 0 到 9999。这些对象都是 encoding = OBJ_ENCODING_INT 的 robj 对象。

第二种情况：如果不能返回共享对象，那么将原来的 robj 的 encoding 改为 OBJ_ENCODING_INT，这时 robj 的 ptr 字段直接存储为这个 long 型的值。robj 的 ptr 字段本来是一个 void * 指针，所以在 64 位机器占 8 字节的长度，而一个 long 也是 8 字节，所以不论 ptr 存一个指针地址还是一个 long 型的值，都不会有额外的内存开销。

对于那些不能转成 64 位 long 的字符串最后再做两步处理：

```
if (len <= OBJ_ENCODING_EMBSTR_SIZE_LIMIT) {
```

```
        robj *emb;
        if (o->encoding == OBJ_ENCODING_EMBSTR) return o;
        emb = createEmbeddedStringObject(s,sdslen(s));
        decrRefCount(o);
        return emb;
    }
    if (o->encoding == OBJ_ENCODING_RAW &&
        sdsavail(s) > len/10)
    {
        o->ptr = sdsRemoveFreeSpace(o->ptr);
    }
```

1）如果字符串长度小于等于 OBJ_ENCODING_EMBSTR_SIZE_LIMIT，定义为 44，那么调用 createEmbeddedStringObject 将 encoding 改为 OBJ_ENCODING_EMBSTR；

2）如果前面所有的编码尝试都没有成功，此时仍然是 OBJ_ENCODING_RAW 类型，且 sds 里空余字节过多，那么就会调用 sds 的 sdsRemoveFreeSpace 接口来释放空余字节。

通过以上 5 个步骤，我们来看一下 set key1 100 现在的第 2 个参数的内部表示情况：

```
(gdb) p *c->argv[2]
$3 = {type = 0, encoding = 1, lru = 235156, refcount = 2147483647, ptr = 0x64}
```

可以看到，现在 c->argv[2] 的 refcount 已经不再是 1 了，而是变成了一个共享对象。ptr 也不再是个指针，直接存储为 0x64，即十进制的 100。

3. 数据库添加 key-value

当将 value 值优化好之后，调用 setGenericCommand 函数将 key-value 设置到数据库。

set 命令调用 setGenericCommand 传递的参数如下：

```
setGenericCommand(c,flags,c->argv[1],c->argv[2],expire,unit,NULL,NULL);
```

setGenericCommand 的函数定义如下：

```
void setGenericCommand(client *c, int flags, robj *key, robj *val, robj *expire,
    int unit, robj *ok_reply, robj *abort_reply)
```

此时需要根据之前所赋值的 flags 来确定现在是否可以将 key-value 设置成功。

```
if ((flags & OBJ_SET_NX && lookupKeyWrite(c->db,key) != NULL) ||
        (flags & OBJ_SET_XX && lookupKeyWrite(c->db,key) == NULL))
```

当有 OBJ_SET_NX 标识时，需要保证当前数据库中没有 key 值。当有 OBJ_SET_XX 时，需要保证当前数据库中已经有 key 值。否则直接报错退出。

当判断当前 key-value 可以写入数据库之后，调用 setKey 方法将 key-value 写入数据库。

```
void setKey(redisDb *db, robj *key, robj *val) {
    if (lookupKeyWrite(db,key) == NULL) {
        dbAdd(db,key,val);
    } else {
        dbOverwrite(db,key,val);
```

```
    }
    incrRefCount(val);
    removeExpire(db,key);
    ....
}
```

setKey方法调用dbAdd或dbOverwrite方法来写入key-value，依据当前数据库中是否有key来决定采用哪个函数来写入。数据的写入实际是将key-value写入了redisDb的dict内，字典在之前介绍过，在此不再赘述。注意在写入key-value时，不管之前这个key是否设置为超时时间，这里将该key的超时时间移除。

4. 设置超时时间

将key-value设置到数据库之后，如果命令行参数里指定了超时时间，那么就需要设置key的超时时间。当然在设置超时时间之前需要判断时间值是否为long类型。Redis key的超时时间实际存储的是当前key的到期毫秒时间戳，所以在指定超时时间单位为秒时，需要将时间值乘以1000来转化为毫秒数，将当前时间加上超时毫秒数的结果就是key的超时毫秒时间戳。

Redis将所有含有超时时间的key存储到redisDb的expire字典内，第10章介绍的ttl命令可以快速确定key的超时秒数，就是通过查找这个字典实现的。

通过以上4个步骤已经成功地将一个key-value设置到Redis的数据库中。

在了解了set的原理之后，setnx、setex、psetex命令的原理我们也应该大致了解了，这3个命令也是先调用了tryObjectEncoding将值优化，再调用setGenericCommand将key-value设置到数据库，只不过这3个命令不需要解析额外参数。

（1）setnx命令

格式：

```
setnx key value
```

说明：将key-value设置到数据库，当且仅当key不存在时。

源码分析：在调用setGenericCommand时，将flags赋值为OBJ_SET_NX，表示只有key不存在时才可以执行函数。

（2）setex命令

格式：

```
setex  key  seconds  value
```

说明：将key-value设置到数据库，并且指定key的超时秒数。

源码分析：在调用setGenericCommand时，将flags赋值为OBJ_SET_NO_FLAGS，expire赋值为UNIT_SECONDS，表示不需要考虑数据库中是否存在key，且时间单位为秒。

（3）psetex命令

格式：

```
psetex key milliseconds value
```

说明：将 key-value 设置到数据库，并且指定 key 的超时毫秒数。

源码分析：在调用 setGenericCommand 时，将 flags 赋值为 OBJ_SET_NO_FLAGS，expire 赋值为 UNIT_MILLISECONDS，表示不需要考虑数据库中是否存在 key，且时间单位为毫秒。

11.2.2 mset 命令

通过 set、setex 等命令只能设置单个字符串到数据库，当我们想一次性设置多个字符串时，可以使用 mset 或 msetnx 命令来解决。

格式：

```
mset key value [key value ...]
msetnx key value [key value ...]
```

如果某个给定 key 已经存在，则 mset 会将原 key 的 value 值覆盖，而 msetnx 是当所有的 key 都不存在时才可以写入数据库。mset 和 msetnx 底层都是调用的 msetGenericCommand 函数，不过第 2 个参数 mset 的传参为 0，msetnx 传参为 1，msetGenericCommand 的函数定义如下：

```
void msetGenericCommand(client *c, int nx)
```

通过命令的格式看出，key 和 value 是成对出现的，加上第一个 mset 参数，批量设置必须保证命令行参数为奇数。

当 nx 参数为 1 时，需要遍历每个 key 在数据库中是否存在，当有任意一个 key 存在时，表示参数不合法，会报错退出：

```
for (j = 1; j < c->argc; j += 2) {
    if (lookupKeyWrite(c->db,c->argv[j]) != NULL) {
        busykeys++;
    }
}
if (busykeys) {
    addReply(c, shared.czero);
    return;
}
```

当把多个 key-value 设置入数据库时，同样为了节省内存考虑，需要调用 tryObjectEncoding 函数将每个 value 编码。编码完成之后，依次将 key-value 添加到数据库中。注意 mset 和 msetex 不能设置超时时间，所以程序中不需要考虑 expire。

```
for (j = 1; j < c->argc; j += 2) {
    c->argv[j+1] = tryObjectEncoding(c->argv[j+1]);
    setKey(c->db,c->argv[j],c->argv[j+1]);
    notifyKeyspaceEvent(NOTIFY_STRING,"set",c->argv[j],c->db->id);
}
```

11.3 修改字符串

之前介绍的命令都是将值直接关联到key，如果数据库中已经有了key-value，而只是想对value进行操作，而不想直接覆盖原值时，set命令就不能实现了。本节介绍的命令就可以实现不覆盖原值修改字符串。

11.3.1 append命令

数据库已经有了key，它的值为value。当我们发现value值需要追加字符串却又不想直接用set命令覆盖原值时，可以用append命令来实现。

格式：

```
append key value
```

说明：将value追加到原值的末尾，如果key不存在，此命令等同于set key value命令。

现在介绍在key已经存在的情况下进行的操作。我们知道，只有value为字符串时才可以追加字符串，数字是不可以追加的，所以当key存在时，首先判断下value的类型是否为string类型。如果不为string类型时会报错。

```
if (checkType(c,o,OBJ_STRING))
    return;
```

在追加字符串时，需要判断追加后的字符串长度必须小于512MB，否则会报错。

```
append = c->argv[2];
totlen = stringObjectLen(o)+sdslen(append->ptr);//检查长度
if (checkStringLength(c,totlen) != C_OK)
```

checkStringLength函数原型如下：

```
static int checkStringLength(client *c, long long size) {
    if (size > 512*1024*1024) {
        addReplyError(c,"string exceeds maximum allowed size (512MB)");
        return C_ERR;
    }
    return C_OK;
}
```

这里我们不禁要问，为什么在追加字符串时才考虑追加后的长度不能大于512 MB，那么在set命令时为什么没有限制最大长度呢？在networking.c中找到如下代码：

```
ok = string2ll(c->querybuf+pos+1,newline-(c->querybuf+pos+1),&ll);
if (!ok || ll < 0 || ll > server.proto_max_bulk_len) {
    addReplyError(c,"Protocol error: invalid bulk length");
    setProtocolError("invalid bulk length",c,pos);
    return C_ERR;
}
...
```

```
server.proto_max_bulk_len = CONFIG_DEFAULT_PROTO_MAX_BULK_LEN;
...
#define CONFIG_DEFAULT_PROTO_MAX_BULK_LEN (512ll*1024*1024)
```

由此可见，在服务端接收到命令的时候，就已经判断了命令的最大长度不能大于 512 MB，所以 set 命令不需要再次判断了。

字符串追加会修改原字符串的值，所以必须保证字符串是非共享的。如果字符串是共享的，则需要解除共享，新创建一个值对象。

值对象创建好之后，将新字符串追加到原字符串末尾。

```
o->ptr = sdscatlen(o->ptr,append->ptr,sdslen(append->ptr));
```

这样就完成了字符串的 append 操作。

11.3.2 setrange 命令

setrange 命令主要用于设置 value 的部分子串，设置时将值从偏移量 offset 开始覆盖成 value 值。如果偏移值大于原值的长度，则偏移量之前的字符串由“\x00”填充。

格式：

```
setrange key offset value
```

由于要指定值的偏移量，所以 setrange 在执行时会首先判断 offset 参数必须为 long 类型且必须大于等于 0，否则设置失败。

与 append 命令一样，原 key 在 Redis 中不存在时，Redis 会创建一个 robj 对象，并将 robj 先设置到数据库；当 key 在 Redis 中存在时，会要求原值必须为 string 类型，并且由于 Redis 的限制，value 的长度加 offset 值必须小于 512 MB。setrange 命令会修改原 value 值，如果原值是共享类型的，则需解除共享，新创建一个新 robj 对象，对新对象进行操作。

考虑到当 value 的长度加 offset 会大于原值长度时，需要额外分配空间用于存储新值并返回。此时调用了 sdsgrowzero 函数。sdsgrowzero 函数会进行识别，只有当 offset+sdslen(value) 大于原值长度时才会扩充空间，否则直接返回原字符串。

```
o->ptr = sdsgrowzero(o->ptr,offset+sdslen(value));
memcpy((char*)o->ptr+offset,value,sdslen(value));
```

当有了 robj 的地址之后，从 offset 位置开始将 value 覆盖掉原值，通过 memcpy 函数来实现。

通过以上步骤，实现了字符串的 setrange 操作。

11.3.3 计数器命令

计数器命令主要包括 incr/decr、incrby/decrby 和 incrbyfloat 这 5 个相关命令，Redis 的计数器命令都是原子性的操作，因此并不会因为并发导致统计出错。计数器命令在业务中经常被使用。

格式：

```
incr key
decr key
```

说明：将 key 存储的值加 1 或减 1。

```
incrby key increment
decrby key decrement
```

说明：将 key 存储的值加或减指定值（increment/decrement）。

这 4 个命令底层都调用了 incrDecrCommand 函数，不同的是 incrby 和 decrby 命令会首先判断增量是否为整数，若不是则设置失败。

incrDecrCommand 的定义如下：

```
void incrDecrCommand(client *c, long long incr)
```

函数第 2 个参数为要增加的值，可以是正整数，也可以是负整数。

incrDecrCommand 函数先从数据库中获取 key。如果 key 不存在则设为默认值 0；如果 key 存在则判断原 value 值是否为 long 类型，如果不是，报错退出：

```
o = lookupKeyWrite(c->db,c->argv[1]);
if (o != NULL && checkType(c,o,OBJ_STRING)) return;
if (getLongLongFromObjectOrReply(c,o,&value,NULL) != C_OK) return;
```

将原值赋值为 oldvalue（如果原值不存在，此值默认为 0），凡涉及的数字的增加或减少，都需要判断增加后的值是否越界，如果越界则是不合法的，报错退出：

```
if ((incr < 0 && oldvalue < 0 && incr < (LLONG_MIN-oldvalue)) ||
    (incr > 0 && oldvalue > 0 && incr > (LLONG_MAX-oldvalue))) {
    addReplyError(c,"increment or decrement would overflow");
    return;
}
value += incr;
```

此时的 value 值为原值加上增量后的值。通过 set 命令我们知道，robj 的 ptr 是可以直接存储一个 long 值的，这里只要 robj 没有被引用且不是共享对象，ptr 直接赋值为 value 值。

```
if (o && o->refcount == 1 && o->encoding == OBJ_ENCODING_INT &&
    (value < 0 || value >= OBJ_SHARED_INTEGERS) &&
    value >= LONG_MIN && value <= LONG_MAX) {
    new = o;
    o->ptr = (void*)((long)value);
}
```

如果不满足条件，则创建 robj 类型的 new 变量，将 new 设置或覆盖掉数据库原 key-value 即完成了计数器操作。

```
new = createStringObjectFromLongLongForValue(value);
if (o) {
```

```
        dbOverwrite(c->db,c->argv[1],new);
    } else {
        dbAdd(c->db,c->argv[1],new);
    }
```

通过以上对计算器的操作可知，先获取到原值，再在原值的基础上加减一个整型增量，就完成了计数器的功能。如果当增量是浮点数类型时，也可以实现浮点数的计数器操作。相关命令如下：

```
incrbyfloat key increment
```

incrbyfloat 实现与 incrby 原理类似，在此不再赘述。

11.4　字符串获取

通过前面几节的介绍，我们已经知道了字符串的设置过程。本节我们介绍字符串的获取操作。字符串获取也是 Redis 的常用操作，主要包括 get、getset、getrange、strlen、mget 等相关命令，下面我们一一介绍。

11.4.1　get 命令

get 命令用于获取 key 的值，当 key 不存在时，返回 NIL，当 key 存在时，返回查找到的结果。

格式：

```
get key
```

通过 set 命令可知，字符串的 key 设置在 redisDb 的 dict 字典中，值是 robj 对象。在 get 命令执行时，将 key 经过散列计算之后再在字典中找到相应的值，完成字符串的获取操作。

11.4.2　getset 命令

getset 将给定 key 的值设为 value，并返回 key 的旧值。

格式：

```
getset key value
```

getset 命令是 get 和 set 命令的结合体，只要知道了 get 和 set 命令的基本实现，此命令也会掌握。

11.4.3　getrange 命令

通过 get 命令可以完整地获取到字符串的值，但当我们只想获取字符串的部分子串时，通过 getrange 命令便可以实现。getrange 返回 key 的 value 值从 start 截取到 end 的子字符串

格式：

```
getrange key start end
```

getrange命令被执行时，经历以下几个步骤。

1）判断start和end的类型，这两个值都必须是整数类型。

2）因为是对字符串获取子字符串，所以如果值的encoding为OBJ_ENCODING_INT类型时，需要将值转换为string类型。

3）当start和end都小于0，并且start大于end时，无法截取子串，此时start和end不合法。

4）获取值的长度strlen。

5）格式化start和end值。

① 当start小于0，赋值start = strlen+start;。

② 当end小于0，赋值end = strlen + end;。

③ 此时如果start仍小于0，则将start赋值为0。

④ 此时如果end仍小于0，则将end赋值为0。

⑤ 此时如果end的值大于strlen，则end赋值为strlen–1。

格式化之后，start赋值为strlen与start的和，如果和为负数，则将其改为0；end赋值为strlen与end的和，如果和为负数则赋值为0，如果大于strlen，则赋值为strlen–1。

```
if (start < 0) start = strlen+start;
if (end < 0) end = strlen+end;
if (start < 0) start = 0;
if (end < 0) end = 0;
if ((unsigned long long)end >= strlen) end = strlen-1;
```

6）当start和end计算好之后，通过指针的偏移获取str相应的值并返回。

经过以上步骤，Redis就可以获取到原值的一个子串。

11.4.4 strlen命令

strlen命令从数据库中获取到value，返回value字符串的长度。

格式：

```
strlen key
```

Redis获取到值robj的ptr之后，如果值类型是string类型，通过sdslen函数便可以获取到value的长度。如果值类型不是string类型，通过递归可以求出整型值的字符串长度：

```
uint32_t digits10(uint64_t v) {
    if (v < 10) return 1;
    if (v < 100) return 2;
    if (v < 1000) return 3;
    if (v < 1000000000000UL) {
```

```
        if (v < 100000000UL) {
            if (v < 1000000) {
                if (v < 10000) return 4;
                return 5 + (v >= 100000);
            }
            return 7 + (v >= 10000000UL);
        }
        if (v < 10000000000UL) {
            return 9 + (v >= 1000000000UL);
        }
        return 11 + (v >= 100000000000UL);
    }
    return 12 + digits10(v / 1000000000000UL);
}
```

11.4.5　mget 命令

通过 get 命令只能获取单个 key 的值，如果想获取多个 key 的值，可以通过 mget 命令来实现。mget 返回所有指定 key 的值。

格式：

```
mget key [key …]
```

Redis 所有的 key-value 存储在 redisDb 的 dict 中，所以通过一个 for 循环，就可以依次从数据库中获取到 key-value。

```
for (j = 1; j < c->argc; j++) {
    robj *o = lookupKeyRead(c->db,c->argv[j]);
    if (o == NULL) {
        addReply(c,shared.nullbulk);
    } else {
        if (o->type != OBJ_STRING) {
            addReply(c,shared.nullbulk);
        } else {
            addReplyBulk(c,o);
        }
    }
}
```

11.5　字符串位操作

位操作是高级语言的基础，Redis 提供了位设置、操作、统计等命令，这些命令主要包括 setbit、getbit、bitpos、bitcount、bittop 和 bitfield，下面分别一一介绍。

11.5.1　setbit 命令

setbit 命令对 key 所存储的字符串值，设置指定偏移量上的比特位。

格式：

```
setbit key offset value
```

返回值：返回指定偏移量原来存储的位。

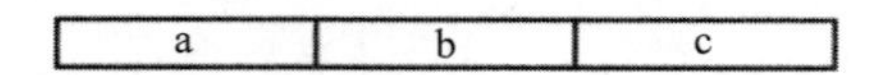

0	1	1	0	0	0	0	1

0	1	1	0	0	0	1	0

0	1	1	0	0	0	1	1

图 11-1 字符串 abc 的二进制表示

如图 11-1 所示，二进制串“abc”在内存中是以 011000010110001001100011 来表示的，现在字符串第 9 比特位的值为 1，如果想设置此值为 0，需要经过以下步骤。

1）判断 offset 是否合法，一个字节占 8 位，一个字符串最大长度为 512 MB，所以当 offset/8 大于 512 MB 时表示 offset 不合法。

2）bit 位只可能是 0 或 1，当出现其他字符时不合法，on 表示输入的 value 值。

```
if (on & ~1) {
    addReplyError(c,err);
    return;
}
```

3）因一个字节占 8 个比特位，所以修改第 offset 个比特位，需要先取出第 offset/8 个字节，赋值为 byteval，offset/8 赋值为 byte。例如，要修改第 9 个比特位，需要先取出第 2 个字节。

```
byte = bitoffset >> 3;//一个字节是8位，现在需要除以8，以定位到第byte个字节上
byteval = ((uint8_t*)o->ptr)[byte];//取出第byte个字节
```

4）当取出 byteval 之后，需要判断原字符串第 offset 位上的值，供命令的返回值使用。将 offset 对 8 取模赋值为 bit，bit 表示 byteval 的从低位数第 bit 位。byteval 与 bit 相与的结果如果大于 0 表示原比特为 1，等于 0 表示原比特为 0。

```
bit = 7 - (bitoffset & 0x7);  //offset对8取模
bitval = byteval & (1 << bit);//1<<bit位表示将1从低位向左移bit位，获取到第bit位的位置
…
addReply(c, bitval ? shared.cone : shared.czero);
```

5）修改比特位的值。将 byteval 的从低位数第 bit 位强制赋值为 1。on&0x1 的值结果只能为 0x1 或 0x0，将其左移 bit 位与 byteval 相或可以得出新的字节的值，o 的第 byte 位赋值为新值便完成了字符串的设置比特位操作。

```
byteval &= ~(1 << bit);//1左移bit位，取反与原值相与，即将原值的低bit位赋值为0
byteval |= ((on & 0x1) << bit);//on&0x1的值为要修改后的值，左移bit位，与原值相或，即求出新值
((uint8_t*)o->ptr)[byte] = byteval;
```

11.5.2 getbit 命令

getbit 命令对 key 所存储的字符串，获取指定偏移量上的比特位。

格式：

```
getbit  key  offset
```

返回值：字符串指定偏移量上的位值。

getbit 比 setbit 更为简单，同 setbit 一样，命令也首先判断 offset 值是否合法。并设置要定位到的第 byte 个字节，以及字节的从低位数第 bit 位。我们知道，当 byte 值小于原字符串长度时，第 offset 位的值一定是 0，所以只有在 byte 小于原字符串长度的情况下获取第 offset 位的值才有意义。如果原值是字符串类型，直接获取比特位的值即可。如果是数值类型，需要将值转换为字符串类型再获取比特位的值。获取方法同 setbit 的获取方法相同。

```
byte = bitoffset >> 3;//一个字符是8位，现在需要除以8，以定位到第byte个字节上
bit = 7 - (bitoffset & 0x7);//取模
if (sdsEncodedObject(o)) {
    if (byte < sdslen(o->ptr))
        bitval = ((uint8_t*)o->ptr)[byte] & (1 << bit);
} else {
    if (byte < (size_t)ll2string(llbuf,sizeof(llbuf),(long)o->ptr))
        bitval = llbuf[byte] & (1 << bit);//低位开始，第bit个字符与1相与，求其值
}
```

11.5.3 bitpos 命令

bitpos 命令将 key 所存储的字符串当作一个字节数组，从第 start 个字节开始（注意已经经过了 8*start 个索引），返回第一个被设置为 bit 值的索引值。

格式：

```
bitpos key bit [start [end]]
```

同 getrange 一样，命令执行开始的时候也需要格式化 start 和 end 的值，这里的 start 和 end 是原字符串第 start 和 end 个字节，并不是字节数组的第 start 到 end 个索引。

当 start 和 end 赋值好之后，将 bytes 赋值为需要查找的字节的个数，调用 redisBitpos 函数来查找值，其中 p 为字节数组：

```
bytes = end - start + 1;
long pos = redisBitpos(p+start,bytes,bit);
```

redisBitpos 的函数定义如下：

```
long redisBitpos(void *s, unsigned long count, int bit)
```

我们知道，CPU 可以一次性从内存读取 8 字节的数据，有的 CPU 甚至只能从地址的 8 字节整数倍开始获取数据。如果字符串如果比较长，那么字符串的首地址可能不在 8 字节

的整数倍上，所以需要先处理这部分数据。如果这部分数据不是0或UCHAR_MAX，则表示要查询的值在这个字节上，标识found=1。

```
skipval = bit ? 0 : UCHAR_MAX;//0或255
c = (unsigned char*) s;
found = 0;
while((unsigned long)c & (sizeof(*l)-1) && count) {//sizeof(*l)=8, 8字节对齐。从字符串首
                                                  地址开始一直到地址为8字节整数倍结束
    if (*c != skipval) {//如果bit=1, 则找出第一个不是全0的字节，如果bit=0则找出第一个不是全1
                        的字节
        found = 1;
        break;
    }
    c++;
    count--;
    pos += 8;
}
```

当然，如果现在指针地址已经指向了8字节的整数倍，而之前的字节没有要查询的值，此时Redis便可以一次性处理8个字节来查找是否存在指定值：

```
l = (unsigned long*) c;
if (!found) {//没有找到，且地址已经是8字节的整数倍了，找出第一个符合条件的8字节数据
    skipval = bit ? 0 : ULONG_MAX;//0或全1
    while (count >= sizeof(*l)) {
        if (*l != skipval) break;
        l++;
        count -= sizeof(*l);
        pos += sizeof(*l)*8;
    }
}
```

如果此时已经定位到了要查询的字节上，或指针已经移出字符串（count等于0），或者剩余的字节数量已经不足8个，我们需要对这剩下的这些字节进行特殊处理以便找到相应的值：

```
c = (unsigned char*)l;
for (j = 0; j < sizeof(*l); j++) {//处理8个字节
    word <<= 8;
    if (count) {
        word |= *c;
        c++;
        count--;
    }
}
```

此时如果要查找的比特为1，而word值为0，证明查找不到，直接报错退出。

```
if (bit == 1 && word == 0) return -1;
```

对赋值好的word进行处理。此时的one为除最高位为1之外，剩下全为0的二进制

值，当 ((one & word) != 0) == bit 时表示找到了相应的位置，返回 pos 即可，否则找不到查找的位置。

```
one = ULONG_MAX; /* All bits set to 1.*/
one >>= 1;       /* All bits set to 1 but the MSB. */
one = ~one;      /* All bits set to 0 but the MSB. */

while(one) {
    if (((one & word) != 0) == bit) return pos;
    pos++;
    one >>= 1;
}
```

11.5.4　bitcount 命令

当我们想获取字符串从 start 字节到 end 字节比特位值为 1 的数量时，可以用 bitcount 命令来实现。

格式：

```
bitcount  key  [start] [end]
```

计算二进制串中 1 的数量比较常见的算法有 3 种，以字符串 abc 的二进制串 01100001 01100010 011100011 为例，此二进制串中共有 10 个 1。

（1）遍历法

每次将二进制串与 0x1 相与，然后右移，直到原字符串为 0 时截止：

```
while(n>0)
{
    if (n&0x1 == 1)
    {
        i++;
    }
    n = n>>1;
}
```

这种算法 while 循环的次数为 n 的长度。

（2）快速法

每次将二进制串的最低位 1 变为 0，直到 n 变为 0 为止。

```
while(n>0)
{
    n = n&(n-1);
    i++;
}
```

此算法相对于第一种算法来说效率有所提升，由于每次都是 n&(n−1)，初始时 n 有几个 1 就循环几次即可。

（3）variable-precision swar 算法

观察表 11-1 中的几个数，然后以这几个数作为掩码参与计算。

表 11-1　swar 算法掩码

十六进制	二进制	备　注
0x55555555	0101 0101 0101 0101 0101 0101 0101 0101	奇数位为 1，偶数位为 0
0x33333333	0011 0011 0011 0011 0011 0011 0011 0011	每两位为 1，两位为 0
0x0F0F0F0F	0000 1111 0000 1111 0000 1111 0000 1111	每个字节低 4 位为 1，高 4 位为 0
0x01010101	0000 0001 0000 0001 0000 0001 0000 0001	每个字节最后一位为 1

利用这 4 个数作为掩码参与运算：

```
int swar(uint32_t i)
{
    //计算每2位二进制数中1的个数
    i = ( i & 0x55555555) + ((i >> 1) & 0x55555555);
    //计算每4位二进制数中1的个数
    i = (i & 0x33333333) + ((i >> 2) & 0x33333333);
    //计算每8位二进制数中1的个数
    i = (i & 0x0F0F0F0F) + ((i >> 4) & 0x0F0F0F0F);
    //将每8位当作一个int8的整数，然后相加求和
    i = (i * 0x01010101) >> 24);
    return i;
}
```

以字符串 "abc" 为例逐步说明。

① 计算每两位二进制数中 1 的个数之后的值，如表 11-2 所示。

表 11-2　swar 算法第 1 步

原　值	计　算　后
01 10 00 01 01 10 00 10 01 10 00 11	01 01 00 01 01 01 00 01 01 01 01 10

② 计算每四位二进制数中 1 的个数之后的值，如表 11-3 所示。

表 11-3　swar 算法第 2 步

原　值	计　算　后
0101 0001 0101 0001 0101 0110	0010 0001 0010 0001 0010 0010

③ 计算每八位二进制数中 1 的个数之后的值，如表 11-4 所示。

表 11-4　swar 算法第 3 步

原　值	计　算　后
00100001 00100001 00100010	00000011 00000011 00000100

④ 将每 8 位当作一个 int8 的整数，然后相加可以得出 1 的数量为 10。其中 i*0x01010101 可以看成是：

```
i*0x01010101
    = i*0x00000001 + i*0x00000100 + i*0x00010000 + i*0x01000000
    //i*1（左移0位）+i*2^8（左移8位）+i*2^16（左移16位）+i*2^64(左移24位)
```

可用图 11-2 表示，如下所示。

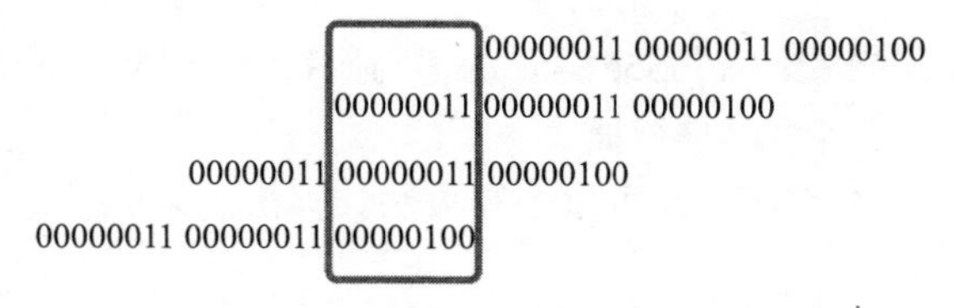

图 11-2　swar 算法结果获取

将图 11-2 中的框中内容相加，然后右移 24 位，得出 "abc" 中的 1 的数量为 10。

（4）统计二进制中 1 的数量

Redis 中统计二进制中 1 的数量采用查表法和 swar 算法相结合方式计算。所谓查表法是定义一个数组，数组的各项为十进制 0～255 中所含 1 的数量，定义如下：

```
static const unsigned char bitsinbyte[256] = {0,1,1,2,1,2,2,3,1…….
```

CPU 一次性可以读取 8 个字节的内存值，Redis 采用 swar 算法，且一次性处理 4 字节的内容，所以要先将非 4 字节整数倍地址的字节特殊处理，处理方法为：

```
while((unsigned long)p & 3 && count) {//而CPU一次性读取8字节， 如果4字节跨了两个8字节,需
                                        要读取两次才可以读取， 所以考虑4字节对齐， 只需读
                                        取一次就可以读取4字节数据
    bits += bitsinbyte[*p++];//查表法获取当前值中1的数量
    count--;
}
```

当处理完前面最多 3 个可能的字节之后，便采用 swar 算法来获取 1 的数量：

```
p4 = (uint32_t*)p;//4字节
while(count>=28) {
    uint32_t aux1, aux2, aux3, aux4, aux5, aux6, aux7;

    aux1 = *p4++;//一次读取4字节
    aux2 = *p4++;//一次读取4字节
    ....
    aux7 = *p4++;
    count -= 28;//当前共处理了4×7=28字节,所以总长度需要减28字节

    aux1 = aux1 - ((aux1 >> 1) & 0x55555555);//每两位， 高位移到低位， 原来的低位清0，
                                              相减之后， 留下了每两位中1的数量
    aux1 = (aux1 & 0x33333333) + ((aux1 >> 2) & 0x33333333);
```

```
    ...
    bits += ((((aux1 + (aux1 >> 4)) & 0x0F0F0F0F) +
                ((aux2 + (aux2 >> 4)) & 0x0F0F0F0F) +
                ((aux3 + (aux3 >> 4)) & 0x0F0F0F0F) +
                ((aux4 + (aux4 >> 4)) & 0x0F0F0F0F) +
                ((aux5 + (aux5 >> 4)) & 0x0F0F0F0F) +
                ((aux6 + (aux6 >> 4)) & 0x0F0F0F0F) +
                ((aux7 + (aux7 >> 4)) & 0x0F0F0F0F))* 0x01010101) >> 24;
}
```

其中 aux1 –((aux1 >> 1) & 0x55555555) 的值与 (aux1 & 0x55555555) + ((aux1 >> 1) & 0x55555555) 是一样的，读者可以自行证明一下。

当 count 的数量小于 28 之后，便可以用查表法计算出剩余的二进制 1 的数量了。

```
p = (unsigned char*)p4;
while(count--) bits += bitsinbyte[*p++];
return bits;
```

11.5.5 bitop 命令

bitop 命令对一个或多个 key 执行元操作，并将结果保存在一个新的 key 上，其中 op_name 可以是 AND、OR、NOT、XOR 这 4 种操作的任意一种。

格式：

```
bitop op_name target_key key [key …]
```

命令执行时，key 的数量设置为 numkeys，用 objects、src、len 这 3 个指针数组分别存储 key 的 robj、sds 值和字符串长度并分别赋值。

```
src = zmalloc(sizeof(unsigned char*) * numkeys);    //字符串数组,保存sds值
len = zmalloc(sizeof(long) * numkeys);              //长度数组,存放sds的长度
objects = zmalloc(sizeof(robj*) * numkeys);         //对象数组,保存字符串对象
for (j = 0; j < numkeys; j++) {
    o = lookupKeyRead(c->db,c->argv[j+3]);
    .....
    objects[j] = getDecodedObject(o);
    src[j] = objects[j]->ptr;
    len[j] = sdslen(objects[j]->ptr);
    if (len[j] > maxlen) maxlen = len[j];           //求所有key中最长长度的key
    if (j == 0 || len[j] < minlen) minlen = len[j];//求所有key中最短长度的key
}
```

同 bitcount 思想一致，当 minlen 大于 32 时，bitop 命令也会一次性处理 32 个字节来加快速度，下面我们以 AND 操作为例说明：

```
unsigned long *lp[16];//16个指针
unsigned long *lres = (unsigned long*) res;//lres指向res的地址， 所以lres已经将第一个
                                                  key赋值好了
...
```

```
if (op == BITOP_AND) {
    while(minlen >= sizeof(unsigned long)*4) {
        for (i = 1; i < numkeys; i++) {//lres指向res的地址，所以lres初始时是第一个key的值
            lres[0] &= lp[i][0];//lp为long类型，lp[i][0]会一次性取8个字节的数据，所以
                                lp[i][0]到lp[i][1]会跳8个字节
            lres[1] &= lp[i][1];
            lres[2] &= lp[i][2];
            lres[3] &= lp[i][3];
            lp[i]+=4;//lp[i]+4会跳32个字节
        }
        lres+=4;//lres向后偏移32个字节
        j += sizeof(unsigned long)*4;//j+32
        minlen -= sizeof(unsigned long)*4;
    }
}
```

从以上代码看出，当 minlen 大于 32 时便可以进入 for 循环，一次 for 循环可以处理 4 个 unsigned long 型的数据，即 32 个字节，所以当此 while 循环结束的时候，只剩下不到 32 字节的数据了，对剩下的数据按字节处理就可以得到最终的结果。

```
for (; j < maxlen; j++) {//len[i]是每个key的长度
        output = (len[0] <= j) ? 0 : src[0][j];//如果j小于长度则肯定为0，否则取src[0]
                                               [j]的值
        if (op == BITOP_NOT) output = ~output;
        for (i = 1; i < numkeys; i++) {//遍历所有输入键，对所有输入的scr[i][j]字节进行运算
            byte = (len[i] <= j) ? 0 : src[i][j];//如果数组的长度不足，表示key的长度已
                                                  经小于j,那么相应的字节被假设为0
            switch(op) {
            case BITOP_AND: output &= byte; break;
            case BITOP_OR:  output |= byte; break;
            case BITOP_XOR: output ^= byte; break;
            }
        }
        res[j] = output;
    }
}
```

res 为最终返回的结果，将结果保存在 dest_key 即完成了字符串的 bitop 操作。

11.5.6　bitfield 命令

bitfield 命令将字符串当成一个二进制数组，并对这个字节数组第 offset 位开始进行获取、设置、增加值等。

格式：

```
bitfield key [get type offset] [set type offset value] [incrby type offset
    increment] [overflow WRAP|SAT|FAIL]
```

参数：

1）type：有符号或无符号的宽度，例如 i8 表示有符号的 8 位，u10 表示无符号的 10 位。

2）offset：开始操作的二进制数组的索引。

3）value：set 操作要设置成的值。

4）increment：自增操作要增加的值。

5）overflow：有 3 个参数 WRAP、SAT、FAIL，意义分别如下。

- WRAP：使用回绕方式处理有符号或无符号整数的溢出情况。对于无符号整数来说，回绕就像数值本身能够被存储的最大无符号数值进行取模。对于有符号的整数来说，数值本身为正数，则将数值与最大有符号数值进行取模，数值本身为负数，则将所有高位置 1，低位保持原样。
- SAT：使用饱和方式处理溢出。上溢的结果为最大整数，下溢的结果为最小整数。
- FAIL：当结果出现上溢或下溢时，返回空值，拒绝执行。

返回值：返回一个数组，数组的各项是此命令各个子命令的执行结果。

当使用 get 命令对超出字符串当前范围内的二进制进行访问时，超出部分的二进制的值当作是 0。使用 set 或 incr 命令对超出字符串当前范围的二进制位进行访问将导致字符串被扩大，被扩大的部分会使用值为 0 的二进制位进行填充。该命令最大支持 64 位长的有符号整数以及 63 位长的无符号整数。

为了实现 bitfield 命令，Redis 用了一个结构体辅助实现：

```
struct bitfieldOp {
    uint64_t offset;      /* 偏移量 */
    int64_t i64;          /* incr或set的值 */
    int opcode;           /* 操作码 */
    int owtype;           /* 溢出控制 */
    int bits;             /* type值的宽度 */
    int sign;             /* type值的有符号或无符号标识 */
};
```

bitfield 命令被执行时，需要逐个解析参数，并将各个子命令格式化到 bitfieldOp 结构体数组里：

```
truct bitfieldOp *ops = NULL;
for (j = 2; j < c->argc; j++) {
    ....
    ops = zrealloc(ops,sizeof(*ops)*(numops+1));
    ops[numops].offset = bitoffset;//偏移量
    ops[numops].i64 = i64;          //设置值
    ops[numops].opcode = opcode;    //操作
    ops[numops].owtype = owtype;    //溢出控制
    ops[numops].bits = bits;        //宽度
    ops[numops].sign = sign;        //符号位，有符号值为1，无符号值为0
    numops++;
}
```

假设 type 值为 'i8'，则将被解析成有符号的 8 位宽度的值，sign 值为 1，bits 值为 8。

我们先来看一下 get 操作的执行过程。根据 bitoffset 和 bits 已经知道了要获取的偏移量和获取的宽度。现在只需要考虑获取有符号数据和无符号数据即可。获取无符号数据比较简单，只需要获取 bits 个字节即可：

```
for (j = 0; j < bits; j++) {//获取从第offset位开始的bits个二进制位
    byte = offset >> 3;//求出在第几个字节上
    bit = 7 - (offset & 0x7);
    byteval = p[byte];
    bitval = (byteval >> bit) & 1;
    value = (value<<1) | bitval;
    offset++;
}
```

value 就是获取到的宽度为 bits 的无符号二进制数据。

对于有符号数据的获取，(uint64_t)1 << (bits-1)) 可以获取到符号位上的值，如果符号位上的值为 1，表示此值为负数。宽度比较低的负数在转换成宽度较长的负数时，除了将符号位置为 1 外，高低应该全补 1。-1 在计算机里的二进制表示为全 1，-1 左移 bits 位表示低（bits-1）位置 0，高位全置 1，与原值相与得到了高位全为 1，低位为正常值的一个负数。

```
if (value & ((uint64_t)1 << (bits-1)))//符号位为1，表示负数
    value |= ((uint64_t)-1) << bits;//所有的高位补1
return value;
```

对于 set 和 incrby 操作，顾名思义，set 就是将 value 设置到指定偏移量，incrby 就是将原值加上 value。这些比较简单，最后来看一下 set 或 incrby 之后可能出现的溢出的操作。

什么时候会导致溢出呢？我们假设有符号或无符号的最大值为 max，最小值为 min，value 表示原始的二进制串的 int64 值，incr 表示值的增量，另外两个 maxincr 和 minincr 定义如下：

```
maxincr = max-value;
minincr = min-value;
```

我们看下会导致溢出的情况：

① 当 value 大于 max，或者 incr>maxincr 时；

② 当 value 小于 min，或者 incr<minincr 时。

通过上文可知，溢出时有 3 种处理情况，分别为 WRAP、SAT、FAIL。下面来看一下有符号和无符号的溢出处理。当溢出控制参数为 SAT 时，向上溢出直接返回最大值 max，向下溢出直接返回 0。当溢出控制参数为 WARP 时分两种情况。

（1）无符号的溢出处理

将 value 与 max 取模得出最终值（即溢出后又从 0 开始累加得出最终值）：

```
uint64_t mask = ((uint64_t)-1) << bits;
uint64_t res = value+incr;
res &= ~mask;
```

（2）有符号的溢出处理

符号位为1代表负数，此时将溢出的高位全置1，低位保留原值。符号位为0代表正数，仍然同无符号处理一致取模得出最终值：

```
uint64_t mask = ((uint64_t)-1) << bits;
uint64_t msb = (uint64_t)1 << (bits-1);
uint64_t a = value, b = incr, c;
c = a+b;
if (c & msb) {
    c |= mask;
} else {
    c &= ~mask;
}
```

从这里可以看出，无论是有符号还是无符号的溢出，都是将原值取模得出低bits位，然后正数高位补0，负数高位补1得出最终值。

当我们得出最终的二进制串值之后，将原字符串从offset位开始，取value的低bits的位设置成新值。这样就完成了bitfiled操作。

11.6 本章小结

本章介绍了Redis的字符串命令。set和get命令在Redis中是最常用的命令。字符串命令底层借助于sds来实现，通过robj结构体来实现数据的设置和获取。字符串key-value和超时时间存储在redisDb的字典里。

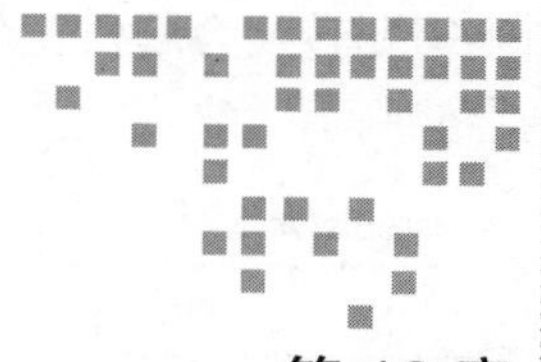

第 12 章 Chapter 12

散列表相关命令的实现

散列表是 Redis 数据组织的基本结构。针对 key-value 中的 value，Redis 提供了 6 种结构——字符串（string）、散列表（Hash）、数据流（stream）、列表（list）、集合（set）、有序集合（sortedset）。针对不同的 value 结构，Redis 提供了不同的命令供用户使用。

当 value 为散列结构时，我们称之为散列相关命令。为了与 Redis 中的 key-value 散列做区分，我们称 value 的散列结构的键值对为 field-value（域值对）。

12.1 简介

Redis 是 key-value 结构的数据库，每个数据库对应一个 redisDb 结构，其 key-value 的底层存储结构如图 12-1 所示，从图中可以看出 Redis 是采用开链法解决散列冲突的。具体而言，对于每个需要存储的 key-value 结构，首先利用已经定义好的散列函数计算 key 的散列值；之后，散列值对桶个数求余，即可得到该 key 需要放置的桶的下标；最后，将 key-value 链接到上一步计算的桶的最后。Redis 对于 value 提供了 6 种结构供选择。对于图 12-1 中的每个 key，value 指针都是指向 redisObject 的结构体，该结构体记录了存储结构的类型以及其编码方式等信息，此处不再详细说明。

12.1.1 底层存储

Redis 提供了一系列散列相关的命令给用户使用，例如 hset、hget 等。然而，这些散列指令对应的底层 value 的存储并不总是散列表，Redis 提供了 ziplist 以及散列表（hashtable）两种方案进行存储。当需要存储的 key-value 结构同时满足下面两个条件时，采用 ziplist 作为底层存储，否则需要转换为散列表存储。值得注意的是，ziplist 的存储顺序与插入顺序一致，而散列表的存储则不一致。

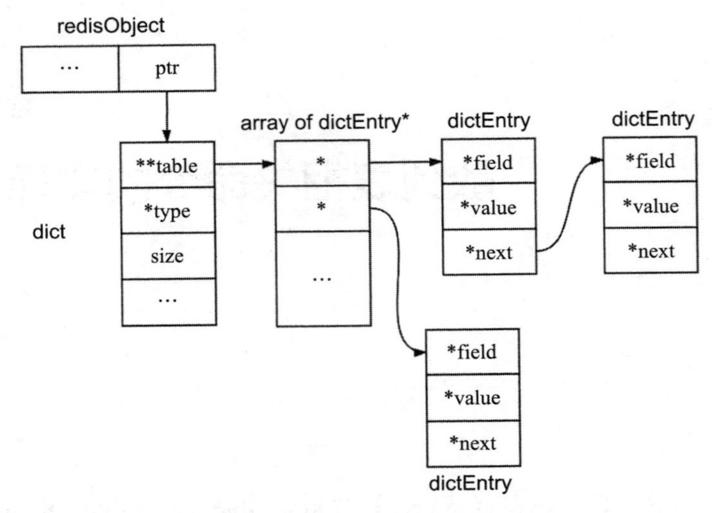

图 12-1　key-value 底层存储结构图

1）key-value 结构的所有键值对的字符串长度都小于 hash-max-ziplist-value（默认值 64），该值可以通过配置文件配置。

2）散列对象保存的键值对的个数（一个键值对记为 1 个）小于 hash-max-ziplist-entries（默认值 512），该值也可以通过配置文件配置。

当 Redis 采用 ziplist 作为散列命令的底层存储时，结构图如图 12-2 所示。值得说明的是，图中的 f1、v1 等字符串只是用于说明 ziplist 存储的基本结构，具体的存储方式是按照 ziplist entry 的方式存储，具体详情请见 ziplist 数据结构。

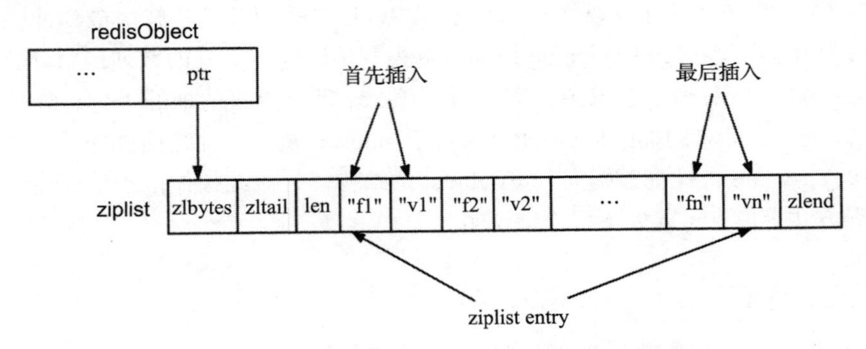

图 12-2　ziplist 作为散列命令底层存储结构图

当 Redis 采用散列表作为散列命令底层存储时，其结构如图 12-3 所示。可以看出，此时就是一般的散列表。

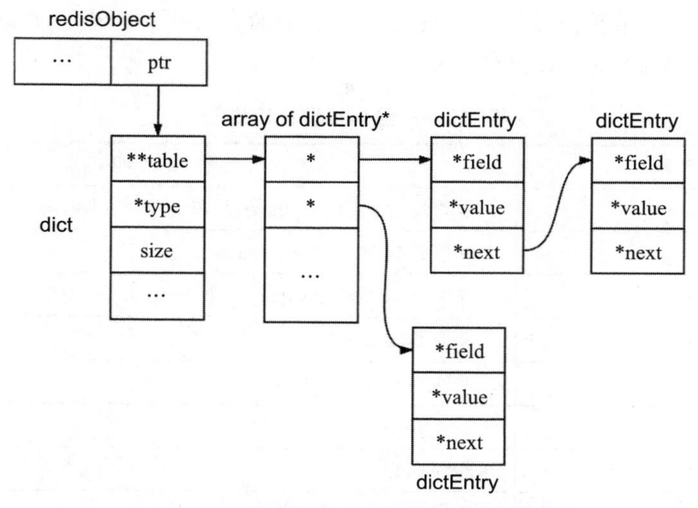

图 12-3　散列表作为散列命令底层存储

12.1.2　底层存储转换

从 12.1.1 节知道，Redis 散列存储有 ziplist 和散列表 2 种，有时我们需要从 ziplist 编码转换为散列表编码。值得注意的是，即使后期满足条件，也不会从散列表编码转换为 ziplist 编码。

具体转换过程如下面代码段所示，核心思想是依次迭代原有数据，将其加入到新建的散列表中。

```
hi = hashTypeInitIterator(o);                  //初始化迭代器
dict = dictCreate(&hashDictType, NULL);        //创建散列表
while (hashTypeNext(hi) != C_ERR) {            //遍历所有数据，将其加入到散列表
    sds key, value;
    key = hashTypeCurrentObjectNewSds(hi,OBJ_HASH_KEY);
    value = hashTypeCurrentObjectNewSds(hi,OBJ_HASH_VALUE);
    ret = dictAdd(dict, key, value);
}
```

12.1.3　接口说明

上面两节介绍了 Redis 散列类命令在底层实现时有 ziplist 和散列表两种方式。这两种数据结构都已经详细介绍过，此处不再赘述。为了使用方便，Redis 提供了整合接口以供使用。例如：对于插入指令，Redis 提供了 hashTypeSet 接口，该接口根据存储的编码方式分别调用 ziplist 的接口或者散列表的接口，本节对这类整合后的接口进行简单整理，具体源码实现此处就不再讲解。

如表 12-1 所示，Redis 提供了大量的整合接口，这类接口会根据散列存储的实际编码

（ziplist 和散列表）调用相关接口进行处理。后续的命令解析源码中，大量使用该类接口。这部分的源码详见 src/t_hash.c 文件。

表 12-1 散列类型接口说明

接口名称	接口说明
hashTypeTryConversion	查看是否需要由 ziplist 编码转换为散列表编码，需要则转换编码
hashTypeGetValue	获取 field 域对应的 value
hashTypeGetValueObject	获取 field 域对应 value，返回 redisObject 对象
hashTypeGetValueLength	获取 field 域对应 value 的长度
hashTypeExists	判断 field 域是否存在
hashTypeSet	设置 field-value 对
hashTypeDelete	删除 field
hashTypeLength	返回 field-value 对的总数
hashTypeInitIterator	初始化迭代器
hashTypeNext	获取迭代器下一个迭代器
hashTypeCurrentObject	获取迭代器指向的元素
hashTypeCurrentObjectNewSds	获取迭代器指向的元素，返回 sds

由于 Redis 是 key-value 存储结构，需要先找出 key 对应的 value。查找 key 的接口，如表 12-2 所示。

表 12-2 key 查找相关接口

接口	说明	接口	说明
lookupKeyRead	查找 key 用于后续读，没找到则返回空	lookupKeyReadOrReply	查找 key，没找到则直接响应客户端
lookupKeyWrite	查找 key 用于后续写，没找到则返回空	lookupKeyWriteOrReply	查找 key，没找到则直接响应客户端

12.2 设置命令

本节主要介绍如何设置散列表中的 field-value 对，有 3 个命令供使用：hset、hmset 和 hsetnx，我们将介绍这 3 个命令的具体实现。总体而言，由于 Redis 散列底层存储有 ziplist 和散列表两种，我们在插入新的 field-value 对时，需要判断是否需要编码转换，如果需要，则直接转换编码。之后，我们只需调用 ziplist 或者散列表的上层接口实现数据插入。

格式：

```
hset key field value
```

```
hmset key field value [field value …]
hsetnx key field value
```

说明：将 key 对应的散列表中的 field 域设置为 value，如果 key 不存在则新建散列表。field 域不存在则新建 field 域，将其值设置为 value，并返回 1。如果 field 已经存在：hset 会覆盖旧值，返回 0；hsetnx 不进行任何操作，直接返回 0；hmset 是 hset 的批量设置形式，成功返回 ok。

示例：

```
127.0.0.1:8900> hset "hb" field1 1
(integer) 1
127.0.0.1:8900> hmset "hb" "field1" 1 "field2" 2
OK
127.0.0.1:8900> hsetnx "hb" field1 2
(integer) 0
```

设置类命令的源码实现：hset、hsetnx 对应的源码实现的入口函数分别是 hsetCommand、hsetnxCommand。hmset 的源码实现的入口也是 hsetCommand。三者实现的基本流程大致相同，首先判断 key 是否存在，不存在则直接创建；之后，根据 field 域是否存在，选择覆盖旧的数据或者直接返回。

hsetCommand 的源码如下所示：① 查找 key 是否存在，不存在则直接新建；② 尝试是否需要将 ziplist 编码改为散列表编码；③ 将需要写入的 field、value 依次写入；④ 向客户端发送处理结果。

```
//查找key，不存在则新建
if ((o = hashTypeLookupWriteOrCreate(c,c->argv[1])) == NULL) return;
//尝试转换底层编码
hashTypeTryConversion(o,c->argv,2,c->argc-1);
//依次写入field-value对
for (i = 2; i < c->argc; i += 2)
created += !hashTypeSet(o,c->argv[i]->ptr,c->argv[i+1]->ptr,HASH_SET_COPY);
```

hsetnxCommand 的实现与 hsetCommand 基本一致。不同点在于，hsetnxCommand 会判断 field 是否已经存在，如果不存在则插入，存在则不进行任何操作，直接返回。由于其源码与上述 hsetCommand 基本一致，此处不再详细说明。

12.3　读取命令

12.2 节介绍了如何设置 field-value 对，本节将介绍如何获取 field-value 的信息。具体而言，命令有如下 5 类。

① hexists：判断 field 域是否存在。

② hget/hmget：获取单个 field 对应的 value 以及获取批量 field 对应的 value。

③ hkeys/hvals/hgetall：获取全部的 field、value 或者 field-value 对。

④ hlen：获取 field 的总个数。

⑤ hscan：遍历 hscan。

12.3.1 hexists 命令

hexists 命令用于查看某个 field 是否存在，可以用于标识某个操作之前是否已经执行过。

格式：

```
hexists key field
```

说明：查看 field 是否存在，存在返回 1，key 不存在或者 field 不存在返回 0。

示例：

```
127.0.0.1:8900> hexists "s1" f2
(integer) 0
127.0.0.1:8900> hexists "s1" f1
(integer) 1
```

源码解析：hexists 的源码处理函数为 hexitsCommand，基本流程就是先获取 key 对应的散列表，之后判断 field 是否存在：

```
void hexistsCommand(client *c) {
    robj *o;
    if ((o = lookupKeyReadOrReply(c,c->argv[1],shared.czero)) == NULL ||
        checkType(c,o,OBJ_HASH)) return;
    addReply(c, hashTypeExists(o,c->argv[2]->ptr) ? shared.cone : shared.czero);
}
```

12.3.2 hget/hmget 命令

hget/hmget 命令用于获取单个 field 或者多个 field 对应的 value 值。

格式：

```
hget key field
hmget key field [field …]
```

说明：获取单个或者多个 field 域对应的 value 值，如果 key 不存在则返回 nil，如果某个 field 不存在，则该 field 对应的位置返回 nil。

示例：

```
127.0.0.1:8900> hmget "s1" f1 f2 f5
1) "2.23"
2) (nil)
3) (nil)
```

源码解析：hget、hmget 对应的处理函数分别为 hgetCommand、hmgetCommand。二者

具有高度的相似性，此处仅给出 hmgetCommand 的源码分析。首先读取 key 对应的散列表，之后遍历所有 field，返回对应的 value 或者 nil。

```
void hmgetCommand(client *c) {
    robj *o;
    int i;
    //读取key对应的散列表
    o = lookupKeyRead(c->db, c->argv[1]);
    //遍历所有field，返回对应的value或者nil
    for (i = 2; i < c->argc; i++) {
        addHashFieldToReply(c, o, c->argv[i]->ptr);
    }
}
```

12.3.3 hkeys/hvals/hgetall 命令

实际上，有时需要获取某个 key 下的所有 field-value 对的信息，Redis 提供了 hkeys、hvals、hgetall 满足这种需求。hkeys 可以获取某个 key 下的所有 field 信息；hvals 可以获取每个 field 对应的 value 信息；hgetall 则可以获取所有的 field-value 对。

格式：

```
hkeys key
hvals key
hgetall key
```

返回顺序没有固定顺序，不一定是按照输入的先后顺序，取决于具体的底层编码。

示例：

```
127.0.0.1:8900> hkeys "s1"
1) "f1"
2) "f2"
127.0.0.1:8900> hvals "s1"
1) "2.23"
2) "3"
127.0.0.1:8900> hgetall "s1"
1) "f1"
2) "2.23"
3) "f2"
4) "3"
```

源码分析：三者的底层实现都是 genericHgetallCommand 函数，通过 flags 决定输出 key 或 value 还是二者都输出，具体源码如下，通过迭代器遍历散列表将所有 field-value 输出：

```
void genericHgetallCommand(client *c, int flags) {
```

```
    robj *o;
    hashTypeIterator *hi;
    //获取初始化迭代器
    hi = hashTypeInitIterator(o);
    //遍历散列表
    while (hashTypeNext(hi) != C_ERR) {
        if (flags & OBJ_HASH_KEY)
            addHashIteratorCursorToReply(c, hi, OBJ_HASH_KEY);
        if (flags & OBJ_HASH_VALUE)
            addHashIteratorCursorToReply(c, hi, OBJ_HASH_VALUE);
    }
}
```

12.3.4 hlen命令

hlen命令可以用于获取散列表中field的个数，主要用于数据统计。

格式：

```
hlen key
```

说明：查key对应的散列表中field的个数，key不存在则返回0。

示例：

```
127.0.0.1:8900> hlen "s1"
(integer) 1
```

源码分析：hlen的源码处理函数为hlenCommand，基本流程就是先获取key对应的散列表，之后通过hashTypeLength接口获取field个数，此处源码就不再展示。

12.3.5 hscan命令

Redis提供了hscan命令用于遍历散列表中所有的field-value对，值得注意的是，hscan命令是渐进式遍历（当底层存储为散列表时）。

格式：

```
hscan key cursor [MATCH pattern] [COUNT count]
```

说明：用于遍历key指向的散列表。cursor指向当前的位置，0代表新一轮的迭代，返回0代表本轮迭代结束；count是需要返回的field个数，默认值是10，当底层编码为ziplist时，该值无效，Redis会将ziplist中所有field-value返回，当编码为散列表时，返回的元素个数不一定，可能大于，也可能小于或等于此值；pattern是需要匹配的模式，这一步是读取完数据之后，发送数据之前执行的。

示例：

```
127.0.0.1:8900> hscan "s1" 1
1) "0"
```

```
2) 1) "f1"
   2) "2.23"
   3) "f2"
   4) "3"
```

源码分析：hscan 的源码处理函数为 hscanCommand，其功能是通过调用 scanGeneric-Command 实现的，该函数主要的相关部分如下所示。函数的处理流程为：

1）当编码为散列表时，逐个遍历散列表的桶，得到其中的元素，当遍历到散列表末尾、达到 count 个元素或者达到最大迭代次数后终止；

2）当编码为 ziplist 时，输出所有元素；

3）对上一步的元素进行过滤，将结果发送给客户端。

```
void scanGenericCommand(client *c, robj *o, unsigned long cursor) {
        if (ht) {
        //编码为散列表的情况
        void *privdata[2];
        long maxiterations = count*10;
        privdata[0] = keys;
        privdata[1] = o;
        do {
            cursor = dictScan(ht, cursor, scanCallback, NULL, privdata);
        } while (cursor &&
                maxiterations-- &&
                listLength(keys) < (unsigned long)count);
    } else if (o->type == OBJ_HASH) {
        //编码为ziplist的情况
        unsigned char *p = ziplistIndex(o->ptr,0), *vstr;
        unsigned int vlen;
        long long vll;
        //遍历ziplist所有元素
        while(p) {
            ziplistGet(p,&vstr,&vlen,&vll);
            listAddNodeTail(keys,
                (vstr != NULL) ? createStringObject((char*)vstr,vlen) :
                                 createStringObjectFromLongLong(vll));
            p = ziplistNext(o->ptr,p);
        }
        cursor = 0;
    }
    //Filter elements
}
```

12.4　删除命令

介绍完如何设置和查询 field-value 对后，本节将介绍删除操作——hdel 命令。该命令直接调用 ziplist 或者散列表的接口将数据删除。

格式：

```
hdel key field [field …]
```

说明：将key对应的散列表中的field删除，key为空时返回0，key不为空时返回成功删除的field个数。

 当散列表中field全部被删除时，key也会被删除。

示例：

```
127.0.0.1:8900> hset "s1" "field1" 1
(integer) 1
127.0.0.1:8900> type "s1"
hash
127.0.0.1:8900> hdel "s1" "field1"
(integer) 1
127.0.0.1:8900> type "s1"
none
```

源码分析：hdel命令对应的处理函数为hdelCommand，基本的处理逻辑就是直接调用底层提供的接口进行数据删除，源码实现如下：

```
void hdelCommand(client *c) {
    robj *o;
    int j, deleted = 0, keyremoved = 0;
    //查找key并检查其类型
    if ((o = lookupKeyWriteOrReply(c,c->argv[1],shared.czero)) == NULL ||
        checkType(c,o,OBJ_HASH)) return;
    //依次删除field-value对
    for (j = 2; j < c->argc; j++) {
        if (hashTypeDelete(o,c->argv[j]->ptr)) {
            deleted++;
            //散列表已经为空，删除key
            if (hashTypeLength(o) == 0) {
                dbDelete(c->db,c->argv[1]);
                break;
            }
        }
    }
}
```

12.5 自增命令

当散列表field-value中的field为整数或者浮点型的数据时，有时需要对其中的value进行加法操作（减法可以视为加上一个负数），为此Redis提供了hincrby、hincrbyfloat两个命令。

格式：

```
hincrby key field increment
hincrbyfloat key field increment
```

说明：将 field 对应的 value 增加 increment，当为浮点型数据时使用 hincrbyfloat。如果 key 不存在则直接新建 key，field 不存在则直接新建 field，设置其值为 0。如果 hincrby 增加后数值越界，则返回错误，不进行操作。hincrbyfloat 不进行越界判断。如果 field 对应的 value 类型不是数值，则直接返回错误。命令返回增加后的新值。

整数使用 long long，浮点型使用 long double。原来的值和增加的值都是整型时，才可以使用 hincrby。

示例：

```
127.0.0.1:8900> hincrby "s1" "f1" 1
(integer) 1
127.0.0.1:8900> hincrbyfloat "s1" "f1" 1.23
"2.23"
```

源码分析：hincybyCommand 源码如下：首先获取 key 对应的散列表，之后从散列表中读取原有的 field 对应的值，然后判断增加之后是否越界，最后将增加后的值写入 field 域。

```
void hincrbyCommand(client *c){
    //读取key对应的value
    if ((o = hashTypeLookupWriteOrCreate(c,c->argv[1])) == NULL) return;
    //获取field域中原来的值
    if (hashTypeGetValue(o,c->argv[2]->ptr,&vstr,&vlen,&value) == C_OK) {}
    oldvalue = value;
    //判断是否越界
    if ((incr < 0 && oldvalue < 0 && incr < (LLONG_MIN-oldvalue)) ||
        (incr > 0 && oldvalue > 0 && incr > (LLONG_MAX-oldvalue))) {
        addReplyError(c,"increment or decrement would overflow");
        return;
    }
    value += incr;
    new = sdsfromlonglong(value);
    //设置新值
    hashTypeSet(o,c->argv[2]->ptr,new,HASH_SET_TAKE_VALUE);
}
```

hincrbyfloat 对应的源码基本与 hincrby 相似，基本流程也相同。不同点在于，hincryfloat 是对浮点型数据进行操作，也没有对数值越界进行处理。由于 hincrbyfloat 与 hincrby 源码高度相似，此处不再详细介绍，详情可以见 hincrbyfloatCommand 函数。

12.6 本章小结

本章主要介绍了Redis对外提供的散列相关命令的底层实现。我们首先介绍Redis对散列结构的存储方式，即ziplist或者散列表，当field-value长度较短并且field-value的个数较少时，Redis采用ziplist用于存储，否则使用散列表。之后，总结了Redis为使用方便，整合这两种结构后对外提供的统一接口。最后，详细讲解了Redis是如何利用上述整合接口实现散列相关命令的。

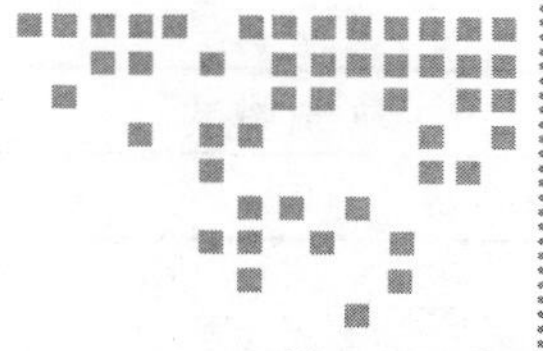

第 13 章 Chapter 13

列表相关命令的实现

Redis 列表对象的底层数据结构是 quicklist，我们在第 7 章已经详细讲述了 quicklist 的数据结构以及常见操作，本章我们主要讲解如何使用 quicklist 实现列表相关的命令。

13.1 相关命令介绍

本节主要介绍 Redis 列表对象的命令集合，以及如何通过列表命令实现常见的数据结构栈与队列。通过本节的学习，读者可以对列表对象的功能与使用有一个比较全面的认识。

13.1.1 命令列表

Redis 列表支持的所有命令如表 13-1 所示。

表 13-1 列表命令

命令名称	命令格式	命令简介
blpop	blpop key [key ...] timeout	从列表 key 头部弹出元素并返回给客户端，当列表 key 为空时会阻塞客户端，可通过 timeout 设置最大阻塞时间，单位为秒
brpop	brpop key [key ...] timeout	与 blpop 类似，只是从列表 key 的尾部弹出元素
brpoplpush	brpoplpush source destination timeout	从列表 source 尾部弹出元素并且插入列表 destination 头部，同时将该元素返回给客户端，当 source 列表为空时会阻塞客户端，timeout 用于设置最大阻塞时间，单位为秒
lindex	lindex key index	返回列表 key 中下标为 index 的元素
linsert	linsert key BEFORE/AFTER pivot value	将值 value 插入到列表 key，且位于值 pivot 之前或之后

（续）

命令名称	命令格式	命令简介
llen	llen key	返回列表key的长度
lpop	lpop key	从列表key头部弹出元素并返回给客户端，与blpop不同的是它不会阻塞客户端，当列表key为空时返回nil
lpush	lpush key value [value ...]	将一个或多个值value插入到列表key的头部，当列表key不存在时会创建一个空的列表
lpushx	lpushx key value	将值value插入到列表key的头部，当列表key不存在时该命令什么都不做
lrange	lrange key start stop	返回列表key中指定区间内的元素，区间通过索引start和stop指定
lrem	lrem key count value	移除列表中与参数value相等的元素；当count大于0，从表头开始向表尾搜索，最大删除count个元素；当count小于0，从表尾开始向表头搜索，最大删除“count绝对值”个元素；当count等于0，删除所有与value相等的元素
lset	lset key index value	将列表key下标为index的元素的值设置为value
ltrim	ltrim key start stop	对一个列表进行修剪（trim），即让列表只保留区间start与stop内的元素，不在该区间内的元素都将被删除
rpop	rpop key	从列表key尾部弹出元素返回给客户端，与brpop不同的是它不会阻塞客户端，当列表key为空时返回nil
rpoplpush	rpoplpush source destination	与brpoplpush命令类似，但是不会阻塞客户端
rpush	rpush key value [value ...]	将一个或多个值value插入到列表key的尾部
rpushx	rpushx key value	将值value插入到列表key的尾部，当列表key不存在时该命令什么都不做

13.1.2 栈和队列命令列表

栈与队列是操作受限制的线性表，栈只允许在线性表的同一侧执行插入或删除操作，具有先进后出的特性；而队列只允许在一侧插入另一侧删除，具有先进先出的特性。如表13-2所示，通过这些列表命令可以很容易实现栈与队列。

表13-2 栈和队列相关命令

命令类型	左侧	右侧	左侧阻塞	右侧阻塞	左侧必须键存在	右侧必须键存在
PUSH类	LPUSH	RPUSH	无	无	LPUSHX	RPUSHX
POP类	LPOP	RPOP	BLPOP	BRPOP	无	无

1. 实现栈

如图13-1所示，列表节点为（1，3，4），我们对它进行了两次右侧入栈操作，列表节点变为了（1，3，4，10，9）。然后我们对该列表进行了一次出栈操作，列表节点最终为（1，

3，4，10）。

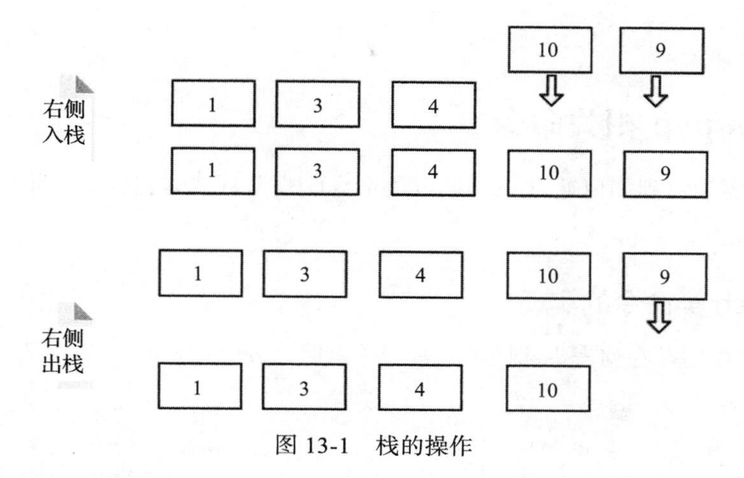

图 13-1　栈的操作

栈要求操作在同一侧进行，可以通过 lpush 和 lpop 命令组合实现，也可以通过 rpush 和 lpop 命令组合实现。如果需要在 pop 时等待数据产生，可以使用阻塞的 pop，即通过 lpush 和 blpop 命令组合实现阻塞的栈，或者通过 rpush 和 brpop 命令组合实现阻塞的栈。

2. 实现队列

如图 13-2 所示，列表的节点为（1,3,4）。在右侧进行了入队列操作，节点变为（1,3,4，10）。在左侧进行了出队列操作，列表节点变为了（3，4，10）。

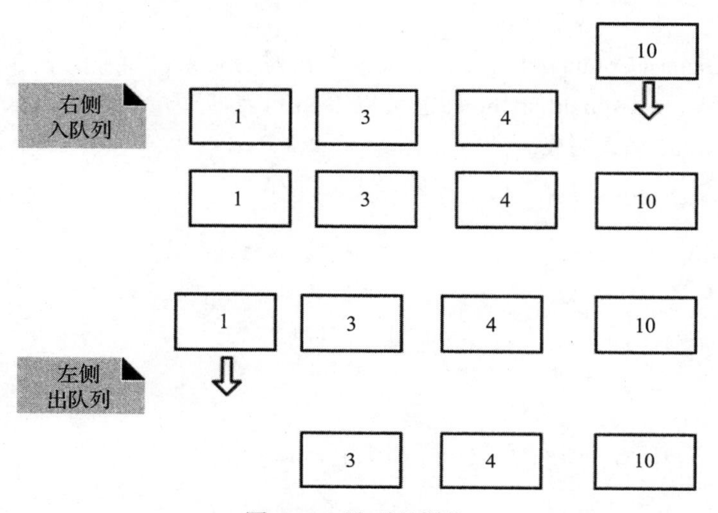

图 13-2　队列的操作

队列要求在一侧插入、另一侧删除，可以通过 lpush 和 rpop 命令组合实现，或者通过 rpush 和 lpop 命令组合实现。如果需要在 pop 时等待数据产生，可以使用阻塞的 pop，即通过 lpush 和 brpop 命令组合实现阻塞的队列，或者通过 rpush 和 blpop 命令组合实现阻塞的队列。

13.2 push/pop 相关命令

12.1 节已经学习到如何通过 push/pop 类命令实现队列或者栈，本节将详细讲解这些命令的实现原理。

13.2.1 push 类命令的实现

lpush 命令作用是在列表头部插入元素，并返回列表的总长度。

格式：

```
lpush key value [value...]
```

示例：

```
127.0.0.1:6379> lpush mylist 1 2 3
(integer) 6
```

lpush 命令的入口函数为 lpushCommand，内部调用 pushGenericCommand 实现，参数 LIST_HEAD 表示列表的头部。

```
void lpushCommand(client *c) {
    pushGenericCommand(c,LIST_HEAD);
}
```

函数 pushGenericCommand 首先根据 key 查找列表对象，如果没有查找到，则创建新的列表对象，从 createquicklistObject 也可以看出列表的底层实现为 quicklist；函数 listTypePush 将值 value 插入列表。

```
void pushGenericCommand(client *c, int where) {
    ……
    robj *lobj = lookupKeyWrite(c->db,c->argv[1]);
    ……
    for (j = 2; j < c->argc; j++) {
        if (!lobj) {
                    lobj = createquicklistObject();
                ……
            }
            listTypePush(lobj,c->argv[j],where);
        ……
    }
}
```

函数 listTypePush 首先会校验列表对象的编码，如果不是 OBJ_ENCODING_quicklist 则直接返回错误，即列表对象的底层数据结构只有 quicklist。函数 quicklistPush 是数据结构 quicklist 提供的 API，用于将 value 插入到 quicklist 指定位置，在第 7 章已经详细介绍了，这里不再赘述。

```
void listTypePush(robj *subject, robj *value, int where) {
    if (subject->encoding == OBJ_ENCODING_quicklist) {
        int pos = (where == LIST_HEAD) ? quicklist_HEAD : quicklist_TAIL;

        quicklistPush(subject->ptr, value->ptr, len, pos);

    } else {
        serverPanic("Unknown list encoding");
    }
}
```

lpushx、rpush、rpushx 命令实现与 LPUSH 非常类似，这里就不再详述。

13.2.2　pop 类命令的实现

rpop 命令的作用是从列表尾部弹出元素，并返回给客户端。

格式：

```
rpop key
```

示例：

```
127.0.0.1:6379> rpush mylist 1 2 3 4
(integer) 4
127.0.0.1:6379> rpop mylist
"4"
```

rpop 命令的入口函数为 rpopCommand，内部调用 popGenericCommand 实现，参数 LIST_TAIL 表示列表的尾部。

```
void rpopCommand(client *c) {
    popGenericCommand(c,LIST_TAIL);
}
```

函数 pushGenericCommand 首先根据 key 查找列表对象，如果没有查找到或者查找到的对象非列表对象，函数直接返回；否则调用 listTypePop 从列表对象中弹出元素，注意如果弹出元素为 NULL，返回 shared.nullbulk（即 “$-1\r\n”）；当弹出元素后列表对象长度为空时，会从数据库字典中删除该列表键。

```
void popGenericCommand(client *c, int where) {
    robj *o = lookupKeyWriteOrReply(c,c->argv[1],shared.nullbulk);
    if (o == NULL || checkType(c,o,OBJ_LIST)) return;

    robj *value = listTypePop(o,where);
    if (value == NULL) {
        addReply(c,shared.nullbulk);
    } else {
```

```
        addReplyBulk(c,value);

        if (listTypeLength(o) == 0) {
            dbDelete(c->db,c->argv[1]);
        }
    }
}
```

函数 listTypePop 内部主要调用 quicklistPopCustom 实现 quicklist 元素的获取，这是数据结构 quicklist 提供的 API，在第 7 章已经详细介绍了，这里不再赘述。

命令 lpop 的实现与 rpop 非常类似，都是调用 popGenericCommand 函数完成的，只是第 2 个参数传递的是 quicklist_HEAD，这里不再详述。

13.2.3 阻塞 push/pop 类命令的实现

blpop 是阻塞版本的 POP：即当列表对象不存在，会阻塞客户端，直到列表对象不为空或者阻塞时间超过 timeout 为止，timeout 为 0 表示阻塞时间无限长

格式：

```
blpop key [key ...] timeout
```

示例：

```
127.0.0.1:6379> blpop list1 list2 list3 0
```

blpop 命令的入口函数为 blpopCommand，内部调用 blockingPopGenericCommand 实现，参数 LIST_HEAD 表示列表的尾部。

```
void blpopCommand(client *c) {
    blockingPopGenericCommand(c,LIST_HEAD);
}
```

函数 blockingPopGenericCommand 遍历所有列表 key，当列表不为空时，则从列表中弹出元素并返回给客户端，注意这里同时会返回列表 key 与弹出的元素 value。从代码实现中同样可以看出，只要这多个列表中至少有一个列表不为空，命令就会直接返回而不会阻塞客户端。阻塞客户端的逻辑由函数 blockForKeys 实现。另外需要注意的一点是，这里解析的 timeout 超时时间是一个绝对时间。

```
void blockingPopGenericCommand(client *c, int where) {

    //遍历所有key，只要有一个列表不为空，就从该列表中弹出元素并返回
    for (j = 1; j < c->argc-1; j++) {
        o = lookupKeyWrite(c->db,c->argv[j]);
        if (o != NULL) {
            if (o->type != OBJ_LIST) {
                addReply(c,shared.wrongtypeerr);
                return;
            } else {
```

```
                if (listTypeLength(o) != 0) {
                    //弹出元素并返回给客户端
                    robj *value = listTypePop(o,where);

                    //注意返回的是列表的key和value
                    addReplyMultiBulkLen(c,2);
                    addReplyBulk(c,c->argv[j]);
                    addReplyBulk(c,value);

                    if (listTypeLength(o) == 0) {
                        dbDelete(c->db,c->argv[j]);
                    }

                    return;        //命令结束
                }
            }
        }
    }

    //所有列表都为空，阻塞客户端
    blockForKeys(c, c->argv + 1, c->argc - 2, timeout, NULL);
}
```

在 10.1.2 节，我们介绍过 redisDb 结构体，其中有一个字段 blocking_keys，类型为字典，所有因为某个键阻塞的客户端都会被添加到该字典中，其结构如图 13-3 所示。

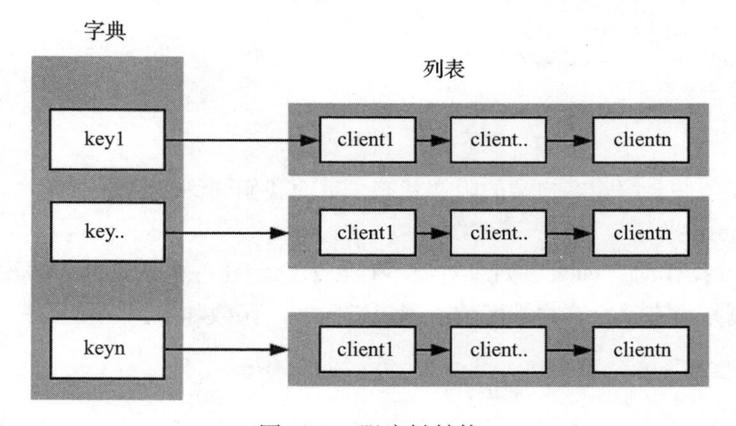

图 13-3 阻塞键结构

函数 blockForKeys 主要实现逻辑如下：

```
void blockForKeys(client *c, robj **keys, int numkeys, mstime_t timeout, robj *target) {

    c->bpop.timeout = timeout;
    c->bpop.target = target;

    for (j = 0; j < numkeys; j++) {
```

```
            if (dictAdd(c->bpop.keys,keys[j],NULL) != DICT_OK) continue;

            //将客户端添加到数据库对象redisDb的blocking_keys字典
            de = dictFind(c->db->blocking_keys,keys[j]);
            if (de == NULL) {
                //没有则需要创建链表，并添加到字典
                l = listCreate();
                retval = dictAdd(c->db->blocking_keys,keys[j],l);
            } else {
                l = dictGetVal(de);
            }
            //将客户端追加到链表尾部
            listAddNodeTail(l,c);
        }

        //阻塞客户端
        blockClient(c,BLOCKED_LIST);
    }
```

其中变量 c->bpop 类型为结构体 blockingState，注意它的两个变量 c->bpop.timeout 与 c->bpop.keys，变量 c->bpop.timeout 记录客户端阻塞超时时间，c->bpop.keys 是一个字典，记录客户端因为哪些 key 而阻塞。同时可以看到客户端对象被添加到 c->db->blocking_keys 字典中，key 为阻塞的键，值为客户端链表。函数 blockClient 主要设置客户端标志位为阻塞状态，记录阻塞类型，同时统计阻塞的客户端数目。

```
void blockClient(client *c, int btype) {
    c->flags |= CLIENT_BLOCKED;
    c->btype = btype;
    server.bpop_blocked_clients++;
}
```

有两个触发条件会解除客户端的阻塞状态，下面我们详细介绍。

（1）进行 push 操作

在进行 push 操作时，如果该列表对象不存在，会创建一个空的列表并添加到数据库字典，此时会检测是否有某个客户端因为该列表键阻塞。函数如下：

```
void dbAdd(redisDb *db, robj *key, robj *val) {

    if (val->type == OBJ_LIST) signalListAsReady(db, key);
}
```

函数 signalKeyAsReady 会将该键添加到 server.ready_keys 链表中，节点类型为 readyList：

```
void signalKeyAsReady(redisDb *db, robj *key) {
    readyList *rl;

    // 没有客户端因为该键而阻塞
    if (dictFind(db->blocking_keys,key) == NULL) return;
```

```
    // 已经处理过了
    if (dictFind(db->ready_keys,key) != NULL) return;

    // 把该键添加到ready_keys字典
    rl = zmalloc(sizeof(*rl));
    rl->key = key;
    rl->db = db;
    listAddNodeTail(server.ready_keys,rl);
    ...
```

redis 的命令处理入口 processCommand，在调用完命令后，如果检测到 server.ready_keys 链表不为空，则说明有客户端可以解除阻塞状态了：

```
int processCommand(client *c) {

    call(c,CMD_CALL_FULL);

    //处理阻塞键
    if (listLength(server.ready_keys))
        handleClientsBlockedOnKeys();
}
```

如下代码所示函数 handleClientsBlockedOnKeys 首先遍历 server.ready_keys 链表，获取到多个列表键，同时在 db->blocking_keys 字典中查找是否存在某个因为该列表键阻塞的客户端，如果有则解除客户端阻塞状态。函数 unblockClient 主要用于去除客户端阻塞状态并向客户端返回数据，这里不再详述。

```
void handleClientsBlockedOnKeys(void) {
    while(listLength(server.ready_keys) != 0) {
        ...
        //遍历ready_keys链表
        l = server.ready_keys;
        while(listLength(l) != 0) {
            listNode *ln = listFirst(l);

            //删除db->ready_keys, signalKeyAsReady处有校验
            dictDelete(rl->db->ready_keys,rl->key);

            //查找列表对象
            robj *o = lookupKeyWrite(rl->db,rl->key);
            if (o != NULL && o->type == OBJ_LIST) {

                de = dictFind(rl->db->blocking_keys,rl->key);
                if (de) {
                    //获取到因为该列表键阻塞的所有客户端
                    list *clients = dictGetVal(de);
                    int numclients = listLength(clients);
                    while(numclients--) {
                        listNode *clientnode = listFirst(clients);
                        client *receiver = clientnode->value;
```

```
                    if (value) {
                        //遍历客户端链表，解除其阻塞状态
                        unblockClient(receiver);
                    } else {
                        break;
                    }
                }
            }
            ...
}
```

（2）阻塞超时

阻塞超时同样会解除客户端阻塞状态，同时向客户端返回nil。服务器如何检测客户端通过时间事件处理函数serverCron检测客户端阻塞超时。入口函数为clientsCron，处理客户端所有定时任务，它会遍历所有客户端，并调用函数clientsCronHandleTimeout实现阻塞超时处理逻辑，注意第2个参数为当前时间：

```
void clientsCron(void) {

    while(listLength(server.clients) && iterations--) {

        if (clientsCronHandleTimeout(c,now)) continue;
    }
}
```

而函数clientsCronHandleTimeout实现就很简单了，只需要比较客户端的超时时间timeout与当前时间即可。

```
if (c->bpop.timeout != 0 && c->bpop.timeout < now_ms) {

    replyToBlockedClientTimedOut(c);
    unblockClient(c);
}
```

至于命令brpop、brpoplpush都和blpop大同小异，这里就不再详述。

13.3 获取列表数据

对于列表对象，我们可以获取指定索引的元素，获取列表的长度，查询指定索引范围内的所有元素等，本节将详细介绍这些命令的实现。

13.3.1 获取单个元素

lindex命令的作用是获取索引为index的元素。

格式：

```
lindex key
```

示例：

```
127.0.0.1:6379> lindex mylist 1
"3"
```

lindex 命令的入口函数为 lindexCommand。函数 quicklistIndex 是数据结构 Quicklist 提供的 API，用于查找指定索引位置的元素，在第 7 章已经详细介绍，这里不再赘述。如果查找到元素则返回该元素值，否则返回“$-1\r\n”。

```
void lindexCommand(client *c) {
    robj *o = lookupKeyReadOrReply(c,c->argv[1],shared.nullbulk);
    ...

    if (quicklistIndex(o->ptr, index, &entry)) {

        addReplyBulk(c,value);
    } else {
        addReply(c,shared.nullbulk);
    }
    ...
}
```

13.3.2　获取多个元素

lrange 命令的作用是获取指定索引范围内的所有元素：0 表示第 1 个元素，1 表示第 2 个元素，以此类推；-1 表示最后一个元素，-2 表示倒数第 2 个元素，以此类推。

格式：

```
lrange key start end
```

示例：

```
127.0.0.1:6379> lrange mylist 0 -1
1) "4"
2) "3"
3) "2"
4) "1"
```

lrange 命令的入口函数为 lrangeCommand，由于 start 与 end 可能为正数也可能为负数，因此首先需要计算得到正确的索引起始和终止范围。可以看到这里生成了一个迭代器 listTypeIterator，并调用方法 listTypeNext 迭代指定数目的元素。迭代器底层主要通过数据结构 quicklist 的迭代器 quicklistIter 实现，这里不再赘述。

```
void lrangeCommand(client *c) {
    ...
    llen = listTypeLength(o);

    //处理范围
    if (start < 0) start = llen+start;
```

```
    if (end < 0) end = llen+end;
    if (start < 0) start = 0;
    if (end >= llen) end = llen-1;
    rangelen = (end-start)+1;
    ...

    if (o->encoding == OBJ_ENCODING_quicklist) {
        //初始化迭代器
        listTypeIterator *iter = listTypeInitIterator(o, start, LIST_TAIL);

        //迭代指定数目元素并返回给客户端
        while(rangelen--) {

            listTypeNext(iter, &entry);
            quicklistEntry *qe = &entry.entry;

            if (qe->value) {
                addReplyBulkCBuffer(c,qe->value,qe->sz);
            } else {
                addReplyBulkLongLong(c,qe->longval);
            }
        }
        listTypeReleaseIterator(iter);
    }
    ...
```

13.3.3 获取列表长度

llen 命令的作用是获取列表长度（元素数目）。

格式：

```
llen key
```

示例：

```
127.0.0.1:6379> llen mylist
(integer) 4
```

llen 命令的入口函数为 llenCommand。列表的长度即 quicklist 列表中元素的数目，通过其提供的函数 quicklistCount 很容易实现，这里不再详述。

```
void llenCommand(client *c) {
    robj *o = lookupKeyReadOrReply(c,c->argv[1],shared.czero);
    addReplyLongLong(c,listTypeLength(o));
}
```

13.4 操作列表

对于列表对象，可以向指定位置插入元素，也可以删除指定位置的元素等，本节将详细介绍这些命令的实现。

13.4.1 设置元素

lset 命令的作用是设置指定索引位置的元素值。

格式：

```
lset key index value
```

示例：

```
127.0.0.1:6379> lrange mylist2 0 -1
1) "2"
2) "1"
127.0.0.1:6379> lset mylist2 0 3
ok
127.0.0.1:6379> lrange mylist2 0 -1
1) "3"
2) "1"
```

lset 命令的入口函数为 lsetCommand。函数 quicklistReplaceAtIndex 是数据结构 quicklist 提供的 API，用于修改指定索引位置的值；可以看到，如果修改失败会返回错误提示 "-ERR index out of range\r\n"。

```
void lsetCommand(client *c) {
    robj *o = lookupKeyWriteOrReply(c,c->argv[1],shared.nokeyerr);
   ...
    if (o->encoding == OBJ_ENCODING_quicklist) {
        quicklist *ql = o->ptr;
        //指定位置设置元素
        int replaced = quicklistReplaceAtIndex(ql, index,
                                               value->ptr, sdslen(value->ptr));
        if (!replaced) {
            //修改失败返回错误提示: -ERR index out of range\r\n
            addReply(c,shared.outofrangeerr);
        } else {
            addReply(c,shared.ok);
        }
    }
    ...
```

13.4.2 插入元素

linsert 命令的作用是将值 value 插入到列表 key，且位于值 pivot 之前或之后。

格式：

```
linsert key before|after pivot value
```

示例：

```
127.0.0.1:6379> lrange mylist2 0 -1
1) "3"
```

```
2) "1"
127.0.0.1:6379> linsert mylist2 after 3 2
(integer) 3
127.0.0.1:6379> lrange mylist2 0 -1
1) "3"
2) "2"
3) "1"
```

linsert命令实现函数为linsertCommand，在获取到列表迭代器listTypeIterator后，会从头开始遍历所有元素，直到找到与值pivot相等的元素，并插入到值pivot的前面或者后面。

```
void linsertCommand(client *c) {
    ...
    //确定指定位置前后
    if (strcasecmp(c->argv[2]->ptr,"after") == 0) {
        where = LIST_TAIL;
    } else if (strcasecmp(c->argv[2]->ptr,"before") == 0) {
        where = LIST_HEAD;
    } else {
        addReply(c,shared.syntaxerr);
        return;
    }
    //遍历quicklist，根据元素找到位置索引
    iter = listTypeInitIterator(subject,0,LIST_TAIL);
    while (listTypeNext(iter,&entry)) {
        if (listTypeEqual(&entry,c->argv[3])) {
            //插入元素
            listTypeInsert(&entry,c->argv[4],where);
            inserted = 1;
            break;
        }
    }
    listTypeReleaseIterator(iter);
    ...
```

13.4.3 删除元素

lrem命令的作用是移除列表中与参数value相等的元素，并返回被移除的元素数目。当count大于0时，从表头开始向表尾搜索，最大删除count个元素；当count小于0时，从表尾开始向表头搜索，最大删除“count绝对值”个元素；当count等于0时，删除所有与value相等的元素。

格式：

```
lrem key count value
```

示例：

```
127.0.0.1:6379> lrange mylist2 0 -1
1) "3"
```

```
2) "2"
3) "1"
127.0.0.1:6379> lrem mylist2 2 3
(integer) 1
127.0.0.1:6379> lrange mylist2 0 -1
1) "2"
2) "1"
```

lrem 命令的入口函数为 lremCommand。toremove 表示 count 的值，可以看到负数时起始索引为 -1（即最后一个元素），遍历方向为向前遍历，正数时起始索引为 0（即第 1 个元素），遍历方向为向后遍历。获取迭代器 listTypeIterator 之后，调用 listTypeNext 依次遍历所有元素，如果元素与值 obj 相等则删除元素，toremove 等于 0 时删除所有与值 obj 相等的元素，否则最多删除“toremove”个元素。

```
void lremCommand(client *c) {
...
//toremove即为count的值
 if (toremove < 0) {
     toremove = -toremove;
     li = listTypeInitIterator(subject,-1,LIST_HEAD);
 } else {
     li = listTypeInitIterator(subject,0,LIST_TAIL);
 }

 while (listTypeNext(li,&entry)) {
     if (listTypeEqual(&entry,obj)) {
         listTypeDelete(li, &entry);
         removed++;
         //删除元素数目控制
         if (toremove && removed == toremove) break;
     }
 }
 listTypeReleaseIterator(li);
 ...
```

13.4.4 裁剪列表

ltrim 命令的作用是对一个列表进行裁剪，即让列表只保留区间 start 与 stop 内的元素，不在该区间内的元素都将被删除。

格式：

```
ltrim key start stop
```

示例：

```
127.0.0.1:6379> lpush mylist4 1 2 3 4
(integer) 4
127.0.0.1:6379> ltrim mylist4 1 2
ok
```

```
127.0.0.1:6379> lrange mylist4 0 -1
1) "3"
2) "2"
```

ltrim命令的入口函数是ltrimCommand。可以看到它调用函数quicklistDelRange删除指定范围内的元素来实现操作，这是数据结构quicklist提供的API，在第7章已经详细介绍了，这里不再赘述。

```
void ltrimCommand(client *c) {
    ...
    if (o->encoding == OBJ_ENCODING_quicklist) {
        //左侧trim
        quicklistDelRange(o->ptr,0,ltrim);
        //右侧trim
        quicklistDelRange(o->ptr,-rtrim,rtrim);
    }
    ...
```

13.5 本章小结

本章讲述Redis中列表的命令实现，列表底层的数据结构采用的是quicklist。本章首先介绍了栈与队列的基本概念，以及如何通过push/pop实现栈与队列；其次介绍了列表阻塞命令的实现，通过blpop命令讲解了客户端阻塞流程，以及解除客户端阻塞流程，该流程还是比较复杂的，需要读者认真学习梳理；最后介绍了一些常见的列表操作和查询的命令。

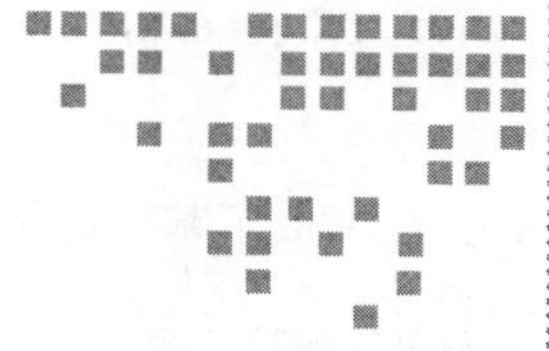

第 14 章 Chapter 14

集合相关命令的实现

Redis 的 set 实现了无序集合，集合成员唯一。set 底层基于 dict 和 intset，在学习集合命令前，需要先了解 dict 和 intset 的结构，详见相关章节的介绍。

14.1 相关命令介绍

集合是指“具有某种特定性质的具体的或抽象的对象汇总而成的集体”。其中，构成集合的对象称为该集合的元素，在 Redis 中，集合元素为字符串和数字，分别用 dict 和 intset 存储。对于单个集合，Redis 实现了元素的新增、删除、遍历等操作；对于多个集合，Redis 实现了集合间求交集、并集和差集等操作。

本节讲解单个集合的操作命令。主要包括添加成员、删除成员、移动成员、获取基数和遍历等命令。

1. 添加成员

sadd 命令的作用是为集合添加新成员。

格式：

```
sadd key member [member ...]
```

说明：将一个或多个元素加入到集合 key 当中，返回加入成功的个数。

示例：

```
>sadd testKey a b
integer(2)
```

源码分析：函数入口在saddCommand。

```
{"sadd",saddCommand,-3,"wmF",0,NULL,1,1,1,0,0},
```

saddCommond在完成了基本的校验后，先得到一个有效的set，并将待添加元素依次添加进set：

```
void saddCommand(client *c) {
......
//参数校验
    for (j = 2; j < c->argc; j++) {
        if (setTypeAdd(set,c->argv[j]->ptr)) added++;
    }
......
}
```

源码的核心函数是setTypeAdd，由于集合底层有两种实现方式（dict和intset），在新增时还需分别处理。下面分别详细阐述。

① 当encoding方式为OBJ_ENCODING_HT时，set的底层用的是字典，将key直接添加进dict。需要注意的是，用dict存储集合元素时，元素值存储于字典的key中，字典的value值为null。

```
int setTypeAdd(robj *subject, sds value) {
    ......
    dictEntry *de = dictAddRaw(ht,value,NULL);
    if (de) {
        dictSetKey(ht,de,sdsdup(value));
        dictSetVal(ht,de,NULL);   //字典的value值为null
        return 1;
    }
    ......
}
```

② 当encoding方式为OBJ_ENCODING_INTSET时，又有两种情况：若新增的元素本身非数字（value转long long失败），需要通过setTypeConvert转化后再存储；若新增的元素本身是数字，则用intsetAdd新增元素。且当新增成功，但intset的元素个数过多（个数大于server.set_max_intset_entries时。该参数可配置，默认为512），同样会触发setTypeConvert转化：

```
int setTypeAdd(robj *subject, sds value) {
    ......
    else if (subject->encoding == OBJ_ENCODING_INTSET) {
        if (isSdsRepresentableAsLongLong(value,&llval) == C_OK) {
            uint8_t success = 0;
            subject->ptr = intsetAdd(subject->ptr,llval,&success);
            if (success) {
                if (intsetLen(subject->ptr) > server.set_max_intset_entries)
                    setTypeConvert(subject,OBJ_ENCODING_HT);   //intset转dict
```

```
                return 1;
            }
        } else {   //value转long long失败，触发转化
            setTypeConvert(subject,OBJ_ENCODING_HT);
                //intset转dict
            serverAssert(dictAdd(subject->ptr,sdsdup(value),NULL) == DICT_OK);
            return 1;
        }
    } else {
        serverPanic("Unknown set encoding");
    }
    return 0;
}
```

setTypeConvert 将集合的编码方式由 OBJ_ENCODING_INTSET 改为 OBJ_ENCODING_HT。其思路是新建一个 dict，遍历旧 intset 中的所有元素，并添加至新 dict 中。

```
void setTypeConvert(robj *setobj, int enc) {
    dict *d = dictCreate(&setDictType,NULL);
    ......
    dictExpand(d,intsetLen(setobj->ptr));
    si = setTypeInitIterator(setobj);
    while (setTypeNext(si,&element,&intele) != -1) {
        element = sdsfromlonglong(intele);
        serverAssert(dictAdd(d,element,NULL) == DICT_OK);
    }
    ......
}
```

为了避免转化过程中发生字典的 rehash 操作，代码中用 dictExpand 主动扩容，关于 rehash 的细节，请参考第 5 章。

2. 删除成员

srem 命令的作用是删除集合中的指定成员。

格式：

```
srem key member [member ...]
```

说明：删除集合 key 中的一个或多个元素，返回删除成功的元素数量。

示例：

```
>srem testKey testValue
integer(1)
```

源码分析：函数入口在 sremCommand。

```
{"srem",sremCommand,-3,"wF",0,NULL,1,1,1,0,0},
```

sremCommand 函数与 saddCommand 函数几乎一致：同样完成基本的校验后，得到一个有效的 set，调用 setTypeRemove 方法，将待删除元素依次从 set 中移除。

```
void sremCommand(client *c) {
    ...
    //参数校验
    for (j = 2; j < c->argc; j++) {
        if (setTypeRemove(set,c->argv[j]->ptr)) {
            deleted++;
            if (setTypeSize(set) == 0) {
                dbDelete(c->db,c->argv[1]);
                keyremoved = 1;
                break;
            }
        }
    }
    ...
}
```

keyremoved 是一个标识，用于最后通知 notifyKeyspaceEvent。主要的移除逻辑在 setTypeRemove 中完成。移除时同样分 OBJ_ENCODING_HT 和 OBJ_ENCODING_INTSET 两种情况处理。

若 encoding 为 OBJ_ENCODING_HT 时，则调用 dictDelete 处理删除元素时，会检查字典容量，字典容量不足也会触发扩容操作。其中 dictResize 操作详见第 5 章。

```
int setTypeRemove(robj *setobj, sds value) {
        ...
    if (setobj->encoding == OBJ_ENCODING_HT) {
        if (dictDelete(setobj->ptr,value) == DICT_OK) {
            if (htNeedsResize(setobj->ptr)) dictResize(setobj->ptr);
            return 1;
        }
          ...
      }
    ...
}
```

当 encoding 为 OBJ_ENCODING_INTSET 时，调用 intsetRemove 处理，详见第 6 章。

```
int setTypeRemove(robj *setobj, sds value) {
    ......
    else if (setobj->encoding == OBJ_ENCODING_INTSET) {
        if (isSdsRepresentableAsLongLong(value,&llval) == C_OK) {
             int success;
             setobj->ptr = intsetRemove(setobj->ptr,llval,&success);
             if (success) return 1;
         }
    }
}
```

3. 获取成员

本节将讲解获取集合一个或多个成员的命令。

（1）spop/srandmember 命令

spop 与 srandmember 命令都会返回一个随机元素，故统一讲解。不同之处在于，spop 会将该返回的元素从集合中移除，而 srandmember 不会。先来讲解 spop 命令。

说明：删除并返回集合中的一个或多个随机元素。

格式：

```
spop key [count]
```

示例：

```
> smembers test
1) "a"
2) "b"
3) "c"
>spop test
"c"
> smembers test
1) "a"
2) "b"
```

源码分析：函数入口在 spopCommand。

```
{"spop",spopCommand,-2,"wRF",0,NULL,1,1,1,0,0},
```

返回一个和多个元素的逻辑略有不同，我们先看处理移除并返回一个元素的逻辑：spopCommand 函数先校验 arg 中的 set，之后通过 setTypeRandomElement 返回一个随机元素，最后将该元素从集合中删除。删除时会检查集合编码，若集合 encoding 为 OBJ_ENCODING_INTSET，则调用 intsetRemove 函数删除；否则调用 setTypeRemove 函数删除。

参数校验：

```
void spopCommand(client *c) {
    ......
    if (c->argc == 3) {
        spopWithCountCommand(c);                    //移除并返回多个元素的函数入口
        return;
    } else if (c->argc > 3) {
        addReply(c,shared.syntaxerr);
        return;
    }
    if ((set = lookupKeyWriteOrReply(c,c->argv[1],shared.nullbulk)) == NULL ||
        checkType(c,set,OBJ_SET)) return;       //set不存在或类型错误则返回空
    ......
}
```

校验通过，随机获取一个元素。当元素是数字时，返回值保存在 *llele 中；当元素是字符串时，返回值保存在 *sdsele 中：

```
encoding = setTypeRandomElement(set,&sdsele,&llele);
```

集合有 intset 和字典两种实现，调用不同的随机获取函数：

```
int setTypeRandomElement(robj *setobj, sds *sdsele, int64_t *llele) {
    if (setobj->encoding == OBJ_ENCODING_HT) {
        dictEntry *de = dictGetRandomKey(setobj->ptr);
        *sdsele = dictGetKey(de);                //从字典中随机获取元素
        *llele = -123456789;
    } else if (setobj->encoding == OBJ_ENCODING_INTSET) {
        *llele = intsetRandom(setobj->ptr);      //从intset中随机获取元素
        *sdsele = NULL;
    }
    ...
    return setobj->encoding;
}
```

字典和 inset 的随机函数分别为 dictGetRandomKey 与 intsetRandom。其中 dictGetRandomKey 做了两次随机，第 1 次随机找到非空的 bucket，bucket 存放着一个链表，第 2 次随机返回 bucket 链表中的元素。关于该函数的更多细节，请参阅第 10 章。

inset 的随机方法则简单很多：

```
int64_t intsetRandom(intset *is) {
    return _intsetGet(is,rand()%intrev32ifbe(is->length));
}
```

最后再分情况调用不同的函数删除。值得一提的是，spop 由于涉及删除元素，通过 setTypeRandomElement 得到随机元素后，重新创建了变量来保存它。srandmember 由于不需要删除，所以直接返回随机元素。

```
void spopCommand(client *c) {
    ...
    if (encoding == OBJ_ENCODING_INTSET) {
       ele = createStringObjectFromLongLong(llele);     //为返回值重新创建元素
       set->ptr = intsetRemove(set->ptr,llele,NULL);    //删除元素
    } else {
       ele = createStringObject(sdsele,sdslen(sdsele)); //为返回值重新创建元素
       setTypeRemove(set,ele->ptr);                     //删除元素
    }
    ...
    addReplyBulk(c,ele);                                //返回
}
```

返回多个元素时，函数入口在 spopWithCountCommand，Redis 分 4 种情况讨论：

随机元素数量为 0，返回空 ("empty list or set")：

```
void spopWithCountCommand(client *c) {
    ...
    if (count == 0) {
        addReply(c,shared.emptymultibulk);
        return;
    }
```

```
    ...
}
```

随机元素数量大于等于集合基数时，返回整个集合，并删除集合：

```
void spopWithCountCommand(client *c) {
    ...
    if (count >= size) {
        /* 调用求并集函数，返回本集合所有元素*/
        sunionDiffGenericCommand(c,c->argv+1,1,NULL,SET_OP_UNION);
        /* 删除集合*/
        dbDelete(c->db,c->argv[1]);
        notifyKeyspaceEvent(NOTIFY_GENERIC,"del",c->argv[1],c->db->id);
        ...
    }
    ...
}
```

随机元素数量大于 0，小于某个临界值时，Redis 循环调用 random 及 remove 函数查询并删除元素：

```
void spopWithCountCommand(client *c) {
    ...
    while(count--) {
        /* Emit and remove. */
        encoding = setTypeRandomElement(set,&sdsele,&llele);
        if (encoding == OBJ_ENCODING_INTSET) {
            addReplyBulkLongLong(c,llele);
            objele = createStringObjectFromLongLong(llele);
            set->ptr = intsetRemove(set->ptr,llele,NULL);       //删除
        } else {
            addReplyBulkCBuffer(c,sdsele,sdslen(sdsele));
            objele = createStringObject(sdsele,sdslen(sdsele));
            setTypeRemove(set,sdsele);                          //删除
        }
        ...
    }
    ...
}
```

随机元素数量小于集合基数，但大于某个临界值时，Redis 将“反向处理”——创建一个新的 set，将“剩余”元素加入该集合，返回原集合并在删除原集合后，将新集合转化为原集合：

```
void spopWithCountCommand(client *c) {
    /* 将剩余元素从原集合中删除，并写入新集合 */
    while(remaining--) {
        encoding = setTypeRandomElement(set,&sdsele,&llele);
        if (encoding == OBJ_ENCODING_INTSET) {
            sdsele = sdsfromlonglong(llele);
        } else {
```

```
            sdsele = sdsdup(sdsele);
        }
        if (!newset) newset = setTypeCreate(sdsele);
        setTypeAdd(newset,sdsele);          //写入新集合
        setTypeRemove(set,sdsele);          //从原集合删除
        sdsfree(sdsele);
    }
    /* 迭代原集合，将集合元素写入client*/
    setTypeIterator *si;
    si = setTypeInitIterator(set);
    while((encoding = setTypeNext(si,&sdsele,&llele)) != -1) {
        if (encoding == OBJ_ENCODING_INTSET) {
            addReplyBulkLongLong(c,llele);
            objele = createStringObjectFromLongLong(llele);
        } else {
            addReplyBulkCBuffer(c,sdsele,sdslen(sdsele));
            objele = createStringObject(sdsele,sdslen(sdsele));
        }
        ...
    }
    setTypeReleaseIterator(si);
    /* 新集合覆盖原集合 */
    dbOverwrite(c->db,c->argv[1],newset);
}
```

临界值的计算公式如下：

```
...
unsigned long remaining = size-count;          //剩余元素数量 = 集合容量-返回的随机
                                                 元素数量
if (remaining*SPOP_MOVE_STRATEGY_MUL > count)    //SPOP_MOVE_STRATEGY_MUL是系数，值
                                                 为5
...
```

简单来说，当返回的随机元素数量大于集合剩余元素数量的5倍时，Redis选择“反向处理”。

下面再来讲解srandmember命令。

格式：

```
srandmember key [count]
```

说明：返回集合中的一个或多个随机元素。

示例：

```
> smembers test
1) "a"
2) "b"
3) "c"
>srandmember test
"c"
> smembers test
```

```
1) "a"
2) "b"
3) "c"
```

源码分析： srandmember 与 spop 几乎一致，同样调用 setTypeRandomElement 函数，只是去掉了删除逻辑，不再赘述。

（2）smembers 命令

格式：

```
smembers key
```

说明： 返回集合 key 中的所有成员。不存在的 key 被视为空集合。

示例：

```
> smembers test
1) "a"
2) "b"
3) "c"
```

源码分析： 函数入口在 sinterCommand。

```
{"smembers",sinterCommand,2,"rS",0,NULL,1,1,1,0,0},
```

该操作是“多集合取交集”的一种特殊情况，即“对一个集合取交集时返回它本身”。Redis 底层调用 sinterGenericCommand 统一处理，在 14.2.1 节中一并介绍。

4. 查找成员

查找成员的命令是 sismember，命令的作用是判断元素是否在指定集合中。

格式：

```
sismember key member
```

说明： 判断 member 元素是否是集合 key 的成员，如果是返回 1，否则返回 0。

示例：

```
> sadd test a b c
(integer) 3
> sismember test a
(integer) 1
> sismember test d
(integer) 0
```

源码分析： 函数入口在 sismemberCommand。

```
{"sismember",sismemberCommand,3,"rF",0,NULL,1,1,1,0,0},
```

由于集合有 intset 和字典两种实现，对于 OBJ_ENCODING_HT 和 OBJ_ENCODING_INTSET，分别调用 dictFind 及 intsetFind 两函数判断即可。dictfind 和 intsetFind 的实现详见第 5 章和第 6 章。

sismemberCommand 核心调用的函数是 setTypeIsMember，见代码：

```
int setTypeIsMember(robj *subject, sds value) {
    long long llval;
    if (subject->encoding == OBJ_ENCODING_HT) {
        return dictFind((dict*)subject->ptr,value) != NULL;
    } else if (subject->encoding == OBJ_ENCODING_INTSET) {
        if (isSdsRepresentableAsLongLong(value,&llval) == C_OK) {
            return intsetFind((intset*)subject->ptr,llval);
        }
    } else {
        serverPanic("Unknown set encoding");
    }
    return 0;
}
```

5. 移动成员

smove 命令的作用是移动元素至指定集合。

格式：

```
smove source destination member
```

说明： 将 member 元素从 source 集合移动到 destination 集合。

示例：

```
> smove test1set test2set "hello"
(integer) 1
```

源码分析： 函数入口在 smoveCommand。

```
{"smove",smoveCommand,4,"wF",0,NULL,1,2,1,0,0},
```

函数逻辑分两部分。

① 校验，考虑各种无法移动的情况。包括源集合不存在、集合类型错误、源集合与目标集合相同等情况；

② 从源集合中删除元素，并将元素插入目标集合。若目标集合不存在，创建新集合后再插入。

如下为校验的代码：

```
void smoveCommand(client *c) {
    ...
    /* 源集合不存在*/
    if (srcset == NULL) {
        addReply(c,shared.czero);
        return;
    }
    /*集合类型错误*/
    if (checkType(c,srcset,OBJ_SET) ||
        (dstset && checkType(c,dstset,OBJ_SET))) return;
```

```
    /*源集合与目标集合相等*/
    if (srcset == dstset) {
        addReply(c,setTypeIsMember(srcset,ele->ptr) ?
            shared.cone : shared.czero);
        return;
    }
    ...
}
```

先调用 setTypeRemove 移除元素，再调用 setTypeAdd 插入元素：

```
void smoveCommand(client *c) {
    ......
    /*从旧集合中移除*/
    if (!setTypeRemove(srcset,ele->ptr)) {
        addReply(c,shared.czero);
        return;
    }
    ...
    /*插入新集合*/
    if (setTypeAdd(dstset,ele->ptr)) {
        server.dirty++;
        notifyKeyspaceEvent(NOTIFY_SET,"sadd",c->argv[2],c->db->id);
    }
    ...
}
```

6. 获取基数

scard 命令的作用是获取集合中的元素数量（集合基数）。

格式：

```
scard key
```

说明：返回集合 key 的基数 (集合中元素的数量)。

示例：

```
>scard test1
(integer)3
```

源码分析：函数入口在 scardCommand。

```
{"scard",scardCommand,2,"rF",0,NULL,1,1,1,0,0},
```

scardCommand 函数先做基本的校验，最终调用 setTypeSize 函数查询基数。由于集合底层通过字典和 intset 实现，setTypeSize 也分情况调用不同的查询函数：

```
unsigned long setTypeSize(const robj *subject) {
    if (subject->encoding == OBJ_ENCODING_HT) {
        return dictSize((const dict*)subject->ptr);     //查询dict大小
    } else if (subject->encoding == OBJ_ENCODING_INTSET) {
        return intsetLen((const intset*)subject->ptr);  //查询intset大小
```

```
    } else {
        serverPanic("Unknown set encoding");
    }
}
```

若底层是字典，考虑到rehash情况，统计的是ht[0]和ht[1]的和（rehash过程详见第5章）：

```
#define dictSize(d) ((d)->ht[0].used+(d)->ht[1].used)
```

若底层是intset，直接返回统计成员变量：

```
uint32_t intsetLen(const intset *is) {
    return intrev32ifbe(is->length);
}
```

时间复杂度均为O(1)。

7. 遍历成员

sscan命令用于增量遍历集合元素。

格式：

```
sscan cursor [match pattern] [count count]
```

说明：sscan每次执行返回少量元素和一个新的游标，该游标用于下次遍历时延续之前的遍历过程，指定游标为0时，表示开始一轮新的迭代，而当服务器返回游标值为0时，表示本轮遍历结束。

示例：

```
> sscan test1 0
1) "0"
2) 1) "a"
   2) "c"
   3) "b"
```

源码分析：函数入口在sscanCommand，最终调用scanGenericCommand：

```
{"sscan",sscanCommand,-3,"rR",0,NULL,1,1,1,0,0},
...
scanGenericCommand(c,set,cursor);
```

scanGenericCommand的函数逻辑主要分为4步：

① 参数校验；

② 获取本次遍历的随机元素；

③ 根据pattern过滤元素；

④ 返回相应元素。

第1步和第4步逻辑较简单，不再单独分析。我们主要分析中间两个步骤。

在第2步中，由于用intset结构实现的object存储的元素数量不会太多，Redis选择一次性取出相应对象中的所有元素；而对于散列表，Redis 则调用 dictscan 分批获取随机元素，若干次循环后凑齐 count 个值返回，不足 count 个则取出全部元素。需要注意的是，当 dict 底层过于稀疏时，需要遍历很多次才能取到预期的元素个数，效率过低，故 Redis 设置了循环次数上限 maxiterations()。

当 encoding 是 OBJ_ENCODING_HT 时：

```
void scanGenericCommand(client *c, robj *o, unsigned long cursor) {
    ...
    if (ht) {
        void *privdata[2];
        long maxiterations = count*10;    //假设count=10，则maxiterations=100
        privdata[0] = keys;               //存放结果元素的链表
        privdata[1] = o;
        do {
            cursor = dictScan(ht, cursor, scanCallback, NULL, privdata);
                                          //获取随机元素
        }
    while (cursor &&maxiterations-- &&listLength(keys) < (unsigned long)count);}
    ...
}
```

dictscan 将随机返回一个字典元素，dictscan 的具体实现详见第 5 章。

当 encoding 是 OBJ_ENCODING_INTSET 时：

```
void scanGenericCommand(client *c, robj *o, unsigned long cursor) {
    ...
    else if (o->type == OBJ_SET) {
        int pos = 0;
        int64_t ll;
        while(intsetGet(o->ptr,pos++,&ll))
            listAddNodeTail(keys,createStringObjectFromLongLong(ll));
        cursor = 0;
    }
    ...
}
```

调用 listAddNodeTail 将 intset 的所有元素全部加入结果集，并将 curosr 置为 0（代表本次遍历结束）。

在第 3 步中，对结果集链表进行过滤。一方面过滤不匹配 pattern 的元素，一方面过滤已过期的元素。fliter 为 0 代表保留，为 1 代表舍弃，初始为 0：

```
void scanGenericCommand(client *c, robj *o, unsigned long cursor) {
    ...
    node = listFirst(keys);
    while (node) {
        robj *kobj = listNodeValue(node);
        nextnode = listNextNode(node);
        int filter = 0;
```

```
            /* 过滤不匹配pattern的元素 */
            if (!filter && use_pattern) {
                if (sdsEncodedObject(kobj)) {
                    if (!stringmatchlen(pat, patlen, kobj->ptr, sdslen(kobj->ptr), 0))
                        filter = 1;  //不匹配，过滤
                } else {
                    char buf[LONG_STR_SIZE];
                    int len;
                    serverAssert(kobj->encoding == OBJ_ENCODING_INT);
                    len = ll2string(buf,sizeof(buf),(long)kobj->ptr);
                    if (!stringmatchlen(pat, patlen, buf, len, 0)) filter = 1;
                }
            }
            /* 过滤已过期的元素 */
            if (!filter && o == NULL && expireIfNeeded(c->db, kobj)) filter = 1;
            /*移除被过滤的元素*/
            if (filter) {
                decrRefCount(kobj);
                listDelNode(keys, node);
            }
            ...
            node = nextnode;
        }
        ...
    }
```

最终将结果集和新游标返回。

14.2 集合运算

集合运算是Redis集合重要的功能，Redis实现了集合求交集、求差集、求并集三种基本运算。Redis通过优秀的设计，保证了集合运算的效率。

14.2.1 交集

1. sinter

sinter命令的作用是求多集合的交集。

格式：

```
sinter key [key ...]
```

说明：sinter命令返回一个集合的全部成员，该集合是所有给定集合的交集。不存在的key被视为空集。当给定集合中有一个空集时，结果也为空集（根据集合运算定律）。

示例：

```
> sadd test1 a b c
(integer) 3
```

```
> sadd test2 a b d
(integer) 3
> sadd test3 a e f
(integer) 3
> sinter test1 test2 test3
1) "a"
```

源码分析： 函数入口在 sinterCommand。

```
{"sinter",sinterCommand,-2,"rS",0,NULL,1,-1,1,0,0},
```

如图 14-1 所示，集合求交集的基本逻辑是：先将集合按基数大小排序，以一个集合（基数最小）为标准，遍历该集合中的所有元素，依次判断该元素是否在其余所有集合中：如果不在任一集合，舍弃该元素，否则加入结果集。

排序的意义在于减小遍历元素的个数，交集不可能大于任一集合，故遍历最小集合是效率最高的。

1）参数校验，排除空集合。函数首先校验集合是否存在或为空（为空删除），将存在且不为空的集合依次放入 sets 数组中：

```
void sinterGenericCommand(client *c, robj **setkeys,unsigned long setnum, robj *dstkey) {
    robj **sets = zmalloc(sizeof(robj*)*setnum); //所有待计算的集合数组
       ...
    for (j = 0; j < setnum; j++) {
        robj *setobj = dstkey ?
            lookupKeyWrite(c->db,setkeys[j]) :
            lookupKeyRead(c->db,setkeys[j]);
        if (!setobj) {
            ...                                     //释放并删除空的key
            return;
        }
         ...
        sets[j] = setobj;                           //将集合放入待处理集合数组中
      }
    ...
}
```

2）将集合按基数从小到大排序，提升性能，以最小的为标尺，方便接下来依次比较：

```
void sinterGenericCommand(client *c, robj **setkeys,unsigned long setnum, robj *dstkey) {
    ...
    qsort(sets,setnum,sizeof(robj*),qsortCompareSetsByCardinality);
    ...
}
```

3）遍历最小集合中的所有元素，依次判断是否在其余集合中，只要元素不在任一集合中，就不满足交集的条件，舍弃：

```
while((encoding = setTypeNext(si,&elesds,&intobj)) != -1) {
        for (j = 1; j < setnum; j++) {
            if (sets[j] == sets[0]) continue;    //略过自己
```

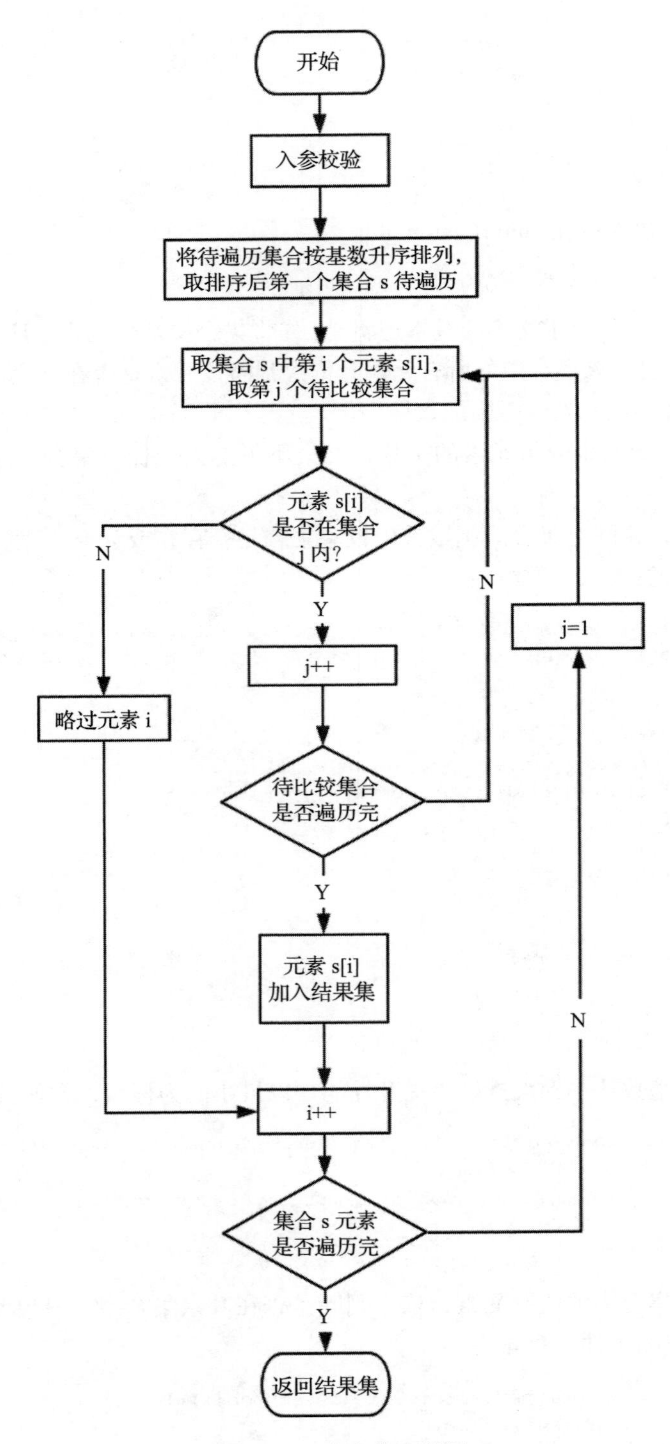
开始
入参校验
将待遍历集合按基数升序排列，
取排序后第一个集合 s 待遍历
取集合 s 中第 i 个元素 s[i]，
取第 j 个待比较集合
元素 s[i]
是否在集合
j 内？
N
Y
j++
略过元素 i
待比较集合
是否遍历完
N
j=1
Y
元素 s[i]
加入结果集
N
i++
集合 s 元素
是否遍历完
Y
返回结果集

图 14-1　求交集流程图

```
            if (encoding == OBJ_ENCODING_INTSET) {
                /* intset with intset is simple... and fast */
                if (sets[j]->encoding == OBJ_ENCODING_INTSET &&
                    !intsetFind((intset*)sets[j]->ptr,intobj))
                {
                    break;                //不在则直接退出for循环，舍弃该元素，继续比较
                } else if (sets[j]->encoding == OBJ_ENCODING_HT) {
                    elesds = sdsfromlonglong(intobj);//将int转为sdsobj
                    if (!setTypeIsMember(sets[j],elesds)) {
                        sdsfree(elesds);
                        break;
                    }
                    sdsfree(elesds);
                }
            } else if (encoding == OBJ_ENCODING_HT) {
                if (!setTypeIsMember(sets[j],elesds)) {
                    break;
                }
            }
        }
    /* 只有当该元素在其余所有集合中都出现时，才将其加入目标集合 */
        if (j == setnum) {
            if (!dstkey) {
                if (encoding == OBJ_ENCODING_HT)
                    addReplyBulkCBuffer(c,elesds,sdslen(elesds));
                else
                    addReplyBulkLongLong(c,intobj);
                cardinality++;
            } else {
                if (encoding == OBJ_ENCODING_INTSET) {
                    elesds = sdsfromlonglong(intobj);
                    setTypeAdd(dstset,elesds);
                    sdsfree(elesds);
                } else {
                    setTypeAdd(dstset,elesds);
                }
            }
        }
    }
    setTypeReleaseIterator(si);
```

dstset 中存放了最终的结果。注意在判断元素是否在集合中时，同样区分了 OBJ_ENCODING_HT 和 OBJ_ENCODING_INTSET 两种类型，调用了不同的底层方法，在 sismember 一节中有所介绍，不再赘述。

2. sinterstore 命令

sinterstore 命令与 sinter 命令类似，不同之处在于它将结果保存至指定集合，而不是简单返回。

格式：

```
sinterstore destination key [key ...]
```

示例：

```
> sadd test1 a b c
(integer) 3
> sadd test2 a b d
(integer) 3
> sadd test3 a e f
(integer) 3
> sinterstore test4 test1 test2 test3
(integer) 1
> smembers test4
1) "a"
```

源码分析： sinterstore与sinter的源码处理在同一位置，只是返回前sinterstore将结果集保存。

```
void sinterGenericCommand(client *c, robj **setkeys,unsigned long setnum, robj
    *dstkey) {
    ...
    if (dstkey) {
        int deleted = dbDelete(c->db,dstkey);    //若指定集合key存在，先删除
        if (setTypeSize(dstset) > 0) {
            dbAdd(c->db,dstkey,dstset);          //将返回结果写入指定集合中
            addReplyLongLong(c,setTypeSize(dstset));
            notifyKeyspaceEvent(NOTIFY_SET,"sinterstore",
                dstkey,c->db->id);
        } else {
            decrRefCount(dstset);
            addReply(c,shared.czero);
            if (deleted)
                notifyKeyspaceEvent(NOTIFY_GENERIC,"del",
                    dstkey,c->db->id);
        }
        signalModifiedKey(c->db,dstkey);
        server.dirty++;
    }
    ...
}
```

类似命令还有sdiffstore与sunionstore，之后不再单独介绍。

14.2.2 并集

sunion命令的作用是求多集合的并集。

格式：

```
sunion key [key ...]
```

说明：返回一个集合的全部成员，该集合是所有给定集合的并集。不存在的 key 被视为空集。

示例：

```
> sunion test1 test2 test3
1) "d"
2) "c"
3) "a"
4) "f"
5) "e"
6) "b"
```

源码分析：函数入口在 sunionCommand，最终调用 sunionDiffGenericCommand。

```
...
{"sunion",sunionCommand,-2,"rS",0,NULL,1,-1,1,0,0},
...
void sunionCommand(client *c) {
  sunionDiffGenericCommand(c,c->argv+1,c->argc1,NULL,SET_OP_UNION);
}
```

求并集的基本思路是，遍历所有集合，调用 setTypeAdd 将所有元素依次插入结果集，插入过程中会去重，自然得到并集。sunion 和 sdiff 底层调用了同一函数 sunionDiffGenericCommand。

校验集合，排除空集的代码如下：

```
void sunionDiffGenericCommand(client *c, robj **setkeys, int setnum,robj *dstkey,
    int op)
{
    ...
    for (j = 0; j < setnum; j++) {
        robj *setobj = dstkey ?
            lookupKeyWrite(c->db,setkeys[j]) :
            lookupKeyRead(c->db,setkeys[j]);
        if (!setobj) {
            sets[j] = NULL;
            continue;
        }
        if (checkType(c,setobj,OBJ_SET)) {
            zfree(sets);
            return;
        }
        sets[j] = setobj;
        ...
    }
    ...
}
```

遍历 sets 数组中的集合，将集合中的元素依次插入结果集部分的代码：

```
void sunionDiffGenericCommand(client *c, robj **setkeys, int setnum,robj *dstkey,
    int op){
    ...
    dstset = createIntsetObject();
    ...
    for (j = 0; j < setnum; j++) {
        if (!sets[j]) continue;                              //集合为空跳过
        si = setTypeInitIterator(sets[j]);
        while((ele = setTypeNextObject(si)) != NULL) {
            if (setTypeAdd(dstset,ele)) cardinality++;  //将元素插入结果集
                sdsfree(ele);
            }
            setTypeReleaseIterator(si);
        }
    ...
}
```

14.2.3 差集

sdiff命令的作用是求集合间的差集。

说明：返回一个集合的全部成员，该集合是所有给定集合之间的差集。

格式：

```
SDIFF key [key ...]
```

示例：

```
> sadd test1 a b c
(integer) 3
> sadd test2 a b d
(integer) 3
> sadd test3 a e f
(integer) 3
> sdiff test1 test2 test3
1) "c"
```

源码分析：函数入口在sinterCommand，最终调用sunionDiffGenericCommand。

```
...
{"sdiff",sdiffCommand,-2,"rS",0,NULL,1,-1,1,0,0},
...
void sdiffCommand(client *c) {
    sunionDiffGenericCommand(c,c->argv+1,c->argc-1,NULL,SET_OP_DIFF);
}
...
```

求差集的逻辑跟求交集有类似之处，将待求差集的集合A作为“标尺”，并将给定集合按基数大小排序，然后筛选掉不符合条件的元素。需要注意的是以下方面。

1）求交集时，按基数大小对给定集合进行升序排序：

```
qsort(sets,setnum,sizeof(robj*),qsortCompareSetsByCardinality);
```

2）求差集时，按基数大小对给定集合进行降序排序：

```
qsort(sets+1,setnum-1,sizeof(robj*),qsortCompareSetsByRevCardinality);
```

从直观上解释，我们可把所有待比较集合看作一个整体。在这一整体中，某集合基数越大，匹配到给定元素的几率越高；某集合基数越小，匹配到给定元素的几率越低。为了尽可能快地筛除不满足条件的元素，在求交集时，我们从小集合开始比较（这样找不到的概率更高，一旦匹配失败，说明该元素不是交集元素，省去了往后比较的时间）；在求差集时，我们从大集合开始比较（这样找到的概率更高，一旦匹配成功，说明该元素不是差集元素，省去了往后比较的时间）。

而在筛选这一步，sdiff 为了提高性能，给出了两种策略，见表 14-1。

表 14-1　筛选策略

符　号	含　义	符　号	含　义
M	A 集合元素个数	n	集合总数
N	待比较集合元素总数		

策略一：将 A 集合中元素在 B1……Bn 集合间一一查找，将查找不到的元素加入结果集。复杂度为 O(M*n)。

策略二：先将 A 集合加入结果集，再将 B1……Bn 集合中的所有元素在结果集中一一查找，将查到的元素从结果集中删除。复杂度为 O(N)。

在算法选择时，大的逻辑是：如果 A 集合比较小，遍历 A 更划算；反之遍历其余集合更划算。

校验部分与求交集相同，不再赘述。看策略选择部分，algo_X_work 代表了该策略的权重，分值越小代表效率越高。set[0] 的基数越大，策略一越好。最终比较的是 set[0] 的基数和其余集合的平均基数。

```
void sunionDiffGenericCommand(client *c, robj **setkeys, int setnum,robj *dstkey,
    int op) {
    ...
    if (op == SET_OP_DIFF && sets[0]) {
        long long algo_one_work = 0, algo_two_work = 0;
        for (j = 0; j < setnum; j++) {
            if (sets[j] == NULL) continue;
            algo_one_work += setTypeSize(sets[0]);
            algo_two_work += setTypeSize(sets[j]);
        }
        algo_one_work /= 2; /*算法algo_one_work效率更好，给其赋予更高的权重*/
        diff_algo = (algo_one_work <= algo_two_work) ? 1 : 2;
        if (diff_algo == 1 && setnum > 1) {
          qsort(sets+1,setnum-1,sizeof(robj*),
```

```
                qsortCompareSetsByRevCardinality);
        }
    }
    ...
}
```

策略一源码：

```
void sunionDiffGenericCommand(client *c, robj **setkeys, int setnum,robj *dstkey,
    int op) {
    ...
    else if (op == SET_OP_DIFF && sets[0] && diff_algo == 1) {
        si = setTypeInitIterator(sets[0]);
        while((ele = setTypeNextObject(si)) != NULL) {
            for (j = 1; j < setnum; j++) {
                if (!sets[j]) continue;           //集合为空则跳过
                if (sets[j] == sets[0]) break;   //比较集合是它本身，则跳过
                if (setTypeIsMember(sets[j],ele)) break;
                                                 //元素在比较集合中，抛弃该元素
            }
            if (j == setnum) {
                //全部比较完成后，元素依然存在，则该元素为差集元素
                setTypeAdd(dstset,ele);
                cardinality++;
            }
            sdsfree(ele);
        }
        setTypeReleaseIterator(si);
    }
    ...
}
```

策略二源码：

```
void sunionDiffGenericCommand(client *c, robj **setkeys, int setnum,robj *dstkey,
    int op) {
    ...
    else if (op == SET_OP_DIFF && sets[0] && diff_algo == 2) {
        for (j = 0; j < setnum; j++) {
            if (!sets[j]) continue;              //集合为空则跳过
            si = setTypeInitIterator(sets[j]);
            while((ele = setTypeNextObject(si)) != NULL) {
                if (j == 0) {
                    if (setTypeAdd(dstset,ele)) cardinality++;
                                                 //先将A集合加入结果集
                } else {
                    if (setTypeRemove(dstset,ele)) cardinality--;
                                                 //将在A集合中，且在其余集合中的元素从
                                                   结果集中移除
                }
                sdsfree(ele);
```

```
            }
            setTypeReleaseIterator(si);
        }
    }
    ...
}
```

14.3　本章小结

本章介绍了 Redis 中集合的各项命令，命令包含了单集合的操作和多集合间的运算。从源码中我们可以看到，集合底层基于 dict 和 intset 两基本数据结构，操作大多分情况讨论，插入和删除的效率也依赖 dict 与 intset。学习集合命令源码时不妨结合第 5 章和第 6 章的数据结构学习。

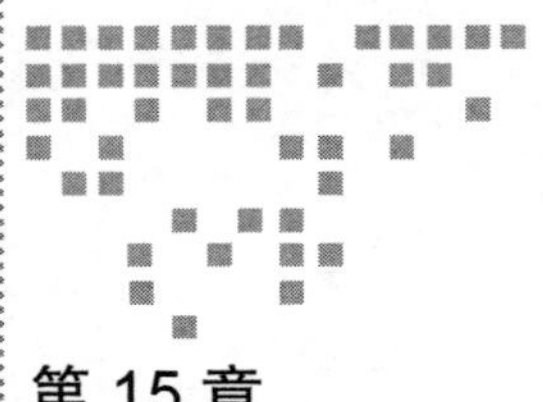

Chapter 15 第 15 章

有序集合相关命令的实现

在第 14 章中，主要讲解了集合（Set）相关的命令，集合是无序的，而本章主要介绍有序集合（SortedSet）相关命令的实现，包括基本操作，比如 zadd/zrem/zscan 等，批量的操作（zrange/zremrange），以及集合相关的操作（交集 zinterstore 和并集 zunionstore）。

有序集合中，用到的关键数据结构是 ziplist 以及 dict 和 skiplist，当服务器属性 server.zset_max_ziplist_entries 的值大于 0 且元素的 member 长度小于服务器属性 server.zset_max_ziplist_value 的值（默认为 64）时，使用的是 ziplist，否则使用的是 dict 和 skiplist。对于这三种数据结构，请参考第 3、4 和 5 章。

15.1 相关命令介绍

在了解有序集合相关的命令实现原理之前，我们先了解一下下面这些命令的使用。

1. zadd 命令

格式：

```
zadd key [NX|XX] [CH] [INCR] score member [score member ...]
```

说明：将一个或多个 member 元素及其分值 score 加入到有序集合对应的 key 当中。其中，分值 score 可以是整数值或双精度浮点数。

- XX：只更新已经存在的元素，不添加元素。
- NX：不更新已经存在的元素，总是添加新的元素。
- CH：将返回值从添加的新元素数量修改为更改的元素总数。
- INCR：当指定此选项时，zadd 的行为与 zincrby 类似。

注意：当 key 存在但对应的类型不是有序集时，会返回一个错误。如果某个 member 已经是有序集的成员，那么更新这个 member 的 score 值，并通过重新插入这个 member 元素，来保证该 member 在正确的位置上。

示例：

```
127.0.0.1:6379> zadd sortset 3 test
(integer) 1
```

2. zrem 命令

格式：

```
zrem key member [member ...]
```

说明：删除有序集合 key 中的一个或者多个 member。

注意：不存在的 member 将会被忽略；当 key 存在但不是有序集合时，会返回一个错误。

示例：

```
127.0.0.1:6379> zrem sortset t1
(integer) 0
127.0.0.1:6379> zrem sortset test
(integer) 1
```

3. zcard 命令

格式：

```
zcard key
```

说明：获取有序集合 key 中的基数。

注意：不存在的 key，返回 0。

示例：

```
127.0.0.1:6379> zcard sortset
(integer) 1
```

4. zcount 命令

格式：

```
zcount key min max
```

说明：返回有序集 key 中 score 值在 [min, max] 区间的成员的数量。

示例：

```
127.0.0.1:6379> zcount sortset 1 3
(integer) 3
```

5. zincrby 命令

格式：

```
zincrby key increment member
```

说明：在有序集合 key 的 member 的分值上增加 increment。

注意：increment 可以是负数，相当于减去相应的值；当 key 不是有序集合时，会返回一个错误；当 key 不存在时，或者 member 不在 key 中时，等同于 zadd key increment member。

示例：

```
127.0.0.1:6379> zscore sortset test
"3"
127.0.0.1:6379> zincrby sortset 2 test
"5"
```

6. zrank 命令

格式：

```
zrank key member
```

说明：按照分值从小到大返回有序集合成员 member 的排名，其中排名从 0 开始计算。

注意：如果 member 不是有序集合 key 的成员，返回 nil。

示例：

```
127.0.0.1:6379> zadd sortset 1 test1
(integer) 1
127.0.0.1:6379> zadd sortset 2 test2
(integer) 1
127.0.0.1:6379> zadd sortset 3 test3
(integer) 1
127.0.0.1:6379> zrank sortset test3
(integer) 2
```

7. zrevrank 命令

格式：

```
zrevrank key member
```

说明：跟 zrank 类似，唯一区别是按照从大到小返回 member 的排名。

示例：

```
127.0.0.1:6379> zrevrank sortset test3
(integer) 0
```

8. zscore 命令

格式：

```
zscore key member
```

说明：获取有序集合 key 中成员 member 的分值，返回值为字符串。

注意：对于不存在的 key 或者 member，返回为 nil。

示例：

```
127.0.0.1:6379> zscore sortset test1
"1"
```

9. zscan 命令

格式：

```
zscan key cursor [MATCH pattern] [COUNT count]
```

说明：迭代有序集合中的元素成员和分值，其中 cursor 是游标，MATCH 中可以通过正则来匹配元素，count 是返回的元素数量。

示例：

```
127.0.0.1:6379> zscan sortset 0
1) "0"
2) 1) "test1"
   2) "1"
   3) "test2"
   4) "2"
   5) "test3"
   6) "3"
```

10. zrange 命令

格式：

```
zrange key start stop [WITHSCORES]
```

说明：获取有序集合 key 中指定区间的成员，成员按照分值递增排序，如果分值相同，成员按照字典序排序。

注意：超出范围的下标并不会引起错误。当 start 的值比有序集的最大下标还要大，或 start > stop 时，只是简单地返回一个空列表。start 和 stop 支持使用负数下标，以 -1 表示最后一个成员，-2 表示倒数第 2 个成员。如果 stop 参数的值比有序集的最大下标大，则返回最大下标来处理。

示例：

```
127.0.0.1:6379> zrange sortset 0 10
1) "test1"
2) "test2"
3) "test3"
```

11. zrevrange 命令

格式：

```
zrevrange key start stop [WITHSCORES]
```

说明： 跟zrange相反，获取有序集合key中指定区间的成员，成员按照分值递减排序，如果分值相同，成员按照字典序排序。

注意： 下标注意事项同zrange。

示例：

```
127.0.0.1:6379> zrevrange  sortset 0 10
1) "test3"
2) "test2"
3) "test1"
```

12. zrangebyscore 命令

格式：

```
zrangebyscore key min max [WITHSCORES] [LIMIT offset count]
```

说明： 返回有序集key中，所有score值介于min和max之间（包括等于min或max）的成员。有序集成员按score值递增（从小到大）次序排列。具有相同score值的成员按字典序排列。

注意： 对于不存在的key或者member，返回为nil。

示例：

```
127.0.0.1:6379> zrangebyscore sortset 1 3
1) "test1"
2) "test2"
3) "test3"
```

13. zrevrangebyscore 命令

格式：

```
zrevrangebyscore key max min [WITHSCORES] [LIMIT offset count]
```

说明： 除了有序集合按score值递减之外，跟zrangebyscore完全一样。

示例：

```
127.0.0.1:6379> zrevrangebyscore sortset 3 1
1) "test3"
2) "test2"
3) "test1"
```

14. zrangebylex 命令

格式：

```
zrangebylex key min max [LIMIT offset count]
```

说明： 返回给定的有序集合键key中值介于min和max之间的成员，根据成员的字典序排序。合法的min和max参数必须包含“(”或者“[”，其中“(”表示开区间，“[”表示闭区间。

示例：

```
127.0.0.1:6379> zadd sortset 1 a 1 b 1 c 1 d 1 e 1 f
(integer) 6
127.0.0.1:6379> zrangebylex sortset - (d
1) "a"
2) "b"
3) "c"
127.0.0.1:6379> zrangebylex sortset - [d
1) "a"
2) "b"
3) "c"
4) "d"
```

15. zlexcount 命令

格式：

```
zlexcount key min max
```

说明： 返回给定的有序集合键 key 中值介于 min 和 max 之间的成员数量。合法的 min 和 max 参数必须包含“(”或者“[”，其中“(”表示开区间，“[”表示闭区间。

示例：

```
127.0.0.1:6379> zlexcount sortset [b [d
(integer) 3
```

16. zremrangebyrank 命令

格式：

```
zremrangebyrank key start stop
```

说明： 移除有序集 key 中指定排名区间内的所有成员。

示例：

```
127.0.0.1:6379> zrange sortset 0  10
1) "a"
2) "b"
3) "c"
4) "d"
5) "e"
6) "f"
7) "test1"
8) "test2"
9) "test3"
127.0.0.1:6379> zremrangebyrank sortset 0 1
(integer) 2
127.0.0.1:6379> zrange sortset 0  10
1) "c"
```

```
2) "d"
3) "e"
4) "f"
5) "test1"
6) "test2"
7) "test3"
```

17. zremrangebyscore 命令

格式：

```
zremrangebyscore key min max
```

说明： 移除有序集 key 中所有 score 值介于 [min, max] 区间的成员。

示例：

```
127.0.0.1:6379> zrangebyscore sortset 1 3
1) "c"
2) "d"
3) "e"
4) "f"
5) "test1"
6) "test2"
7) "test3"
127.0.0.1:6379> zremrangebyscore sortset 1 3
(integer) 7
127.0.0.1:6379> zrangebyscore sortset 1 3
(empty list or set)
```

18. zremrangebylex 命令

格式：

```
zremrangebylex key min max
```

说明： 移除该集合中成员介于 min 和 max 范围内（字典序）的所有元素。

示例：

```
127.0.0.1:6379> zrange sortset 0  10
1) "a"
2) "b"
3) "c"
4) "d"
5) "e"
6) "f"
127.0.0.1:6379> zremrangebylex sortset [b [d
(integer) 3
127.0.0.1:6379> zrange sortset 0  10
1) "a"
2) "e"
3) "f"
```

19. zunionstore 命令

格式：

```
zunionstore destination numkeys key [key ...] [WEIGHTS weight [weight ...]]
    [AGGREGATE SUM|MIN|MAX]
```

说明：计算给定的一个或多个（数量由 numkeys 指定）有序集的并集，将结果存储到 destination 中。结果集中某个成员的 score 值默认是所有给定集下该成员 score 值之和。

AGGREGATE 选项可以指定并集的结果集的聚合方式，其中 SUM 表示 score 的和，MIN 表示某个成员的最小 score 值，MAX 表示某个成员的最大 score 值。WEIGHTS 选项可以在使用聚合函数时为每个有序集分别指定一个乘法因子。

示例：

```
127.0.0.1:6379> zadd setA 93 ZhangSan
(integer) 1
127.0.0.1:6379> zadd setA 88 LiSi
(integer) 1
127.0.0.1:6379> zadd setA 79 WangWu
(integer) 1
127.0.0.1:6379> zadd setA 100 ChenLiu
(integer) 1
127.0.0.1:6379> zadd setB 90 LiSi
(integer) 1
127.0.0.1:6379> zadd setB 60 WangWu
(integer) 1
127.0.0.1:6379> zunionstore setC 2 setA setB WEIGHTS 1 1 AGGREGATE MIN
(integer) 4
127.0.0.1:6379> zrange setC 0 -1 WITHSCORES
1) "WangWu"
2) "60"
3) "LiSi"
4) "88"
5) "ZhangSan"
6) "93"
7) "ChenLiu"
8) "100"
```

20. zinterstore 命令

格式：

```
zinterstore destination numkeys key [key ...] [WEIGHTS weight [weight ...]]
    [AGGREGATE SUM|MIN|MAX]
```

说明：跟 zunionstore 类似，唯一的区别是本命令用来求交集。

示例：

```
127.0.0.1:6379> ZINTERSTORE setD 2 setA setB WEIGHTS 1 1 AGGREGATE MIN
(integer) 2
```

```
127.0.0.1:6379> ZRANGE setD 0 -1 WITHSCORES
1) "WangWu"
2) "60"
3) "LiSi"
4) "88"
```

15.2 基本操作

上面讲解的命令可分成基础操作、批量操作和集合计算，其中添加成员、删除成员、基数统计、数量计算、计数器、获取排名、获取分值和遍历划分到基础操作中。下面讲解一下基本操作相关命令的实现。

15.2.1 添加成员

添加成员命令 zadd 对应的函数是 zaddCommand，该函数实际调用的是 zaddGenericCommand，代码如下：

```
void zaddCommand(client *c) {
    zaddGenericCommand(c,ZADD_NONE);
}
```

zaddGenericCommand 函数还用在了 zincrby 命令上，唯一的区别是第 2 个参数，zaddCommand 是 ZADD_NONE，zincrbyCommand 是 ZADD_INCR，这两个宏的定义如下：

```
/* 输入的标记位 */
#define ZADD_NONE 0
#define ZADD_INCR (1<<0)  /* 表示对score进行增加 */
#define ZADD_NX (1<<1)    /* 不更新已经存在的元素，总是添加新的元素，这个与zadd命令里面参
                             数NX对应 */
#define ZADD_XX (1<<2)    /* 只更新已经存在的元素，不添加元素，这个跟zadd命令里面参数XX对应 */

#define ZADD_CH (1<<16)   /* 该标识位只用在了ZADD中，返回值为更改的元素总数，这与zadd命令
                             里面参数CH对应*/
```

在函数 zaddGenericCommand 中，主要分为以下 5 步。

1）解析参数，主要是对 NX/XX/CH 参数的解析，并使用“ZADD_*”的宏来标记，代码如下：

```
if (!strcasecmp(opt,"nx")) flags |= ZADD_NX;
else if (!strcasecmp(opt,"xx")) flags |= ZADD_XX;
else if (!strcasecmp(opt,"ch")) flags |= ZADD_CH;
else if (!strcasecmp(opt,"incr")) flags |= ZADD_INCR
```

2）在 redisDB 中查找 key 是否存在，调用函数 lookupKeyWrite，实质上是根据 key 在 dict 里面查找，代码如下：

```
robj *lookupKeyWrite(redisDb *db, robj *key) {
```

```
        expireIfNeeded(db,key);
        return lookupKey(db,key,LOOKUP_NONE);
    }

    //通过key在db的dict中查找
    robj *lookupKey(redisDb *db, robj *key, int flags) {
        dictEntry *de = dictFind(db->dict,key->ptr);
        ...
    }
```

3）如果 key 存在，则需要判断一下是不是有序集合；如果 key 不存在，那么需要将 key 插入到 db 中：

```
if (zobj == NULL) {
    ...
    dbAdd(c->db,key,zobj);//将key插入到db中
} else {
    if (zobj->type != OBJ_ZSET) {
        addReply(c,shared.wrongtypeerr);
        ...
    }
}
```

在插入 db 前，需要判断是否设置了 XX 参数，如果设置了，那么就不处理了，因为 XX 命令代表只更新已经存在的元素；同时需要初始化底层数据结构，这时候需要和参数 zset_max_ziplist_value 比较大小：

```
if (xx) goto reply_to_client; /* 对于不存在的Key，且参数为XX，不做任处理 */
if (server.zset_max_ziplist_entries == 0 ||
        server.zset_max_ziplist_value < sdslen(c->argv[scoreidx+1]->ptr))
{
        //大于server.zset_max_ziplist_value，初始化dict和skiplist
    zobj = createZsetObject();
} else {
        //小于server.zset_max_ziplist_value，初始化ziplist
    zobj = createZsetziplistObject();
}
```

4）循环遍历 element 的个数，将 element 和 score 存入到 ziplist 或者 skiplist 中，调用函数 zsetAdd：

```
for (j = 0; j < elements; j++) {
        double newscore;
        score = scores[j];
        int retflags = flags;

        ele = c->argv[scoreidx+1+j*2]->ptr;
        int retval = zsetAdd(zobj, score, ele, &retflags, &newscore);
    ...
}
```

在函数zsetAdd中，会根据zobj->encoding分别对ziplist和dict&&skiplist进行处理，我们先看一下对ziplist的处理：

```
if (zobj->encoding == OBJ_ENCODING_ZIPLIST) {
    unsigned char *eptr;
    //如果元素存在，则更新
    if ((eptr = zzlFind(zobj->ptr,ele,&curscore)) != NULL) {
            ...
        if (score != curscore) {
            //删除后再重新插入
            zobj->ptr = zzlDelete(zobj->ptr,eptr);
            zobj->ptr = zzlInsert(zobj->ptr,ele,score);
            *flags |= ZADD_UPDATED;
        }
        return 1;
    } else if (!xx) {
        //如果不存在，则插入时需要注意，
        //如果此时长度超过zset_max_ziplist_entries，需要变换为skiplis方式
        zobj->ptr = zzlInsert(zobj->ptr,ele,score);
        if (zzlLength(zobj->ptr) > server.zset_max_ziplist_entries)
            zsetConvert(zobj,OBJ_ENCODING_SKIPLIST);
        if (sdslen(ele) > server.zset_max_ziplist_value)
            zsetConvert(zobj,OBJ_ENCODING_SKIPLIST);
        if (newscore) *newscore = score;
        *flags |= ZADD_ADDED;
        return 1;
    }
}
```

上面的代码展示了编码为ziplist方式时的插入过程，代码比较清晰易懂；值得注意的是，这里面用到了ZADD_UPDATED和ZADD_ADDED，这些宏的定义如下：

```
/* 输出的标记位 */
#define ZADD_NOP (1<<3)     /* 因为参数或条件未执行的操作*/
#define ZADD_NAN (1<<4)     /* 只接触已经存在的元素*/
#define ZADD_ADDED (1<<5)   /* 元素是新添加的 */
#define ZADD_UPDATED (1<<6) /* 更新已存在的元素 */
```

接下来看一下在底层使用dict和skiplist时是怎么做的，代码如下：

```
if (zobj->encoding == OBJ_ENCODING_SKIPLIST) {
    ...
        //先去dict中查找元素
        de = dictFind(zs->dict,ele);
    if (de != NULL) {
        ...
        zskiplistNode *node;
        //如果存在，则先从skiplist中删除，然后重新插入新的
        serverAssert(zslDelete(zs->zsl,curscore,ele,&node));
        znode = zslInsert(zs->zsl,score,node->ele);
        node->ele = NULL;
```

```
            zslFreeNode(node);
            dictGetVal(de) = &znode->score; /* Update score ptr. */
            *flags |= ZADD_UPDATED;
            } else if (!xx) { //否则直接插入
                ele = sdsdup(ele);
                znode = zslInsert(zs->zsl,score,ele);
                serverAssert(dictAdd(zs->dict,ele,&znode->score) == DICT_OK);
                *flags |= ZADD_ADDED;
                return 1;
        }
    }
```

使用 skiplist 编码类型的操作也非常清晰易懂。到这里我们就介绍完了 zadd 命令的相关操作，接下来还有第 5 步，就是返回给客户端。

5）调用“addReply*”函数返回给客户端：

```
reply_to_client:
if (incr) {
 if (processed)
     addReplyDouble(c,score);
 else
     addReply(c,shared.nullbulk);
} else {
 addReplyLongLong(c,ch ? added+updated : added);
}
```

经过以上 5 步，整个 zadd 命令就执行完了。

15.2.2 删除成员

删除成员命令 zrem 调用的函数是 zremCommand，该函数主要做了 3 件事。

1）调用 zsetDel 删除元素，也分别对 ziplist 编码类型和 skiplist 编码类型做了区别：

```
if (zobj->encoding == OBJ_ENCODING_ZIPLIST) {
        unsigned char *eptr;
        //对于ziplist编码类型，直接从ziplist中删除
        if ((eptr = zzlFind(zobj->ptr,ele,NULL)) != NULL) {
            zobj->ptr = zzlDelete(zobj->ptr,eptr);
            return 1;
        }
    } else if (zobj->encoding == OBJ_ENCODING_SKIPLIST) {
    ...
        //对于skiplist编码类型，先从dict里面删除，然后从skiplist中删除
        de = dictUnlink(zs->dict,ele);
        if (de != NULL) {
        ...
            int retval = zslDelete(zs->zsl,score,ele,NULL);
        }
    }
}
```

2）如果一个key中的元素全部删除了，那么删除db里面的key：

```
if (zsetLength(zobj) == 0) {  //计算有序集合的长度，具体见zcard命令
    dbDelete(c->db,key);
    keyremoved = 1;
    break;
}
```

3）广播删除事件并返回给客户端：

```
if (deleted) {
    notifyKeyspaceEvent(NOTIFY_ZSET,"zrem",key,c->db->id);
    if (keyremoved)
        notifyKeyspaceEvent(NOTIFY_GENERIC,"del",key,c->db->id);
    signalModifiedKey(c->db,key);
    server.dirty += deleted;
}
addReplyLongLong(c,deleted);
```

15.2.3 基数统计

基数统计命令zcard对应的函数是zcardCommand，在该函数中，调用zsetLength函数计算有序集合的长度，代码如下：

```
void zcardCommand(client *c) {
    robj *key = c->argv[1];
    robj *zobj;
    …
    //通过函数zsetLength计算有序集合中基数的值
    addReplyLongLong(c,zsetLength(zobj));
}
```

在函数zsetLength中，会根据存储的类型，分别计算length，对于ziplist，使用ziplistLen计算出ziplist的长度，因为在ziplist中存储的是key和value的对，所以有序列表的基数值是ziplistLen()/2，代码如下：

```
//有序列表的基数值为ziplist的length除以2
unsigned int zzlLength(unsigned char *zl) {
    return ziplistLen(zl)/2;
}

//对于类型是ziplist存储的有序列表基数的计算方法
if (zobj->encoding == OBJ_ENCODING_ZIPLIST) {
        length = zzlLength(zobj->ptr);
}
```

如果底层存储使用的是skiplist，那么计算就比较简单了，直接取skiplist里面的length即可，代码如下：

```
if (zobj->encoding == OBJ_ENCODING_SKIPLIST) {
```

```
        length = ((const zset*)zobj->ptr)->zsl->length;
}
```

15.2.4　数量计算

数量计算命令 zcount 调用的函数是 zcountCommand，通过 15.1 节中对 zcount 命令的讲述，我们知道该命令可以计算一个区间内成员的数量，我们可以猜测 zcount 命令会先找到区间的起始位置 min，然后遍历找到结束位置 max。代码中确实是这样实现的，当然也针对 ziplist 和 skiplist 做了区分，对于 ziplist 的处理，首先通过 zzlFirstInRange 函数找到 min 位置，代码如下：

```
unsigned char *zzlFirstInRange(unsigned char *zl, zrangespec *range) {
    unsigned char *eptr = ziplistIndex(zl,0), *sptr;
    double score;
    …
    while (eptr != NULL) {
        sptr = ziplistNext(zl,eptr);
       …
        score = zzlGetScore(sptr);
        if (zslValueGteMin(score,range)) {  //判断是否是min
            /* Check if score <= max. */
            if (zslValueLteMax(score,range))
                return eptr;
            return NULL;
        }

        /* Move to next element. */
        eptr = ziplistNext(zl,sptr);
    }

    return NULL;
}
```

这里面因为涉及区间，所以有闭区间和开区间的区别，Redis 里面提供了一个通用的判断函数 zslParseRange，这里面用到了一个数据结构叫做 zrangespec，其定义如下：

```
typedef struct {
    double min, max;
    int minex, maxex; /*来标记是闭区间还是开区间*/
} zrangespec;
```

从结构体中可以看出，使用 minex 和 maxex 来标记是闭区间还是开区间，那么判断方式在上面的函数 zslParseRange 中：

```
if (((char*)min->ptr)[0] == '(') {
      spec->min = strtod((char*)min->ptr+1,&eptr);
      if (eptr[0] != '\0' || isnan(spec->min)) return C_ERR;
      spec->minex = 1;
```

```
} else {
    spec->min = strtod((char*)min->ptr,&eptr);
    if (eptr[0] != '\0' || isnan(spec->min)) return C_ERR;
}
```

可以看出，开区间使用“(”来表示，默认是闭区间。再分析ziplist，如果要找到min的位置，那么肯定是需要进行遍历，对应的函数是zzlFirstInRange：

```
while (eptr != NULL) {
        sptr = ziplistNext(zl,eptr);
            …
        score = zzlGetScore(sptr);
        if (zslValueGteMin(score,range)) {   //获取min的位置
            …
        }
        …
        //继续遍历
        eptr = ziplistNext(zl,sptr);
    }
```

在判断的时候，通过使用结构体zrangespec中的标记来区分开闭区间，然后与min进行对比，代码非常简单：

```
int zslValueGteMin(double value, zrangespec *spec) {
    return spec->minex ? (value > spec->min) : (value >= spec->min);
}
```

同样，继续遍历找到max的位置，根据开闭区间来找到结束的位置，在遍历过程中，对count进行“+1”计数，计算出该区间内的成员的数量。

那么如果是使用skiplist存储的话，根据第3章skiplist里面的讲解，查找起来会很快，同样也是先找到min的位置，对应函数是zslFirstInRange，掌握了skiplist以后，理解该函数的实现原理也非常容易，代码如下：

```
zskiplistNode *zslFirstInRange(zskiplist *zsl, zrangespec *range) {
    zskiplistNode *x;
    int i;
    …
    x = zsl->header;
    for (i = zsl->level-1; i >= 0; i--) {
        while (x->level[i].forward &&
            !zslValueGteMin(x->level[i].forward->score,range))
                x = x->level[i].forward;
    }
    …
    return x;
}
```

从代码中可以看出，遍历skiplist找到合适的范围，确定zskiplistNode的位置。然后用同样的原理找到max的位置，调用的函数是zslLastInRange，计算count的方式见下面

代码：

```
zn = zslFirstInRange(zsl, &range);                //获取区间的开始位置
rank = zslGetRank(zsl, zn->score, zn->ele);       //得到rank值
count = (zsl->length - (rank - 1));

zn = zslLastInRange(zsl, &range);                 //获取区间的结束位置
rank = zslGetRank(zsl, zn->score, zn->ele);
count -= (zsl->length - rank);
```

15.2.5　计数器

计数器命令 zincrby 对应的函数是 zincrbyCommand，该函数调用的是 zaddGeneric-Command，代码如下：

```
    void zincrbyCommand(client *c) {
        zaddGenericCommand(c,ZADD_INCR);
}
```

这里跟 zadd 不同的地方是 flag 为 ZADD_INCR，不再赘述，读者可以自行查看。

15.2.6　获取排名

获取排名命令 zrank 对应函数为 zrankCommand，原理很简单，底层不论是用的 ziplist 还是 skiplist，因为本身两种结构都是有序的，那么只要遍历找到对应的成员，即可知道成员的排名。代码如下：

```
if (zobj->encoding == OBJ_ENCODING_ZIPLIST) {
    …
    eptr = ziplistIndex(zl,0);
    …
    rank = 1;
    while(eptr != NULL) {                              //遍历找到对应的成员
        if (ziplistCompare(eptr,(unsigned char*)ele,sdslen(ele)))
            break;
        rank++;                                        //排名增加
        zzlNext(zl,&eptr,&sptr);
    }
```

上面代码是分析存储使用 ziplist 的情况，可以看到确实是遍历 ziplist，得到对应的排名。底层使用 skiplist 的情况计算方式类似，这里不再赘述。

15.2.7　获取分值

获取分值命令 zscore 是用来获取分值的，基于 ziplist 的存储只需要遍历找到对应成员，取出 score 即可。代码如下：

```
unsigned char *zzlFind(unsigned char *zl, sds ele, double *score) {
```

```
    ...
    while (eptr != NULL) {
        sptr = ziplistNext(zl,eptr);
        ...
           if (ziplistCompare(eptr,(unsigned char*)ele,sdslen(ele))) {
           if (score != NULL) *score = zzlGetScore(sptr);
            return eptr;
        }
}
```

对于底层使用skiplist的就更简单了，直接去dict里面取score即可，时间复杂度非常低。

15.2.8 遍历

遍历命令zscan跟scan类似，调用的都是scanGenericCommand，对于该函数的实现，在第9章scan命令的实现中有详细的讲解，这里不再赘述

15.3 批量操作

前面章节讲解了基础命令的实现、在有序集合相关的命令中，还有批量操作，比如按范围查找，按范围删除等，本节将讨论一下批量操作的实现。

15.3.1 范围查找

Redis支持范围查找、包括按排名查找、按分值查找以及按照字典顺序查找等。下面就对排名查找、分值查找和字典序查找来分别分析下实现的原理。

1. 排名查找（zrange/zrevrange）

zrange命令对应的函数为zrangeCommand，其核心步骤有以下3步。

1）因为start和end可以是负数，所以首先要计算实际的start和end，具体方法是先计算有序集合的长度len，如果start小于0，则修改start为“llen+start”，如果依然小于0，那么设置start为0；如果end小于0，则修改end为“llen+end”；这样就获取了真正的区间。具体代码如下：

```
llen = zsetLength(zobj);  //计算有序集合的长度
if (start < 0) start = llen+start;
if (end < 0) end = llen+end;
if (start < 0) start = 0;
```

2）得到实际start和end之后，会根据编码类型进行不同的操作，首先看一下ziplist编码的实现：

```
if (zobj->encoding == OBJ_ENCODING_ZIPLIST) {
```

```
    ...

    if (reverse)
        eptr = ziplistIndex(zl,-2-(2*start));
    else                                        //如果是正向获取，因为是key-value对，所以起始
                                                  位置是2*start
        eptr = ziplistIndex(zl,2*start);

    sptr = ziplistNext(zl,eptr);

    while (rangelen--) {
        ...
        //如果带有withscores参数，返回客户端时带上score
        if (withscores)
            addReplyDouble(c,zzlGetScore(sptr));

        if (reverse)
            zzlPrev(zl,&eptr,&sptr);     //反向遍历
        else
            zzlNext(zl,&eptr,&sptr);     //正向遍历
    }
```

从代码中可以看出，ziplist 编码类型获取 range 的方法就是遍历。skiplist 编码类型，代码如下：

```
            if (zobj->encoding == OBJ_ENCODING_SKIPLIST) {
...
/* 在遍历之前先通过rank找到对应的ele*/
if (reverse) {
    ln = zsl->tail;
    if (start > 0)                          //反向时，rank值为有序集合长度减去start
        ln = zslGetElementByRank(zsl,llen-start);
} else {
    ln = zsl->header->level[0].forward;
    if (start > 0)                          //正向时，rank值为start+1
        ln = zslGetElementByRank(zsl,start+1);
}

while(rangelen--) {
    ele = ln->ele;
    addReplyBulkCBuffer(c,ele,sdslen(ele));
    if (withscores)
        addReplyDouble(c,ln->score);
    //开始遍历，正向访问forward，反向访问backward
    ln = reverse ? ln->backward : ln->level[0].forward;
}
```

可以看出，zrange 命令对于 skiplist 也是遍历操作，不过在此之前首先通过 rank 定位了元素的位置。

3）遍历时得到的结果需要暂存到缓冲区中，代码如下：

```
void addReplyString(client *c, const char *s, size_t len) {
    if (prepareClientToWrite(c) != C_OK) return;
    if (_addReplyToBuffer(c,s,len) != C_OK)
        _addReplyStringToList(c,s,len);
}
```

得到的结果不是直接返回给客户端，而是暂存到缓存“c->buf”中，最终统一输出。

zrevrange 与 zrange 相比，唯一不同是做了反转，不再赘述。

2. 分值查找（zrangebyscore）

按照分值（score）查找，基本实现跟 zrange 类似，不同点是需要根据 score 的区间找到遍历开始的位置，对于 ziplist 编码类型，代码如下：

```
if (reverse) {
    eptr = zzlLastInRange(zl,&range);
} else {
    eptr = zzlFirstInRange(zl,&range);
}
```

这里可以参照 zcount 的实现。接下来就是从开始位置往后遍历，找到结束的位置。对于 zrangebyscore 来说是找到比 max 大的位置，对于 zrevrangebyscore 来说是找到比 min 小的位置，代码如下：

```
     while (eptr && limit--) {    //从开始位置开始遍历
    score = zzlGetScore(sptr);

        //找到不再是区间的位置跳出遍历
    if (reverse) {
        if (!zslValueGteMin(score,&range)) break;
    } else {
        if (!zslValueLteMax(score,&range)) break;
    }

    ...
    if (reverse) {
        zzlPrev(zl,&eptr,&sptr);
    } else {
        zzlNext(zl,&eptr,&sptr);
    }
}
```

对于编码是 skiplist 的，操作原理是一样的，这里不再赘述，读者可以参照代码详细了解。

3. 字典序查找（zrangebylex）

由于该命令只对有相同分值的元素才有作用，而在插入的时候元素是按字典顺序的，因此查找的时候原理很简单。同时这个命令作用有限，这里不再详细展开。

15.3.2 范围删除

范围删除包括 3 个命令，分别是 zremrangebyscore、zremrange 和 zremrangebylex，3 个命令都调用函数 zremrangeGenericCommand，只是传入的参数不同，因此一起分析。其中不同参数定义如下：

```
#define ZRANGE_RANK 0      //对应zremrange
#define ZRANGE_SCORE 1     //对应zremrangebyscore
#define ZRANGE_LEX 2       //对应zremrangebylex
```

函数 zremrangeGenericCommand 的实现主要分为如下 4 步（源码中的注释也非常清楚）。

1）解析参数获取区间：

```
if (rangetype == ZRANGE_RANK) {
    if ((getLongFromObjectOrReply(c,c->argv[2],&start,NULL) != C_OK) ||
            (getLongFromObjectOrReply(c,c->argv[3],&end,NULL) != C_OK))
        return;
} else if (rangetype == ZRANGE_SCORE) {
    if (zslParseRange(c->argv[2],c->argv[3],&range) != C_OK) {
        addReplyError(c,"min or max is not a float");
        return;
    }
} else if (rangetype == ZRANGE_LEX) {
    if (zslParseLexRange(c->argv[2],c->argv[3],&lexrange) != C_OK) {
        addReplyError(c,"min or max not valid string range item");
        return;
    }
}
```

2）校验范围的合法性。这个和 zrange 类似，不再赘述。

3）执行范围删除操作。在这个步骤中，分别对编码类型进行区分，然后根据类型调用不同的函数，伪代码如下：

```
if (zobj->encoding == OBJ_ENCODING_ZIPLIST) {
    switch(rangetype) {
    case ZRANGE_RANK:
        zzlDeleteRangeByRank();
        break;
    case ZRANGE_SCORE:
        zzlDeleteRangeByScore();
        break;
    case ZRANGE_LEX:
        zzlDeleteRangeByLex();
        break;
    }
} else if (zobj->encoding == OBJ_ENCODING_SKIPLIST) {
    switch(rangetype) {
    case ZRANGE_RANK:
        zslDeleteRangeByRank();
```

```
            break;
        case ZRANGE_SCORE:
            zslDeleteRangeByScore();
            break;
        case ZRANGE_LEX:
            zslDeleteRangeByLex();
            break;
        }
}
    //如果全部元素都删掉了，删除key
    dbDelete(c->db,key);
```

4）广播和回复客户端。

15.4 集合运算

集合运算包括两个命令：一个是交集 zinterstore，另一个是并集 zunionstore。这两个命令底层调用的都是 zunionstore，其实现需要经过如下几步。

1）解析参数，读取 key。

2）将 key 按照对应有序集合的大小从小到大排序，用来提升算法的性能，见代码：

```
qsort(src,setnum,sizeof(zsetopsrc),zuiCompareByCardinality);
```

3）分别对交集和并集单独处理。

① 若是交集计算，思路就是遍历最小集合里面的元素，判断是否存在于其他集合中，如果都存在则存入目标集合中，否则不存。

② 若是并集计算，因为并集肯定大于等于最大的集合，因此先创建一个和最大集合一样大的集合，然后遍历所有集合，插入到新目标集合中去，思路很简单。

15.5 本章小结

本章主要讲解了有序集合相关的命令，有序集合根据元素大小，底层实现分为两种，一种是 ziplist，另一种是 dict 和 skiplist。基于这 3 种数据结构，分析了有序集合的基本操作，批量操作和集合的运算。希望能帮助读者了解和掌握有序集合相关的命令与原理。

第 16 章 Chapter 16

GEO 相关命令

在生活中，位置信息十分重要，精确地对每个物体进行定位是我们进行其他相关操作的基础。Redis 提供了一些命令来帮助我们有效地处理位置信息，比如计算两点间的距离，这类命令统称为 GEO 相关的命令，本节将详细介绍这类命令是如何实现的。

geohash 算法在 2008 年公开，该算法可以把二维的经纬度信息降维到一维，并通过 Base32 编码将其转换为字符串。Ardb 的作者提供了 geohash-int 的实现。Redis 的核心开发者 Matt 借鉴 Ardb 的 GEO 功能，于 2014 年以 module 方式开发了 Redis 的 GEO。2016 年，在 Redis 3.2 中正式加入了 GEO。本节主要学习 geohash 算法的实现，以及 Redis 中是如何使用该算法的。

16.1 基础知识

GEO 的实现主要利用了 Z 阶曲线以及 Base32 编码，本节将介绍这 2 种技术。除此之外，还要简单介绍 geohash 算法的发展历史。

1. Z 阶曲线

在图 16-1 中，x 和 y 轴取值都是从 000 到 111，对应的十进制值为 0 到 7。编码方式为 x 轴和 y 轴对应的二进制依次交叉，得到一个六位数的编码。形式为 y2x2.y1.x1.y0.x0。把数字从小到大依次连起来的曲线称为 Z 阶曲线，Z 阶曲线是把多维转换为一维的一种方法。使用 Z 阶曲线可以把二维空间转换为一个连续的曲线，该曲线有如下特性：

① 前缀相同的位数越多，两个位置越相邻；

② 已知一个数字代表的区域可以方便地计算它们相邻的区域；

③ 支持用任意的精度查找指定范围内的目标。

	x: 0 000	1 001	2 010	3 011	4 100	5 101	6 110	7 111
y: 0 000	000000	000001	000100	000101	010000	010001	010100	010101
1 001	000010	000011	000110	000111	010010	010011	010110	010111
2 010	001000	001001	001100	001101	011000	011001	011100	011101
3 011	001010	001011	001110	001111	011010	011011	011110	011111
4 100	100000	100001	100100	100101	110000	110001	110100	110101
5 101	100010	100011	100110	100111	110010	110011	110110	110111
6 110	101000	101001	101100	101101	111000	111001	111100	111101
7 111	101010	101011	101110	101111	111010	111011	111110	111111

图 16-1　8×8 的 Z 阶曲线

在图 16-1 中，我们看到 000000 到 0000011 这 4 个数字组成曲线的形状是一个 Z 字。再看 000000 到 001111 这 16 个数字组成的曲线，这里每 4 个数字看成一个组，这 4 组数字的形状也是一个 Z 字。继续看 000000 到 111111 这 64 个数字组成的曲线，这里每 16 个数字看成一个组，这 4 组数字的形状还是一个 Z 字。这就是 Z 阶曲线得名的由来。

总结可得 Z 阶曲线中元素数量一定为 4 的 n 次方，也即等于 4 乘以 4 的 n−1 次方。此处把 4 的 n−1 次方当成一个点，即可得到一个 Z 字形的曲线。4 的 n−1 次方还是一个 Z 阶曲线。这样就可得到一个递归定义。

地球周长除以 x 或者 y 上的最大值就得到每个格子代表的经度的长度。假设我们要查 2 km 内的用户，就是查找我们需要把多少个最小格子看成 Z 阶曲线的一个点。这样就能实现支持任意的精度的查找，具体实现算法见 16.2.5 节。

对于 Z 阶曲线中的整型数据，可以使用 Base32 进行编码，将其转换为字符串。Base32 编码由 10 个数字和部分小写英文字母组成，见表 16-1。

表 16-1　Base32 编码表

十进制	0	1	2	3	4	5	6	7	8	9	10	11	12	13	14	15
base32	0	1	2	3	4	5	6	7	8	9	b	c	d	e	f	g
十进制	16	17	18	19	20	21	22	23	24	25	26	27	28	29	30	31
base32	h	j	k	m	n	p	q	r	s	t	u	v	w	x	y	z

2. geohash 算法

Gustavo Niemeyer 在 2008 年 2 月上线了 geohash.org 网站，该网站可以把（经度，纬度）坐标转换成 URL，方便大家在邮件、网站、论坛等分享地址信息。同时作者也把算法公开，任何人都可以使用。Redis 中 GEO 相关的命令也使用了 geohash 算法。

但 Z 阶曲线有边界问题，即两个相邻的位置，前缀编码相同的位数却比较少，在下面的命令部分会介绍 Redis 是如何来解决边界问题的。

3. 命令介绍

（1）geoadd（添加地理坐标）

格式：

```
geoadd 键名称 经度 纬度 成员名称[经度 纬度 成员名称...]
```

示例：

```
127.0.0.1:6379> geoadd Beijing 116.312621 40.058918 "xierqi" 116.385169 39.870965
    "beijingnan"  116.475966 40.004269 "wangjing"
(integer) 3
```

（2）geohash（返回标准的 geohash 字符串）

格式：

```
geohash 键名称 成员名称[成员名称...]
```

示例：

```
127.0.0.1:6379> geohash Beijing xierqi wangjing
1) "wx4eyu820e0"
2) "wx4gd6x1y80"
```

（3）geopos（返回经纬度）

格式：

```
geopos 键名称 成员名称[成员名称...]
```

示例：

```
127.0.0.1:6379> geopos Beijing xierqi
1) 1) "116.31262332201004028"
   2) "40.058916969476833"
```

（4）geodist（计算坐标距离）

格式：

```
geodist 键名称 成员名称1 成员名称2 [单位]
```

示例：

```
127.0.0.1:6379> geodist Beijing xierqi  wangjing km
"15.1809"
```

（5）georadius（查找坐标指定范围内其他坐标）

格式：

```
georadius 键名称经度纬度 半径米|千米 [WITHCOORD] [WITHDIST] [WITHHASH][COUNT 个数]
    [ASC|DESC] [STORE 键名称][STOREDIST 键名称]
```

说明：store，通过返回的坐标创建新的zset，score值为geohash-int；storedist，通过返回的坐标创建新的zset，score值为距离。

示例：返回距离后厂村路10千米的点。

```
127.0.0.1:6379> georadius Beijing 116.296717 40.058981 10 km WITHDIST WITHCOORD
1) 1) "xierqi"
   2) "1.3541"
   3) 1) "116.31262332201004028"
      2) "40.058916969476833"
```

16.2 命令实现

geoadd命令把经纬度进行geohash-int编码后作为zadd的score值存储在有序集合中。在命令geoadd中，我们讲解了geohash-int的实现，同时介绍了geohash算法是如何把经纬度编码转换为Base32格式字符串的；在命令geopos中，我们探讨了如何从Base32格式的字符串中反向提取出经纬度。我们对计算坐标之间距离的命令geodist以及计算指定范围内元素的命令georadius分别进行了介绍。综上所述，希望读者通过本节能够掌握基于位置的服务的原理，更好地构建基于位置的服务。

16.2.1 使用geoadd添加坐标

示例：

```
127.0.0.1:6379> geoadd Beijing 116.312621 40.058918 "xierqi"
```

在客户端执行geoadd后，对经纬度进行geohash-int编码，返回int值作为zadd的score值，以上命令会转变成ZADD Beijing 4069883739661408 "xierqi"，见代码：

```
void geoaddCommand(client *c) {
        …
        //把经纬度编码，经纬度转化值做二进制交叉组合
```

```
        geohashEncodeWGS84(xy[0], xy[1], GEO_STEP_MAX, &hash);
        //按照52位对齐，比如有效为26位，就左移26位
        GeoHashFix52Bits bits = geohashAlign52Bits(hash);
        //zadd的score
        robj *score = createObject(OBJ_STRING, sdsfromlonglong(bits));
        …
    zaddCommand(c);
```

下面先介绍根据经纬度计算 geohash 的二进制编码，如图 16-2 所示。

下面用天安门的坐标来进行演示。地球的经度范围是 [−180, 180]，天安门的经度为 116.403993。

1）将 [−180, 180] 分为两份：[−180, 0]、[0, 180]、116.403 位于右侧，标记为 1；

2）将 [0, 180] 分为两份：[0, 90]、[90, 180] 位于右侧，标记为 1；

3）将 [90, 180] 分为两份：[90, 135]、[135, 180]，位于左侧，标记为 0；

4）将 [90, 135] 分为两份：[90, 112.5]、[112.5, 135] 位于右侧，标记为 1；

5）将 [112.5, 135] 分为两份：[112.5, 123.75]、[123.75, 135] 位于左侧，标记为 0。

上述 5 步产生的序列为 11010。

6）重复上述的步骤，区间会趋向 116.403993，会得到位数更多的二进制序列，运行 26 步后得到 11 01001011 00011010 11001101

同理对于天安门的纬度 39.915114，通过上面的算法，运行 26 步后会得到：

```
10 11100011 00010010 10011001
```

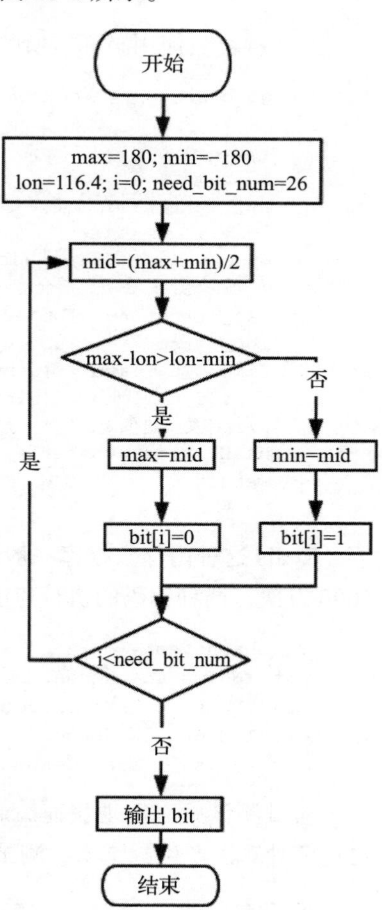

图 16-2　计算经度 116.4 的二进制

上面的算法和二分查找很类似，先看一下原作者的算法，代码在 GitHub 上的 yin-qiwen/geohash-int，一共有两种算法。

第 1 种算法采用二分查找的思想，缺点是速度较慢，Redis 没有采用该方案，代码如下：

```
for (; i < step; i++)
{
    uint8_t lat_bit, lon_bit;
    if (lat_range.max - latitude >= latitude - lat_range.min)
    {
        lat_bit = 0;
```

```
            lat_range.max = (lat_range.max + lat_range.min) / 2;
        }
        else
        {
            lat_bit = 1;
            lat_range.min = (lat_range.max + lat_range.min) / 2;
        }
        …
}
```

第2种算法使用坐标转换的思想，Redis中采用的就是这种算法，代码如下：

```
int geohash_fast_encode(…)
{
    ....
    hash->step = step;
    //把坐标位置缩放到[0,1]的区间内
    double lat_offset = (latitude - lat_range.min) / (lat_range.max - lat_range.min);
    double lon_offset = (longitude - lon_range.min) / (lon_range.max - lon_range.min);
    //根据进行的步数，转化为一个固定的数值
    lat_offset *= (1LL << step);
    lon_offset *= (1LL << step);
    uint32_t ilato = (uint32_t) lat_offset;
    uint32_t ilono = (uint32_t) lon_offset;
    //经纬度二进制交叉
    hash->bits = interleave64(ilato, ilono);
    return 0;
}
```

Redis这种内存数据库一般都用于核心业务，因此响应时间非常重要。那么看一下执行1000万次，两种编码的执行速度对比情况：

```
./geohash_test
Cost 1663ms to encode
Cost 298ms to fast encode
Cost 1824ms to  decode
Cost 386ms to fast decode
```

通过测试可以发现快速编码是普通编码执行速度的6倍。在对比完编码速度后，来比对这两种算法产生的结果，测试如下：

```
normal encode (29): 226875021382860487
fast encode   (29): 226875021382860487

normal encode (30): 907500085531441949
fast encode   (30): 907500085531441949

normal encode (31): 3630000342125767798
fast encode   (31): 3630000342125767798

normal encode (32): 14520001368503071193
fast encode   (32): 14520001368503071193
```

通过测试，可以确认这两种算法的编码的结果是一样的。接下来分析一下快速 geo_hash 的思路：由三位的二进制序列 000、001、010、011、100、101、110、111，可以看到规律，前半部分编码的最高位为 0，后半部分编码的最高位为 1；除去最高位，前半部分和后半部分都为 00、01、10、11。让我们把去掉高位的前半部分一分为二，得到的前半部分最高位为 0，后半部分最高位为 1，除去最高位后前半部分和后半部分相同 ，都为 0，1 我们通过符号表示下：

```
f(1) ={0,1}
f(n+1) = 0.f(n) , 1.f(n)
```

我们可以看到，n 位数的二进制的数集前部分都为 0，后部分都为 1。

让我们以 4 位二进制数 1010 来说明：

```
f(4) = 0.f(3),1f(3), 第1位为1, 在右侧
f(3)= 0.f(2), 1f(2), 第2位为0, 在左侧
f(2) = 0.f(1),1f(1), 第3位为1, 在右侧
f(1) = {0,1}, 第4位为0, 在左侧
```

以上就是第一种算法的思想。那怎么把一个范围映射到另一个范围中呢？作者先把经纬度范围映射到 [0, 1]，然后乘以另一个范围的最大值，映射到另一个范围，这是第 2 种算法的思想。

16.2.2 计算坐标的 geohash

现在来学习 geohash 的内部实现，由于通过坐标计算二进制在 geoadd 命令中已经讲解，在这里我们只看二进制串如何转换为 Base32 编码。在取得二进制串后，每 5 个一组，替换为 geoalphabet 中的值，即可得到 Base32 编码后的字符串，代码如下：

```
void geohashCommand(client *c) {
    char *geoalphabet= "0123456789bcdefghjkmnpqrstuvwxyz";
    …
        int i;
        //从低到高，5位一组，取对应的Base32值
        for (i = 0; i < 11; i++) {
            int idx = (hash.bits >> (52-((i+1)*5))) & 0x1f;
            buf[i] = geoalphabet[idx];
        }
        buf[11] = '\0';
    …
```

值得一提的是，地图绘制使用的是圆柱投影技术，球面上的区域从赤道到极地方向，缩放比例逐渐增大，地图的大小并不能真实反映实际大小。赤道附近的一块区域与两极附近的一块区域，在地图上大小相近，实际可能相差很大。geohash 把二维地图降为一维，由于极地处的放大比率太大，故而 Redis 限制了纬度的范围是 -85 到 85。

```
#define GEO_LAT_MIN -85.05112878
```

```
#define GEO_LAT_MAX 85.05112878
#define GEO_LONG_MIN -180
#define GEO_LONG_MAX 180
```

geohash算法中使用的是-90到90。所以在生成geohash时，Redis需要先计算出原来的经纬度，然后使用纬度[-90，90]的区间重新编码，生成标准的geohash值，代码如下：

```
double xy[2];
if (!decodeGeohash(score,xy)) {
}
/* 新范围计算二进制 */
r[0].min = -180;
r[0].max = 180;
r[1].min = -90;
r[1].max = 90;
//使用新区间计算新的geohash值
geohashEncode(&r[0],&r[1],xy[0],xy[1],26,&hash);
```

16.2.3 使用geopos查询位置经纬度

在geoadd中，我们添加了一个地点的经纬度。使用geohash-int把经纬度转换为一个整数值，作为zset的score值。查询地点的经纬度时，首先会在zset中查询对应地点，然后根据地点的score值解码出经纬度。

```
void geoposCommand(client *c) {
    int j;
    /* 在zset中查找元素 */
    robj *zobj = lookupKeyRead(c->db, c->argv[1]);
    …
    /* 解码经纬度 */
    if (!decodeGeohash(score,xy)) {
      …
```

解码经纬度的过程主要是把score值分离成奇数位和偶数位，然后进行数学变换，即得到原先的经纬度。我们以纬度的解码进行举例：

```
int geohashDecode(…
//geoadd公式的变换：ilato = (lat/lat_scale) * 1ull << step
    area->latitude.min =
        lat_range.min + (ilato * 1.0 / (1ull << step)) * lat_scale;
    area->latitude.max =
        lat_range.min + ((ilato + 1) * 1.0 / (1ull << step)) * lat_scale;
…
```

通过计算(min+max)/2，我们就可以得到原始坐标。在二进制交叉算法中，通过注释可以推测出作者明确要进行二进制交叉这个目标后，进行了大量的文献调研，找到了下文的算法。该算法由斯坦福大学的学生发明，下文将对该算法进行详细的分析。

```
/*
两个二进制交叉合并，x和y是两个uint32_t的无符号整数
    * From:  https://graphics.stanford.edu/~seander/bithacks.html#InterleaveBMN */
    static inline uint64_t interleave64(uint32_t xlo, uint32_t ylo) {
        static const uint64_t B[] = {
            0x5555555555555555ULL,  0x3333333333333333ULL,
            0x0F0F0F0F0F0F0F0FULL, 0x00FF00FF00FF00FFULL,
            0x0000FFFF0000FFFFULL};
            static const unsigned int S[] = {1, 2, 4, 8, 16};
            uint64_t x = xlo;
            x = (x | (x << S[4])) & B[4];
            x = (x | (x << S[3])) & B[3];
            x = (x | (x << S[2])) & B[2];
            x = (x | (x << S[1])) & B[1];
            x = (x | (x << S[0])) & B[0];
…
```

从二进制中分离出奇数位和偶数位。注意，仅给出了分离奇数位的代码。

```
/* reverse the interleave process
 * derived from http://stackoverflow.com/questions/4909263
 */
static inline uint64_t deinterleave64(uint64_t interleaved) {
        static const uint64_t B[] = {
0x5555555555555555ULL, 0x3333333333333333ULL,
    0x0F0F0F0F0F0F0F0FULL, 0x00FF00FF00FF00FFULL,
    0x0000FFFF0000FFFFULL, 0x00000000FFFFFFFFULL};
        static const unsigned int S[] = {0, 1, 2, 4, 8, 16};
        uint64_t x = interleaved;
        x = (x | (x >> S[0])) & B[0];
        x = (x | (x >> S[1])) & B[1];
        x = (x | (x >> S[2])) & B[2];
        x = (x | (x >> S[3])) & B[3];
        x = (x | (x >> S[4])) & B[4];
        x = (x | (x >> S[5])) & B[5];
…
```

图 16-3 演示的是 8 位的二进制放置到 16 位二进制的奇数位过程：

详细步骤如下：

1）16 位为一个单位，把低 8 位平分到高 8 位和低 8 位；

2）8 位为一个单位，把低 4 位平分到高 4 位和低 4 位；

3）4 位为一个单位，把低 2 位平分到高 2 位和低 2 位。

图 16-4 演示的是从二进制中分离出奇数位的过程。

详细步骤如下：

1）4 位为一个单位，把高 2 位中的后半部分移动到低 2 位中的前半部分；

2）8 位为一个单位，把高 4 位中的后半部分移动到低 4 位中的前半部分；

3）16 位为一个单位，把高 8 位中的后半部分移动到低 8 位中的前半部分。

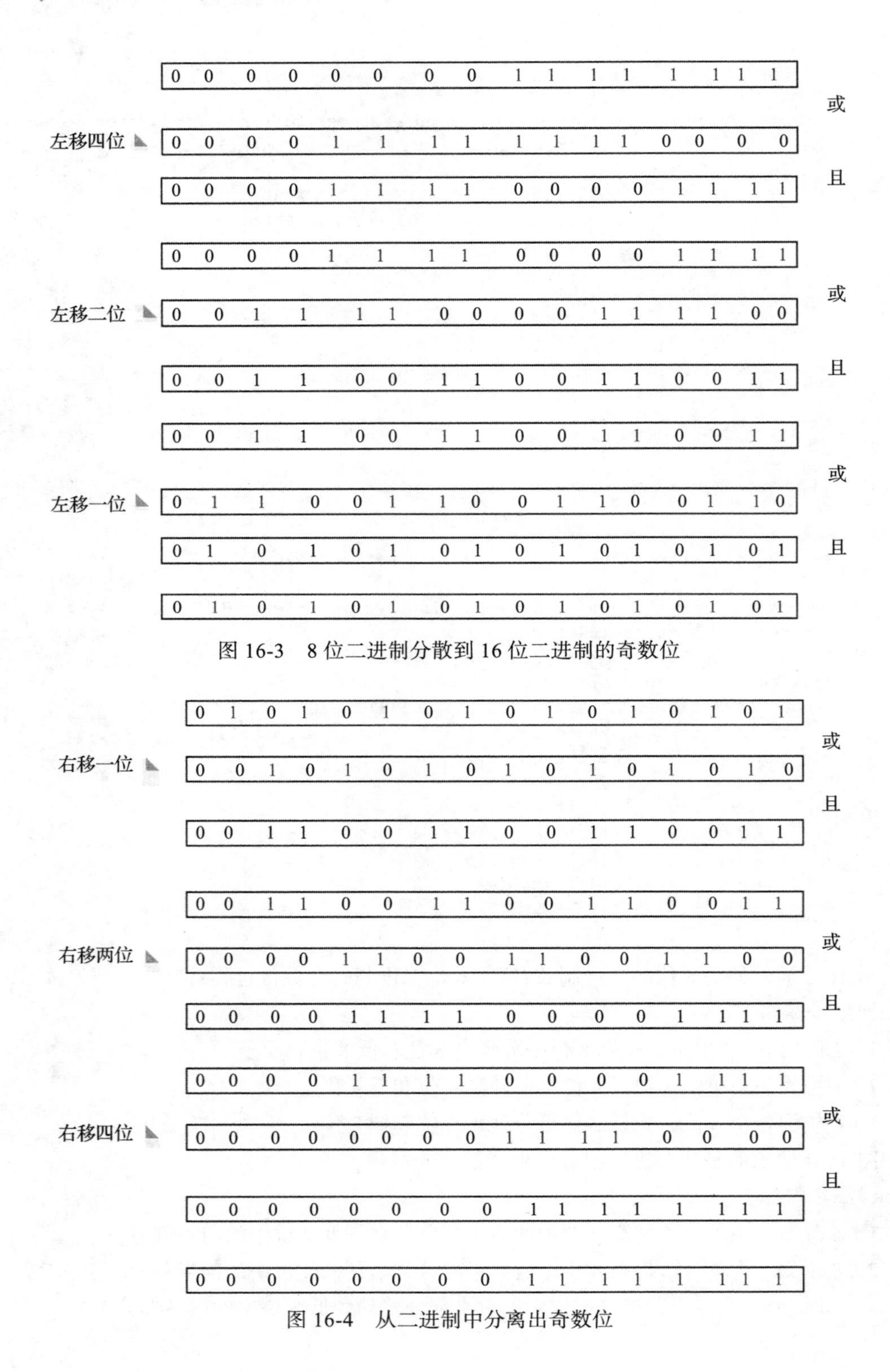

图 16-3　8位二进制分散到16位二进制的奇数位

图 16-4　从二进制中分离出奇数位

16.2.4　使用 geodist 计算两点距离

Redis 中的距离计算采用的是 Haversine 公式，该公式用来计算球面上点之间的距离。而地球并不是完全的球体，在边界区域会有高达 0.5% 的误差。但是 Redis 主要计算特定范围内的坐标之间的距离，误差是可以接受的。如果对距离有严格的要求，需要寻求其他计算方案。过程是给定两个位置，先在 zset 查找到元素，通过 score 值解码出经纬度，然后通过 Haversine 公式计算出距离：

```
double geohashGetDistance(double lon1d, double lat1d, double lon2d, double lat2d) {
    double lat1r, lon1r, lat2r, lon2r, u, v;
    lat1r = deg_rad(lat1d);
    lon1r = deg_rad(lon1d);
    lat2r = deg_rad(lat2d);
    lon2r = deg_rad(lon2d);
    u = sin((lat2r - lat1r) / 2);
    v = sin((lon2r - lon1r) / 2);
    return 2.0 * EARTH_RADIUS_IN_METERS *
        asin(sqrt(u * u + cos(lat1r) * cos(lat2r) * v * v));
}
```

16.2.5　使用 georadius/georadiusbymembe 查询范围内元素

geohash 可以实现任意经度查询，先看一下二进制位数和精度的关系。

```
Geohash位数     精度（单位米）
  2,           20037726.3700
  4,           10018863.1850
  6,            5009431.5925
  8,            2504715.7963
 10,            1252357.8981
 12,             626178.9491
 14,             313089.4745
 16,             156544.7373
 18,              78272.3686
 20,              39136.1843
 22,              19568.0922
 24,               9784.0461
 26,               4892.0230
 28,               2446.0115
 30,               1223.0058
 32,                611.5029
 34,                305.7514
 36,                152.8757
 38,                 76.4379
 40,                 38.2189
 42,                 19.1095
 44,                  9.5547
 46,                  4.7774
```

```
48,                 2.3887
50,                 1.1943
52,                 0.5972
```

生成精度的代码如下：

```
#include <stdio.h>
#include <math.h>

int main(int argc, char *argv[])
{

    printf("hashbits RadisMeters\n");
    //地球周长
    double circle = 2*20037726.37;
    for (int i = 1; i <= 26; i++) {
        double pow_value = pow(2.0,i);
        printf("%3d,\t%.4lf\n",i*2, circle/pow_value);
    }
    return 0;
}
```

指定范围内查找的步骤如下。

1）根据查找的精度要求确定 geohash 编码的位数。

2）在指定位数下进行经纬度编码。

3）查找指定编码周围的 8 个编码。

4）对从第 3 步得到的 9 个 geohash 整型值分别构造区间，构造区间的格式为（geohashint, geohashint+1），得到 9 个区间。

5）每个区间都转换为 score 的区间。举例来说，如果要搜索 3km 范围内的点，根据精度对应关系，需要使用 26 位编码。左移 26 位，我们得到一个 52 位的编码。

6）在每个区间内使用 zrangebyscore key min max WITHSCORES 查询范围内的点。

7）计算出每个点的经纬度后，计算到指定经纬度的距离，排除不在范围内的点。

如下为对应的源码：

```
uint8_t geohashEstimateStepsByRadius(double range_meters, double lat) {
    int step = 1;
    while (range_meters < MERCATOR_MAX) {
        range_meters *= 2;
        step++;
    }
    step -= 2;
    if (lat > 66 || lat < -66) {
        step--;
        if (lat > 80 || lat < -80) step--;
    }
    …
    return step;
```

首先根据精度表找到 step，其中每个 step 对应 2 位二进制。之后将 step 减 2，降低精度，以确保能包含大部分区域。最后由于极地附近的放大，我们也需要降低精度，扩大搜索区间。

获得 step 后，根据 step 进行经纬度编码，然后查找四周的编码，由 gethashNeighbors 函数实现，而 geohashNeighbors 又是通过 geohash_move_x 和 geohash_move_y 来计算四周编码的。那么 geohash_move_x 做了什么呢，在 16 节中的 Z 阶曲线图中取任意一个值，右侧的值就是 x 轴加 1，y 轴不变，然后交叉。下方的值就是 x 轴不变，y 轴加 1 后交叉。这样就可以方便地计算相邻方位的值了，代码如下：

```
static void geohash_move_x(GeoHashBits *hash, int8_t d) {
    if (d == 0)
        return;
    uint64_t x = hash->bits & 0xaaaaaaaaaaaaaaaaULL;
    uint64_t y = hash->bits & 0x5555555555555555ULL;
    uint64_t zz = 0x5555555555555555ULL >> (64 - hash->step * 2);
    if (d > 0) {
        x = x + (zz + 1);
    } else {
        //为什么不是直接减1？首先要取指定位数，然后把奇数位值为0，再减1
        x = x | zz;
        x = x - (zz + 1);
    }
    x &= (0xaaaaaaaaaaaaaaaaULL >> (64 - hash->step * 2));
    hash->bits = (x | y);
}
```

计算完指定点以及四周的范围后，就可以利用 zset 查询出所有点，然后过滤掉不在范围内的点，返回数据即可。

16.3 本章小结

本节首先介绍了 geohash 算法的发展史，之后详解讲解了 Redis 中 GEO 相关命令的实现。在介绍 Redis GEO 相关命令实现的过程中，也讲解了其中精彩的位操作算法，希望能够给读者一定的启发。

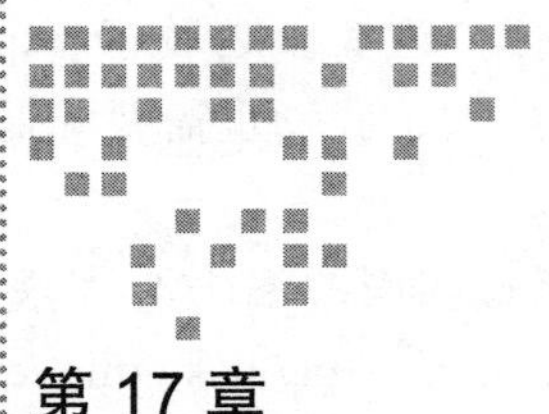

Chapter 17 第17章

HyperLogLog 相关命令的实现

在工作当中，我们经常会遇到与统计相关的功能需求，比如统计网站 PV（Page View，页面访问量）或者 URL 的访问次数，可以使用 Redis 提供的 incr 或 incrby 命令轻松实现，但像 UV（Unique Visitor，独立访客）、独立 IP 数、搜索记录数等需要去重和计数的问题该如何解决呢？我们把这类求集合中不重复元素个数的问题称为基数计数。

解决基数计数有多种方法，简单来说，可以将数据存储在 MySQL 表中，使用 distinct count 语句来计算不重复个数，也可以使用 Redis 提供的 hash、set、bitmap 等数据结构来处理，而且结果数据都非常精确，但是这些方法都会随着数据的不断增多，而导致占用的空间越来越大，对于非常大的数据集是不切实际的。那么是否能够降低一定的精度来平衡存储空间呢。有一类算法基于概率，仅使用常量和小量的内存来提供集合中唯一元素数量的近似值。

17.1 基本原理

基数计数（cardinality counting）通常用来统计一个集合中不重复的元素个数，是实际应用中一种常见的计算场景，在计算机各领域都有相关需求和应用，在数据库系统中尤为重要。精确的基数计数算法由于种种原因，在面对大量数据时往往代价过高，人们迫切希望找到一个优雅的解决方案。

基于概率的基数计数算法允许一定误差来平衡准确率和空间使用率，它们克服了精确基数计数算法的诸多弊端，同时可以通过一定手段将误差控制在所要求的范围内。

17.1.1 算法演进

从数据量、性能角度考虑，目前计算较大数据的基数计数方法有下面两类：基于 bitmap 的基数计数；基于概率的基数计数。

（1）基于 bitmap 的基数计数

在 bitmap 中，bit 是数据的最小存储单位，且 bitmap 自身具有去重的特点，bitmap 中 1 的数量就是集合的基数值，合并计算复杂度也很低。但 bitmap 的长度与集合中元素个数无关，而是与基数上限有关，并且在统计多个这样的数据时（如每天的独立访客）会成倍增长，也不适用于大数据场景。

例如，uid 类型是 int32，存储 uv 需要的最大空间为 4294967294/8/1024/1024=512MB，如果统计按天计算，10 天的独立访客就要花费 5GB 空间，如果某一天只有一个独立访客也要占用 512MB 空间，在 Redis 中实现的 setbit 命令是以 offset 来分配内存的，详见第 11 章。

（2）基于概率的基数计数

基于概率的基数计数算法中，目前常见的有线性计数算法、对数计数算法、超对数计数算法及自适应计数算法等。这几种算法都是基于概率统计理论所设计的概率算法，是 bitmap 的升级版，除线性计数算法外，其他几个算法大大优化了空间占用。因超对数计数算法基于对数计数算法，所以下面主要讨论对数计数算法原理，超对数计数算法在 Redis HyperLogLog 实现里面详细讨论。

17.1.2 线性计数算法

线性计数算法⊖（Linear Counting，下文简称 LC）的算法思路：假设有一个散列函数，其散列结果有 m 个值（0～m-1），允许散列冲突，但需要服从均匀分布（几乎）。初始化长度为 m（基数）的 bitmap，每个 bit 为一个组，集合中元素经散列计算后，将在 bitmap 对应的 bit 上设置 1，当集合所有元素散列计算并设置完成后，bitmap 上 0 的个数为 u，可以通过 0 的个数估算出元素个数：$n=m*\log(m/u)$，从公式看到，当 bitmap 全部被设置为 1 时，算法失效。

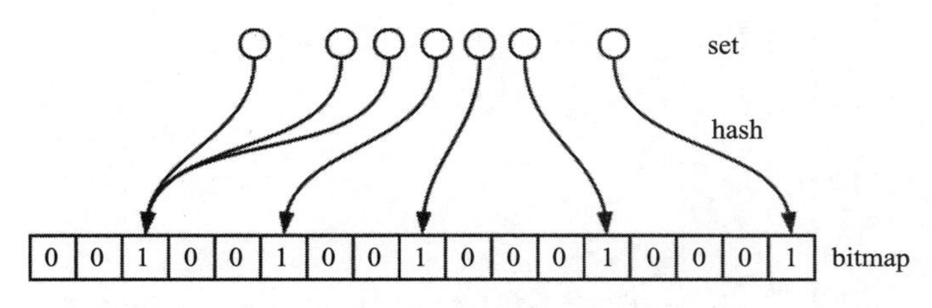

图 17-1 LC 计算 Hash 过程

LC 算法属早期计数算法，它的思想与 bitmap 几乎一致，空间存储方面有小部分提升，

⊖ 参考论文：http://dblab.kaist.ac.kr/Prof/pdf/ACM90_TODS_v15n2.pdf。

从渐进复杂性的角度看，空间复杂度仍与 bitmap 相近。虽然 LC 不够理想，但在元素较少时表现优秀，常用于弥补对数计数算法元素较少的情况，很少单独使用。

17.1.3 对数计数算法

对数计数算法[⊖]（LogLog Counting，下文简称 LLC），算法思路：同 LC 一样需要有一个散列函数对数据进行随机化，且长度固定。基于此散列函数，集合中的元素经散列之后成为了一个固定长度的二进制串，假设散列后的长度为 32（见图 17-2），从左往右依次编号 1～32，每个 bit 取值 0 或 1，因散列结果服从均匀分布，所以每个 bit 相互独立，且值为 0 或 1 的概率各 50%。

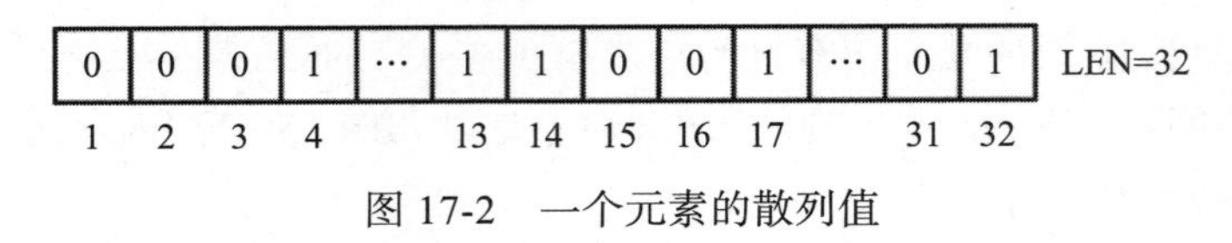

图 17-2 一个元素的散列值

那么从左往右寻找第一个 1 的过程如同抛硬币，每次抛硬币出现正反面的概率都为 50%，且每次抛硬币的行为相互独立，抛出正面即可停止。同时，这也满足伯努利过程的定义，相互独立的伯努利变量 X_1、$X_2 \cdots X_n$ 的概率分布特征为（p 为概率）：

$$P(X_n=1)=p$$

$$P(X_n=0)=1-p$$

例如，抛一次出现正面的概率为 1/2（如图 17-3 所示），抛两次才出现正面的概率为 1/2*1/2，抛出 k 次才出现正面的概率为 $1/2^k$。进行 n 次伯努利过程（见图 17-4），得到 n 个出现正面的投掷次数，记为 $\{k_3, k_2, k_4, k_2, \ldots\}$，对应获得正面的概率记为 $\{1/2^3, 1/2^2, 1/2^4, 1/2^2, \ldots\}$，由此得出投掷硬币 Y 次才出现正面的概率大于等于投掷 k 次的概率为

$$P_n(Y \geqslant k) = \frac{1}{2^k}$$

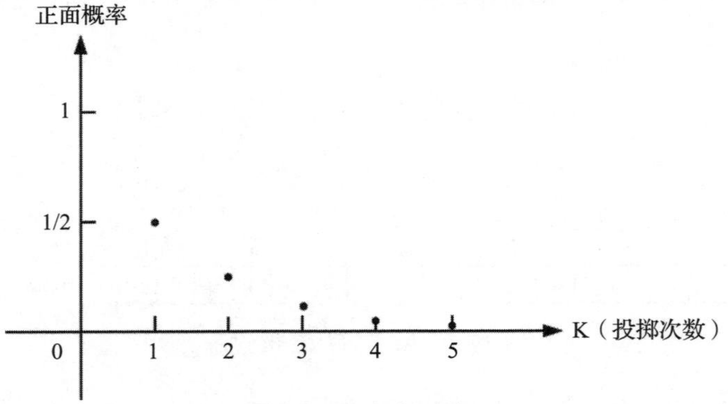

正面概率

1

1/2

0 1 2 3 4 5 K（投掷次数）

图 17-3 投掷概率

⊖ 参考论文：http://algo.inria.fr/flajolet/Publications/DuFl03.pdf。

那么 n 次伯努利过程中得出 M 的概率分布特征为（M 为 n 次伯努利过程产生的最大投掷次数）：

$$P_n(M \leqslant k) = \left(1 - \frac{1}{2^k}\right)^n$$

$$P_n(M \geqslant k) = \left(1 - \frac{1}{2^k - 1}\right)^n$$

据此分析，当 n 远小于 $2^{k_{max}}$ 时，$P_n(X \geqslant k) \approx 0$；当 n 远大于 2^k 时，$P_n(X \leqslant k) \approx 0$。得出，$2^k$ 可以作为基数 n 的一个粗糙估计（具体论证请参考 LLC 论文）。

如图 17-2 所示，将散列之后的二进制串看作是一次伯努利过程，1 表示硬币正面，0 表示反面，那么一个集合的基数 n 就可以看作是 n 次伯努利过程，分别记录第一次获得 1 的位置 k（见图 17-4），那么可以用 n 次伯努利过程最大的位置 k_{max} 来预估集合基数 n:$n \approx 2^{k_{max}}$。

如图 17-4 所示，4 次伯努利过程产生的 k_{max}=4，计算出基数 n 约等于 16（2^4），很显然误差太大，造成这种结果的原因是伯努利过程次数太少（集合元素个数太少，此处为 4），并且没有修正偶然性误差（散列偶然的情况）。

为了解决上面的问题，LLC 采用分组思想，将散列后的二进制前 m 位作为组的序号，剩下的位才用来计算计数值。计算每个组中第一个 1 出现的位置，并使用算术平均数（公式如图 17-5 所示）将每个组的值组合成一个估计值，再经过偏差修正来最小化误差。

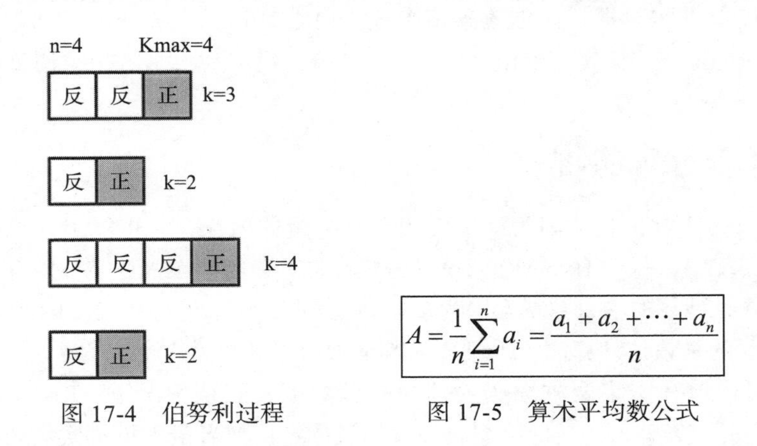

图 17-4　伯努利过程　　图 17-5　算术平均数公式

图 17-4 所示，假如将结果散列分为两组，{2, 2}，{3, 4}，那么得到两组的 k_{max} 分别为 {2}，{4}，平均值为 3((2+4)/2)，得到 n 等于 8(2^3)，再经过偏差修正来进一步降低误差。

如此，LLC 只需要分 m 组并且使用最大较少空间来保存 k_{max}。假设 $m=2^{14}$（Redis），使用 6bit（64）空间保存 k_{max}，那么只需要 m*6/8=12KB 来保存 LLC 数据。

LLC 的多集合合并计算相对比较简单，因为 LLC 只需记录组的 k_{max}，所以合并时取相同分组序号中最大的 k 作为合并后的 k_{max} 进行计算。

如上面所说，LLC 通过 KB 级内存占用，让计数大数据级别的基数成为可能，不过

LLC 也有自己的问题，当元素不是特别大时，其计数误差过大（参考 LLC 论文），因此目前在处理大数据的基数计算问题时，所采用算法基本为 LLC 的改进版，其中 HLL 和 AC 都是基于 LLC 算法优化而来的。

17.1.4 自适应计数算法

自适应计数算法（Adaptive Counting，下文简称 AC），算法思路：将 LC 结合 LLC 一起使用，根据基数量级（也叫空分组率）选择使用哪一种算法。LLC 和 LC 的存储比较相似，都是以分组为单位存储独立值，区别在于 LLC 存储的是 k_{max}，LC 存储的是 1 和 0。当空分组率大于 0.051 时（详见相关论文），LC 的误差较小；当小于 0.051 时，LLC 的误差较小。

17.1.5 超对数计数算法

超对数计数算法㊀（HyperLogLog Counting，下文简称 HLL），基于 LLC 算法，思想基本相似，不过它使用调和平均数（也叫倒数平均数，公式如图 17-6 所示）替代算术平均数来计算所有组的均值，以获得更精确的计数值。算术平均数结果为几个值的中值，调和平均数结果偏向几个值中较小值。

使用图 17-4 中数据，由调和平均数公式计算出的平均值约等于 2.667（2/(1/2+1/4)，对比 LLC 算术平均数（平均值为 3）更接近真实数据。详细改善请参考 HLLC㊁论文，下面讲解 Redis 是如何实现 HLL 的。

$$H=\frac{n}{\frac{1}{x_1}+\frac{1}{x_2}+\cdots+\frac{1}{x_n}}=\frac{n}{\sum_{i=1}^{n}\frac{1}{x_i}}=\left(\frac{\sum_{i=1}^{n}x_i^{-1}}{n}\right)^{-1}$$

图 17-6 调和平均数公式

17.2 HLL Redis 实现

HyperLogLog 非常出色，因为即使使用非常少量的内存，它也能很好地趋近集合的基数。在 Redis 实现中，每个 HyperLogLog（密集存储）只需要 12KB 字节内存，标准误差控制在 0.81%，并且计算的项目数量上限为 2^{64}。为了进一步降低误差，Redis 作者在 Redis 5.0 里使用了一种新的基数估计算法（详细参考 New HLLC 论文㊂）。

Redis 使用稀疏和密集两种编码处理与存储数据，默认情况下，Redis 创建的 HyperLogLog 对象使用稀疏编码，当稀疏编码长度超过一定值或者最大投掷次数超过一定值时发生编码转换，具体细节下文详述。

HyperLogLog 使用类似 sds 的结构存储数据（字符串位图），为了区别普通字符串，在 HLL 头部使用了固定的字符串（HYLL）。使用 pfadd 创建（若 key 不存在）并添加一个元素后，可以使用 get 命令获取这个字符串，而且使用 object encoding 命令可以看到底层存储编

㊀ HLL++ 算法是 HLL 的优化版，文中的 HLL 包含了两者的特性。

㊁ 参考论文 HLLC：http://algo.inria.fr/flajolet/Publications/FlFuGaMe07.pdf。

㊂ 参考论文 New HLLC：https://arxiv.org/pdf/1702.01284.pdf。

码是 raw：

```
127.0.0.1:6379> pfadd key element
(integer) 1
127.0.0.1:6379> get key
"HYLL\x01\x00\x00\x00\x00\x00\x00\x00\x00\x00\x00\x80d\xfa\x84[\x03"
127.0.0.1:6379> object encoding key
"raw"
```

而为了更好地管理 HLL 数据，Redis 使用了一个 hllhdr（HLL 头对象，HLL header）结构体来存储 HLL 数据的字段信息。

17.2.1　HLL 头对象

hllhdr 是 HyperLogLog 结构头部，占用 16 字节（见图 17-7），用于存储一些附加的字段，实际数据保存在 registers 动态数组里，hllhdr 定义如下：

```
struct hllhdr {
    char magic[4];          /*固定值"HYLL"*/
    uint8_t encoding;       /*编码格式: HLL_DENSE or HLL_SPARSE or HLL_RAW*/
    uint8_t notused[3];     /*保留供将来使用，必须为零*/
    uint8_t card[8];        /*缓存基数，用于缓存重复的基数计算，小端存储*/
    uint8_t registers[];    /*字节数据*/
};
```

- magic：占 4 字节，固定值 HYLL，用于区别普通 string 对象。
- encoding：占 1 字节存储 HLL 编码，取值为 HLL_DENSE（0）、HLL_SPARSE（1）、HLL_RAW（255），用来表示 registers 属性保存数据的编码格式，其中 HLL_RAW 只在内部使用。
- notused：占 3 字节，暂未使用，必须为 0。
- card：占 8 字节，用于缓存最新计算的近似基数。
- registers：动态字节数组，用于 HLL 数据存储，不论编码是稀疏还是密集。散列值的低 14 位为分组序号，也就是说 Redis 使用了 16 384 个分组。

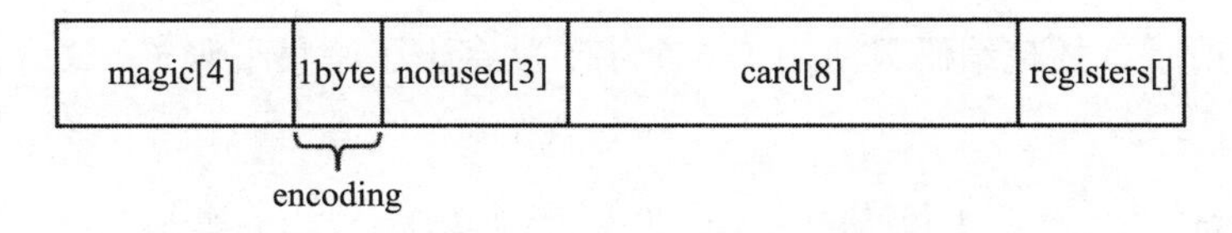

图 17-7　hllhdr 存储结构

从 hllhdr 结构体可以看出 Redis 实现 HLL 的大致思路，Redis 的 HLL 存储分为两部分：hllhdr 和 registers。registers 用来存储组数据，hllhdr 为 HLL 的头部信息，其中 encoding 来标识使用的编码，可以简单理解为空分组较多时使用稀疏编码存储，空分组较少时使用密集编码存储，内部计算使用 HLL_RAW 编码，编码相关信息下文详述。

为了减少计算成本，Redis使用card来保存基数计数最新的计算结果，card最高位用来标识剩下的63位数据是否有效（1无效，0有效）；该操作由宏HLL_VALID_CACHE完成。如果数据被更改，那么card缓存的值将失效，该操作由宏HLL_INVALIDATE_CACHE完成：

```
#define HLL_VALID_CACHE(hdr) (((hdr)->card[7] & (1<<7)) == 0)
#define HLL_INVALIDATE_CACHE(hdr) (hdr)->card[7] |= (1<<7)
```

hllhdr最后一个属性registers是动态字节数组，可以很方便地读取保存的字节数据。

17.2.2 稀疏编码

稀疏编码（SPARSE）是Redis初始化一个新的HLL结构时使用的编码，是具有压缩性质的编码。稀疏编码将数据分散在16384（2^{14}）个组中，将重复的分组计数值进行压缩成操作码，以此降低内存使用。当稀疏编码存储的任意一个组里的计数值大于32（前文的k_{max}），或总长度超过3000字节（由HLL_SPARSE_MAX_BYTES决定，可配置）时，发生编码转换。因为不管数据总长度还是计数值只会增加不会减少，所以不会发生由密集编码向稀疏编码的转换。

稀疏编码使用3种操作码对registers存储的数据进行编码，操作码为ZERO、XZERO和VAL。ZERO和VAL各占一个字节，XZERO占两个字节。

1）ZERO：操作码为00xxxxxx。6位xxxxxx表示有1到64（xxxxxx转换为十进制加1，0没有意义）个连续分组为空。比如编码00 001111表示有16个连续分组的值都是0。

2）XZERO：操作码由两个字节01xxxxxx yyyyyyyy表示。其中xxxxxx yyyyyyyy表示有0到16384（xxxxxxyyyyyyyy+1）个连续分组为空，xxxxxx表示14bit的高位，yyyyyyyy为低位，此操作码表示从0到16384个连续分组设置为值0，这也是初始化一个HLL时使用的默认值，也就是说2个字节就可以表示一个刚创建好的HLL结构的registers。

3）VAL：操作码表示为1vvvvvxx。vvvvv表示投掷次数（k_{max}），最大32（11111+1），这也是为什么k_{max}大于32时会发生编码转换的原因；xx表示连续n+1个分组，此操作码可以表示1到32之间的值，重复1到4次。例如1 00011 10表示有3个连续分组的k_{max}都是4。

如图17-8所示，稀疏编码只使用了6个字节就存下了密集编码（下文介绍）需要12KB存储的数据：

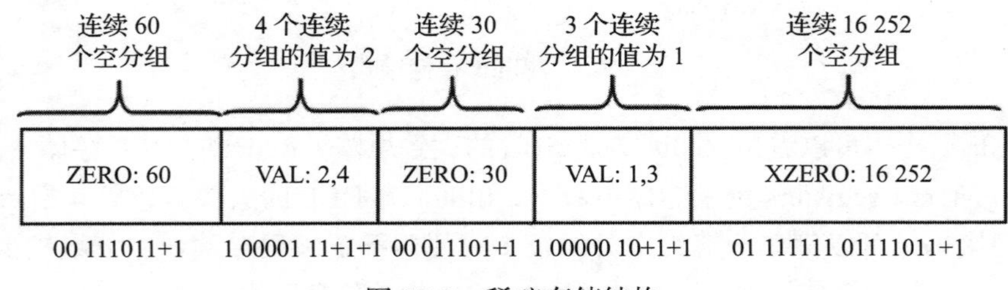

图17-8 稀疏存储结构

在源码中使用下面前 3 个宏来判断是哪个操作码，后面两个宏是 XZERO 和 VAL 操作码的定义（ZERO 是 00 开头，不需要定义），注意宏参数 p 是一个 uint8_t 指针，也就是 HLL 对象 registers 属性：

```
#define HLL_SPARSE_IS_ZERO(p) (((*(p)) & 0xc0) == 0) /* 00xxxxxx */
#define HLL_SPARSE_IS_XZERO(p) (((*(p)) & 0xc0) == HLL_SPARSE_XZERO_BIT)
#define HLL_SPARSE_IS_VAL(p) ((*(p)) & HLL_SPARSE_VAL_BIT)
#define HLL_SPARSE_XZERO_BIT 0x40 /* 01xxxxxx */
#define HLL_SPARSE_VAL_BIT 0x80 /* 1vvvvvxx */
```

下面前 3 个宏用来获取 3 个操作码的所编码分组的数量，第 4 个宏用来获取 VAL 操作码的计数值，注意这些宏最后都有加 1 操作（0 没有意义），相应的，在存储时也都有减 1 操作：

```
#define HLL_SPARSE_ZERO_LEN(p) (((*(p)) & 0x3f)+1)
#define HLL_SPARSE_XZERO_LEN(p) (((((*(p)) & 0x3f) << 8) | (*((p)+1)))+1)
#define HLL_SPARSE_VAL_LEN(p) (((*(p)) & 0x3)+1)
#define HLL_SPARSE_VAL_VALUE(p) ((((*(p)) >> 2) & 0x1f)+1)
```

下面分别介绍 3 个操作码的设置宏，VAL 操作码宏如下：

```
#define HLL_SPARSE_VAL_SET(p,val,len) do { \
    *(p) = (((val)-1)<<2|((len)-1))|HLL_SPARSE_VAL_BIT; \
} while(0)
```

HLL_SPARSE_VAL_SET 宏用于设置 VAL 操作码，将计数值（val−1）左移 2 位，与分组数量（len−1）和 0x80（VAL 操作码标识）相或，正好就是 1vvvvvxx，vvvvv 代表计数值，xx 代表连续分组数量，计算如下：

```
((val)-1)<<2:          0xxxxx00
(len)-1:               000000vv
HLL_SPARSE_VAL_BIT:    10000000
或|                    : 1xxxxxvv
```

HLL_SPARSE_ZERO_SET 宏用于设置 ZERO 操作码，因为 len 在调用的地方有判断，不用担心 len 超过 64，所以只需要将 len−1 赋值给 p 就可以了，也就是 '00vvvvvv'，与操作码对应：

```
#define HLL_SPARSE_ZERO_SET(p,len) do { \
    *(p) = (len)-1; \
} while(0)
```

HLL_SPARSE_XZERO_SET 宏用于设置 XZERO 操作码，第 1 字节保存分组数量高位，第 2 字节保存分组数量的低位，源码如下：

```
#define HLL_SPARSE_XZERO_SET(p,len) do { \
    int _l = (len)-1; \
    *(p) = (_l>>8) | HLL_SPARSE_XZERO_BIT; \        // _l高位或上0x80
    *((p)+1) = (_l&0xff); \                         // _l低位
} while(0)
```

稀疏编码没有直接获取计数值的宏，每次获取计数值都是遍历字节数组p，累加VAL操作码下的基数值。

17.2.3 密集编码

密集编码（DENSE）是Redis由稀疏编码转换而来的，数据分散在16 384个组中，每个组占用6位（16 384×6/8，12KB的由来），由密集编码存储的结构比较简单，16 384个6bit连成的字符串位图。

Redis密集编码表示如下，第1个分组（000000）的6bit包含在1个字节里，第2个分组（111111）的6bit分布在前后2个字节中（MSB：高位；LSB：低位）。

```
|MSB   LSB|MSB    LSB|MSB   LSB|MSB    LSB|       位序
+--------+--------+--------+------//      //--+
|11000000|22221111|33333322|55444444 ....     |
+--------+--------+--------+------//      //--+
| 1 byte | 2 byte | 3 byte | 4 byte ....  字节序
```

6bit计数值从LSB（低位）开始一个接一个地编码到MSB（高位），并根据需要使用下一个字节。Redis存储如上面源码所示，000000代表分组0，111111代表分组1，以此类推。

根据元素散列后的二进制可以得到分组编号，那么如何获取分组对应的6bit数据呢？Redis使用HLL_DENSE_GET_REGISTER宏来获取分组的6bit数据，即获取指定分组的计数值（k_{max}）：

```
#define HLL_DENSE_GET_REGISTER(target,p,regnum) do { \
    uint8_t *_p = (uint8_t*) p; \
    unsigned long _byte = regnum*HLL_BITS/8; \   // 定位分组位于哪一字节
    unsigned long _fb = regnum*HLL_BITS&7; \     // 定位分组bit的开始位
    unsigned long _fb8 = 8 - _fb; \              // 跨字节处理
    unsigned long b0 = _p[_byte]; \              // 第一个字节
    unsigned long b1 = _p[_byte+1]; \            // 第二字节
    // 位序合并
    target = ((b0 >> _fb) | (b1 << _fb8)) & HLL_REGISTER_MAX; \
} while(0)
```

- target表示获取的计数值；
- p表示HLL对象头部的registers；
- regnum代表分组编号。

宏HLL_BITS为6，HLL_REGISTER_MAX为63。

那么根据regnum可以得到该分组位于字节序p第_byte字节（b0）的第_fb个bit，若该分组的6bit跨字节了，那么_fb8表示下一字节（b1）第_fb8位（如图17-9分组1所示），灰色表示分组1的数据。

宏HLL_DENSE_GET_REGISTER计算target的位运算如图17-10所示，由于分组1的数据有2位在_byte[0]的高位，4位在_byte[1]的低位，需要进行位运算才能获取分组1的完整数据。结合图 17-9 和图 17-10 看位运算过程，b0 右移 _fb（6）位，b1 左移 _fb8（2）位，然后前后两个值相或，得到 00xxxxxx，再取低 6 位数据就得到分组 1 的 6 个比特位。

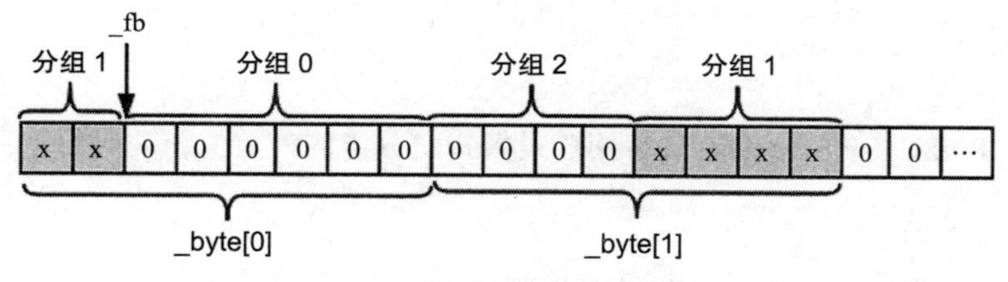

图 17-9　分组 1 数据实际存储分布

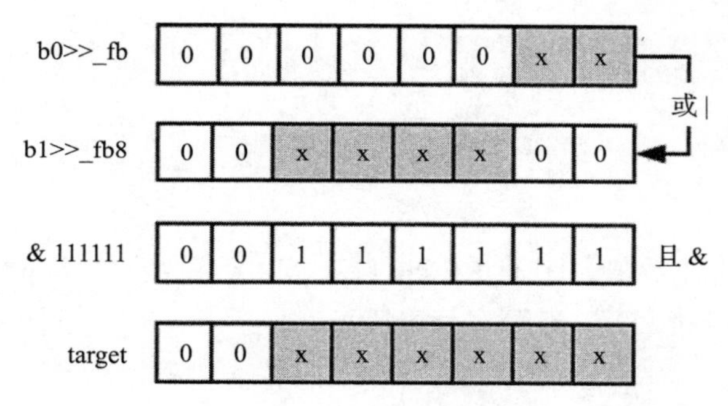

图 17-10　密集存储位运算

假设分组序号 regnum 为 1（图 17-9 中分组 1 计数值），来验证下跨字节的情况：

```
字节序为：_byte = 1*6/8 = 0
位序为：_fb = 1*6%8 = 6
跨字节位序为：_fb8 = 8 - _fb = 2
第一字节：b0 = p[_byte]
第二字节：b1 = b0 + 1

b0：xx000000
b1：0000xxxx
v1 = (b0 >> _fb)为：000000xx
v2 = (b1 << _fb8)为：00xxxx00
v3 = v1 | v2 = 00xxxxxx
target = v3 & 111111 = xxxxxx
```

如果分组的数据在 1 个字节里，如分组 0，那么 HLL_DENSE_GET_REGISTER 宏依然适用。假设 regnum 为 0（非跨字节），那么：

```
字节序为：_byte = 0*6/8 = 0
位序为：_fb = 0*6%8 = 0
跨字节位序为：_fb8 = 8 - _fb = 8
第一字节：b0 = p[_byte]
第二字节：b1 = b0 + 1
```

```
b0: 00xxxxxx
b1: 00000000
v1 = (b0 >> _fb) 为: 00xxxxxx
v2 = (b1 << _fb8)为: 00000000
v3 = v1 | v2 = 00xxxxxx
target = v3 & 111111 = xxxxxx
```

宏 HLL_DENSE_SET_REGISTER 用于设置指定分组的计数值，源码如下：

```
#define HLL_DENSE_SET_REGISTER(p,regnum,val) do { \
    uint8_t *_p = (uint8_t*) p; \
    unsigned long _byte = regnum*HLL_BITS/8; \
    unsigned long _fb = regnum*HLL_BITS&7; \
    unsigned long _fb8 = 8 - _fb; \
    unsigned long _v = val; \
    _p[_byte] &= ~(HLL_REGISTER_MAX << _fb); \
    _p[_byte] |= _v << _fb; \
    _p[_byte+1] &= ~(HLL_REGISTER_MAX >> _fb8); \
    _p[_byte+1] |= _v >> _fb8; \
} while(0)
```

val 为需要设置的计数值，HLL_REGISTER_MAX 值为 111111（十进制 63），借上面 regnum 等于 1 的例子（跨字节，非跨字节类似）：

```
_byte = 0;
_fb = 6;
_fb8 = 2;
_v = xxxxxx;         // 6bit

HLL_REGISTER_MAX << _fb为: 1111 11000000, 取反: 0000 00111111
//清空2位高位, 保留低6位, 因为低6位是别的分组的计数值, 由z表示
_p[_byte] &= 00111111 为: 00zzzzzz
_v << _fb 为: xxxx xx000000
_p[_byte] = 00zzzzzz | xx000000 为: xxzzzzzz

同样:
HLL_REGISTER_MAX >> _fb8为: 00001111, 取反: 11110000
//清空低4位, 保留高4位
_p[_byte+1] = _p[_byte+1] & 11110000为: zzzz0000
_v >> _fb8为: 0000xxxx
_p[_byte+1] = _p[_byte+1] | 0000xxxx 为: zzzzxxxx
```

这样，由 _p[_byte] 字节的高 2 位和 _p[_byte+1] 字节的低 4 位组成了分组 1 的计数值（x 表示）。

17.2.4 内部编码

内部编码（HLL_RAW）仅在内部用作具有多个键的 PFCOUNT 的加速。在 pfcount 计算多个 key 时，临时生成 HLL 对象的编码就是 HLL_RAW。密集存储使用 6bit 存储计数值，内部编码使用 8bit 存储计数值，其目的是为了减少计算。

计算源码如下：

```
double E = 0;
int j, ez = 0;
uint64_t *word = (uint64_t*) registers;  // 8字节
uint8_t *bytes;

for (j = 0; j < HLL_REGISTERS/8; j++) {  // 16384/8 = 2048
    if (*word == 0) {
        ez += 8;
    } else {
        bytes = (uint8_t*) word;
        if (bytes[0]) E += PE[bytes[0]]; else ez++;
        if (bytes[1]) E += PE[bytes[1]]; else ez++;
        if (bytes[2]) E += PE[bytes[2]]; else ez++;
        if (bytes[3]) E += PE[bytes[3]]; else ez++;
        if (bytes[4]) E += PE[bytes[4]]; else ez++;
        if (bytes[5]) E += PE[bytes[5]]; else ez++;
        if (bytes[6]) E += PE[bytes[6]]; else ez++;
        if (bytes[7]) E += PE[bytes[7]]; else ez++;
    }
    word++;
}
...
```

内部编码的计数值计算没有位运算，每次循环读取 8 字节（word）数据，也就是 8 个分组的计数值，如果 word 不为空，则计算每个字节（分组）计数值的估计值。循环终止后返回计算的估计值，再参与后面的计算（参考 pfcount 命令）。

17.2.5　编码转换

前文介绍稀疏编码时提到了编码转换的两个条件。一是稀疏编码真正存储计数值的操作码是 VAL（1vvvvvxx），其中 5bit（vvvvv+1）保存 1～32 的计数值，当计数值大于 32 时 VAL 操作已经保存不下了，所以触发稀疏到密集的编码转换。二是当稀疏编码总长度超过设置的阈值（HLL_SPARSE_MAX_BYTES，默认 3k），也会触发编码转换。

转换源码如下：

```
dense = sdsnewlen(NULL,HLL_DENSE_SIZE);  // 申请空间
hdr = (struct hllhdr*) dense;
*hdr = *oldhdr;                          // 将旧的头部信息赋值给新头部
hdr->encoding = HLL_DENSE;               // 修改新头部信息编码为密集编码

while(p < end) {
    if (HLL_SPARSE_IS_ZERO(p)) {
        ...
    } else if (HLL_SPARSE_IS_XZERO(p)) {
        ...
    } else {
```

```
            runlen = HLL_SPARSE_VAL_LEN(p);          // 获取VAL操作码保存的连续分组数量
            regval = HLL_SPARSE_VAL_VALUE(p);        // 获取VAL操作码保存的计数值
            while(runlen--) {                        // 循环设置密集编码计数值
                HLL_DENSE_SET_REGISTER(hdr->registers,idx,regval);
                idx++;
            }
            p++;
        }
    }
```

先申请密集编码需要的空间，并且将旧的头部信息（oldhdr）赋值给新头部（hdr），然后更新新头部信息编码为密集编码，之后遍历稀疏编码的数据，获取VAL操作码，并调用密集编码宏HLL_DENSE_SET_REGISTER设置对应分组的基数值，while循环终止则转换完毕。

因为数据总长度和计数值都是单调递增的，不用考虑密集向稀疏的编码转换。

17.3 命令实现

有了前文对HLL头对象和存储编码的了解后，本节讲解HLL 3个命令pfadd、pfcount、pfmerge的实现，它们分别用来添加基数元素、统计基数、合并基数集。

17.3.1 添加基数

pfadd命令用来将一个或多个元素添加到指定的HLL中，需要注意的是Redis不保存元素本身，而是将元素进行散列处理后，找到对应分组并比较计数值，如果大于旧值则更新，反之不更新。

格式：

```
PFADD key element [element ...]
```

说明：将所有元素添加到指定的HyperLogLog数据结构中。如果在执行命令后HyperLogLog估计的近似基数发生变化，则返回1，否则返回0。如果指定的密钥不存在，该命令会自动创建一个空的HyperLogLog结构并执行添加操作。不指定element的情况下，如果key不存在则创建新的HLL结构并返回1，否则什么也不做并返回0。

源码实现：

首先查找key是否存在，如果不存在，则调用createHLLObject初始化HLL对象并添加到db中；如果对象存在，则校验对象是不是一个HLL对象；若是HLL对象，则调用dbUnshareStringValue判断对象被引用或者不是raw编码，则创建一个新的string对象，反之返回该对象。

如果有element参数，则循环调用hllAdd将元素添加到HLL对象，hllAdd函数内部根据对象编码属性（encoding），决定调用hllDenseAdd（密集）还是hllSparseAdd（稀疏）。hllAdd源码如下：

```
switch(hdr->encoding) {
    case HLL_DENSE: return hllDenseAdd(hdr->registers,ele,elesize);
                                                    //密集
    case HLL_SPARSE: return hllSparseAdd(o,ele,elesize);
                                                    //稀疏
    default: return -1; /* Invalid representation. */
}
```

不论是密集还是稀疏编码，都会调用 hllPatLen 计算当前需要加入元素的计数值与分组序号。调用 MurmurHash64A 计算元素 64 位散列值，根据散列值低 14 位计算出分组序号 (index)，然后进入 while 循环，计算 1 出现的位置。hllPatLen 源码如下：

```
hash = MurmurHash64A(ele,elesize,0xadc83b19ULL); // 64位散列
index = hash & HLL_P_MASK;                       // 分组序号HLL_P_MASK为63
hash >>= HLL_P;                                  // 移除低14位用于分组的位
hash |= ((uint64_t)1<<HLL_Q);                    // 至少有一个1确保下面while循环正常终
止
bit = 1;
count = 1;                                       // 初始化计数变量
while((hash & bit) == 0) {                       // 计算1的位置，遇到1则终止循环区间为
                                                    [1, 51]
    count++;
    bit <<= 1;                                   // 左移1位
}
```

得到当前元素的分组序号和计数值后，若以密集编码储存，则调用宏 HLL_DENSE_GET_REGISTER 获取原分组的计数值，如果新值比旧值大，则调用 HLL_DENSE_SET_REGISTER 更新分组计数值；同样，稀疏编码的 HLL 调用 hllSparseSet 进行设置计数值的思路与密集类似，也是取出旧值与新值比较，不过这里多了两个检查。一个是操作码之间的转换，二是编码之间的转换。最后，如果计数值更新则返回 1，没有更新则返回 0。

示例：

```
127.0.0.1:6379> pfadd hllkey
(integer) 1
127.0.0.1:6379> pfadd hllkey
(integer) 0
```

17.3.2 近似基数

pfcount 命令用于计算指定 HLL 的近似基数，它可以计算多个 HLL，比如使用 HLL 存储每天的 UV，那么计算一周的 UV 可使用 7 天的 UV 合并计算即可。

格式：

```
pfcount key [key ...]
```

说明：返回 key 的近似基数，多个 key 参数，需要先合并到临时 HLL 后计算。如果 key 不存在则返回 0，否则返回近似为 0.81% 的标准误差的基数。前文介绍 hllhr 有 8 字节

缓存基数，此命令可能会更改这个值。

源码实现：

计算多个key的近似基数，在计算前会先执行hllmerge合并操作（参考17.3.3节合并基数），原理是遍历key，将相同分组序号最大的计数值作为合并后的计数值，调用hllCount计算合并后的估计值。

计算单个key的近似基数，首先调用宏HLL_VALID_CACHE校验hllhdr.card属性。card有64bit，最高位为标志位，剩下63bit为上次计算的近似基数值，如果最高位为0表示上次计算的近似基数值没有改变，可以继续使用；反之表示上次计算的基数值已经改变，需要重新计算（调用pfcount触发）。

合并后的HLL对象和单个HLL对象一样，只是编码为内部编码，计算近似基数都是调用hllCount函数，hllCount通过编码分别计算估计值：

```
uint64_t hllCount(struct hllhdr *hdr, int *invalid) {
    double m = HLL_REGISTERS;
    double E;
    int j;
    int reghisto[HLL_Q+2] = {0};  // HLL_Q = 50

    // 计算各个编码中计数值[1, 50]出现的次数
    if (hdr->encoding == HLL_DENSE) {
        hllDenseRegHisto(hdr->registers,reghisto);
    } else if (hdr->encoding == HLL_SPARSE) {
        hllSparseRegHisto(hdr->registers,
                         sdslen((sds)hdr)-HLL_HDR_SIZE,invalid,reghisto);
    } else if (hdr->encoding == HLL_RAW) {
        hllRawRegHisto(hdr->registers,reghisto);
    } else {
        serverPanic("Unknown HyperLogLog encoding in hllCount()");
    }
    // HLL新基数估计算法 详细参考文末New HLL论文
    double z = m * hllTau((m-reghisto[HLL_Q+1])/(double)m);
    for (j = HLL_Q; j >= 1; --j) {
        z += reghisto[j];
        z *= 0.5;
    }
    z += m * hllSigma(reghisto[0]/(double)m);
    E = llroundl(HLL_ALPHA_INF*m*m/z);
    return (uint64_t) E;
}
```

示例：

```
127.0.0.1:6379> pfadd hllkey a b c d e
(integer) 1
127.0.0.1:6379> pfcount hllkey
(integer) 5
```

17.3.3 合并基数

pfmerge 命令将一个或多个 HLL 合并后的结果存储在另一个 HLL 中，比如每月活跃用户可以使用每天的活跃用户来合并计算可得。

格式：

```
pfmerge destkey sourcekey [sourcekey ...]
```

说明：将 n 个不同的 HyperLogLog 合并为一个，并存储到 destkey。

源码实现：该命令分两步完成。第 1 步使用 hllMerge 得到合并之后的基数值，hllMerge 根据存储编码分别计算最大计数，密集编码调用宏 HLL_DENSE_GET_REGISTER 获取当前分组的计数值，并与当前分组序号相同的最大值比较，取较大值更新 max 数组（如果需要），遍历源码如下：

```
for (i = 0; i < HLL_REGISTERS; i++) {
    HLL_DENSE_GET_REGISTER(val,hdr->registers,i);
    if (val > max[i]) max[i] = val;         //如果当前计数大于max则更新
}
```

稀疏编码在遍历时抛开 ZERO 和 XZERO 类型的分组（计数值为 0），只比较 VAL 类型的计数，源码如下：

```
while(p < end) {                            //存储数据的开始和结束指针
    if (HLL_SPARSE_IS_ZERO(p)) {            //0
        ...
    } else if (HLL_SPARSE_IS_XZERO(p)) { //0
        ...
    } else {                                //不为0的情况
        runlen = HLL_SPARSE_VAL_LEN(p);
        regval = HLL_SPARSE_VAL_VALUE(p);
        while(runlen--) {
            if (regval > max[i]) max[i] = regval;
            i++;                            //分组计数器
        }
        p++;
    }
}
```

第 2 步根据合并后的 HLL 编码分别调用 hllDenseSet 或者 hllSparseSet 循环遍历分组（参考命令 pfadd）以设置 destkey 的计数值，并调用宏 HLL_INVALIDATE_CACHE 设置 HLL 对象头 card 属性值失效，源码如下：

```
for (j = 0; j < HLL_REGISTERS; j++) {
    if (max[j] == 0) continue;              //0不需要设置
    hdr = o->ptr;
    switch(hdr->encoding) {
    case HLL_DENSE: hllDenseSet(hdr->registers,j,max[j]); break;
    case HLL_SPARSE: hllSparseSet(o,j,max[j]); break;
```

```
    }
}
...
HLL_INVALIDATE_CACHE(hdr);                    //使card缓存的基数值失效
```

示例：

```
127.0.0.1:6379> pfcount hllkey hllkey1 hllkey2 hllkey3
"OK"
```

17.4 本章小结

17.1 节讨论了基数计数算法的演进，对从最开始的 LC 算法到 LLC 算法，再到 HLL 算法进行了简单讨论。LC 算法在基数较小时比较准确，LLC 在基数较大时有优势，而 AC 是 LC 和 LLC 两者的简单结合，HLL 则是在 LLC 基础上进行多项优化改进。

17.2 节讲解了 Redis 的 HLL 算法实现，知道 Redis 使用密集和稀疏两种编码存储数据，默认使用稀疏编码存储，初始化 HLL 对象时只需要两个字节（参考 XZERO）就可以存储对象，当任意分组的计数值大于 32（参考 VAL）或者编码总长度超过 3000（可配置），会触发稀疏到密集编码的转换。两种编码都是使用元素的散列值低 14 位作为分组序号，剩下的 50 位作为计数数据。

17.3 节讲解了 HyperLogLog 命令的实现。pfadd 命令可以添加到 HLL 的数据不是元素本身，而是元素散列之后的计数值（如果大于原计数值）。pfcount 命令不仅可以计算单个 HLL 还可以计算多个 HLL 的情况，比如计算一周的 UV 可以使用每天的 UV 计算得到合并之后的 UV。pfmerge 可并多个 HLL，不参与计算。

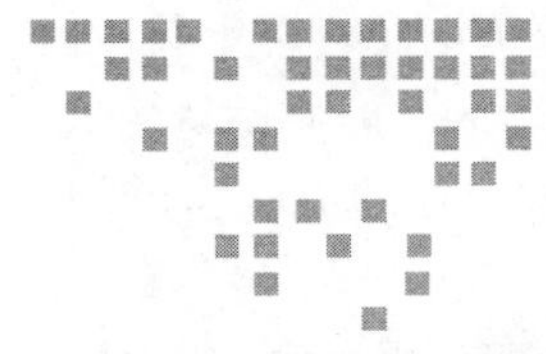

第 18 章 Chapter 18

数据流相关命令的实现

Redis 5.0.0 引入了 Stream，本章主要介绍 Stream 相关命令的底层实现。

在 Stream 的实现中，用到的关键数据结构是 rax、listpack。其中 rax 用于快速索引；listpack 用于存储具体的消息，这些数据结构的详细介绍请参见第 8 章。

18.1 相关命令介绍

在了解 Stream 相关命令的实现之前，我们先了解下 Redis 提供了哪些命令。所有 Redis 的 Stream 命令都以 x 开头，下面介绍具体命令的用法。

1. xadd 命令

xadd 命令的作用是将指定消息数据追加到指定的 Stream 队列中或裁减列中数据长度。

格式：

```
xadd key [MAXLEN [~|=] <count>] <ID or *> [field value] [field value] ...
```

说明：每条消息由一或多个阈值对组成，消息插入 Stream 队列中后会返回唯一的消息 ID。xadd 是唯一可以向 Stream 队列添加数据的命令。

1）MAXLEN：当 Stream 中数据量过大时，可通过此关键字来裁剪长度，删除 stream 中旧数据至指定的值；当数据量小于等于指定值时，不进行剪切。其中裁剪模式有两种。

- ~：模糊裁剪，优化精确裁剪，一般用此模式，效率更高。
- =：精确裁剪，我们知道，在数据存储的 listpack 结构体中，裁剪长度的所有阈值是依照数据从老到新的方式，依次把 listpack 释放掉，但在此模式下，删除最后一个 listpack 中的数据比较费时，所以推荐用模糊裁剪。

2）ID：添加消息可指定具体值或用“*”代替，指定的值必须大于当前Stream队列中最大的消息ID，为*时则默认生成一个最新的ID，ID值取的是当前时间+序列号。

注意：添加指定的ID值必须大于Stream中最后插入的ID值，否则报错。

示例：

① 添加一条数据，不指定ID值。

```
127.0.0.1:6379> xadd mytopic * name tom  age 20
"1547125234772-0"
```

② 添加一条数据，指定ID值：

```
127.0.0.1:6379> xadd mytopic 1547127055889-0 name jim  age 21
"1547126610255-0"
```

③ 修改长度，如果发现添加新元素后的Stream有超过100万条消息，则删除旧消息，使长度大约缩减至100万个元素。

```
127.0.0.1:6379> XADD mytopic MAXLEN ~ 1000000 * name tim age 29
"1547126610257-0"
```

2. xrange命令

xrange命令用于读取给定ID范围内的消息数据，并可以设置返回数据的条数。

格式：

```
xrange key start end [COUNT count]
```

说明：范围起始值分别由start和end字段指定，将返回两个ID之间（闭区间）的所有消息，消息排序为ID递增排序。

- start：开始消息ID，指定具体值或通过“-”特殊符号来表示最小ID。
- end：结束消息ID，指定具体值或通过“+”特殊符号来表示最大ID。
- COUNT：设定返回的消息数量。

示例：

```
127.0.0.1:6379> xrange mytopic - + COUNT 2
1) 1) "1547127055879-0"
   2) 1) "name"
      2) "tom"
      3) "age"
      4) "20"
2) 1) "1547127055889-0"
   2) 1) "name"
      2) "jim"
      3) "age"
      4) "21"
```

3. xrevrange命令

说明：xrevrange命令与xrange用法完全一致，唯一区别是返回数据的顺序为消息ID

的递减序，正好与 xrange 返回的数据顺序相反。

4. xdel 命令

xdel 命令用于删除 Stream 队列中指定的一或多个消息 ID 对应的数据。

格式：

```
xdel key ID [ID ...]
```

说明：

- key：类型必须为 OBJ_STREAM，否则报错。
- ID：为指定的一或多个消息 ID。注意：ID 不可为特殊符号"-"和"+"，不支持范围删除。

示例：

```
127.0.0.1:6379> xdel  mytopic  1547127055879-0
(integer) 1
```

5. xgroup 命令

xgroup 命令用于队列的消费组管理，包含对消费组的创建、删除、修改等操作。

格式：

```
xgroup [CREATE key groupname id-or-$]
       [SETID key id-or-$]
       [DESTROY key groupname]
       [DELCONSUMER key groupname consumername]
       [HELP]
```

说明：Stream 队列可以被多个消费组订阅，每个消费组都会记录最近一次消费的消息 last_id，一个消费组可以拥有多个消费者去消费，这些消费者之间是竞争关系，任意一个消费者读取了消息都会使游标 last_id 往前移动，每个消费者有一个组内唯一名称。而 xgroup 命令就是用于消费组管理。

- CREATE：创建一个新消费组。该选项末尾设置了 MKSTREAM 参数，当创建消费组的键值对不存在时，则会创建一个新的消费组，但 MKSTREAM 参数有个缺陷，如果键值对已存在且不是 Stream 类型时，因为代码没对值类型做限制，直接往里面添加消费组信息可能造成 Redis 服务器触发 core_dump，此问题笔者已向 Redis 团队提交反馈，预计 Redis 新版本会修复。
- SETID：修改某个消费组消费的消息 last_id。
- DESTROY：删除指定消费组。
- DELCONSUMER：删除指定消费组中某个消费者。
- HELP：查看使用帮助。

示例：

1）创建一个消费组：

```
127.0.0.1:6379> xgroup CREATE mytopic cg1 1547127055879-0
//创建一个消费组cg1，从消息id为1547127055879-0的消息开始消费
OK
```

最后一个参数是指定该消费组开始消费的消息 ID，其中“0”或“0-0”，表示从头开始消费，如果使用特殊符“$”，则表示队列中最后一项 ID，只读取消息队列中新到的消息。

2）修改消费组的 last_id：

```
127.0.0.1:6379> xgroup SETID mytopic cg1  1547127055888-0
//修改消费组cg1，从消息id为1547127055888-0的消息开始消费
OK
```

6. xreadgroup 命令

xreadgroup 命令用于从消费组中可靠地消费 n 条消息，如果指定的消费者不存在，则创建之。

格式：

```
xreadgroup GROUP group consumer [COUNT count] [BLOCK milliseconds] STREAMS key
    [key ...] ID [ID ...]
```

说明：

- group：消费组名称。
- consumer：消费者名称。
- COUNT：消费多少条数据。
- BLOCK：是否为阻塞模式，milliseconds 为阻塞多少毫秒。
- STREAMS：Stream 队列名称，可指定多个。若指定多个，则 ID 也要对应指定相同个数。
- ID：读取只大于指定消息 ID 后未确认的消息；特殊符号“>”，读取未传递给其他任何消费者的消息，也就是新消息。
- NOACK：该消息不需要确认。

示例：

从 Stream 队列的消费组 cg1 中新建一个消费者 c1，并消费一条数据。

```
127.0.0.1:6379> XREADGROUP GROUP cg1 c1 COUNT 1 STREAMS mytopic >
1) 1) "mytopic"
   2) 1) 1) "1547127055889-0"
         2) 1) "name"
            2) "jim"
            3) "age"
            4) "21"
```

7. xread 命令

xread 命令用于从 Stream 队列中读取 N 条消息，一般用作遍历队列中的消息。

格式：

```
xread [COUNT count] [BLOCK milliseconds] STREAMS key [key ...] ID [ID ...]
```

说明：此命令读取消息后无须通过 XACK 确认，也不需要强制指定消费组名称与消费者名称。

- COUNT：读取多少条数据；
- BLOCK：是否为阻塞模式，milliseconds 为阻塞多少毫秒；
- STREAMS：Stream 队列名称；
- ID：指定从哪个消息 ID 开始读取，也就是消息 ID 大于指定的 ID 的消息，可为“$”特殊符号，代表从最后一条开始读取。

示例：

```
127.0.0.1:6379> xread COUNT 10 STREAMS mytopic 0
1) 1) "mytopic"
   2) 1) 1) "1547127055889-0"
         2) 1) "name"
            2) "jim"
            3) "age"
            4) "21"
      2) 1) "1547281427474-0"
         2) 1) "name"
            2) "tom"
            3) "age"
            4) "20"
```

8. xack 命令

xack 命令用于确认一或多个指定 ID 的消息，使其从待确认列表中删除。

格式：

```
xack key group ID [ID ...]
```

说明：为了确保每个消息能被消费者消费到，通过 xreadgroup 消费的消息会存储在该消费组的未确认列表中，直到客户端确认该消息，才会从未确认列表中删除。xack 命令就是用于向 Redis 确认某个消息已被收到。

- group：消费组名称；
- ID：确认的消息 ID。

示例：

```
127.0.0.1:6379> xack mytopic cg1 1547127055889-0
(integer) 1
```

9. xpending 命令

xpending 命令用于读取某消费组或者某个消费者的未确认消息，返回未确认的消息 ID、空闲时间、被读取次数。

格式：

```
xpending key group [start end count] [consumer]
```

说明：

- group：指定的消费组；
- start：范围开始ID，可以为特殊符“-”表示开始或指定ID；
- end：范围结束ID，可以为特殊符“+”标识结尾或指定ID；
- count：读取条数；
- consumer：指定的消费者。

示例：

① 读取消费组cg1中消费者c1的所有待确认消息。

```
127.0.0.1:6379> xpending mytopic cg1 -  +  2 c1
1) 1) "1547127055889-0"    //消息ID
   2) "c1"                 //消费者名称
   3) (integer) 653752     //间隔多久未确认
   4) (integer) 11         //已被读取次数
2) 1) "1547281427474-0"
   2) "c1"
   3) (integer) 653752
   4) (integer) 3
```

② 读取消费组cg1的所有待确认消息。

```
127.0.0.1:6379> xpending mytopic CG1  - + 10
1) 1) "1547127055889-0"
   2) "c1"
   3) (integer) 1683614
   4) (integer) 11
2) 1) "1547281427474-0"
   2) "c1"
   3) (integer) 1683614
   4) (integer) 3
```

10. xclaim命令

xclaim命令用于改变一或多个未确认消息的所有权，新的所有者是在命令参数中指定。

格式：

```
xclaim key group consumer min-idle-time ID [ID ...] [IDLE ms] [TIME ms-unix-time]
    [RETRYCOUNT count] [force] [justid]
```

说明：

- consumer：指定新的消费者；
- min-idle-time：指定消息最小空闲数；

- ID：指定消息 ID；
- IDLE：将该消息空闲时间设置为指定毫秒数，如果没有指定 IDLE，则默认 IDLE 值为 0；
- TIME：将该消息空闲时间设置为指定 UNIX 时间；
- RETRYCOUNT：被读取次数重置为指定次数，默认不去修改，避免丢失真实被读取次数；
- force：在待处理条目列表（PEL）中创建待处理消息条目，即使某些指定的 ID 尚未在分配给不同客户端的待处理条目列表（PEL）中；
- justid：只返回成功认领的消息 ID 数组。

示例：认领 ID 为“1547294557195-0”的消息，仅当消息闲置至少 1 小时时，将所有权分配给消费者 c2，并将该消息的空闲时间置为 0，被交付读取次数也改为 0。

```
127.0.0.1:6379> xclaim mytopic1 cg1 c2 3600000 1547294557195-0  IDLE  0  RETRY-
    COUNT 0
1) 1) "1547294557195-0"
   2) 1) "name"
      2) "jim"
      3) "age"
      4) "20"
127.0.0.1:6379> xpending mytop1 cg1 - + 10
1) 1) "1547294557195-0"
   2) "c1"
   3) (integer) 1660
   4) (integer) 0
```

11. xinfo 命令

xinfo 命令用于读取消息队列、消费组、消费者等的信息。

格式：

```
xinfo [CONSUMERS key groupname] [GROUPS key] [STREAM key] [HELP]
```

说明：

- CONSUMERS：用于查看某个消费组下的消费者信息；
- GROUPS：用于查看某个 Stream 队列下的消费组信息；
- STREAM：用于查看某个 Stream 队列的整体组信息。

示例：

1）查看消费组 c1 中消费者消费信息：

```
127.0.0.1:6379> xinfo CONSUMERS mytopic cg1
1) 1) "name"
   2) "c1"
   3) "pending"
   4) (integer) 1
```

```
   5) "idle"
   6) (integer) 37793
```

2）查看 Stream 队列信息：

```
127.0.0.1:6379> xinfo STREAM  mytopic
 1) "length"
 2) (integer) 2
 3) "radix-tree-keys"
 4) (integer) 1
 5) "radix-tree-nodes"
 6) (integer) 2
 7) "groups"
 8) (integer) 3
 9) "last-generated-id"
10) "1547281427474-0
11) "first-entry"
…
```

3）查看 Stream 队列中消费组信息：

```
127.0.0.1:6379> xinfo GROUPS mytopic
1) 1) "name"
   2) "CG1"
   3) "consumers"
   4) (integer) 0
   5) "pending"
   6) (integer) 0
   7) "last-delivered-id"
   8) "0-0"
```

12. xtrim 命令

xtrim 命令的作用是缩减消息队列。

格式：

```
xtrim key MAXLEN [~] count
```

说明：当 Stream 中数据量过大时，可通过此命令字来缩减 Stream 队列长度，删除 Stream 中旧数据直到长度减少至指定的值；当数据量小于等于指定值时，不做剪切，此命令与 xadd 中通过 MAXLEN 字段实现裁剪的逻辑是一致的。其中 count 为指定的长度。

其中裁剪模式有两种：

- ~：模糊裁剪，优化精确裁剪一般用此模式，效率更高。
- =：精确裁剪。

示例：

```
127.0.0.1:6379> xadd mytopic * name tom  age 20
```

13. xlen 命令

xlen 命令用于获取 Stream 队列的数据长度。

格式：

```
xlen key ID [ID ...]
```

示例：

```
127.0.0.1:6379> xlen mytopic
(integer) 2
```

18.2 基本操作命令原理分析

上面讲解的命令可分成基本操作命令与分组相关命令，其中添加消息、删除消息、范围查找、遍历消息、获取队列信息、长度统计、裁剪消息可划分到基本操作中。下面讲解一下基本操作相关命令的实现。

18.2.1 添加消息

添加消息命令 xadd 对应的函数是 xaddCommand 函数，该函数添加消息主要分为如下这几步。

1）解析参数，主要是对 MAXLEN/ID/[field value] 对的解析，校验参数是否合法，并赋值给不同的变量，代码如下：

```
for (; i < c->argc; i++) {
    int moreargs = (c->argc-1) - i;       /*添加的[field value]对参数长度*/
    char *opt = c->argv[i]->ptr;
    if (opt[0] == '*' && opt[1] == '\0') {/*遇到符号“*” 则跳出循环*/
        break;
    } else if (!strcasecmp(opt,"maxlen") && moreargs) {
                                          /*解析maxlen参数*/
        if (moreargs >= 2 && next[0] == '~' && next[1] == '\0') {
       /*maxlen后的“~”用approx_maxlen = 1标识出来*/
        approx_maxlen = 1;
        }
      /*之后读取maxlen的值，并转换成long long类型*/
    } else {                              /*指定ID时读取id值，并用id_given = 1; 标识*/
        if (streamParseStrictIDOrReply(c,c->argv[i],&id,0) != C_OK) return;
        id_given = 1;
        break;
    }
}
```

校验 [field value] 对的数据是否合法，代码如下：

```
if ((c->argc - field_pos) < 2 || ((c->argc-field_pos) % 2) == 1) {
```

```
        addReplyError(c,"wrong number of arguments for XADD");
        return;
    }
```

2）校验key对应的值是否为Stream类型：如果存在且类型为Stream，则获取对应的值。如果值存在，但不为Stream类型，则报错。如果不存对应键值对，则调用createStreamObject函数初始化一个空的Stream类型对象，写入db的字典中，代码如下：

```
robj *streamTypeLookupWriteOrCreate(client *c, robj *key) {
                                            //检查key
    robj *o = lookupKeyWrite(c->db,key); //查找db中是否已经存在该键值对
    if (o == NULL) {                        //不存在则初始化一个空的stream类型的对象
        o = createStreamObject();
        dbAdd(c->db,key,o);                 //写入db中
    } else {
        if (o->type != OBJ_STREAM) {        //db中已存在，类型不对则报错
            addReply(c,shared.wrongtypeerr);
            return NULL;
        }
    }
    return o;                               //返回key对应Stream类型的值
}
```

Stream的创建在这不进行深入的讲解，代码如下：

```
stream *streamNew(void) {
    stream *s = zmalloc(sizeof(*s));
    s->rax = raxNew();                      //消息ID存储在Rax树中，Rax是个前缀树，消息ID
                                              默认生成的是毫秒时间戳+序列号，采用前缀树的形
                                              式存储可以节省下大量的空间
    s->length = 0;                          //队列中消息个数
    s->last_id.ms = 0;                      //记录生成消息ID用
    s->last_id.seq = 0;                     //记录生成消息ID用
    s->cgroups = NULL;                      //分组信息，也是类似Rax树
    return s;
}
```

3）调用streamAppendItem函数，往Stream中写入消息ID及内容数据。其中生成或指定的消息ID会当作key存储在Rax树中，每个ID并非独占一个节点，插入时会找到Rax树的最大节点，判断该节点中存储数据的data字段是否已达到极限，代码如下：

```
if (server.stream_node_max_bytes && lp_bytes > server.stream_node_max_bytes)
{
    lp = NULL;
} else if (server.stream_node_max_entries) {
    int64_t count = lpGetInteger(lpFirst(lp));
    if (count > server.stream_node_max_entries) lp = NULL;
}
```

其默认配置：

```
stream-node-max-bytes 4096
stream-node-max-entries 100
```

如节点中 data 为空或达到存储上限，则会重新创建一个新节点，把对应的消息 ID 及内容（field-value 对）插入。

data 字段存储数据用的是 listpack 表，会把不同的消息分成不同的 entry。entry 中存储偏移量 + 消息内容（field value 对）。entry 节点消息存储也分为两种：第 1 种是消息内容的 field、value 两个值都存储，第 2 种是只存储 field-value 对中的 value 值。而区分用哪种方式存储的办法是和该队列中第 1 条消息做对比，如果结构一致，则采用第 2 种方式，更省内存，结构不一致则用第一种方式存储消息内容。所以在创建消息队列首次添加的数据时，一定要采用更通用的结构，避免浪费内存。操作如下：

```
127.0.0.1:6379> xadd mytopic1 * name  jim  age 20        //首次添加
"1547294557195-0"
127.0.0.1:6379> xadd mytopic1 * name  tom  age 21
//第2次添加，因为结构与首次添加一致，会采用第2种方式只存储value值，也就是只存储“tom”于“21”
  字符
"1547294569219-0"
127.0.0.1:6379> xadd mytopic1 * name  tim  age 22 gender 男
//第3次添加，因为结构与首次添加不一致，添加了gender字段，因此会采用第1种方式存储[field value]
  对，也就是会存储“name  tim  age 22 gender 男”中所有字符
"1547294577465-0"
```

4）消息添加完后，则把新插入的消息 ID 返回给客户端，代码如下：

```
addReplyStreamID(c,&id);
```

5）如果传入了 maxlen 参数，则会调用 streamTrimByLength 函数剪切队列中数据，实现见 18.2.6 节，代码如下：

```
notifyKeyspaceEvent(NOTIFY_STREAM,"xtrim",c->argv[1],c->db->id);
```

经过以上 5 步，整个 xadd 命令就执行完了。

18.2.2　删除消息

删除消息命令 xdel 对应的函数是 xdelCommand 函数，xdelCommand 函数删除消息主要分为如下这几步。

1）根据 key 读取对应值，并判断类型是否为 OBJ_STREAM，如果不是则报错，代码如下：

```
if ((o = lookupKeyWriteOrReply(c,c->argv[1],shared.czero)) == NULL || checkType
    (c,o,OBJ_STREAM)) return;
stream *s = o->ptr;
```

2）参数检验，循环校验传入的参数，判断 ID 值格式是否正确，其中有一个格式不正

确则报错。代码如下：

```
for (int j = 2; j < c->argc; j++) {
    if (streamParseStrictIDOrReply(c,c->argv[j],&id,0) != C_OK) return;
    //检验id格式是否正确
}
```

3）删除消息，调用 streamDeleteItem 函数，根据消息 ID 先从 Rax 树中查找到其内容所属的节点，从节点遍历找到该消息对应的地址，把头部的 flag 标识为删除态，直到该 listpack 删除到最后一个消息时才会真正释放整块内存，并从 Rax 树中摘除该节点，删除消息代码如下：

```
for (int j = 2; j < c->argc; j++) {
    streamParseStrictIDOrReply(c,c->argv[j],&id,0); /* Retval already checked. */
    deleted += streamDeleteItem(s,&id);
}
```

4）返回消息，调用 addReplyLongLong 函数，把删除的消息数量写入输出缓冲。

18.2.3 范围查找

按照 ID 范围读取消息有两个命令，分别为 xrange 与 xrevrange 命令。两个命令的实现分别调用 xrangeCommand 与 xrevrangeCommand 函数，底层统一再调用的是 xrangeGeneric-Command 函数。调用这个函数，会通过参数 rev 区分，对应的值分别为 0 和 1，代码如下：

```
void xrangeCommand(client *c) {
    xrangeGenericCommand(c,0);
}
    void xrevrangeCommand(client *c) {
    xrangeGenericCommand(c,1);
}
```

xrangeGenericCommand 函数实现范围查找主要分为如下几步。

1）解析参数与参数校验，代码如下：

```
// 判断startarg格式是否正确
if (streamParseIDOrReply(c,startarg,&startid,0) == C_ERR) return;
// 判断endarg格式是否正确
if (streamParseIDOrReply(c,endarg,&endid,UINT64_MAX) == C_ERR) return;
if (c->argc > 4) { //传入了COUNT，则校验之后的参数是否正确
    //读取count的值，并转换为longlong类型
    //异常情况报错
}
```

2）校验 key 对应的值是否为 Stream 类型：如果存在且类型为 Stream，则获取对应的值。如果值存在但不为 stream 类型，则报错。

```
if ((o = lookupKeyReadOrReply(c,c->argv[1],shared.emptymultibulk)) == NULL ||
    checkType(c,o,OBJ_STREAM)) return;
```

3）调用 streamReplyWithRange 函数进行范围匹配查找。

正序范围查找主要分如下两步。

① 根据 start 参数中指定的 ID 值，从 Rax 树中查找到最后一个比该 ID 小的节点并从该节点往后遍历，直到找到该 ID 为止。

② 从这个位置往后遍历，每读取一条消息则往输出缓冲区写入一条，当本节点遍历完则继续遍历 Rax 树的下一个节点，直到所有节点遍历完或者遇到一个比 end 参数所指定的消息 ID 大的值则结束。

反序范围查找：和正序查找类似，根据 end 指定的消息 ID 找到位置后，遍历顺序相反即可。

18.2.4 获取队列信息

用于读取队列、消费组、消费者信息的 xinfo 命令，对应的函数是 xinfoCommand 函数，xinfoCommand 函数查询基本信息主要分为如下几步。

1）根据 key 读取对应值，并判断类型是否为 OBJ_STREAM，如果不是则报错，代码如下：

```
robj *o = lookupKeyWriteOrReply(c,key,shared.nokeyerr);
if (o == NULL || checkType(c,o,OBJ_STREAM)) return;
s = o->ptr;
```

2）根据传入的第 2 个参数做判断，区分去获取哪些信息，如果为“CONSUMERS”，则用于查看某个消费组下的消费者信息。

- GROUPS：用于查看某个 Stream 队列下的消费组信息；
- STREAM：用于查看某个 Stream 队列的整体组信息。

18.2.5 长度统计

用于读取队列长度的 xlen 命令，底层调用对应的函数是 xlenCommand 函数，这个函数实现比较简单，主要分为如下这几步。

1）根据 key 读取对应值，并判断类型是否为 OBJ_STREAM，如果不是则报错，代码如下：

```
if ((o = lookupKeyReadOrReply(c,c->argv[1],shared.czero)) == NULL || checkType
    (c,o,OBJ_STREAM)) return;
stream *s = o->ptr;
```

2）返回值：根据读取的 Stream，直接调用 addReplyLongLong 输出其长度，代码如下：

```
addReplyLongLong(c,s->length);
```

18.2.6 剪切消息

用于读取队列长度的 xlen 命令，底层调用对应的函数是 xtrimCommand 函数，这个函数实现主要分为如下这几步。

1）根据 key 读取对应值，并判断类型是否为 OBJ_STREAM，如果不是则报错，代码如下：

```
if ((o = lookupKeyWriteOrReply(c,c->argv[1],shared.czero)) == NULL
    || checkType(c,o,OBJ_STREAM)) return;
stream *s = o->ptr;
```

2）解析与校验参数。maxlen 参数为必传项，否则报错，如果模糊缩减则把参数 approx_maxlen 标识为 1。

3）调用 streamTrimByLength 函数缩减队列，代码如下：

```
int64_t streamTrimByLength(stream *s, size_t maxlen, int approx) {
    if (s->length <= maxlen) return 0;    //只能缩减长度
    raxIterator ri;
    raxStart(&ri,s->rax);                 //初始化rax迭代器
    raxSeek(&ri,"^",NULL,0);              //找到rax首个节点
    int64_t deleted = 0;
    while(s->length > maxlen && raxNext(&ri)) {
    //从首个节点开始，循环删除Rax树中每个节点，直到删除数量足够，也就是说，会把队列中老数据按
      节点逐个删除
    …
     }
```

删除过程会涉及模糊删除和精确删除的问题，当执行的是模糊删除时，默认会多保留一些数据，也就是说，当传入的第 3 个参数为符号“~”时，会把最后一个需要删除的消息 ID 所在的节点数据保留，而精确删除则会把最后一个需要删除的消息 ID 之前的数据都删掉。

18.3 分组命令原理分析

前面章节讲解了基本的操作命令，在数据流相关的命令中，还有消费者分组管理与分组消费相关的命令，我们知道 streamCG、streamConsumer、streamNACK 这三个数据结构分别用于存储消费组相关信息、消费者相关信息、未确认消息，详见 8.1.3 节，掌握这几个结构体概念后，再看分组相关的命令实现。

18.3.1 分组管理

用于消费组管理的 xgroup 命令，底层调用对应的函数是 xgroupCommand 函数，这个函数实现主要分为如下这几步。

1）校验，xgroup 命令第 2 个参数共有 5 个选项，当选项不为 HELP 时，则需根据 key 读取对应的 value 值，并判断其类型是否为 OBJ_STREAM，如果不是则报错。当选项为 CREATE 且带了 MKSTREAM 参数时，则不判断 value 值是否存在与是否为 Stream 类型。当选项为 SETID DELCONSUMER 时，则需要判断指定的组是否存在，不存在组信息则报错。

2）根据不同参数做不同的处理。

① create 参数，创建一个新消费组，处理流程代码如下：

```
if (!strcasecmp(opt,"CREATE") && (c->argc == 5 || c->argc == 6)) {
    if (!strcmp(c->argv[4]->ptr,"$")) {  //消息ID如为特殊符号“$”，是则把该队列中最大的
                                           一个id赋值给它
        id = s->last_id;
    } else if (streamParseStrictIDOrReply(c,c->argv[4],&id,0) != C_OK) {
                                         //不为特殊符号，则检验传入id的合法性，不合法则
                                           报错。
        return;
    }
       if (s == NULL && mkstream) {       //指定了MKSTREAM参数，且db中该键值对不存在，
                                           创建一个类型为stream新对象存入db中
        o = createStreamObject();
        dbAdd(c->db,c->argv[2],o);
        s = o->ptr;
    }
    streamCG *cg = streamCreateCG(s,grpname,sdslen(grpname),&id);
                                         //创建一个新的消费组，但此处逻辑有漏洞，使用s前
                                           需要校验其所属对象是否为stream，如不是则可能
                                           把内存写坏，导致redis-server直接挂掉
```

最终创建消费组调用的是 streamCreateCG 函数，该函数的主要实现步骤如下：

第 1 步，初始化 streamCG 结构体，并把 streamCG.last_id 的值改为参数指定的 ID 值；

第 2 步，往 s.cgroups 这个 Rax 树中写入新初始化的 streamCG 结构体，其中 key 为分组名称，关联的值为 streamCG 结构体。

② setid 参数，修改某个消费组消费的 last_id：这个选项处理流程比较简单，根据消费组姓名从 s.cgroups 这个 Rax 树中查找出 streamCG，修改字段 last_id 的值为参数指定的 ID 值即可。

③ destroy 参数，删除指定消费组：逻辑也比较简单，根据消费组姓名，从 s.cgroups 这个 Rax 树中删除并释放内存。

④ delconsumer 参数，删除指定消费组中某个消费者，删除主要流程如下：

- 根据消费组姓名从 s.cgroups 这个 Rax 树中查找出 streamCG；
- 根据消费者姓名从 streamCG. Consumers 这个 Rax 树中查找出消费者 Consumers；
- 迭代遍历 Consumers.pel 这个 Rax 树，从中删除并释放所有待确认的消息 ID；
- 根据消费者姓名把该消费者从 streamCG. Consumers 这个 Rax 树中删除。

⑤ help 参数，查看使用帮助：调用 addReplyHelp 函数，直接输出帮助信息。

18.3.2 消费消息

消费消息有 xreadgroup 及 xread 两个命令，底层调用的都是 xreadCommand 函数，该函数实现主要分为如下 4 步。

1）判断执行的是哪条命令：如果传入参数中第一个字符串总长度为 10，则代表的是 xreadgrou 命令。代码如下：

```
int xreadgroup = sdslen(c->argv[0]->ptr) == 10; /* XREAD or XREADGROUP? */
```

2）遍历读取指定的 key 关联的值信息，并进行类型判断与参数校验，类型不为 OBJ_STREAM 则报错。

```
for (int i = streams_arg + streams_count; i < c->argc; i++) {
                                            //遍历参数中每个key
    int id_idx = i - streams_arg - streams_count;
    robj *key = c->argv[i-streams_count];
    robj *o = lookupKeyRead(c->db,key);  //读取key关联的value
    if (o && checkType(c,o,OBJ_STREAM)) goto cleanup;
                                            //value类型判断
    streamCG *group = NULL;
    if (groupname) {                        //xreadgrou会指定消费组
        if (o == NULL || (group = streamLookupCG(o->ptr,groupname->ptr)) == NULL) {
                                            //消费组不存在也报错，所以指定消费多个key时，需
                                              要每个key单独建立相同消费组名
            goto cleanup;
        }
    }
    if (strcmp(c->argv[i]->ptr,"$") == 0) {
        if (xreadgroup) {                   //特殊符号"$"只能由xread命令使用
            goto cleanup;
        }
        continue;
    } else if (strcmp(c->argv[i]->ptr,">") == 0) {
        if (!xreadgroup) {                  //特殊符号">"只能由xreadgroup命令使用
            goto cleanup;
        }
        continue;
    }
    if (streamParseStrictIDOrReply(c,c->argv[i],ids+id_idx,0) != C_OK)
                                            //校验参数中指定ID格式是否合法
        goto cleanup;
}
```

3）遍历指定的多个 key，调用 streamReplyWithRange 函数，详见 8.4.5 节实现介绍。按照参数中指定的 ID，从对应的 Stream 队列中读取 count 条数据。

4）如果添加了 BLOCK 关键字，则调用 blockForKeys 函数，把当前链接标识成阻塞状态，并且记录解除阻塞时间节点，等着下一次时间事件触发看是否超时，或当新的数据写

入时解除阻塞。新数据写入时会触发 handleClientsBlockedOnKeys 函数，该函数会判断此次新增的 key 是否为阻塞等待的 key，如果是，则继续比较 ID 是否有更新，如有更新，则读取最新的数据回复给该客户端，并解除阻塞。

18.3.3　响应消息

确认消息的命令是 xack，其底层调用的函数是 xackCommand 函数，该函数实现比较简单，主要分为如下 3 步。

1）根据 key 读取对应值，并判断类型是否为 OBJ_STREAM，如果不是则报错；

2）根据读取出来的值，从 s->cgroups 这个 Rax 树中根据参数中的组名查找出指定的分组信息 streamCG;

3）从 streamCG.pel 这个 Rax 树中查找参数中指定的消息 ID，如存在则删除之，否则什么也不做。

18.3.4　获取未响应消息列表

获取未响应消息列表命令 xpending，其底层调用的函数是 xpendingCommand 函数，该函数实现主要分为如下 3 步。

1）参数检验，校验参数个数，校验 ID 值格式是否正确。

2）根据 key 读取对应值，并判断类型是否为 OBJ_STREAM，如果不是则报错，类型正确则根据指定的消费组名查找出 group，从代码如下。

```
robj *o = lookupKeyRead(c->db,c->argv[1]);
if (o && checkType(c,o,OBJ_STREAM)) return;     //根据key查找
group = streamLookupCG(o->ptr,groupname->ptr);//
```

3）根据参数不同做不同处理。

① 参数个数为 3 时，读取指定消费组的所有未响应消息列表，实现上也较简单，从头到尾迭代 group.pel 这个 Rax 树即可。

② 参数个数是 6 时，获取指定消费组下指定范围的未确认消息列表；根据指定的范围，从 group.pel 找出迭代的开始与结束 ID，存入 raxIterator 迭代器中，然后依次迭代 group.pel 这个 Rax 树即可。

③ 参数个数是 7 时，获取指定消费组下指定范围及指定的消费者下未确认消息列表，会根据指定的消费者姓名，从 group. consumers 这个 Rax 树中查找出对应的 streamConsumer 结构体，然后根据指定的范围，从 streamConsumer.pel 中找出迭代的开始 ID 与结束 ID，存入 raxIterator 迭代器中，然后依次迭代 streamConsumer.pel 这个 Rax 树即可。

18.3.5　修改指定未响应消息归属

修改未响应消息所属消费者调用的命令是 xclaim，对应的函数是 xclaimCommand 函

数，该函数的实现主要分为如下这几步。

1）根据key读取对应值，并判断类型是否为OBJ_STREAM，如果不是则报错，代码如下：

```
robj *o = lookupKeyRead(c->db,c->argv[1]);        //从db中根据key读取VALUE
if (checkType(c,o,OBJ_STREAM)) return;            //判断value的类型是否为OBJ_STREAM
```

2）根据消费组名称取出消费组信息：

```
group = streamLookupCG(o->ptr,c->argv[2]->ptr); //根据消费组名称取出消费组信息
```

3）参数解析与参数校验。

4）根据指定的新消费者名称，取出或创建streamConsumer：

```
streamConsumer *consumer = streamLookupConsumer(group,c->argv[3]->ptr,1);
```

5）遍历指定的ID，依次修改其所属消费者，代码如下：

```
for (int j = 5; j <= last_id_arg; j++) {
    //校验ID是否合法
    if (streamParseStrictIDOrReply(c,c->argv[j],&id,0) != C_OK)
    streamEncodeID(buf,&id);                      //赋值给buf
    streamNACK *nack = raxFind(group->pel,buf,sizeof(buf));
                                                  //从group->pel中查找ID
    if (force && nack == raxNotFound) {
    /* 指定的ID不在待确认列表，若设置了force关键字，则继续判断是否在stream队列中存在，存在则
       插入到未确认消息列表中 */
    }
    if (nack != raxNotFound) {
    /* 已存在待确认消息列表则把该消息从原有所属的消费者pel列表中删除，并插入到新指定的消费者
       pel列表中 */
    }
}
```

18.4 本章小结

本章讲解了Stream相关的命令的源码实现，限于篇幅，有些命令的实现只做了整体性概要介绍，若想深入了解命令，可自动查看Redis 5.0的源码。

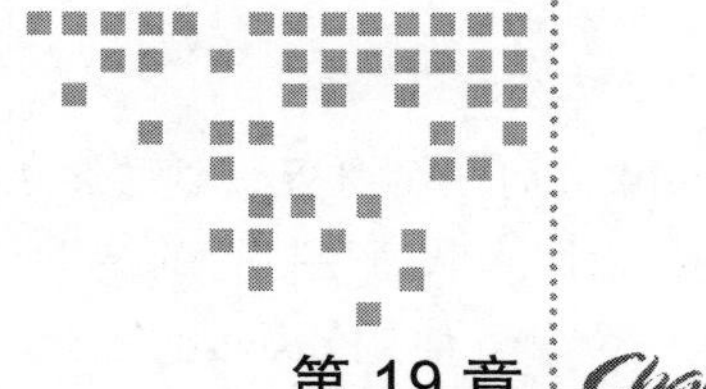

第 19 章 Chapter 19

其他命令

该章节主要讲解事务命令、发布－订阅命令和 Lua 脚本命令 3 个部分。通过该章的学习，读者可以了解 Redis 中事务、发布－订阅的实现原理及其适用范围，以及 Redis 如何执行 Lua 脚本命令。

19.1 事务

Redis 中的事务能够保证一批命令原子性的执行，即所有命令或者都执行或者都不执行。并且在事务执行过程中不会为任何其他命令提供服务。当 Redis 重新启动加载 AOF 文件时也会保证事务命令的完整性。

19.1.1 事务简介

由于需要保证事务原子性，Redis 中提供了 multi 和 exec 命令来显式开启与提交事务。开启事务之后，接着所有的命令会首先入队而不是直接执行，只有显示地提交事务之后该事务才会执行。

如下是 Redis 中一个简单的事务：

```
127.0.0.1:6379> multi               //开启事务
OK
127.0.0.1:6379> incr counter1       //counter1加1
QUEUED                              //命令入队
127.0.0.1:6379> incr counter2       //counter2加1
QUEUED                              //命令入队
127.0.0.1:6379> exec                //执行事务
```

```
1) (integer) 1
2) (integer) 1
```

以 multi 开启一个事务，然后逐条将命令入队，以 exec 表示提交并开始执行事务。exec 命令会逐条返回入队命令执行的结果。

放弃一个事务使用 discard 命令，例如上文示例，如果 exec 替换为 discard，即会放弃该事务。

另外，Redis 使用 watch 命令提供了一种乐观锁机制。watch 命令可以监听多个 key，只有当被监听的 key 未修改时，事务才会执行。示例如下：

```
127.0.0.1:6379> watch counter1 counter2  //监控counter1和counter2
OK
127.0.0.1:6379> incr counter1            //修改counter1，注意此时counter1的值为2
(integer) 2
127.0.0.1:6379> multi                    //开启事务
OK
127.0.0.1:6379> incr counter1
QUEUED
127.0.0.1:6379> incr counter2
QUEUED
127.0.0.1:6379> exec                     //执行事务
(nil)                                    //返回nil
127.0.0.1:6379> get counter1             //counter1的值仍然为2
"2"
127.0.0.1:6379> get counter2             //counter2的值仍然为1
"1"
```

可以看到，当被监听的键 counter1 被修改后，事务并没有执行。注意，当一个事务发送 exec 或者 discard 命令后，所有 watch 的 key 会自动 unwatch。

下边，我们通过源码来分析事务的命令实现。

19.1.2 事务命令实现

事务命令有 watch、unwatch、multi、exec 和 discard。watch 和 unwatch 实现了一种乐观锁机制，multi 用来显式地开启一个事务，exec 用来提交并执行事务，discard 用来放弃事务。下边我们分别介绍这 5 个命令。

1. watch 与 unwatch 命令

1）watch：监听指定的 key，只有当指定的 key 没有变化时该连接上的事务才会执行。返回值为 ok。

格式：

```
watch key [key …]
```

2）unwatch：不再监听该连接上 watch 指定的所有 key。返回值为 ok。

格式：

```
unwatch
```

通过第 9 章的介绍，我们知道，Redis 中有一个 redisServer 结构的全局变量 server，负责记录服务的状态信息，每个连接有自己单独的 client 结构体，负责记录每个连接相关的信息。

watch 命令执行时，会进行如下两步操作。

① 在 client 上的一个链表类型的结构中保存监听 key 的信息，如图 19-1 所示。

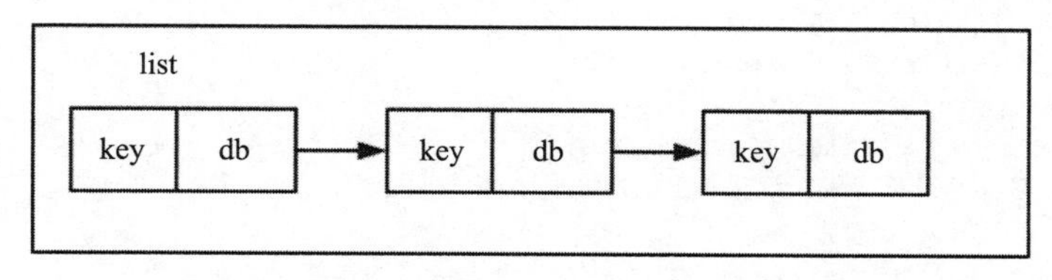

图 19-1　client 链表结构

client 结构体中保存该链表的字段如下：

```
typedef struct client {
    ...
    list *watched_keys;    //watch_keys(链表)
    ...
} client;
```

watched_keys 链表中的每个节点会保存监听的 key 以及该 key 属于哪个 db。

② 在 server 上的一个字典类型的结构中保存监听 key 的信息，如图 19-2 所示。

server 结构体中保存该 dict 的结构如下：

```
struct redisServer {
    ...
    redisDb *db;            //server中每个db会有一
                              个redisDb类型的结构
    ...
} server
typedef struct redisDb {
    ...
    dict *watched_keys;    //watched_keys(字典)
    ...
} redisDb;
```

server 中每个 db 由一个 redisDb 结构体表示，每个 redisDb 结构体中有一个名为 watched_keys 的 dict。dict 的 key 为监听的 key，而值为一个链表，链表中的节点为监听该 key 的 client 结构体。

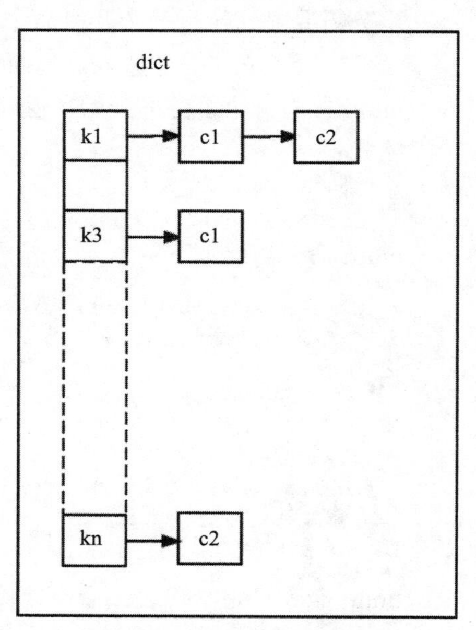

图 19-2　server dict 结构

当Redis中执行写命令时，每个写命令都会调用touchWatchedKey函数。该函数从该dict中查找被修改的key是否处于监听状态，如果是，则依次遍历dict中该key对应的值链表，将每个client置一个修改标志，如下所示：

```
void touchWatchedKey(redisDb *db, robj *key) {
    ...
    if (dictSize(db->watched_keys) == 0) return; //如果没有监听的key，直接返回
    //查看被修改的key是否处于监听状态
    clients = dictFetchValue(db->watched_keys, key);
    if (!clients) return;                        //如果未监听，直接返回
    listRewind(clients,&li);
    while((ln = listNext(&li))) {
        client *c = listNodeValue(ln);
        c->flags |= CLIENT_DIRTY_CAS;
        //否则依次遍历链表，设置标志CLIENT_DIRTY_CAS
    }
    ...
}
```

我们看到被监听的key只是在对应的client端设置了一个标志（CLIENT_DIRTY_CAS），发送exec命令执行事务时，会具体检测client端的标志，然后决定相应的处理流程。

unwatch命令其实就是删除相应client端和server端的监听状态。首先从client端的链表中取出key和对应的db，然后删除server端相应的监听信息，删除成功后再将client端的对应链表节点删除。执行完毕后，该连接所有被监听的key都会恢复到未监听状态。

2. 开启事务

事务需要显式执行一个开启命令，Redis读取到该命令后会认为接下来输入的命令属于一个事务，会首先将命令放入队列而不是直接执行并返回。

multi标志一个事务的开始，返回值为ok。

格式：

```
multi
```

multi命令源码如下：

```
void multiCommand(client *c) {
    if (c->flags & CLIENT_MULTI) {                //如果已经执行过multi命令，则不能再次
                                                    执行
        addReplyError(c,"MULTI calls can not be nested");
        return;
    }
    c->flags |= CLIENT_MULTI;                     //client结构体置CLIENT_MULTI标志
    addReply(c,shared.ok);
}
```

multi命令只是给代表该命令连接的client结构体置一个CLIENT_MULTI标志位，并且Redis的事务不能嵌套，即不能在一个开启的事务内再次调用multi命令开启一个新事务。

3. 命令入队

通过之前的介绍，我们知道 Redis 首先会调用 processCommand，由 processCommand 调用具体的命令实现函数。当开启一个事务后，client 结构体置一个 CLIENT_MULTI 标志位，processComamnd 函数会根据客户端是否有此标志来决定接下来的命令是入队处理还是直接执行，代码如下：

```
int processCommand(client *c) {
        ...
          if (c->flags & CLIENT_MULTI &&
               c->cmd->proc != execCommand && c->cmd->proc != discardCommand &&
               c->cmd->proc != multiCommand && c->cmd->proc != watchCommand)
        {                          //如果client有CLIENT_MULTI标志并且不是exec, discard,
                                     multi和watch命令，则将该命令放入队列
           queueMultiCommand(c); //放入队列
           addReply(c,shared.queued);
        } else {                   //否则调用call命令
           call(c,CMD_CALL_FULL);
        ...
    }
...
}
```

其实在 processCommand 中还会进行一系列的校验，例如命令是否存在，命令参数个数是否符合要求，以及如果开启了密码校验，检验是否通过，等等。如果这些校验未通过，Redis 仍然是将 client 结构体中置一个 CLIENT_DIRTY_EXEC 标志。exec 命令执行时会检测 client 端的标志来决定执行流程。

那么 Redis 保存命令的队列是如何实现的呢？首先看下 client 结构体：

```
typedef struct client {
        ...
    multiState mstate;              //命令队列
    ...
} client;
```

client 结构体中有一个 mstate 结构体，会将所有命令按顺序排列好并保存，如图 19-3 所示。

图 19-3　命令队列

4. 执行事务

Redis 中使用 exec 命令来显式提交一个事务。exec 命令执行所有入队命令并将命令返回值依次返回。

格式：

```
exec
```

返回值：返回一个数组，数组元素为每条命令的返回值。

exec命令首先会检查client的标志位，查看是否开启了事务或者被监听的key是否有改动以及入队命令是否有错误。只有通过这些检验之后才会开始真正执行事务。代码如下：

```
void execCommand(client *c) {
    ...
    if (!(c->flags & CLIENT_MULTI)) {                  //检测是否有CLIENT_MULTI标志
        addReplyError(c,"EXEC without MULTI");         //事务未开启，直接返回错误
        return;
    }
    if (c->flags & (CLIENT_DIRTY_CAS|CLIENT_DIRTY_EXEC)) {
                                                       //是否有CLIENT_DIRTY_CAS和CLIENT_
                                                         DIRTY_EXEC标志
        ...
        discardTransaction(c);                         //放弃事务
        ...
    }
    unwatchAllKeys(c);                                 //unwatch所有的key
    ...
        call(c,server.loading ? CMD_CALL_NONE : CMD_CALL_FULL);
                                                       //依次调用每条入队的命令
    ...
}
```

事务执行时会将入队命令依次执行，执行完毕后将命令的返回值依次返回。

5. 放弃事务

Redis中使用discard命令显式放弃一个事务。discard命令会让Redis放弃以multi开启的事务。返回值为ok。

格式：

```
discard
```

discard命令代码如下：

```
void discardCommand(client *c) {
    if (!(c->flags & CLIENT_MULTI)) {              //是否已经开启事务
        addReplyError(c,"DISCARD without MULTI");
        return;
    }
    discardTransaction(c);                         //放弃事务
    addReply(c,shared.ok);                         //返回ok
}
```

放弃一个事务时首先会将所有入队命令清空，然后将client上事务相关的flags清空，最后将所有监听的keys取消监听。

19.2 发布 - 订阅命令实现

Redis 的发布 - 订阅功能解耦了生产者和消费者，生产者可以向指定的 channel 发送消息而无须关心是否有消费者以及消费者是谁，而消费者订阅指定的 channel 之后可以接收发送给该 channel 的消息，也无须关心由谁发送。

如下是一个简单的发布 - 订阅实例。

```
127.0.0.1:6380> subscribe channel1 //订阅channel1
Reading messages... (press Ctrl-C to quit)
1) "subscribe"
2) "channel1"
3) (integer) 1
```

在另一个终端打开 redis-cli，向该 channel 发布一条消息：

```
127.0.0.1:6380> publish channel1 message1
(integer) 1
127.0.0.1:6380>
```

此时，切回到原来的终端，观察输出：

```
127.0.0.1:6380> subscribe channel1
Reading messages... (press Ctrl-C to quit)
1) "subscribe"
2) "channel1"
3) (integer) 1
1) "message"                        //输出：数组形式，第一项固定为message字符串，第二项为订
                                      阅的channel名称(本例中为channel1)，第三项为消息体
                                      (本例中为message1)
2) "channel1"
3) "message1"
```

Redis 中还提供了一种模式匹配类型的订阅发布，例如可以按如下命令格式订阅：

```
PSUBSCRIBE news.*
```

此时所有向匹配 news.* 类型的 channel 发送的信息，该订阅都能够接收。

下面介绍发布 - 订阅命令的具体实现。先介绍 Redis 中保存发布 - 订阅的两个字段：

```
struct redisServer {
    ...
    dict *pubsub_channels;          //key为channel值，value为一个个clients
    list *pubsub_patterns;          //链表，节点值为一个个pubsubPattern
    ...
}
```

- pubsub_channels 是一个字典，key 为 channel 的值，而 value 是每个订阅了该 channel 的 clients。
- pubsub_patterns 是一个链表，链表中的节点值为一个个 pubsubPattern 结构体。我们

看下该结构体的组成。

```
typedef struct pubsubPattern {
    client *client;         //订阅该模式的客户端
    robj *pattern;          //模式结构体
} pubsubPattern;
```

所有的订阅发布命令其实都是在操作pubsub_channels和pubsub_patterns这两个结构，先看发布命令。

1. 发布命令

发布命令（publish）的作用是向指定channel发送消息。

格式：

```
publish channel message
```

返回值：整型数，收到消息的客户端个数。

publish执行流程如下。

1）从pubsub_channels字典中以推送到的channel为key，取出所有订阅了该channel的客户端，依次向每个客户端返回推送的数据。

2）依次遍历pubsub_patterns，将链表中每个节点的模式字段pattern和推送的channel进行比较，如果能够匹配，则向节点中订阅了该pattern的客户端返回推送的数据。

代码流程如下：

```
int pubsubPublishMessage(robj *channel, robj *message) {
        ...
        //从pubsub_channels取出订阅该channel的客户端
    de = dictFind(server.pubsub_channels,channel);
    //如果有订阅该channel的客户端，依次向客户端发送该条消息
    if (de) {
        ...
        while ((ln = listNext(&li)) != NULL) {
            client *c = ln->value;
            addReply(c,shared.mbulkhdr[3]);
            ...
        }
    }
    /* 遍历链表，将推送的channel和每个模式比较，如果匹配，就将推送的消息发送给订阅该模式的客户端 */
    if (listLength(server.pubsub_patterns)) {
        ...
        while ((ln = listNext(&li)) != NULL) {
            pubsubPattern *pat = ln->value;
            if (stringmatchlen((char*)pat->pattern->ptr,
                                sdslen(pat->pattern->ptr),
                                (char*)channel->ptr,
                                sdslen(channel->ptr),0)) {
                addReply(pat->client,shared.mbulkhdr[4]);
                    ...
```

```
                }
            }
        }
        ...
    }
```

注意，publish命令执行完毕之后会同步到Redis从服务中。这样，如果一个客户端订阅了从服务的channel，在主服务中向该channel推送消息时，该客户端也能收到推送的消息。

2. 订阅命令

订阅命令（subscribe）的作用是订阅指定的渠道。

格式：

```
subscribe channel [channel ...]
```

返回值：数组，第一个元素固定为subscribe，第二个元素为订阅的channel，第三个元素为该客户端总共订阅的channel个数（包括模式订阅）。

当一个客户端执行subscribe命令后会进入pub/sub模式，在该种模式下，该客户端只能执行如下几类命令：ping、subscribe、unsubscribe、psubscribe和punsubscribe。实现方法也很简单，当执行subscribe命令后会将该client打一个CLIENT_PUBSUB标记，然后执行其他命令时会在processCommand函数中进行判断，如下所示：

```
if (c->flags & CLIENT_PUBSUB &&
    c->cmd->proc != pingCommand &&
    c->cmd->proc != subscribeCommand &&
    c->cmd->proc != unsubscribeCommand &&
    c->cmd->proc != psubscribeCommand &&
    c->cmd->proc != punsubscribeCommand) {
    addReplyError(c,"only (P)SUBSCRIBE / (P)UNSUBSCRIBE / PING / QUIT allowed in
        this context");
    return C_OK;
}
```

subscribe命令执行流程如下。

1）首先看clients结构体中的pubsub_channels[⊖]中是否有该channel，如果已经存在则直接返回，否则将其加入pubsub_channels字典中。

2）将订阅该channel的客户端加入server结构体的pubsub_channels中（key仍然是订阅的channel，value为一个订阅该channel的客户端链表）。

代码流程如下。

```
void subscribeCommand(client *c) {
    int j;
```

⊖ 注意，每个clients也有相应的一对pubsub_channels和pubsub_patterns,clients中的pubsub_channels也是一个字典，key是订阅的channel，value是空。

```
    //依次对每个订阅的channel执行订阅操作
    for (j = 1; j < c->argc; j++)
        pubsubSubscribeChannel(c,c->argv[j]);
    //客户端置CLIENT_PUBSUB标志，进入pub/sub模式
    c->flags |= CLIENT_PUBSUB;
}

int pubsubSubscribeChannel(client *c, robj *channel) {
    ...
    //首先将订阅的channel加入client的pubsub_channels中，如果存在则直接返回
    if (dictAdd(c->pubsub_channels,channel,NULL) == DICT_OK) {
        ...
        de = dictFind(server.pubsub_channels,channel);
        ...
        //将该client加入server.pubsub_channels中订阅该channel的值链表
        listAddNodeTail(clients,c);
    }
    ...
    addReply(c,shared.mbulkhdr[3]);
    ...
}
```

3. 取消订阅命令

取消订阅命令（unsubscribe）的作用是取消订阅某个渠道，如果不指定，则该客户端所有的订阅都会取消。

格式：

```
unsubscribe [channel [channel ...]]
```

理解了订阅命令，取消订阅命令也就很简单了，将client和server结构体中的相应结构进行修改即可。如果客户端所有的channel都取消订阅，则退出pub/sub模式。代码流程如下：

```
void unsubscribeCommand(client *c) {
    if (c->argc == 1) {   //如果未指定channel，则取消所有channel的订阅
        pubsubUnsubscribeAllChannels(c,1);
    } else {
        int j;
        for (j = 1; j < c->argc; j++)
            pubsubUnsubscribeChannel(c,c->argv[j],1);
                             //依次取消订阅指定的channel
    }
    if (clientSubscriptionsCount(c) == 0) c->flags &= ~CLIENT_PUBSUB;
                             //如果客户端不再订阅任何channel，则退出pubsub模式
}
```

4. 订阅指定模式渠道命令

订阅指定模式渠道命令（psubscribe）的作用是订阅由指定模式表示的所有渠道，匹配

该模式的所有渠道发送的消息都会被接收。

格式：

```
psubscribe pattern [pattern ...]
```

- pattern 字符：“ ? ”代表一个字符；“ * ”代表多个字符；“ [] ”代表选取其中任意一个字符。

返回值：数组，第一项为固定的 psubscribe，第二项为订阅的 pattern，第三项为当前客户端订阅的所有 channel 和 pattern 个数。

psubscribe 命令的执行流程如下。

① 在 client 的 pubsub_patterns 链表中查找该 pattern，如果找到说明已经订阅，则直接返回；

② 否则将 pattern 加入 client 的 pubsub_patterns 和 server 的 pubsub_patterns 链表中。

代码流程如下：

```
int pubsubSubscribePattern(client *c, robj *pattern) {
//在client的pubsub_patterns链表中寻找需要订阅的pattern，未找到则添加该pattern
    if (listSearchKey(c->pubsub_patterns,pattern) == NULL) {
        ...
        listAddNodeTail(c->pubsub_patterns,pattern);
        //将该pattern加入client的pubsub_patterns链表中
        ...
        pat = zmalloc(sizeof(*pat));
        pat->pattern = getDecodedObject(pattern);
        pat->client = c;
        listAddNodeTail(server.pubsub_patterns,pat);
        //将该pattern加入server的pubsub_patterns链表中
    }
    addReply(c,shared.mbulkhdr[3]);
    ...
}
```

5. 取消订阅指定渠道命令

取消订阅指定渠道命令（punsubscribe）用于取消订阅指定的模式，如果没有指定，则取消所有该客户端订阅的模式。

格式：

```
punsubscribe [pattern [pattern ...]]
```

该命令也比较简单，做 psubscribe 的反向操作即可。不再赘述。

6. 查看订阅状态命令

查看订阅状态命令（pubsub）用来查看所有发布订阅的相关状态。

格式：

```
pubsub subcommand [argument [argument ...]]
```

按子命令分别介绍如下。

CHANNELS 子命令格式:

```
PUBSUB CHANNELS [pattern]
```

返回值:不指定pattern时返回该客户端订阅的所有channels列表。

指定pattern时只返回匹配该pattern的channels列表。

NUMSUB 子命令格式:

```
pubsub NUMSUB [channel-1 ... channel-N]
```

返回值:返回指定channel有几个订阅的客户端。

NUMPAT 子命令格式:

```
pubsub NUMPAT
```

返回值:返回模式订阅的个数。

pubsub命令执行流程为根据指定的子命令,去获取相应的订阅channel或者订阅pattern个数。代码流程如下:

```
void pubsubCommand(client *c) {
    ...
    //channels子命令
    if (!strcasecmp(c->argv[1]->ptr,"channels") &&
        (c->argc == 2 || c->argc == 3))
    {
        ...
        sds pat = (c->argc == 2) ? NULL : c->argv[2]->ptr;
        dictIterator *di = dictGetIterator(server.pubsub_channels);
        ...
        while((de = dictNext(di)) != NULL) {
                ...
            //根据是否指定模式,返回所有订阅的channels或者匹配pattern的channels
            if (!pat || stringmatchlen(pat, sdslen(pat),
                                    channel, sdslen(channel),0))
            {
                ...
            }
        }
        ...
        //numsub子命令,返回所有订阅了指定channel的客户端个数
    } else if (!strcasecmp(c->argv[1]->ptr,"numsub") && c->argc >= 2) {
        ...
        for (j = 2; j < c->argc; j++) {
            list *l = dictFetchValue(server.pubsub_channels,c->argv[j]);
            ...
            addReplyBulk(c,c->argv[j]);
            addReplyLongLong(c,l ? listLength(l) : 0);
        }
```

```
        //numpat子命令，返回模式订阅的个数
    } else if (!strcasecmp(c->argv[1]->ptr,"numpat") && c->argc == 2) {
        addReplyLongLong(c,listLength(server.pubsub_patterns));
    } else {
        addReplySubcommandSyntaxError(c);
    }
}
```

通过本节读者能够了解 Redis 中发布订阅相关命令的具体实现原理。从 Redis 5.0 开始提供的 Stream 功能是一种更为强大和复杂的发布 - 订阅实现，具体原理可参考第 8 章。

19.3 Lua 脚本

Redis 嵌入的 Lua 脚本功能非常强大，它不仅可以运行 Lua 代码，还能保证脚本以原子方式执行：在执行脚本时不会执行其他脚本或 Redis 命令。这种语义类似于 MULTI/EXEC，也就是说我们可以编写带逻辑操作的 Lua 代码让 Redis 服务端执行，这解决了 Redis 命令执行之间非原子性的问题。下面是一个简单例子，将 key1 的值作为 key2 的自增步长：

```
127.0.0.1:6379> set key1 3
OK
127.0.0.1:6379> set key2 0
OK
127.0.0.1:6379> eval "local v1 = redis.call('get', KEYS[1]); return redis.
    call('incrby', KEYS[2], v1);" 2 key1 key2
(integer) 3
```

上述的 Lua 代码中 get 和 incrby 命令之间不会有别的客户端能执行 Redis 命令，因为 eval 命令还没有执行完。同时，也不会有别的脚本在执行，因为在 Lua 初始化时只有一个 Lua 解释器存在。从其他客户端的角度来看，脚本的效果要么不可见，要么已经完成。下面一起来看看 Lua 环境初始化做了哪些工作。

19.3.1 初始化 Lua 环境

先熟悉 redisServer 结构体中与 Lua 脚本相关的属性，以及作用：

```
struct redisServer {
    ...
    lua_State *lua;                         /* Lua解释器，所有客户端共用 */
    client *lua_client;                     /* Lua中向Redis查询的"伪客户端" */
    client *lua_caller;                     /* 正在执行脚本调用的客户端 */
    dict *lua_scripts;                      /* SHA1和原始脚本的字典映射 */
    unsigned long long lua_scripts_mem;     /* 缓存脚本使用的内存，单位：字节 */
    mstime_t lua_time_limit;                /* 脚本超时，单位：毫秒 */
    mstime_t lua_time_start;                /* 脚本启动时间，单位：毫秒 */
    int lua_write_dirty;                    /* 脚本执行期间有调用写命令，则为true */
    int lua_random_dirty;                   /* 脚本执行期间有调用随机命令，则为true */
```

```
    int lua_replicate_commands;          /* 如果是脚本效果复制，则为True */
    int lua_multi_emitted;               /* 如果传播事务，则为true */
    int lua_repl;                        /* 脚本复制标志 */
    int lua_timedout;                    /* 脚本执行超时，则为true */
    int lua_kill;                        /* 杀死脚本，则为true */
    int lua_always_replicate_commands;   /* 默认复制类型 */
    ...
}
```

其中，Lua为所有客户端共用，这也是Lua脚本原子性的一个保证，避免了同时有多个Lua脚本的执行；lua_client是向Redis查询时的伪客户端，例如：

```
127.0.0.1:6379> eval "return redis.call('get', KEYS[1]);" 1 key1
"3"
```

上面这段代码执行流程为：Redis客户端调用eval执行Lua脚本，Lua客户端调用get命令查询Redis数据库；Redis数据库将数据返回给Lua客户端，Lua客户端再将数据返回给Redis客户端。这里会涉及Redis与Lua之间相互转化的问题，我们稍后介绍。

在Redis服务端初始化程序（initServer）靠后的地方会调用脚本初始化函数（scriptingInit）进行Lua环境的初始化和修改，具体流程如下。

1）载入Lua库，其中包含Lua标准库（base、table、string、math等）和其他非标准库（struct、cjson、cmsgpack等）；为了安全执行Lua代码，Redis删除了loadfile和dofile函数，禁止文件读写操作。

2）初始化server.lua_scripts字典变量，用于SHA（key）到脚本（value）的映射，在复制、创建Lua函数，执行了script exists等命令时会用到。

3）注册Redis命令表和字段，并将Redis设置为全局变量。Redis全局表函数，见表19-1。

表19-1　Redis全局表函数

redis.call(cmd, args ...)	Lua代码中调用Redis命令，出错时将引发Lua错误，该错误反过来会强制eval向命令调用者返回错误
redis.pcall(cmd, args ...)	同redis.call，出错时将捕获错误并返回表示错误的Lua表
redis.log(loglevel,message)	日志函数，日志级别： redis.LOG_DEBUG、redis.LOG_VERBOSE、redis.LOG_NOTICE、redis.LOG_WARNING
redis.sha1hex(string)	计算string的sha1摘要
redis.error_reply(error_string)	返回错误回复。此函数返回只包含err字段的表。下面的代码效果相同： return {err="My Error"} return redis.error_reply("My Error")
redis.status_reply(status_string)	返回状态回复。此函数返回只包含ok字段的表
redis.replicate_commands()	启用脚本效果复制，需要在脚本执行任何写操作之前调用，Redis 5.0默认为脚本效果复制（只复制脚本生成的单个写入命令，而不是复制整个脚本）

（续）

redis.set_repl(redis.REPL_ALL)	该命令仅在启用脚本效果复制时有效，并且能够控制脚本复制引擎。如果在禁用脚本效果复制时调用，则调用该命令并引发错误。
	复制参数：
	redis.REPL_NONE：不需要复制
	redis.REPL_AOF：仅复制到 AOF
	redis.REPL_SLAVE：用于向后兼容，同 REPL_REPLICA
	redis.REPL_REPLICA：仅复制到副本（Redis 版本号 >= 5）
	redis.REPL_ALL：复制到 AOF 和副本
	看一个效果复制的例子
	`redis.replicate_commands()      //5.0默认效果复制`
	`redis.call('set','A','1')`
	`redis.set_repl(redis.REPL_NONE) //不复制`
	`redis.call('set','B','2')`
	`redis.set_repl(redis.REPL_ALL) // AOF和副本`
	`redis.call('set','C','3')`
	运行上面的脚本后，结果是只在副本和 AOF 上创建键 A 与 C

redis.breakpoint()	动态断点，例如： `if counter > 10 then redis.breakpoint() end`
redis.debug()	在控制台中打印信息，必须是调试器模式，否则没有任何反馈

4）用 Redis 实现的随机函数替换 Lua 随机函数（math.random 和 math.randomseed），在不同的机器上，Redis 都保证具有相同的输出，避免数据不一致问题。

5）同样是为了避免数据不一致问题，而添加的排序辅助函数（__redis__compare_helper），用于需要排序的命令（命令标志类型含 S 的命令，参考第 9 章）。

6）添加用于 pcall 错误报告的辅助函数（__redis__err__handler），禁用 Lua 全局变量，试图读写全局变量将会出错。

7）最后将 Lua 环境变量挂在服务器 Lua 属性下（server.lua）。

至此，Redis 的 Lua 环境初始化工作完成，下面详细介绍 Lua 中的 redis.call 和 pcall 命令的处理函数（luaRedisGenericCommand）是如何执行 Redis 命令的。

19.3.2　在 Lua 中调用 Redis 命令

在 Lua 代码中调用 Redis 命令使用 redis.call 或者 redis.pcall 函数，每个命令的参数不一样，所以 redis.call（pcall）的参数也不一样（根据命令格式来传参数），例如 setex 和 get、ttl 的参数如下：

```
127.0.0.1:6379> eval "return redis.call('setex', KEYS[1], ARGV[2],
ARGV[1])" 1 key1 val1 20
OK
127.0.0.1:6379> eval "return redis.call('get', KEYS[1])" 1 key1
"val1"
```

```
127.0.0.1:6379> eval "return redis.call('ttl', KEYS[1])" 1 key1
(integer) 20
```

redis.call或者redis.pcal在Lua初始化时已经介绍过，具体执行函数是luaRedisGeneric-Command，执行流程如下。

1）校验是否开启事务，检测是否递归调用该函数。

2）处理参数，将Redis客户端的参数转化为Lua环境参数，并将参数赋值给server.lua_client。

3）查找Redis命令是否存在，并验证该命令的参数数量。

4）校验命令标志类型，比如：不能使用Lua脚本禁止执行的命令（s）、不能在不确定命令后调用写命令（w）、内存满了拒绝执行的命令（m）等，如果命令标志类型是写命令或者随机命令则会修改server的lua_write_dirty或lua_random_dirty属性。如果这是Redis集群节点，服务器不处于loading状态，也不是从主服务器接收的命令时，我们需要确保Lua不会尝试访问非本地key。代码如下：

```
if (server.cluster_enabled && !server.loading &&
    !(server.lua_caller->flags & CLIENT_MASTER))
{   //服务器处于集群和非loading状态，并且该命令不是从主服务器接收的，那么需要校验是否是本地key
    /* Duplicate relevant flags in the lua client. */
    c->flags &= ~(CLIENT_READONLY|CLIENT_ASKING);
    c->flags |= server.lua_caller->flags & (CLIENT_READONLY|CLIENT_ASKING);
    if (getNodeByQuery(c,c->cmd,c->argv,c->argc,NULL,NULL) !=
                       server.cluster->myself) // 查看key是否属于当前节点
    {
        luaPushError(lua,

            "Lua script attempted to access a non local key in a "
            "cluster node");
        goto cleanup;
    }
}
```

5）如果使用脚本效果复制，则需要将涉及的命令包装在MULTI / EXEC事务块中，保证副本的执行也是原子的。代码如下：

```
if (server.lua_replicate_commands &&
    !server.lua_multi_emitted &&
    !(server.lua_caller->flags & CLIENT_MULTI) &&
    server.lua_write_dirty &&
    server.lua_repl != PROPAGATE_NONE)
{
    execCommandPropagateMulti(server.lua_caller);
    server.lua_multi_emitted = 1;
}
```

6）调用call执行命令，参考第9章。

7）将 Redis 命令的结果转换为合适的 Lua 类型，稍后介绍。

8）函数 redis.call 调用完成，返回结果。

以上就是 redis.call 的执行流程，下面介绍 Redis 和 Lua 之间的数据类型转换。

19.3.3 Redis 和 Lua 数据类型转换

在脚本中使用 call 或 pcall 调用 Redis 命令时，Redis 返回值将转换为 Lua 数据类型，对应函数为 redisProtocolToLuaType，在脚本返回给 Redis 时，需要将 Lua 返回值转换为 Redis 数据类型，转换函数为 luaReplyToRedisReply。这种转换是一一对应的，如果将 Redis 类型转换为 Lua 类型，然后将 Lua 数据类型转换回 Redis 类型，则结果与初始值相同。

我们先介绍处理 Redis 数据类型到 Lua 类型的转换函数 redisProtocolToLuaType，代码如下：

```
char *redisProtocolToLuaType(lua_State *lua, char* reply) {
    char *p = reply;
    switch(*p) {
    case ':': p = redisProtocolToLuaType_Int(lua,reply); break;
    case '$': p = redisProtocolToLuaType_Bulk(lua,reply); break;
    case '+': p = redisProtocolToLuaType_Status(lua,reply); break;
    case '-': p = redisProtocolToLuaType_Error(lua,reply); break;
    case '*': p = redisProtocolToLuaType_MultiBulk(lua,reply); break;
    }
    return p;
}
```

回顾第 9 章介绍的返回类型，“:”表示整数回复，“$”表示批量回复，“+”表示状态回复，“-”表示错误回复，“*”表示多条批量回复。从代码可以看到这 5 种类型的回复分别对应 Lua 类型，见表 19-2。

表 19-2 Redis 与 Lua 回复类型对照

Redis 回复类型	Lua 数据类型
整数回复	Lua 整数类型
批量回复	Lua 字符串类型
状态回复	Lua 表包含一个包含状态的 ok 字段
错误回复	Lua 表包含一个包含状态的 err 字段
多批量回复	Lua 表，其中可能包含别的 Lua 数据类型
Nil 批量回复和 Nil 多批量回复	Lua false 布尔类型

如上所述，返回浮点数应何如处理呢，在 Lua 中像下面这样返回一个浮点数是不行的：

```
127.0.0.1:6379> eval "return 1.1;" 0
(integer) 1
```

因为在Redis中浮点数会以字符串的形式返回，所以在Lua返回浮点数时需要以string类型返回，例如：

```
127.0.0.1:6379> eval "return '1.1';" 0
"1.1"
```

同样，Lua类型向Redis类型转换时也遵循表19-2的对应关系，不过会有额外的一个转换规则，当Lua中返回true时，对应的Redis整数回复1，例如：

```
127.0.0.1:6379> eval "return true;" 0
(integer) 1
```

Lua返回类型到Redis类型的处理函数为luaReplyToRedisReply，可对整数、字符串、布尔类型进行处理，代码如下：

```
switch(t) {
    case LUA_TSTRING:      // 字符串
     addReplyBulkCBuffer(c,(char*)lua_tostring(lua,-1),lua_strlen(lua,-1));
        break;
    case LUA_TBOOLEAN:     // 布尔
        addReply(c,lua_toboolean(lua,-1) ? shared.cone : shared.nullbulk);
        break;
    case LUA_TNUMBER:      // 整数
        addReplyLongLong(c,(long long)lua_tonumber(lua,-1));
        break;
    case LUA_TTABLE:       // 表
        ...
        break;
    default:
        addReply(c,shared.nullbulk);
}
```

其中shared.cone和shared.nullbulk的定义如下：

```
shared.cone = createObject(OBJ_STRING,sdsnew(":1\r\n"));
shared.nullbulk = createObject(OBJ_STRING,sdsnew("$-1\r\n"));
```

如果是表类型，则先检查是否是状态回复或者错误回复，如果都不是则递归调用luaReplyToRedisReply处理。同时，如果Lua表中有nil类型，则转换停止。如下是一个典型的例子：

```
127.0.0.1:6379> eval "return {1,2,3.4,'foo',nil,'bar'}" 0
1) (integer) 1
2) (integer) 2
3) (integer) 3
4) "foo"
```

以上就是Redis与Lua的数据类型转换，需要注意的是浮点数的转换和布尔的转换，下面一起来看看Lua脚本的命令实现。

19.3.4 命令实现

有了前面对Lua环境初始化、Lua调用Redis命令以及Lua与Redis之间的类型转换的了解，本节开始介绍Redis脚本命令源码实现，脚本命令包含eval、evalsha及script相关命令。

1. 脚本执行命令eval/evalsha

（1）eval命令

eval命令自Redis 2.6.0起，可以使用Redis内置Lua解释器运行Lua脚本，在脚本中可以调用一个或多个Redis命令，且保持原子性。

格式：

```
eval script numkeys key [key ...] arg [arg ...]
```

说明：执行一个Lua脚本，script为Lua 5.1脚本，numkeys为后面key的数量，其中key和arg参数会被转化为Lua的全局变量KEYS和ARGV。

一个典型的例子：

```
127.0.0.1:6379> eval "return {KEYS[1],KEYS[2],ARGV[1],ARGV[2]}" 2 key1
key2 val1 val2
1) "key1"
2) "key2"
3) "val1"
4) "val2"
```

源码实现：

1）先设置随机数种子，初始化server属性，以及lua_random_dirty、lua_write_dirty、lua_repl等，获取numkeys并校验，然后计算脚本的SHA值（如果是evalsha则校验），并在前面拼接字符串"f_"，作为Lua函数名。

2）在Lua的全局环境里面查找这个函数是否存在，如果不存在则调用luaCreateFunction函数为Lua定义一个函数，函数名为"f_"+脚本sha1摘要，函数体就是script，之后将脚本和它的sha1摘要保存在server.lua_scripts字典中，脚本sha1为key。下面是定义和载入一个Lua函数到Lua解释器：

```
sds funcdef = sdsempty();                          // lua函数定义字符串
funcdef = sdscat(funcdef,"function ");
funcdef = sdscatlen(funcdef,funcname,42);          // 函数名=f_{sha1}
funcdef = sdscatlen(funcdef,"() ",3);
funcdef = sdscatlen(funcdef,body->ptr,sdslen(body->ptr));
funcdef = sdscatlen(funcdef,"\nend",4);
if (luaL_loadbuffer(lua,funcdef,sdslen(funcdef),"@user_script")) {
// 载入函数
    ...
}
```

3）用命令行参数key和arg填充Lua全局变量KEYS和ARGV，并选择数据库、设置超时时间、设置脚本开始执行的时间等。

```
luaSetGlobalArray(lua,"KEYS",c->argv+3,numkeys); //填充KEYS
luaSetGlobalArray(lua,"ARGV",c->argv+3+numkeys,c->argc-3-numkeys);

// 以客户端选择的数据库ID作为脚本执行时使用的数据库ID
selectDb(server.lua_client,c->db->id);
// 如果在脚本中调用select命令，从Redis 2.8.12开始，仅影响脚本本身的执行，不会修改调用脚本的
   客户端选择的数据库。
server.lua_caller = c;                    // 将当前客户端设置为正在执行Lua脚本的客户端
server.lua_time_start = mstime();         // 脚本启动时间
server.lua_kill = 0;
if (server.lua_time_limit > 0 && ldb.active == 0) {
    // 设置超时回调，稍后介绍
    lua_sethook(lua,luaMaskCountHook,LUA_MASKCOUNT,100000);
    delhook = 1;
} ...
```

4）执行Lua脚本。

5）进行清理工作，删除超时相关设置，调用lua_gc清理Lua数据（每运行50次脚本，执行一次lua_gc）。

```
if (delhook) lua_sethook(lua,NULL,0,0);  //关闭hook
if (server.lua_timedout) {
    server.lua_timedout = 0;
    // 恢复检测到脚本超时时受保护的客户端
    unprotectClient(c);
    if (server.masterhost && server.master)
        // 将阻塞的客户端移动到非阻塞队列等待处理
        queueClientForReprocessing(server.master);
}
server.lua_caller = NULL;                 // 当前脚本执行完毕，清除lua_caller变量
// lua gc
#define LUA_GC_CYCLE_PERIOD 50
{
    static long gc_count = 0;
    gc_count++;
    if (gc_count == LUA_GC_CYCLE_PERIOD) {// 每50脚本执行调用一次lua_gc
        lua_gc(lua,LUA_GCSTEP,LUA_GC_CYCLE_PERIOD);
        gc_count = 0;
    }
}
```

6）如果脚本执行错误，则返回错误，反之调用luaReplyToRedisReply将Lua类型转换为Redis回复类型。如果我们使用单个命令复制，则在至少有写入时发出exec命令。至此eval执行完毕。

这里再介绍下第3步中的超时回调函数luaMaskCountHook。该函数中，如果脚本

超时，则打印超时日志、设置超时标志（server.lua_timedout），然后将客户端状态加上CLIENT_PROTECTED（受保护的客户端，删除了该客户端的文件读写事件，并保持连接），此时服务端可以接受别的客户端的命令，但只能接受script kill和shutdown nosave命令，别的命令都回复busy错误。如果脚本没有执行写入操作，则SCRIPT KILL命令可以杀死脚本，否则只能使用shutdown nosave停止服务器而不保存磁盘上的当前数据集，以避免半写数据存在。

下面演示一个只读脚本的kill操作。

① 我们在客户端1上执行一个循环打印来模拟超时：

```
127.0.0.1:6379> eval "for i = 1, 1000000000 do print(i) end return 'ok'" 0
```

② 此时该客户端被阻塞，等待5秒后，使用客户端2发送script kill命令：

```
127.0.0.1:6379> script kill
OK
(1.55s)
```

③ 与此客户端1收到服务端返回数据：

```
127.0.0.1:6379> eval "for i = 1, 1000000000 do print(i) end return 'ok'" 0
(error) ERR Error running script (call to f_784e0ab1d9430bf4f870a7a1afa835a8944
    ed404): @user_script:1: Script killed by user with SCRIPT KILL...
(5.05s)
```

注意，Redis默认超时时间为5秒，可通过设置lua_time_limit配置（单位：毫秒）更短的毫秒超时时间。

示例：

```
127.0.0.1:6379> eval "
if(redis.call('get', KEYS[1]) == ARGV[1]) then
    return redis.call('del', KEYS[1]) or true
else
    return 0
end
" 2 key1 key2 3
(integer) 1
```

（2）evalsha命令

evalsha同eval一样，使用Redis内置的Lua解释器运行Lua脚本，不同的是，evalsha使用脚本的sha1校验和作为参数，这样可以有效减少发送的数据，节约带宽。

格式：

```
evalsha  sha1  numkeys  key [key ...]  arg [arg ...]
```

说明：通过sha1摘要执行服务器端缓存的脚本。使用script load命令在服务器端缓存脚本。该命令与eval相同。

因为 eval 命令每次都需要花费较多带宽到服务器，而服务器使用内部缓存机制不需要每次都编译脚本，那么 eval 命令就显得浪费带宽了。

示例：

```
127.0.0.1:6379> script load "if(redis.call('get', KEYS[1]) == ARGV[1])
then return redis.call('del', KEYS[1]) else return 0 end"
"4abe1619618dc5907e8e3c3076a8228bcea8ff0b"
127.0.0.1:6379> EVALSHA 4abe1619618dc5907e8e3c3076a8228bcea8ff0b 2 key1 key2
    val1
(integer) 0
```

2. 脚本管理命令

脚本管理命令（script）用于管理 Lua 脚本，可以执行载入脚本、清空脚本、杀死脚本等操作。

格式：

```
script <subcommand> arg arg ... arg.
```

说明：

脚本相关命令，子命令如下所示。

- DEBUG (yes|sync|no)：为后续执行的脚本设置调试模式。
- EXISTS <sha1> [<sha1> ...]：sha1 摘要对应的脚本是否存在。
- FLUSH：删除 Lua 脚本缓存。
- KILL：杀死当前正在执行的 Lua 脚本（尚未执行写入操作）。
- LOAD <script>：载入脚本，不执行。

其中，DEBUG 子命令的选项“yes”表示启用 Lua 脚本的非阻塞异步调试（更改将被丢弃），“sync”表示启用阻塞的 Lua 脚本的同步调试（保存对数据的更改），“no”则表示禁用脚本调试模式，代码如下：

```
if (!strcasecmp(c->argv[2]->ptr,"no")) {
    ldbDisable(c);                          // 关闭ldb调试模式
    addReply(c,shared.ok);
} else if (!strcasecmp(c->argv[2]->ptr,"yes")) {
    ldbEnable(c);                           // 开启ldb调试模式
    addReply(c,shared.ok);
} else if (!strcasecmp(c->argv[2]->ptr,"sync")) {
    ldbEnable(c);
    addReply(c,shared.ok);
    c->flags |= CLIENT_LUA_DEBUG_SYNC;     // 开启同步调试模式
} else {                                    // 语法错误
    addReplyError(c,"Use SCRIPT DEBUG yes/sync/no");
    return;
}
```

执行 EXISTS 子命令，其实是调用 dictFind 在 server.lua_scripts 字典中查找是否有对应的脚本，返回 0 或 1。

执行 FLUSH 子命令时，会清空服务器 lua_scripts 和 lua_scripts_mem，并关闭 server.lua 之后再重新初始化，最后清空副本的脚本缓存。代码如下：

```
scriptingReset();                           // 脚本reset
addReply(c,shared.ok);
replicationScriptCacheFlush();              // 清空副本的脚本缓存
```

执行 KILL 子命令时，需要根据服务器状态进行不同的操作：如果服务器没有脚本执行则返回错误；如果脚本是 Master 发送过来的则不能杀死；如果脚本已经执行了写入命令，那么只能使用 SHUTDOWN NOSAVE 杀死脚本，以防止半写信息持续存在。

```
if (server.lua_caller == NULL) {            // 没有脚本运行不需要kill
    addReplySds(c,sdsnew("-NOTBUSY No scripts in execution right now.\r\n"));
} else if (server.lua_caller->flags & CLIENT_MASTER) {
                                            // master发送过来的脚本，不能kill
    addReplySds(c,sdsnew("-UNKILLABLE ...\r\n"));
} else if (server.lua_write_dirty) {        // 脚本已经执行了写入命令
    addReplySds(c,sdsnew("-UNKILLABLE ...\r\n"));
} else {
    server.lua_kill = 1;
    addReply(c,shared.ok);
}
```

执行 LOAD 子命令，其实是调用 luaCreateFunction 函数来创建 lua 函数（前文有介绍），在执行 evalsha 命令时如果没有对应的脚本，则会返回一个特殊错误，告知客户端使用 eval。

示例：

```
127.0.0.1:6379> script help
1) SCRIPT <subcommand> arg arg ... arg. Subcommands are:
2) DEBUG (yes|sync|no) -- Set the debug mode for subsequent scripts executed.
3) EXISTS <sha1> [<sha1> ...] -- Return information about the existence of the
   scripts in the script cache.
4) FLUSH -- Flush the Lua scripts cache. Very dangerous on replicas.
5) KILL -- Kill the currently executing Lua script.
6) LOAD <script> -- Load a script into the scripts cache, without executing it.

127.0.0.1:6379> script kill
(error) NOTBUSY No scripts in execution right now.

127.0.0.1:6379> script load "return 'data'"
"72e4ea66fb65f4cab213e21744df4f8c6762c829"
127.0.0.1:6379> evalsha 72e4ea66fb65f4cab213e21744df4f8c6762c829 0
"data"
```

```
127.0.0.1:6379> script debug no
OK
127.0.0.1:6379> script flush
OK
```

19.4 本章小结

本章介绍了事务、发布－订阅、Lua脚本在Redis中的实现。事务和Lua脚本都可以实现原子性，但Lua脚本的功能更加强大；发布订阅功能也可以使用Redis 5.0中新引入的Stream实现，具体可以参考本书Stream章节的介绍。

通过本章，读者可以对Redis中的事务、发布订阅及Lua脚本有更深的了解，从而能够更好地应用到实践之中。

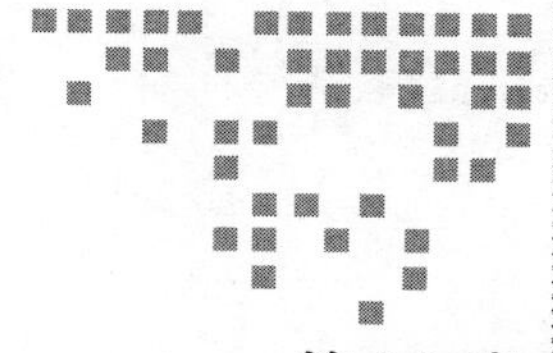

第20章 Chapter 20

持 久 化

Redis 是一个内存数据库，当机器重启之后内存中的数据都会丢失。所以对 Redis 来说，持久化显得尤为重要。Redis 有两种持久化方式：一种为 RDB 方式，RDB 保存某一个时间点之前的数据；另一种为 AOF 方式，AOF 保存的是 Redis 服务器端执行的每一条命令。两种方式各有优劣，在接下来的章节中会详细介绍。我们先通过在客户端输入 info 命令，查看 Redis 服务端记录的相关持久化状态信息，然后分别详细介绍 RDB 和 AOF。

```
127.0.0.1:6379>info
    ...
# Persistence
loading:0                             //是否正在加载RDB文件内容
rdb_changes_since_last_save:2         //最后一次保存之后改变的键的个数
rdb_bgsave_in_progress:0              //是否正在后台执行RDB保存任务
rdb_last_save_time:1540371552         //最后一次执行RDB保存任务的时间
rdb_last_bgsave_status:ok             //最后一次执行RDB保存任务的状态
rdb_last_bgsave_time_sec:0            //最后一次执行RDB保存任务消耗的时间
rdb_current_bgsave_time_sec:-1        //如果正在执行RDB保存任务，则为当前RDB任务已经消耗的时
                                        间，否则为-1
rdb_last_cow_size:6631424             //最后一次执行RDB保存任务消耗的内存
aof_enabled:0                         //是否开启了AOF功能
aof_rewrite_in_progress:0             //是否正在后台执行AOF重写任务(重写在后续的章节介绍)
aof_rewrite_scheduled:0               //是否等待调度一次AOF重写任务。如果触发了一次AOF重写，
                                        但是后台正在执行RDB保存任务时会将该状态置为1
aof_last_rewrite_time_sec:-1          //最后一次执行AOF重写任务消耗的时间
aof_current_rewrite_time_sec:-1       //如果正在执行AOF重写任务，则为当前该任务已经消耗的时
                                        间，否则为-1
aof_last_bgrewrite_status:ok          //最后一次执行AOF重写任务的状态
aof_last_write_status:ok              //最后一次执行AOF缓冲区写入的状态（服务端执行命令时会开
                                        辟一段内存空间将命令放入其中，然后从该缓冲区中同步到文
```

```
                                    件。该状态标记最后一次同步到文件的状态）
aof_last_cow_size:0                //最后一次执行AOF重写任务消耗的内存
...
```

20.1 RDB

接下来先介绍 RDB 的触发方式，重点介绍执行 bgsave 命令时的执行流程，然后详细介绍 RDB 文件的结构。

20.1.1 RDB 执行流程

RDB 快照有两种触发方式，其一为通过配置参数，例如在配置文件中写入如下配置：

```
save 60 1000
```

则在 60 秒内如果有 1000 个 key 发生变化，就会触发一次 RDB 快照的执行。

其二是通过在客户端执行 bgsave 命令显式触发一次 RDB 快照的执行。bgsave 执行流程如图 20-1 所示。

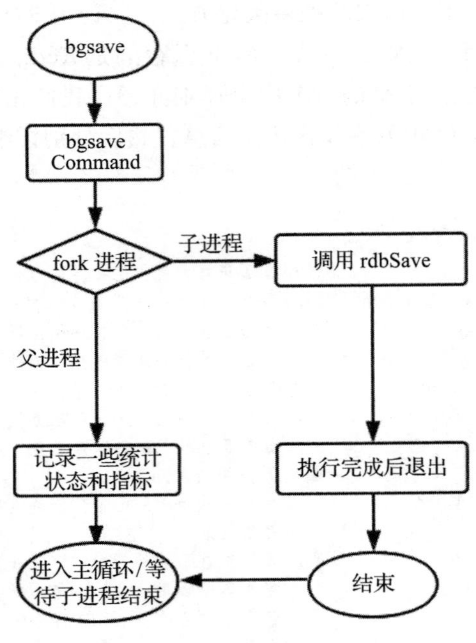

图 20-1 bgsave 执行流程

在客户端输入 bgsave 命令后，Redis 调用 bgsaveCommand 函数，该函数 fork 一个子进程执行 rdbSave 函数进行实际的快照存储工作，而父进程可以继续处理客户端请求。当子进程退出后，父进程调用相关回调函数进行后续处理。

20.1.2 RDB 文件结构

本节会先介绍整体文件结构，然后分别介绍 RDB 键的保存形式（即字符串的保存）和值的保存形式（根据数据类型有不同的保存方法）。

1. 整体文件结构

RDB 的整体文件结构如图 20-2 所示。

"REDIS"	RDB_VERSION	AUX_FIELD_KEY_VALUE_PAIRS	DB_NUM	DB_DICT_SIZE	EXPIRE_DICT_SIZE	KEY_VALUE_PAIRS	EOF	CHECK-SUM

图 20-2 RDB 文件结构

各个部分按顺序详细介绍如下。

1）头部 5 字节固定为“REDIS”字符串。

2）4 字节的 RDB 版本号（RDB_VERSION，注意不是 Redis 的版本号），当前 RDB 版本号为 9，填充为 4 字节之后为 0008。

3）辅助字段（AUX_FIELD_KEY_VALUE_PAIRS，见表 20-1）。

表 20-1 辅助字段 AUX_FIELD_KEY_VALUE_PAIRS

字段名称	字段值	字段名称	字段值
redis-ver	5.0.04	aof-preamble	是否开启 aof/rdb 混合持久化
redis-bits	64/32	repl-stream-db	主从复制相关
ctime	当前时间戳	repl-id	主从复制相关
used-mem	Redis 占用内存	repl-offset	主从复制相关

辅助字段可以标明以下信息。

- ❑ 数据库序号：指明数据需要存放到哪个数据库。
- ❑ 当前数据库键值对散列表的大小。Redis 的每个数据库是一个散列表，这个字段指明当前数据库散列表的大小。这样在加载时可以直接将散列表扩展到指定大小，提升加载速度。
- ❑ 当前数据库过期时间散列表的大小。Redis 的过期时间也是保存为一个散列表，该字段指明当前数据库过期时间散列表的大小。
- ❑ Redis 中具体键值对的存储。
- ❑ RDB 文件结束标志。
- ❑ 8 字节的校验码。

通过上述结构的描述，请思考：加载 RDB 文件的时候怎么区分加载的是辅助字段还是数据库序号或者是其他类型呢？其实，在 RDB 每一部分之前都有一个类型字节，在 Redis 中称为 opcodes。如下所示：

```
#define RDB_OPCODE_MODULE_AUX    247      //module相关辅助字段
#define RDB_OPCODE_IDLE          248      //lru空闲时间
#define RDB_OPCODE_FREQ          249      //lfu频率
#define RDB_OPCODE_AUX           250      //辅助字段类型
#define RDB_OPCODE_RESIZEDB      251      //RESIZEDB，即上文中介绍的5和6两项
#define RDB_OPCODE_EXPIRETIME_MS 252      //毫秒级别过期时间
#define RDB_OPCODE_EXPIRETIME    253      //秒级别过期时间
#define RDB_OPCODE_SELECTDB      254      //数据库序号，即第4项
#define RDB_OPCODE_EOF           255      //结束标志，即第8项
```

RDB带opcodes的整体文件结构如图20-3所示。

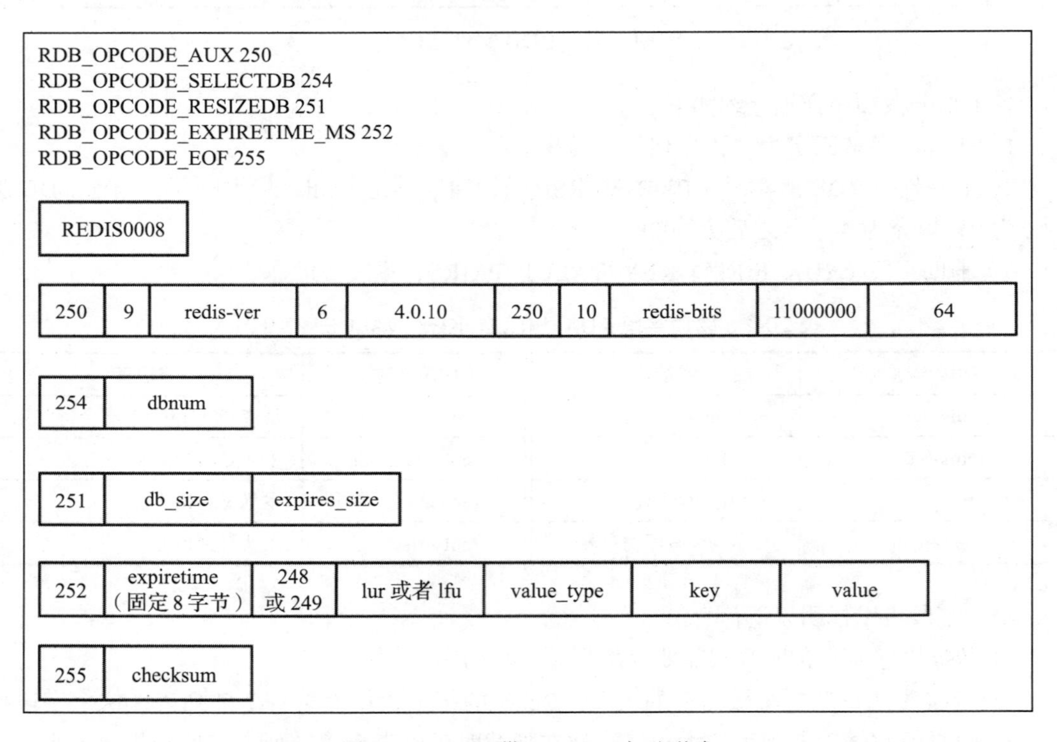

图20-3　RDB带opcodes表示形式

第2项辅助字段涉及字符串类型在RDB文件中的保存方式，可以参考本节后面将要讲解的内容。为了叙述方便，接下来对RDB结构的介绍中不会特意加上opcodes。

下面具体介绍一下第7项——键值对的结构，如图20-4所示。

EXPIRE_TIME	LRU或LFU	VALUE_TYPE	KEY	VALUE

图20-4　RDB键值对存储结构

各部分介绍如下。

- EXPIRE_TIME：可选。根据具体的键是否有过期时间决定，该字段固定为 8 个字节。
- LRU 或者 LFU：可选。根据配置的内存淘汰算法决定。LRU 算法保存秒级别的时间戳，LFU 算法只保存 counter 的计数（0～255，1 字节）。
- VALUE_TYPE：值类型。Redis 数据类型和底层编码结构，值类型对应关系见表 20-2。

表 20-2 Redis 数据类型 / 底层编码结构和值类型对应关系

数据类型	编码结构	值类型
OBJ_STRING(0)	OBJ_ENCODING_RAW(0)	RDB_TYPE_STRING(0)
OBJ_LIST(1)	OBJ_ENCODING_QUICKLIST(9)	RDB_TYPE_LIST_QUICKLIST(14)
OBJ_SET(2)	OBJ_ENCODING_INTSET(6)	RDB_TYPE_SET_INTSET(11)
	OBJ_ENCODING_HT(2)	RDB_TYPE_SET(2)
OBJ_ZSET(3)	OBJ_ENCODING_ZIPLIST(5)	RDB_TYPE_ZSET_ZIPLIST(12)
	OBJ_ENCODING_SKIPLIST(7)	RDB_TYPE_ZSET_2(5)
OBJ_HASH(4)	OBJ_ENCODING_ZIPLIST(5)	RDB_TYPE_HASH_ZIPLIST(13)
	OBJ_ENCODING_HT(2)	RDB_TYPE_HASH(4)
OBJ_STREAM(6)	无	RDB_TYPE_STREAM_LISTPACKS(15)

表 20-2 中字符串在 Redis 中都是宏，括号中即为该宏对应的值。

- KEY：键。键保存为字符串，下文会详细介绍字符串的保存形式。
- VALUE：值。值根据数据类型和编码结构保存为不同的形式，下文详细介绍。

2. 键的保存形式

Redis 中键都是字符串，所以本节介绍的就是 RDB 中如何保存一个字符串，其实也是一个比较常见的方法，如图 20-5 所示。

LENGTH	STRING

图 20-5 RDB 字符串保存形式

前边 LENGTH 字段表示字符串长度，后边 STRING 即具体的字符串内容。LENGTH 为了通用可以使用 8 个字节保存，但这样很明显会导致空间的浪费。Redis 中的 LENGTH 是个变长字段，通过首字节能够知道 LENGTH 字段有多长，然后读取 LENGTH 字段可以知道具体的 STRING 长度。LENGTH 字段类型如下：

```
00xxxxxx    字符串长度<64
01xxxxxx xxxxxxxx   字符串长度<16384
10000000 xxxxxxxx xxxxxxxx xxxxxxxx xxxxxxxx   字符串长度<=UINT32_MAX
10000001 xxxxxxxx xxxxxxxx xxxxxxxx xxxxxxxx xxxxxxxx xxxxxxxx xxxxxxxx xxxxxxxx
    字符串长度>UINT32_MAX
```

首字节头两个比特是 00 时，表示 LENGTH 字段占用 1 个字节，STRING 的长度保存在后 6 个比特中，最长为 63。

同理当首字节头两个比特是01时，表示LENGTH字段占用2个字节，而STRING的长度保存在后14个字节中，最长为16383。

如果首字节为10000000，则表示LENGTH字段共占用5个字节，正好是一个无符号整型，STRING的长度最长为UINT32_MAX。

如果STRING长度大于UINT32_MAX，则首字节表示为10000001，LENGTH字段共占用9个字节。后8字节表示实际长度，为一个LONG类型。

RDB中对字符串的保存还有两种优化形式：一种是尝试将字符串按整型保存，一种是通过将字符串进行LZF压缩之后保存。下边分别讨论这两种情况。

按整型保存形式如图20-6所示。

TYPE字段其实类似图20-5中的LENGTH字段，LENGTH字段首字节头两个比特取值为00、01、10这种类型，TYPE字段首字节头两个比特取值为11，后6个比特表明存储的整型类型，如下：

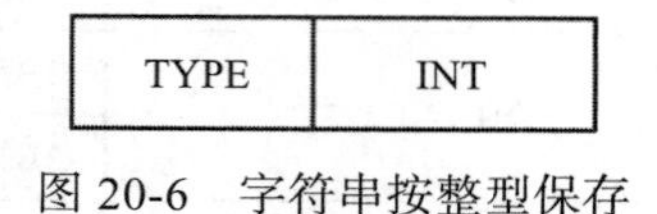

图20-6　字符串按整型保存

```
11000000 xxxxxxxx  INT8   取值范围[-128,127]
11000001 xxxxxxxx xxxxxxxx INT16 取值范围[-32768,32767]
11000010 xxxxxxxx xxxxxxxx xxxxxxxx xxxxxxxx INT32 取值范围[-2147483648,
    2147483647]
```

后6个比特是000000，表明存储的是一个有符号INT8类型，000001表明存储的是一个有符号INT16类型，000010表明存储的是一个有符号INT32类型。更长的长度直接按字符串类型保存。

LZF压缩保存形式如图20-7所示。

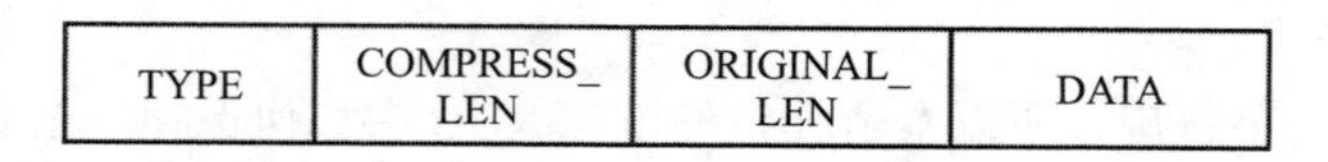

图20-7　RDB LZF保存形式

TYPE首字节头两个比特仍然为11，后六个比特是000011。COMPRESS_LEN表明压缩之后的长度，该字段保存形式同图20-5中LENGTH字段的保存。LZF还保存了一个ORIGINAL_LEN字段，该字段记录压缩之前原始字符串的长度，保存形式也与图20-5中LENGTH字段的保存相同。最后一个DATA字段保存具体的LZF压缩之后的数据，数据长度从COMPRESS_LEN字段取得。

至此，RDB如何保存一个字符串已经讲解完毕。

3. 值的保存形式

依据表20-2，值类型共有9种。其中字符串类型与20.1.2下的第2节“键的保存”相同。接下来依次介绍余下的8种值类型如何在RDB中保存。

（1）列表类型的保存

列表在 Redis 中编码为 quicklist 结构，从整体看是一个双向链表，但链表的每个节点在 Redis 中编码为 zipList 结构，ziplist 结构在一块连续的内存中保存，并且保存时可以选择进行 LZF 压缩或者不压缩。据此，RDB 保存列表类型的结构如图 20-8 所示。

ziplist 未压缩

QUICKLIST 节点数	ziplist1	ziplist2	ziplistn

ziplist 压缩

QUICKLIST 节点数	LZF1	LZF2	LZF3

图 20-8　列表类型的保存

首先保存 quicklist 的节点个数，保存方式同图 20-5 中 LENGTH 字段的保存。如果 ziplist 未进行压缩，则将每个 ziplist 按字符串保存。如果 ziplist 进行了压缩，则将每个 ziplist 按图 20-7 进行保存。

可以看到，除了多保存一个 quicklist 节点个数，其实每个节点的保存与 20.1.2 节“键的保存”方式相同。

（2）集合类型的保存

集合类型在 Redis 中有两种编码方式：一种为 intset，另一种为 Hash。首先介绍编码方式为 intset 如何在 RDB 中保存。

intset 在 Redis 中也是一块连续的内存，所以 intset 的保存比较简单，直接将 intset 按字符串保存。如果编码为 Hash，则保存结构如图 20-9 所示。

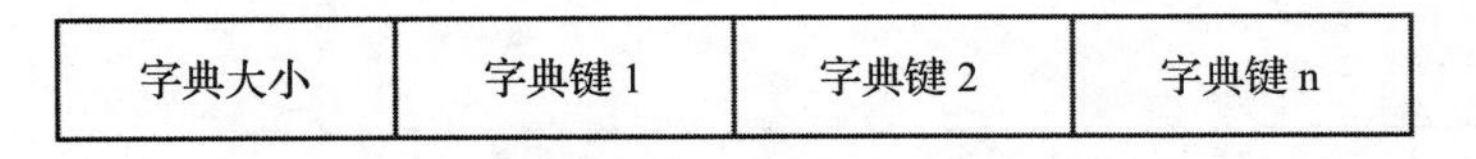

图 20-9　集合类型编码为 Hash

第一个字段为字典的大小，接下来逐字段保存字典的键。为什么只保存键呢？其实集合类型使用散列表保存时只使用了键，所有的值都保存为 NULL，所以此处只需要保存散列表的键。键的保存详见 20.1.1 节。

（3）有序集合类型的保存

有序集合类型在 Redis 中也有两种编码方式：一种为 ziplist，另一种为 skiplist。如果编码为 ziplist，即将 ziplist 整体作为一个字符串保存。所以我们重点看编码为 skiplist 的保存方式，如图 20-10 所示。

skiplist 长度	元素 1	元素分值 1	元素 2	元素分值 2	元素 n	元素分值 n

图 20-10　有序集合编码为 skiplist

第一个字段为 skiplist 包含的元素个数，接着分别按元素和元素的分值依次保存。元素保存为字符串，元素分值保存为一个双精度浮点数类型（固定为 8 个字节）。

（4）散列类型的保存

散列类型也有两种编码方式：一种为 ziplist，一种为 Hash。ziplist 编码方式的保存同有序集合，不再赘述。重点看散列类型按 Hash 编码时的保存方式，如图 20-11 所示。

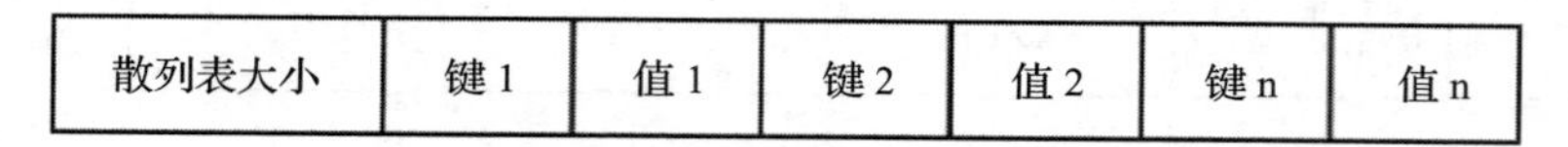

图 20-11　散列类型编码为 Hash

第一个字段为散列表的大小，然后依次保存键值对，键值都保存为字符串类型。

（5）Stream 类型的保存

Stream 保存为 RDB 文件时整体格式如图 20-12 所示。

Stream 整体保存结构

listpack 个数	streamId1	listpack1 内容	streamId2	listpack2 内容	…	streamIdn	listpackn 内容	消息个数	last_id	消费组相关信息

消费组保存结构

消费组个数	消费组名称 1	last_id1	pel1	consumer1	…	消费组名称 2	lastId2	pel2	consumer2

pel 保存结构

pel 中条目个数	streamId1	nack 发送时间	nack 发送次数	…	streamIdn	nack 发送时间	nack 发送次数

consumer 保存结构

consumer 个数	消费组名称 1	消费者最后存活时间 1	pel1	…	消费组名称 n	消费者最后存活时间 n	peln

图 20-12　Stream 类型

其中具体的结构体介绍，如 listpack，消费组等的介绍参考第 8 章。其中保存消费组的 PEL 时并没有保存相关消费者的信息，而是在加载完消费者之后，从消费者的 PEL 中查找并更新消费组 PEL 的相关信息。

至此，RDB 值类型的保存介绍完毕。下边我们看一个实际的例子。

4. RDB 实例

通过设置一个字符串类型和一个列表类型，然后执行 bgsave 保存为文件，具体命令如下。

```
127.0.0.1:6379[15]> set testString "rdb"          //设置一个字符串testString，值为“rdb”
OK
127.0.0.1:6379[15]> rpush testList "r" "d" "b"   //设置一个列表testList，三个元素分别为
                                                     “r”，“d”，“b”
(integer) 3
127.0.0.1:6379[15]> bgsave                         //执行bgsave命令
Background saving started
```

客户端执行 info 命令查看 bgsave 执行状态，当执行完毕后，我们通过 xxd 工具打印出 RDB 文件的内容。

```
~/redis-4.0.2$xxd dump.rdb
0000000: 5245 4449 5330 3030 38fa 0972 6564 6973  REDIS0008..redis
0000010: 2d76 6572 0534 2e30 2e32 fa0a 7265 6469  -ver.4.0.2..redi
0000020: 732d 6269 7473 c040 fa05 6374 696d 65c2  s-bits.@..ctime.
0000030: 45cc d25b fa08 7573 6564 2d6d 656d c250  E..[..used-mem.P
0000040: a10c 00fa 0c61 6f66 2d70 7265 616d 626c  .....aof-preambl
0000050: 65c0 00fe 00fb 0200 0e08 7465 7374 4c69  e.........testLi
0000060: 7374 0114 1400 0000 1000 0000 0300 0001  st..............
0000070: 7203 0164 0301 62ff 000a 7465 7374 5374  r..d..b...testSt
0000080: 7269 6e67 0372 6462 ff7a cab3 8eb1 e7a6  ring.rdb.z......
0000090: 28
```

xxd 打印格式左列为字节偏移标识，每行 16 个字节，每字节按十六进制编码，最右侧为相应的 ASCII 码字符。

对照 ASCII 码表，依次解析 dump.rdb 的字节序列。

1～5 字节为 REDIS。

6～8 字节为连续 3 个字符 0。

9 字节十六进制表示为 38，查看对应 ASCII 编码正好是 8。于是 1～9 字节为 REDIS0008。

10 字节为辅助字段的 opcodes，十六进制表示为 fa（ASCII 码最多只能表示 127 个字符，所以在最右侧没有显示相应的 ASCII 码）。fa 转换为十进制 250，正好为辅助字段的 opcodes。

11 字节为 09，表示长度为 9。

12～20 字节为 redis-ver，正好是 9 个字节。

21 字节为 05，也表示长度为 5。

22～26 字节为 4.0.2，正好 5 个字节。

27 字节为 fa，同第 10 个字节，表明又开始了一个辅助字段。

28 字节为长度 0a，说明有 10 个字节。

29～38 字节为 redis-bits，正好 10 个字节。

39字节为c0，注意c0表示为二进制是1100 0000，参见图20-6。

40字节为实际的长度值，40字节为十六进制40，转换为十进制为64，即redis-bits的值为64。redis-bits指示Redis所在的机器每个指针占用多少比特。

41字节为fa，同第10个字节。

42字节为05，43～47字节为ctime，正好5个字节。

48字节为c2，表示为二进制位11000010，参见图20-6。

48字节的c2表明接下来4个字节为int类型，49～52字节为45cc d25b，整型保存时是从低位到高位保存的，所以先转换为5bd2cc45，十进制表示为1540541509，时间戳转换后为2018年10月26日星期五16:11:49 CST，即执行bgsave的时间。

53为辅助字段标识。

54为08，表示长度。

55～62字节为辅助字段used-mem，正好为8个字节。

63字节为c2，转换为二进制是11000010，取后4个字节50a10c00，按000ca150转换为十进制是827 728，说明使用内存为827 728个字节。

68～83字节同理表示为aof-preamble，值为0。

84字节为fe，十进制为254，为数据库序号的opcodes。

85字节为00，表示当前使用的是数据库0。

86字节为fb，十进制为251，为数据库和过期时间散列表大小的opcodes。

87字节为02，即数据库大小为2，正好是testString和testList两个键。

88字节为00，即过期时间散列表大小，为0。因为没有设置过期时间，所以过期时间的散列表大小为0。

89字节为0e，十进制为14，因为没有设置过期时间，所以0e直接表示value_type，对比表20-2，可以看到14表示RDB_TYPE_LIST_quicklist。

90字节为键的长度，为8。

91～98字节为键testList，正好为8个字节。

99字节为01，表明quicklist有一个node节点。接下来为一个完整的ziplist结构。

100字节为14，表明ziplist按string存储后的长度，为20个字节。

101～120字节参考第4章压缩列表的结构。

101～104表示压缩列表字节长度，14表明为20个字节。

105～108这4个字节表示尾元素相对于起始地址偏移量，10为16个字节。

109～110这两个字节表示压缩列表的长度，有3个元素。

111～119为3个元素的具体内容，每个占3个字节。111字节表示前一个entry的长度，由于这是第一个entry，所以为0；112字节为01，表示entry内容占用1字节；113字节为72，为小写字母r。同理114～116为030164，其中03表示上一个entry占用3个字节，01表示entry内容占用1字节，64为小写字母d。117～119为030162，同理表示小写字母b。

120 为压缩列表的固定结束标志，为 FF。

121 字节为 00，由表 20-2 可知 0 表示 RDB_TYPE_STRING。

122 字节为键的长度，0a 为 10。

123～132 字节为键 testString，正好为 10 个字节。

133 字节为值的长度 03，为 3 个字节。

134～136 字节为值 rdb。

137 字节为结束的 opcodes，ff 转换为十进制为 255。

138～145 为 8 字节的校验和。

20.2 AOF

AOF 是 Redis 的另外一种持久化方式。简单来说，AOF 就是将 Redis 服务端执行过的每一条命令都保存到一个文件，这样当 Redis 重启时只要按顺序回放这些命令就会恢复到原始状态。那么，既然已经有了 RDB 为什么还需要 AOF 呢？

我们还是从 RDB 和 AOF 的实现方式考虑：RDB 保存的是一个时间点的快照，那么如果 Redis 出现了故障，丢失的就是从最后一次 RDB 执行的时间点到故障发生的时间间隔之内产生的数据。如果 Redis 数据量很大，QPS 很高，那么执行一次 RDB 需要的时间会相应增加，发生故障时丢失的数据也会增多。

而 AOF 保存的是一条条命令，理论上可以做到发生故障时只丢失一条命令。但由于操作系统中执行写文件操作代价很大，Redis 提供了配置参数，通过对安全性和性能的折中，我们可以设置不同的策略。

既然 AOF 数据安全性更高，是否可以只使用 AOF 呢？为什么 Redis 推荐 RDB 和 AOF 同时开启呢？

我们再深入考量一下这两种实现方式：RDB 保存的是最终的数据，是一个最终状态，而 AOF 保存的是达到这个最终状态的过程。很明显，如果 Redis 有大量的修改操作，RDB 中一个数据的最终态可能会需要大量的命令才能达到，这会造成 AOF 文件过大并且加载时速度过慢（Redis 提供了一种 AOF 重写的策略来解决上述问题，后文会详细描述其实现原理）。

再来考虑一下 AOF 和 RDB 文件的加载过程。RDB 只需要把相应数据加载到内存并生成相应的数据结构（有些结构如 intset、ziplist，保存时直接按字符串保存，所以加载时速度会更快），而 AOF 文件的加载需要先创建一个伪客户端，然后把命令一条条发送给 Redis 服务端，服务端再完整执行一遍相应的命令。根据 Redis 作者做的测试，RDB 10s～20s 能加载 1GB 的文件，AOF 的速度是 RDB 速度的一半（如果做了 AOF 重写会加快）。

因为 AOF 和 RDB 各有优缺点，因此 Redis 一般会同时开启 AOF 和 RDB。

但假设线上同时配置了 RDB 和 AOF，那么会带来如下的两难选择：重启时如果优先加载RDB，加载速度更快，但是数据不是很全；如果优先加载AOF，加载速度会变慢，但是数据会比RDB中的要完整。

能不能结合这两者的优点呢？答案是AOF和RDB的混合持久化方案，后文会详述其原理。

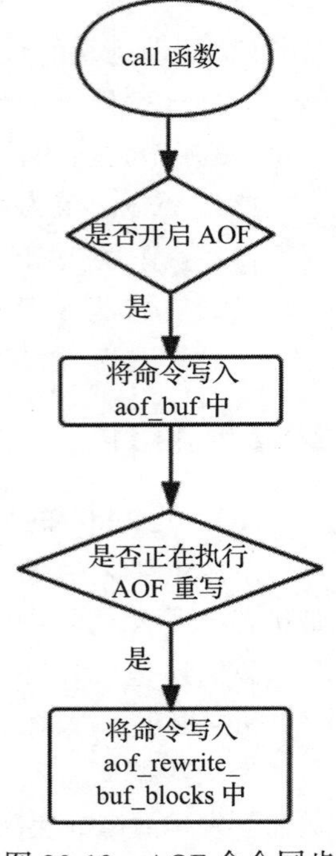

图20-13 AOF命令同步

20.2.1 AOF执行流程

本节先介绍Redis服务端执行命令时如何同步到AOF文件以及AOF文件的格式，然后介绍Redis不同的配置对性能和安全性的影响。

1. AOF命令同步

通过第6章命令的执行流程，我们看到每一条命令的执行都会调用call函数，AOF命令的同步就是在call命令中实现的，如图20-13所示。

如果开启了AOF，则每条命令执行完毕后都会同步写入aof_buf中，aof_buf是个全局的SDS类型的缓冲区。那么命令是按什么格式写入缓冲区中的呢？

Redis通过catAppendOnlyGenericCommand函数将命令转换为保存在缓冲区中的数据结构，我们通过在该函数处设置断点，打印出转换后的格式。首先使用gdb调试Redis，并在catAppendOnly-GenericCommand函数处设置断点，然后在客户端执行一条命令：

```
127.0.0.1:6379> set key aof
```

在gdb处执行该函数，然后打印出返回值，如下：

```
(gdb) p dst
$1 = (sds) 0x7f2050834463 "*3\r\n$3\r\nset\r\n$3\r\nkey\r\
    n$3\r\naof\r\n"
```

即命令“set key aof”保存在缓冲区中的格式为“*3\r\n$3\r\nset\r\n$3\r\nkey\r\n$3\r\naof\r\n”。

“\r\n”为分隔符，去掉分隔符之后为如图20-14所示结构。

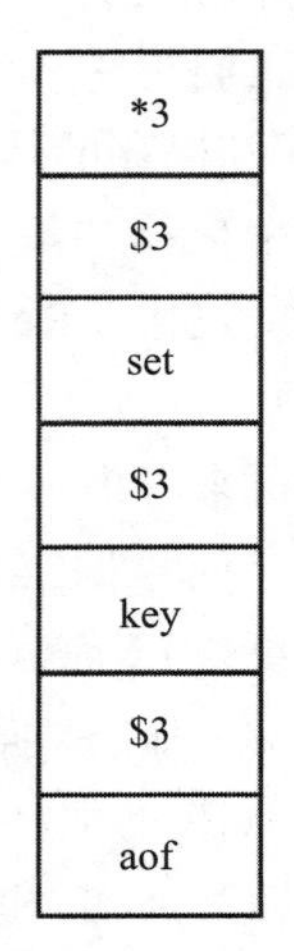

图20-14 AOF保存格式

首先以*3开始，表示命令共有3个参数。$3表示接下来的第1个参数长度为3，顺序读取第3个字符set，第1个参数就解析完毕。以此类推，第2个$3表示第2个参数的长度，读取为key，第3个$3表示第3个参数的长度aof。至此，该条命令解析完毕。读取到下一个*时即表明开启了其他命令的解析。

那么写入缓冲区后何时同步到文件中呢？下一节具体介绍

Redis 如何通过不同的配置控制文件的写入。

2. AOF 文件写入

AOF 持久化最终需要将缓冲区中的内容写入一个文件，写文件通过操作系统提供的 write 函数执行。但是 write 之后数据只是保存在 kernel 的缓冲区中，真正写入磁盘还需要调用 fsync 函数。fsync 是一个阻塞并且缓慢的操作，所以 Redis 通过 appendfsync 配置控制执行 fsync 的频次。具体有如下 3 种模式。

- no：不执行 fsync，由操作系统负责数据的刷盘。数据安全性最低但 Redis 性能最高。
- always：每执行一次写入就会执行一次 fsync。数据安全性最高但会导致 Redis 性能降低。
- everysec：每 1 秒执行一次 fsync 操作。属于折中方案，在数据安全性和性能之间达到一个平衡。

生产环境一般配置为 appendfsync everysec，即每秒执行一次 fsync 操作。

20.2.2 AOF 重写

随着 Redis 服务的运行，AOF 文件会越来越大，并且当 Redis 服务有大量的修改操作时，对同一个键可能有成百上千条执行命令。AOF 重写通过 fork 出一个子进程来执行，重写不会对原有文件进行任何修改和读取，子进程对所有数据库中所有的键各自生成一条相应的执行命令，最后将重写开始后父进程继续执行的命令进行回放，生成一个新的 AOF 文件。示例如下：

```
127.0.0.1:6379> rpush list 1 2 3  //list中增加1,2,3三个元素
(integer) 3
127.0.0.1:6379> rpush list 4      //list中增加4
(integer) 4
127.0.0.1:6379> rpush list 5      //list中增加5
(integer) 5
127.0.0.1:6379> lpop list         //弹出第一个元素
"1"
```

假设执行顺序如上，那么 AOF 文件中会保存对 list 操作的 4 条命令。我们看一下 list 中现在的元素。

```
127.0.0.1:6379> lrange list 0 -1 //输出list中所有元素
1) "2"
2) "3"
3) "4"
4) "5"
```

AOF 重写就是直接按当前 list 中的内容写为“ rpush list 2 3 4 5”。4 条命令变为了一条命令，既可以减小文件大小，又可以提高加载速度。

下边将介绍 AOF 的触发方式，再讲解混合持久化的实现。

1. AOF 重写触发方式

AOF 重写有两种触发方式：一种为通过配置自动触发，一种为手动执行 bgrewriteaof 命令显式触发。首先来看自动触发方式。

```
auto-aof-rewrite-percentage 100
auto-aof-rewrite-min-size 64mb
```

假设做了如上配置，其释义如下。

当 AOF 文件大于 64MB 时，并且 AOF 文件当前大小比基准大小增长了 100% 时会触发一次 AOF 重写。那么基准大小如何确定呢?

起始的基准大小为 Redis 重启并加载完 AOF 文件之后，aof_buf 的大小。当执行完一次 AOF 重写之后，基准大小相应更新为重写之后 AOF 文件的大小。

做如上配置之后，Redis 服务器会根据配置自动触发 AOF 重写。

下边重点看看手动触发 AOF 重写，即通过 AOF 客户端输入 bgrewriteaof 之后的执行流程。如图 20-15 所示。

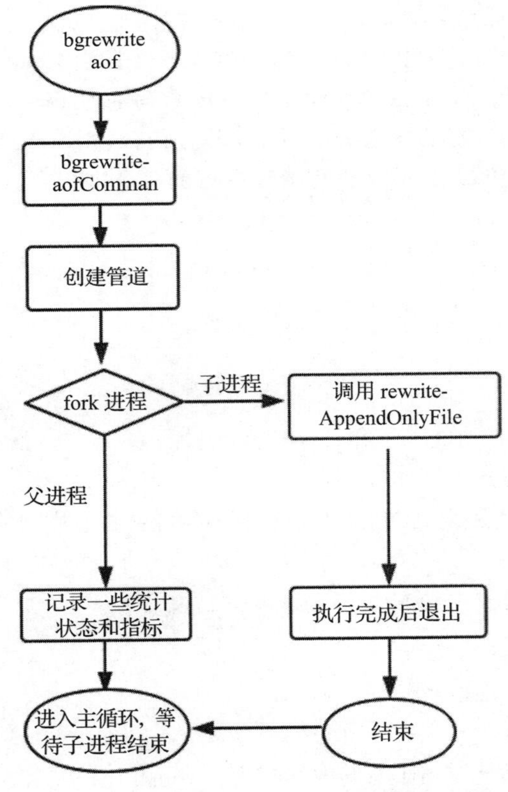

图 20-15 bgrewriteaof 命令执行流程图

通过在客户端输入 bgrewriteaof 命令，该命令调用 bgrewriteaofCommand，然后创建管道（管道的作用下文介绍），fork进程，子进程调用rewriteAppendOnlyFile执行AOF重写操作，父进程记录一些统计指标后继续进入主循环处理客户端请求。当子进程执行完毕后，父进程调用回调函数做一些后续的处理操作。

我们知道RDB保存的是一个时间点的快照，但是AOF故障时最少可以只丢失一条命令。图20-15中的子进程执行重写时可能会有成千上万条命令继续在父进程中执行，那么如何保证重写完成后的文件也包括这些命令呢？

很明显，首先需要在父进程中将重写过程中执行的命令进行保存，其次需要将这些命令在重写后的文件中进行回放。Redis为了尽量减少主进程的阻塞时间，通过管道按批次将父进程累积的命令发送给子进程，由子进程重写完成后进行回放。因此子进程退出后只会有少量的命令还累积在父进程中，父进程只需回放这些命令即可。

下面介绍重写时父进程用来累积命令使用的结构体。

在图20-13中，如果服务端执行一条命令时正在执行AOF重写，命令还会同步到aof_rewrite_buf_blocks中，这是一个list类型的缓冲区，每个节点中保存一个aofrwblock类型的数据，代码如下：

```
typedef struct aofrwblock {
    unsigned long used, free;                       //使用和空闲长度
    char buf[AOF_RW_BUF_BLOCK_SIZE];                //缓冲区实际内容
} aofrwblock;
#define AOF_RW_BUF_BLOCK_SIZE (1024*1024*10)        //AOF_RW_BUF_BLOCK_SIZE为10M大小
```

该结构体中会保存10MB大小的缓冲区内容，并且有缓冲区使用和空闲长度的记录。当一个节点缓冲区写满之后，会开辟一个新的节点继续保存执行过的命令。

数据通过该结构体保存到父进程中后，那么如何通过管道同步给子进程呢？来看图20-16。

父进程在fork之前会建立3对管道：fd0/fd1、fd2/fd3、fd4/fd5，它们各自配对执行。父进程通过fd1将执行aof重写时累积的命令发送给子进程，子进程通过fd0进行接收并保存。当子进程执行完重写之后，向fd3写入一个“！”号通知父进程不需要继续通过管道发送累积命令，父进程通过fd2接收到“！”号之后向fd5也写入一个“！”号进行确认。子进程通过fd4同步阻塞接收到“！”号后才可进行后续的退出操作。退出时首先会将接收到的累积命令进行回放，然后执行fsync。

2. 混合持久化

混合持久化指进行AOF重写时子进程将当前时间点的数据快照保存为RDB文件格式，而后将父进程累积命令保存为AOF格式。最终生成的格式如图20-17所示。

加载时，首先会识别AOF文件是否以REDIS字符串开头，如果是，就按RDB格式加载，加载完RDB后继续按AOF格式加载剩余部分。

是否开启混合持久化由如下配置设置：

```
aof-use-rdb-preamble yes
```

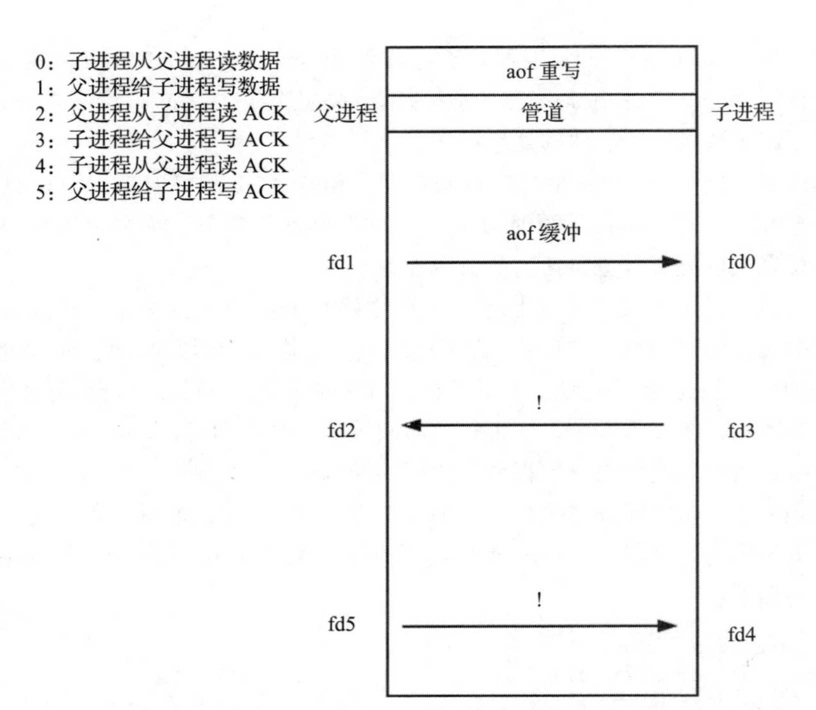

图 20-16 AOF 重写管道

图 20-15 中，子进程执行 rewriteAppendOnlyFile 函数时会判断该配置是否开启，如果开启，则首先按 RDB 的保存方式保存当前数据快照。保存完毕后回放累积命令到文件末尾即可。

RDB FILE	AOF TAIL

图 20-17 混合持久化

20.3 RDB 与 AOF 相关配置指令

本节介绍 Redis 5.0 版本持久化相关的所有配置指令及其含义。其中一部分在 RDB 和 AOF 相关

章节中已有涉及，重点讲解未涉及的一些配置指令。详细配置项及简要解释见表 20-3。

表 20-3 RDB 和 AOF 相关配置指令

配 置 项	可 选 值	功能	作 用
save	<secondes> <changes>（默认 save 900 1 save 300 10 save 60 10000）	RDB	自动触发 RDB 配置。详见 20.1.1 节
stop-writes-on-bgsave-error	yes/no（默认 yes）	RDB	见说明 1

（续）

配 置 项	可 选 值	功能	作 用
rdbcompression	yes/no（默认 yes）	RDB	执行 RDB 快照时是否将 string 类型的数据进行 LZF 压缩。详见 20.1.2 节
rdbchecksum	yes/no（默认 yes）	RDB	是否开启 RDB 文件内容的校验
dbfilename	文件名称（默认 dump.rdb）	RDB	RDB 文件名称
dir	文件路径（默认 ./）	RDB	RDB 和 AOF 文件存放路径
rdb-save-incremental-fsync	yes/no（默认 yes）	RDB	Redis 5.0 新增配置，见说明 2
appendonly	yes/no（默认 no）	AOF	是否开启 AOF 功能
appendfilename	文件名称（默认 appendonly. aof）	AOF	AOF 文件名称
appendfsync	always/everysec/no（默认 everysec）	AOF	fsync 执行频次，详见 20.2.1 节
no-appendfsync-on-rewrite	yes/no（默认 no）	AOF	见说明 3
auto-aof-rewrite-percentage	百分比（默认 100）	AOF	自动重写配置项，详见 20.2.2 节
auto-aof-rewrite-min-size	文件大小（默认 64MB）	AOF	自动重写配置项，详见 20.2.2 节
aof-load-truncated	yes/no（默认 yes）	AOF	见说明 4
aof-use-rdb-preamble	yes/no（默认 yes）	AOF	是否开启混合持久化（详见 20.2.2 节）
aof-rewrite-incremental-fsync	yes/no（默认 yes）	AOF	开启该参数后，AOF 重写时每产生 32MB 数据执行一次 fsync

说明：

1）stop-writes-on-bgsave-error：开启该参数后，如果开启了 RDB 快照（即配置了 save 指令），并且最近一次快照执行失败，则 Redis 将停止接收写相关的请求。

2）rdb-save-incremental-fsync：开启该参数后，生成 RDB 文件时每产生 32MB 数据就执行一次 fsync。

3）no-appendfsync-on-rewrite：开启该参数后，如果后台正在执行一次 RDB 快照或者 AOF 重写，则主进程不再进行 fsync 操作（即使将 appendfsync 配置为 always 或者 everysec）。

4）aof-load-truncated：AOF 文件以追加日志的方式生成，所以服务端发生故障时可能会有尾部命令不完整的情况。开启该参数后，在此种情况下，AOF 文件会截断尾部不完整的命令然后继续加载，并且会在日志中进行提示。如果不开启该参数，则加载 AOF 文件时会打印错误日志，然后直接退出。

20.4 本章小结

本章介绍了 Redis 实现持久化的两种方式，RDB 和 AOF。首先介绍了 RDB 的实现方法及 RDB 文件的具体格式，并通过一个实例进行 RDB 文件的解析。其次介绍了 AOF 的实现方法及 AOF 重写的实现。通过比较 AOF 和 RDB 各自的优缺点，最后介绍了 Redis 混合持久化的实现。

通过本章学习，我们能够了解 Redis 持久化实现的原理，并依据实际情况对数据安全性和性能做取舍，合理配置 Redis 持久化参数。

第21章 Chapter 21

主从复制

Redis 支持主从复制功能，用户可以通过执行 slaveof 命令或者在配置文件中设置 slaveof 选项来开启复制功能。例如，现在有两台服务器——127.0.0.1:6379 和 127.0.0.1:7000，向服务器 127.0.0.1:6379 发送下面命令：

```
127.0.0.1:6379>slaveof 127.0.0.1 7000
OK
```

此时服务器 127.0.0.1:6379 会成为服务器 127.0.0.1:7000 的从服务器（slaver），服务器 127.0.0.1:7000 会成为服务器 127.0.0.1:6379 的主服务器（master）；通过复制功能，从服务器 127.0.0.1:6379 的数据可以和主服务器 127.0.0.1:7000 的数据保持同步。

本章将为读者详细介绍主从复制功能的源码实现。

21.1 主从复制功能实现

为什么需要主从复制功能呢？简单来说，主从复制功能主要有以下两点作用。

1）读写分离，单台服务器能支撑的 QPS 是有上限的，我们可以部署一台主服务器、多台从服务器，主服务器只处理写请求，从服务器通过复制功能同步主服务器数据，只处理读请求，以此提升 Redis 服务能力；另外我们还可以通过复制功能来让主服务器免于执行持久化操作：只要关闭主服务器的持久化功能，然后由从服务器去执行持久化操作即可。

2）数据容灾，任何服务器都有宕机的可能，我们同样可以通过主从复制功能提升 Redis 服务的可靠性；由于从服务器与主服务器数据保持同步，一旦主服务器宕机，可以立即将请求切换到从服务器，从而避免 Redis 服务中断。

对于本例来说 slaveof 命令的主要流程如下。

1）从服务器 127.0.0.1:6379 向主服务器 127.0.0.1:7000 发送 sync 命令，请求同步数据。

2）主服务器 127.0.0.1:7000 接收到 sync 命令请求，开始执行 bgsave 命令持久化数据到 RDB 文件，并且在持久化数据期间会将所有新执行的写入命令都保存到一个缓冲区。

3）当持久化数据执行完毕后，主服务器 127.0.0.1:7000 将该 RDB 文件发送给从服务器 127.0.0.1:6379，从服务器接收该 RDB 文件，并将文件中的数据加载到内存。

4）主服务器 127.0.0.1:7000 将缓冲区中的命令请求发送给从服务器 127.0.0.1:6379。

5）每当主服务器 127.0.0.1:7000 接收到写命令请求时，都会将该命令请求按照 Redis 协议格式发送给从服务器 127.0.0.1:6379，从服务器接收并处理主服务器发送过来的命令请求。

上述流程已经可以完成主从复制基本功能了，Redis 2.8 以前就是这样实现的，但是注意到步骤 2 中存在持久化操作（bgsave），而这是一个非常耗费资源的操作。

举一个简单的例子：主服务器和从服务器之间是通过 TCP 长连接交互数据的，假设某个时刻主从服务器之间的网络连接发生故障且时间比较短，在此期间主服务器只执行了很少的写命令请求。待主从服务器之间的网络连接恢复后，从服务器会重新连接到主服务器，并发送 sync 命令请求同步数据。这时候主服务器还需要执行持久化操作吗？显然是可以避免的，只要主服务器能够缓存连接故障期间执行的写命令即可。

Redis 2.8 提出了新的主从复制解决方案。从服务器会记录已经从主服务器接收到的数据量（复制偏移量）；而主服务器会维护一个复制缓冲区，记录自己已执行且待发送给从服务器的命令请求，同时还需要记录复制缓冲区第一个字节的复制偏移量。从服务器请求同步主服务器的命令也改为了 psync。当从服务器连接到主服务器时，会向主服务器发送 psync 命令请求同步数据，同时告诉主服务器自己已经接收到的复制偏移量，主服务器判断该复制偏移量是否还包含在复制缓冲区；如果包含，则不需要执行持久化操作，直接向从服务器发送复制缓冲区中命令请求即可，这称为部分重同步；如果不包含，则需要执行持久化操作，同时将所有新执行的写命令缓存在复制缓冲区中，并重置复制缓冲区第一个字节的复制偏移量，这称为完整重同步。

另外需要注意的是，每台 Redis 服务器都有一个运行 ID，从服务器每次发送 psync 请求同步数据时，会携带自己需要同步主服务器的运行 ID。主服务器接收到 psync 命令时，需要判断命令参数运行 ID 与自己的运行 ID 是否相等，只有相等才有可能执行部分重同步。而当从服务器首次请求主服务器同步数据时，从服务器显然是不知道主服务器的运行 ID，此时运行 ID 以“?”填充，同时复制偏移量初始化为 -1。

从上面的分析我们可以得到 psync 命令格式为“psync <MASTER_RUN_ID> <OFFSET>”，主从复制初始化流程如图 21-1 所示。

从图 21-1 可以看到，当主服务器判断可以执行部分重同步时向从服务器返回“+CONTINUE”；需要执行完整重同步时向从服务器返回“+FULLRESYNC RUN_ID OFFSET”，其中 RUN_ID 为主服务器自己的运行 ID，OFFSET 为复制偏移量。

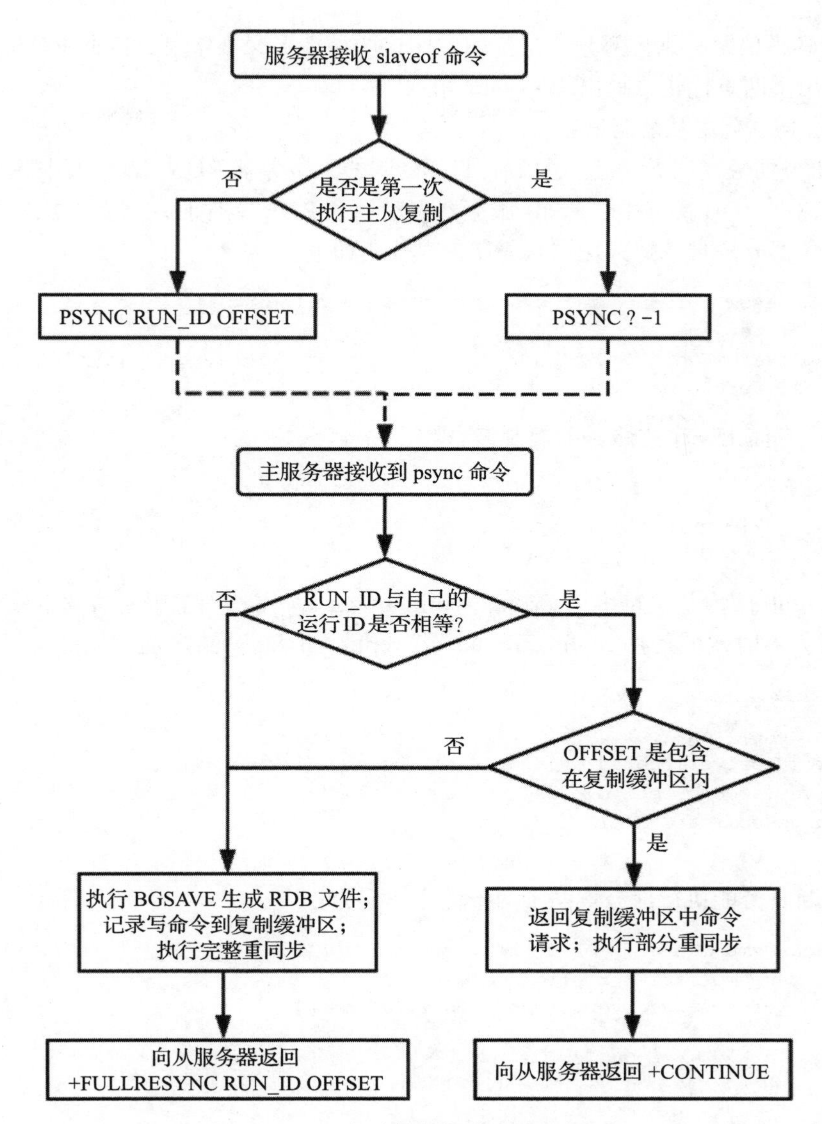

图 21-1　主从复制初始化流程图

可以看到执行部分重同步的要求还是比较严格的：

1）RUN_ID 必须相等；

2）复制偏移量必须包含在复制缓冲区中。

然而在生产环境中，经常会出现以下两种情况：

- 从服务器重启（复制信息丢失）；
- 主服务器故障导致主从切换（从多个从服务器重新选举出一台机器作为主服务器，主服务器运行 ID 发生改变）。

这时候显然是无法执行部分重同步的，而这两种情况又很常见，因此 Redis 4.0 针对主从复制又提出了两点优化，提出了 psync2 协议。

方案 1：持久化主从复制信息。

Redis 服务器关闭时，将主从复制信息（复制的主服务器 RUN_ID 与复制偏移量）作为辅助字段存储在 RDB 文件中；Redis 服务器启动加载 RDB 文件时，恢复主从复制信息，重新同步主服务器时携带。持久化主从复制信息代码如下：

```
if (rdbSaveAuxFieldStrStr(rdb,"repl-id",server.replid)
    == -1) return -1;
 if (rdbSaveAuxFieldStrInt(rdb,"repl-offset",server.master_repl_offset)
    == -1) return -1;
```

方案 2：存储上一个主服务器复制信息。

代码如下：

```
char replid2[CONFIG_RUN_ID_SIZE+1];
long long second_replid_offset;
```

初始化 replid2 为空字符串，second_replid_offset 为 -1；当主服务器发生故障，自己成为新的主服务器时，便使用 replid2 和 second_replid_offset 存储之前主服务器的运行 ID 与复制偏移量：

```
void shiftReplicationId(void) {
    memcpy(server.replid2,server.replid,sizeof(server.replid));
    server.second_replid_offset = server.master_repl_offset+1;
    changeReplicationId();
}
```

另外判断是否能执行部分重同步的条件也改变为：

```
if (strcasecmp(master_replid, server.replid) &&
    (strcasecmp(master_replid, server.replid2) ||
    psync_offset > server.second_replid_offset))
{
    goto need_full_resync;
}
```

假设 m 为主服务器（运行 ID 为 M_ID），A、B 和 C 为三个从服务器；某一时刻主服务器 m 发生故障，从服务器 A 升级为主服务器（同时会记录 replid2=M_ID），从服务器 B 和 C 重新向主服务器 A 发送“psync M_ID psync_offset”请求；显然根据上面条件，只要 psync_offset 满足条件，就可以执行部分重同步。

21.2 主从复制源码基础

在讲解 slaver 与 master 源码实现之前，我们先来学习一下 Redis 中与主从复制功能相关的主要变量定义，这是下节学习 slaver 与 master 源码的基础。

主从复制相关变量大部分都定义在 redisServer 结构体中：

```
struct redisServer {
    char replid[CONFIG_RUN_ID_SIZE+1];
    int repl_ping_slave_period;

    char *repl_backlog;
    long long repl_backlog_size;
     long long repl_backlog_off;
    long long repl_backlog_histlen;
    long long repl_backlog_idx;

    list *slaves
     int repl_good_slaves_count;
    int repl_min_slaves_to_write;
    int repl_min_slaves_max_lag;

    char *masterauth;
    char *masterhost;
    int masterport;
    client *master;

    int repl_serve_stale_data;
    int repl_slave_ro;
}
```

各字段含义如下。

- replid：Redis 服务器的运行 ID，长度为 CONFIG_RUN_ID_SIZE（40）的随机字符串，通过下面代码生成：

  ```
  getRandomHexChars(server.replid,CONFIG_RUN_ID_SIZE);
  server.replid[CONFIG_RUN_ID_SIZE] = '\0';
  ```

  对于主服务器，replid 表示的是当前服务器的运行 ID；对于从服务器，replid 表示其复制的主服务器的运行 ID。

- repl_ping_slave_period：主服务器和从服务器之间是通过 TCP 长连接交互数据的，就必然需要周期性地发送心跳包来检测连接有效性，该字段表示发送心跳包的周期，主服务器以此周期向所有从服务器发送心跳包。可通过配置参数 repl-ping-replica-period 或者 repl-ping-slave-period 设置，默认为 10。

  ```
  if ((replication_cron_loops % server.repl_ping_slave_period) == 0 &&
          listLength(server.slaves))
  {
      ping_argv[0] = createStringObject("PING",4);
      replicationFeedSlaves(server.slaves, server.slaveseldb,
              ping_argv, 1);
  }
  ```

- repl_backlog：复制缓冲区，用于缓存主服务器已执行且待发送给从服务器的命令请求；缓冲区大小由字段repl_backlog_size指定，其可通过配置参数repl-backlog-size设置，默认为1MB。
- repl_backlog_off：复制缓冲区中第一个字节的复制偏移量。
- repl_backlog_histlen：复制缓冲区中存储的命令请求数据长度。
- repl_backlog_idx：复制缓冲区中存储的命令请求最后一个字节索引位置，即向复制缓冲区写入数据时会从该索引位置开始。

例如，函数feedReplicationBacklog用于向缓冲区中写入数据，实现如下：

```
void feedReplicationBacklog(void *ptr, size_t len) {
    unsigned char *p = ptr;
    //缓冲区最后一个字节的复制偏移量
    server.master_repl_offset += len;

    //复制缓冲区为先进先出的循环队列
    while(len) {
        size_t thislen = server.repl_backlog_size - server.repl_backlog_idx;
        if (thislen > len) thislen = len;
        memcpy(server.repl_backlog+server.repl_backlog_idx,p,thislen);
        server.repl_backlog_idx += thislen;

        //repl_backlog_idx索引已经到缓冲区最大位置，需要移动到缓冲区首部
        if (server.repl_backlog_idx == server.repl_backlog_size)
            server.repl_backlog_idx = 0;
        len -= thislen;
        p += thislen;
        //记录缓冲区中存储的命令请求数据长度
        server.repl_backlog_histlen += thislen;
    }
    //缓冲区中数据量最大为缓冲区大小
    if (server.repl_backlog_histlen > server.repl_backlog_size)
        server.repl_backlog_histlen = server.repl_backlog_size;
    //设置缓冲区中数据第一个字节的复制偏移量
    server.repl_backlog_off = server.master_repl_offset -
                              server.repl_backlog_histlen + 1;
}
```

从函数feedReplicationBacklog的实现逻辑可以看出，复制缓冲区是一个先进先出的循环队列，当写入数据量超过缓冲区大小时，旧的数据会被覆盖。因此随着每次数据的写入，需要更新缓冲区中数据第一个字节的复制偏移量repl_backlog_off，同时记录下次写入数据时的索引位置repl_backlog_idx，以及当前缓冲区中有效数据长度repl_backlog_histlen。

- slaves：记录所有的从服务器，是一个链表，链表节点值类型为client。
- repl_good_slaves_count：当前有效从服务器的数目。什么样的从服务器是有效的呢？我们说过主服务器和从服务器之间是通过TCP长连接交互数据的，并且会发送心跳包来检测连接有效性；主服务器会记录每个从服务器上次心跳检测成功的时间

repl_ack_time，并且定时检测当前时间距离 repl_ack_time 是否超过一定超时门限，如果超过则认为从服务器处于失效状态。字段 repl_min_slaves_max_lag 存储的就是该超时门限，可通过配置参数 min-slaves-max-lag 或者 min-replicas-max-lag 设置，默认为 10，单位秒。

函数 refreshGoodSlavesCount 实现了从服务器有效性的检测，逻辑如下：

```
void refreshGoodSlavesCount(void) {

    if (!server.repl_min_slaves_to_write ||
        !server.repl_min_slaves_max_lag) return;

    listRewind(server.slaves,&li);
    while((ln = listNext(&li))) {
        client *slave = ln->value;
        time_t lag = server.unixtime - slave->repl_ack_time;
        //上次心跳成功时间小于repl_min_slaves_max_lag认为从服务器有效
        if (slave->replstate == SLAVE_STATE_ONLINE &&
            lag <= server.repl_min_slaves_max_lag) good++;
    }
    server.repl_good_slaves_count = good;
}
```

可以看到如果没有配置 repl_min_slaves_to_write 与 repl_min_slaves_max_lag，函数会直接返回，因为这时候没有必要检测了。其中字段 repl_min_slaves_to_write 表示当有效从服务器的数目小于该值时，主服务器会拒绝执行写命令。回顾 8.3.2 节命令调用，处理命令请求之前会有很多校验逻辑，其中就会校验从服务器数目，如下：

```
if (server.masterhost == NULL &&
    server.repl_min_slaves_to_write &&
    server.repl_min_slaves_max_lag &&
    c->cmd->flags & CMD_WRITE &&
    server.repl_good_slaves_count < server.repl_min_slaves_to_write)
{
    flagTransaction(c);
    addReply(c, shared.noreplicaserr);
    return C_OK;
}
```

- masterauth：当主服务器配置了“requirepass password”时，即表示从服务器必须通过密码认证才能同步主服务器数据。同样的需要在从服务器配置“masterauth <master-password>”，用于设置请求同步主服务器时的认证密码。
- masterhost：主服务器 IP 地址，masterport 主服务器端口。
- master：当主从服务器成功建立连接之后，从服务器将成为主服务器的客户端，同样的主服务器也会成为从服务器的客户端，master 即为主服务器，类型为 client。
- repl_serve_stale_data：当主从服务器断开连接时，该变量表示从服务器是否继续处理命令请求，可通过配置参数slave-serve-stale-data或者replica-serve-stale-data设置，默认为1，即可以继续处理命令请求。该校验同样在8.3.2节命令调用处完成，如下：

```
if (server.masterhost && server.repl_state != REPL_STATE_CONNECTED &&
        server.repl_serve_stale_data == 0 &&
        !(c->cmd->flags & CMD_STALE)){
        flagTransaction(c);
        addReply(c, shared.masterdownerr);
        return C_OK;
}
```

- repl_slave_ro：表示从服务器是否只读（不处理写命令），可通过配置参数slave-read-only或者replica-read-only设置，默认为1，即从服务器不处理写命令请求，除非该命令是主服务器发送过来的。该校验同样在8.3.2节命令调用处完成，如下：

```
if (server.masterhost && server.repl_slave_ro &&
        !(c->flags & CLIENT_MASTER) &&
        c->cmd->flags & CMD_WRITE)
{
        addReply(c, shared.roslaveerr);
        return C_OK;
}
```

21.3 slaver源码分析

用户可以通过执行slaveof命令开启主从复制功能。当Redis服务器接收到slaveof命令时，需要主动连接主服务器请求同步数据。slaveof命令的处理函数为replicaofCommand，这是我们分析slaver源码的入口，主要实现如下：

```
void replicaofCommand(client *c) {
    //slaveof no one命令可以取消复制功能
        if (!strcasecmp(c->argv[1]->ptr,"no") &&
            !strcasecmp(c->argv[2]->ptr,"one")) {

        } else {
            server.masterhost = sdsnew(ip);
            server.masterport = port;
            server.repl_state = REPL_STATE_CONNECT;
        }
        addReply(c,shared.ok);
}
```

可以看到用户可以通过命令“slaveof no one”取消主从复制功能，此时主从服务器之间会断开连接，从服务器成为普通的Redis实例。看到这里可能存在两个疑问：1）replicaofCommand函数只是记录主服务器IP地址与端口，什么时候连接主服务器呢？2）变量

repl_state 有什么作用?

我们先来回答第一个问题。replicaofCommand 函数实现并没有向主服务器发起连接请求，说明该操作应该是一个异步操作，那么很有可能是在时间事件中执行，搜索时间事件处理函数 serverCron 会发现，以一秒为周期执行主从复制相关操作：

```
run_with_period(1000) replicationCron();
```

显然可以看到在函数 replicationCron 中，从服务器向主服务器发起了连接请求：

```
if (server.repl_state == REPL_STATE_CONNECT) {

    if (connectWithMaster() == C_OK) {
        serverLog(LL_NOTICE,"MASTER <-> REPLICA sync started");
        server.repl_state = REPL_STATE_CONNECTING;
    }
}
```

待从服务器成功连接到主服务器时，还会创建对应的文件事件：

```
aeCreateFileEvent(server.el,fd,AE_READABLE|AE_WRITABLE,
    syncWithMaster,NULL);
```

另外，replicationCron 函数还用于检测主从连接是否超时，定时向主服务器发送心跳包，定时报告自己的复制偏移量等。

```
time(NULL)-server.repl_transfer_lastio > server.repl_timeout
```

变量 repl_transfer_lastio 存储的是主从服务器上次交互时间，repl_timeout 表示主从服务器超时时间，用户可通过参数 repl-timeout 配置，默认为 60，单位秒，超过此时间则认为主从服务器之间的连接出现故障，从服务器会主动断开连接。

```
addReplyMultiBulkLen(c,3);
addReplyBulkCString(c,"REPLCONF");
addReplyBulkCString(c,"ACK");
addReplyBulkLongLong(c,c->reploff);
```

从服务器通过命令“REPLCONF ACK < reploff >”定时向主服务器汇报自己的复制偏移量，主服务器使用变量 repl_ack_time 存储接收到该命令的时间，以此作为检测从服务器是否有效的标准。

下来我们回答第二个问题。当从服务器接收到 slaveof 命令时，会主动连接主服务器请求同步数据，这并不是一蹴而就的，需要若干个步骤交互：

1）连接 Socket；

2）发送 PING 请求包确认连接是否正确；

3）发起密码认证（如果需要）；

4）信息同步；

5）发送 PSYNC 命令；

6）接收RDB文件并载入；

7）连接建立完成，等待主服务器同步命令请求。

变量repl_state表示的就是主从复制流程的进展（从服务器状态），Redis定义了以下状态：

```
#define REPL_STATE_NONE 0
#define REPL_STATE_CONNECT 1
#define REPL_STATE_CONNECTING 2
#define REPL_STATE_RECEIVE_PONG 3
#define REPL_STATE_SEND_AUTH 4
#define REPL_STATE_RECEIVE_AUTH 5
#define REPL_STATE_SEND_PORT 6
#define REPL_STATE_RECEIVE_PORT 7
#define REPL_STATE_SEND_IP 8
#define REPL_STATE_RECEIVE_IP 9
#define REPL_STATE_SEND_CAPA 10
#define REPL_STATE_RECEIVE_CAPA 11
#define REPL_STATE_SEND_PSYNC 12
#define REPL_STATE_RECEIVE_PSYNC 13
#define REPL_STATE_TRANSFER 14
#define REPL_STATE_CONNECTED 15
```

各状态含义如下。

- REPL_STATE_NONE：未开启主从复制功能，当前服务器是普通的Redis实例；
- REPL_STATE_CONNECT：待发起Socket连接主服务器；
- REPL_STATE_CONNECTING：Socket连接成功；
- REPL_STATE_RECEIVE_PONG：已经发送了PING请求包，并等待接收主服务器PONG回复；
- REPL_STATE_SEND_AUTH：待发起密码认证；
- REPL_STATE_RECEIVE_AUTH：已经发起了密码认证请求“AUTH <password>”，等待接收主服务器回复；
- REPL_STATE_SEND_PORT：待发送端口号；
- REPL_STATE_RECEIVE_PORT：已发送端口号“REPLCONF listening-port <port>”，等待接收主服务器回复；
- REPL_STATE_SEND_IP：待发送IP地址；
- REPL_STATE_RECEIVE_IP：已发送IP地址“REPLCONF ip-address <ip>”，等待接收主服务器回复；该IP地址与端口号用于主服务器主动建立Socket连接，并向从服务器同步数据；
- REPL_STATE_SEND_CAPA：主从复制功能进行过优化升级，不同版本Redis服务器支持的能力可能不同，因此从服务器需要告诉主服务器自己支持的主从复制能力，通过命令“REPLCONF capa <capability>”实现；

- REPL_STATE_RECEIVE_CAPA：等待接收主服务器回复；
- REPL_STATE_SEND_PSYNC：待发送 PSYNC 命令；
- REPL_STATE_RECEIVE_PSYNC：等待接收主服务器 PSYNC 命令的回复结果；
- REPL_STATE_TRANSFER：正在接收 RDB 文件；
- REPL_STATE_CONNECTED：RDB 文件接收并载入完毕，主从复制连接建立成功。此时从服务器只需要等待接收主服务器同步数据即可。

上面说过，待从服务器成功连接到主服务器时，还会创建对应的文件事件，处理函数为 syncWithMaster（当 Socket 可读或者可写时调用执行），主要实现从服务器与主服务器的交互流程，即完成从服务器的状态转换。下面分析从服务器状态转换源码实现，其中符号“→”表示状态转换。

1）REPL_STATE_CONNECTING→REPL_STATE_RECEIVE_PONG：

```
if (server.repl_state == REPL_STATE_CONNECTING) {
    server.repl_state = REPL_STATE_RECEIVE_PONG;
    err = sendSynchronousCommand(SYNC_CMD_WRITE,fd,"PING",NULL);
    return;
}
```

可以看到，当检测到当前状态为 REPL_STATE_CONNECTING，从服务器发送 PING 命令请求，并修改状态为 REPL_STATE_RECEIVE_PONG，函数直接返回。

2）REPL_STATE_RECEIVE_PONG→REPL_STATE_SEND_AUTH→REPL_STATE_RECEIVE_AUTH（或 REPL_STATE_SEND_PORT）：

```
if (server.repl_state == REPL_STATE_RECEIVE_PONG) {
    err = sendSynchronousCommand(SYNC_CMD_READ,fd,NULL);
    server.repl_state = REPL_STATE_SEND_AUTH;
}

if (server.repl_state == REPL_STATE_SEND_AUTH) {
    if (server.masterauth) {
        err = sendSynchronousCommand(SYNC_CMD_WRITE,fd,"AUTH",
            server.masterauth,NULL);
        server.repl_state = REPL_STATE_RECEIVE_AUTH;
        return;
    } else {
        server.repl_state = REPL_STATE_SEND_PORT;
    }
}
```

当检测到当前状态为 REPL_STATE_RECEIVE_PONG，会从 socket 中读取主服务器 PONG 回复，并修改状态为 REPL_STATE_SEND_AUT；可以看到这里函数没有返回，也就是说下面的 if 语句依然会执行。如果用户配置了参数“masterauth <master-password>”，从服务器会向主服务器发送密码认证请求，同时修改状态为 REPL_STATE_RECEIVE_AUTH。否则，修改状态为 REPL_STATE_SEND_PORT，同样，这里函数也没有返回，会继续执行

4）中状态转换逻辑。

3）REPL_STATE_RECEIVE_AUTH→REPL_STATE_SEND_PORT：

```
if (server.repl_state == REPL_STATE_RECEIVE_AUTH) {
    err = sendSynchronousCommand(SYNC_CMD_READ,fd,NULL);
    server.repl_state = REPL_STATE_SEND_PORT;
}
```

当检测到当前状态REPL_STATE_RECEIVE_AUTH，会从Socket中读取主服务器回复结果，并修改状态为REPL_STATE_SEND_PORT，同样的这里函数也没有返回，会继续执行4）中状态转换逻辑。

4）REPL_STATE_SEND_PORT→REPL_STATE_RECEIVE_PORT：

```
if (server.repl_state == REPL_STATE_SEND_PORT) {
    err = sendSynchronousCommand(SYNC_CMD_WRITE,fd,"REPLCONF",
                "listening-port",port, NULL);
    server.repl_state = REPL_STATE_RECEIVE_PORT;
    return;
}
```

当检测到当前状态为REPL_STATE_SEND_PORT，从服务器向主服务器发送端口号，并修改状态为REPL_STATE_RECEIVE_PORT，函数直接返回。

5）REPL_STATE_RECEIVE_PORT→EPL_STATE_SEND_IP→REPL_STATE_RECEIVE_IP：

```
if (server.repl_state == REPL_STATE_RECEIVE_PORT) {
    err = sendSynchronousCommand(SYNC_CMD_READ,fd,NULL);
    server.repl_state = REPL_STATE_SEND_IP;
}

if (server.repl_state == REPL_STATE_SEND_IP) {
    err = sendSynchronousCommand(SYNC_CMD_WRITE,fd,"REPLCONF",
                "ip-address",server.slave_announce_ip, NULL);
    server.repl_state = REPL_STATE_RECEIVE_IP;
    return;
}
```

当检测到当前状态为REPL_STATE_RECEIVE_PORT，会从Socket中读取主服务器回复结果，并修改状态为REPL_STATE_SEND_IP。函数没有返回，会继续执行下面的if语句；向主服务器发送IP地址，并修改状态为REPL_STATE_RECEIVE_IP，函数返回。

6）REPL_STATE_RECEIVE_IP→REPL_STATE_SEND_CAPA→REPL_STATE_RECEIVE_CAPA：

```
if (server.repl_state == REPL_STATE_RECEIVE_IP) {
    err = sendSynchronousCommand(SYNC_CMD_READ,fd,NULL);
    server.repl_state = REPL_STATE_SEND_CAPA;
}
```

```
if (server.repl_state == REPL_STATE_SEND_CAPA) {
    err = sendSynchronousCommand(SYNC_CMD_WRITE,fd,"REPLCONF",
                "capa","eof","capa","psync2",NULL);
    server.repl_state = REPL_STATE_RECEIVE_CAPA;
    return;
}
```

当检测到当前状态为REPL_STATE_RECEIVE_IP时，会从Socket中读取主服务器回复结果，并修改状态为REPL_STATE_SEND_CAPA。函数没有返回，会继续执行下面的if语句；可以看到这里向主服务器发送“REPLCONF capa eof capa psync2”，capa为单词capability的简写，意为能力，表示的是从服务器支持的主从复制功能。Redis主从复制经历过优化升级，高版本的Redis服务器可能支持更多的功能，因此这里从服务器需要向主服务器同步自身具备的功能。

根据21.1节介绍的主从复制功能实现，主服务器在接收到psync命令时，如果必须执行完整重同步，会持久化数据库到RDB文件，完成后将RDB文件发送给从服务器。而当从服务器支持“eof”功能时，主服务器便可以直接将数据库中的数据以RDB协议格式通过Socket发送给从服务器，免去了本地磁盘文件不必要的读写操作。

Redis 4.0针对主从复制提出了psync2协议，使得主服务器故障导致主从切换后，依然有可能执行部分重同步。而这时候当主服务器接收到psync命令时，向客户端回复的是“+CONTINUE <new_repl_id>”。参数“psync2”表明从服务器支持psync2协议。

最后从服务器修改状态为REPL_STATE_RECEIVE_CAPA，函数返回。

1）REPL_STATE_RECEIVE_CAPA→REPL_STATE_SEND_PSYNC→REPL_STATE_RECEIVE_PSYNC：

```
if (server.repl_state == REPL_STATE_RECEIVE_CAPA) {
    err = sendSynchronousCommand(SYNC_CMD_READ,fd,NULL);
    server.repl_state = REPL_STATE_SEND_PSYNC;
}

if (server.repl_state == REPL_STATE_SEND_PSYNC) {
    if (slaveTryPartialResynchronization(fd,0) == PSYNC_WRITE_ERROR) {
    }
    server.repl_state = REPL_STATE_RECEIVE_PSYNC;
    return;
}
```

当检测到当前状态为REPL_STATE_RECEIVE_CAPA，会从Socket中读取主服务器回复结果，并修改状态为REPL_STATE_SEND_PSYNC。函数没有返回，会继续执行下面的if语句。可以看到这里调用函数slaveTryPartialResynchronization尝试执行部分重同步，并修改状态为REPL_STATE_RECEIVE_PSYNC。

函数slaveTryPartialResynchronization主要执行两个操作：1）尝试获取主服务器运行ID以及复制偏移量，并向主服务器发送psync命令请求；2）读取并解析psync命令回复，判断执行完整重同步还是部分重同步。函数 slaveTryPartialResynchronization 第二个参数表明执行操作 1 还是操作 2。

2）REPL_STATE_RECEIVE_PSYNC→REPL_STATE_TRANSFER：

```
psync_result = slaveTryPartialResynchronization(fd,1);
if (psync_result == PSYNC_CONTINUE) {
    return;
}

if (aeCreateFileEvent(server.el,fd, AE_READABLE,readSyncBulkPayload,NULL)
            == AE_ERR)
{
}
server.repl_state = REPL_STATE_TRANSFER;
```

调用函数 slaveTryPartialResynchronization 读取并解析 psync 命令回复时，如果返回的是 PSYNC_CONTINUE，表明可以执行部分重同步（函数 slaveTryPartialResynchronization 内部会修改状态为 REPL_STATE_CONNECTED）。否则说明需要执行完整重同步，从服务器需要准备接收主服务器发送的 RDB 文件，可以看到这里创建了文件事件，处理函数为 readSyncBulkPayload，并修改状态为 REPL_STATE_TRANSFER。

函数 readSyncBulkPayload 实现了 RDB 文件的接收与加载，加载完成后同时会修改状态为 REPL_STATE_CONNECTED。

当从服务器状态成为 REPL_STATE_CONNECTED 时，表明从服务器已经成功与主服务器建立连接，从服务器只需要接收并执行主服务器同步过来的命令请求即可，与执行普通客户端命令请求差别不大，这里就不做详细介绍了。

21.4 master 源码分析

从服务器接收到 slaveof 命令会主动连接主服务器请求同步数据，主要流程有：① 连接 Socket；② 发送 PING 请求包确认连接是否正确；③ 发起密码认证（如果需要）；④ 通过 REPLCONF 命令同步信息；⑤ 发送 PSYNC 命令；⑥ 接收 RDB 文件并载入；⑦ 连接建立完成，等待主服务器同步命令请求。

主服务器针对流程中①～③的处理比较简单，这里不做介绍，本节主要介绍主服务器针对④～⑦的处理。

主服务器处理命令 REPLCONF 的入口函数为 replconfCommand，实现如下：

```
void replconfCommand(client *c) {

    for (j = 1; j < c->argc; j+=2) {
        if (!strcasecmp(c->argv[j]->ptr,"listening-port")) {
            c->slave_listening_port = port;
        } else if (!strcasecmp(c->argv[j]->ptr,"ip-address")) {
```

```
            memcpy(c->slave_ip,ip,sdslen(ip)+1);
        } else if (!strcasecmp(c->argv[j]->ptr,"capa")) {
            if (!strcasecmp(c->argv[j+1]->ptr,"eof"))
                c->slave_capa |= SLAVE_CAPA_EOF;
            else if (!strcasecmp(c->argv[j+1]->ptr,"psync2"))
                c->slave_capa |= SLAVE_CAPA_PSYNC2;
        } else if (!strcasecmp(c->argv[j]->ptr,"ack")) {
            if (offset > c->repl_ack_off)
                c->repl_ack_off = offset;
            c->repl_ack_time = server.unixtime;
        }
    }
    addReply(c,shared.ok);
}
```

可以看到函数replconfCommand主要解析客户端请求参数并存储在客户端对象client中，主要需要记录以下信息。

- 从服务器监听IP地址与端口，主服务器以此连接从服务器并同步数据。
- 客户端能力标识，eof标识主服务器可以直接将数据库中数据以RDB协议格式通过socket发送给从服务器，免去了本地磁盘文件不必要的读写操作；psync2表明从服务器支持psync2协议，即从服务器可以识别主服务器回复的“+CONTINUE <new_repl_id>”。
- 从服务器的复制偏移量以及交互时间。

接下来从服务器将向主服务器发送psync命令请求同步数据，主服务器处理psync命令的入口函数为syncCommand。主服务器首先判断是否可以执行部分重同步，如果可以则向客户端返回“+CONTINUE”，并返回复制缓冲区中的命令请求，同时更新有效从服务器数目。

```
int masterTryPartialResynchronization(client *c) {
    //判断服务器运行ID是否匹配，复制偏移量是否合法
    if (strcasecmp(master_replid, server.replid) &&
       (strcasecmp(master_replid, server.replid2) ||
        psync_offset > server.second_replid_offset))
    {
        goto need_full_resync;
    }

    //判断复制偏移量是否包含在复制缓冲区
    if (!server.repl_backlog ||
        psync_offset < server.repl_backlog_off ||
        psync_offset > (server.repl_backlog_off +
                server.repl_backlog_histlen))
    {
        goto need_full_resync;
    }
    //部分重同步，标识从服务器
```

```
    c->flags |= CLIENT_SLAVE;
    c->replstate = SLAVE_STATE_ONLINE;
    c->repl_ack_time = server.unixtime;
    //将该客户端添加到从服务器链表slaves
    listAddNodeTail(server.slaves,c);

   //根据从服务器能力返回+CONTINU
    if (c->slave_capa & SLAVE_CAPA_PSYNC2) {
        buflen = snprintf(buf,sizeof(buf),"+CONTINUE %s\r\n", server.replid);
    } else {
        buflen = snprintf(buf,sizeof(buf),"+CONTINUE\r\n");
    }
    if (write(c->fd,buf,buflen) != buflen) {
    }
    //向客户端发送复制缓冲区中的命令请求
    psync_len = addReplyReplicationBacklog(c,psync_offset);
    //更新有效从服务器数目
    refreshGoodSlavesCount();
    return C_OK; /* The caller can return, no full resync needed. */

need_full_resync:
    return C_ERR;
}
```

执行部分重同步是有条件的：① 服务器运行ID与复制偏移量必须合法；② 复制偏移量必须包含在复制缓冲区中。当可以执行部分重同步时，主服务器便将该客户端添加到自己的从服务器链表slaves，并标记客户端状态为SLAVE_STATE_ONLINE，客户端类型为CLIENT_SLAVE（从服务器）。流程④中，从服务器已经通过命令请求REPLCONF向主服务器同步了自己支持的能力，主服务器根据该能力决定向从服务器返回“+CONTINUE”还是“+CONTINUE < replid >”。接下来主服务器还需要根据PSYNC请求参数中的复制偏移量，将复制缓冲区中的部分命令请求同步给从服务器。由于有新的从服务器连接成功，主服务器还需要更新有效从服务器数目，以此实现min_slaves功能。

当主服务器判断需要执行完整重同步时，会fork子进程执行RDB持久化，并将持久化数据发送给从服务器。RDB持久化有两种选择：① 直接通过Socket发送给从服务器；② 持久化数据到本地文件，待持久化完成后再将该文件发送给从服务器。

```
if (socket_target)
    retval = rdbSaveToSlavesSockets(rsiptr);
else
    retval = rdbSaveBackground(server.rdb_filename,rsiptr);
```

变量socket_target的赋值逻辑如下：

```
int socket_target = server.repl_diskless_sync && (c->slave_capa &
    SLAVE_CAPA_EOF);
```

其中变量repl_diskless_sync可通过配置参数repl-diskless-sync进行设置，默认为0；

即默认情况下，主服务器都是先持久化数据到本地文件，再将该文件发送给从服务器。变量 slave_capa 根据步骤④从服务器的同步信息确定。

当所有流程执行完毕后，主服务器每次接收到写命令请求时，都会将该命令请求广播给所有从服务器，同时记录在复制缓冲区中。向从服务器广播命令请求的实现函数为 replicationFeedSlaves，逻辑如下：

```
void replicationFeedSlaves(list *slaves, int dictid, robj **argv, int argc) {
    //如果与上次选择的数据库不相等，需要先同步select命令
    if (server.slaveseldb != dictid) {
        //将select命令添加到复制缓冲区
        if (server.repl_backlog)
              feedReplicationBacklogWithObject(selectcmd);
        //向所有从服务器发送select命令
        while((ln = listNext(&li))) {
            addReply(slave,selectcmd);
        }
    }
    server.slaveseldb = dictid;
    if (server.repl_backlog) {
        //将当前命令请求添加到复制缓冲区
    }

    while((ln = listNext(&li))) {
        //向所有从服务器同步命令请求
    }
}
```

当前客户端连接的数据库可能并不是上次向从服务器同步数据的数据库，因此可能需要先向从服务器同步 select 命令修改数据库。针对每个写命令，主服务器都需要将命令请求同步给所有从服务器，同时从上面代码可以看到，向从服务器同步的每个命令请求，都会记录到复制缓冲区中。

21.5 本章小结

本章首先介绍了主从复制的功能实现，从中可以学习到 Redis 针对主从复制的优化设计思路。在介绍主从复制源码实现时，先介绍了其主要数据变量的定义，最后详细介绍了主从复制的主要 7 个流程的实现。相信通过本章的学习，读者对主从复制应该有了较为深刻的理解。

Chapter 22 第22章

哨兵和集群

哨兵是 Redis 的高可用方案，可以在 Redis Master 发生故障时自动选择一个 Redis Slave 切换为 Master，继续对外提供服务。集群提供数据自动分片到不同节点的功能，并且当部分节点失效后仍然可以使用。

本章首先介绍 Redis 哨兵的实现，然后介绍集群的实现。

22.1 哨兵

首先看一个典型的 sentinel 部署方案。如图 22-1 所示。

图 22-1 中有一个 Redis Master，该 Master 下有两个 Slave。3 个哨兵同时与 Master 和 Slave 建立连接，并且哨兵之间也互相建立了连接。

哨兵通过与 Master 和 Slave 的通信，能够清楚每个 Redis 服务的健康状态。这样，当 Master 发生故障时，哨兵能够知晓 Master 的此种情况，然后通过对 Slave 健康状态、优先级、同步数据状态等的综合判断，选取其中一个 Slave 切换为 Master，并且修改其他 Slave 指向新的 Master 地址。

通过上文的描述，似乎只需要一个哨兵即可完成该操作。为什么实际中至少会部署 3 个以上哨兵并且哨兵数量最好是奇数呢？

我们通过思考哨兵的作用来回答这个问题。哨兵是 Redis 的高可用机制，保证了 Redis 服务不出现单点故障。如果哨兵只部署一个，哨兵本身就成为了一个单点。那假如部署 2 个哨兵呢？当 Redis 的 Master 发生故障时，如果 2 个哨兵同时执行切换操作肯定不行，哨兵之间必须先约定好由谁来执行此次切换操作，此时就涉及了哨兵之间选 leader 的操作。假设 2 个哨兵各自投自己一票，根本选举不出 leader。所以哨兵个数最好是奇数。

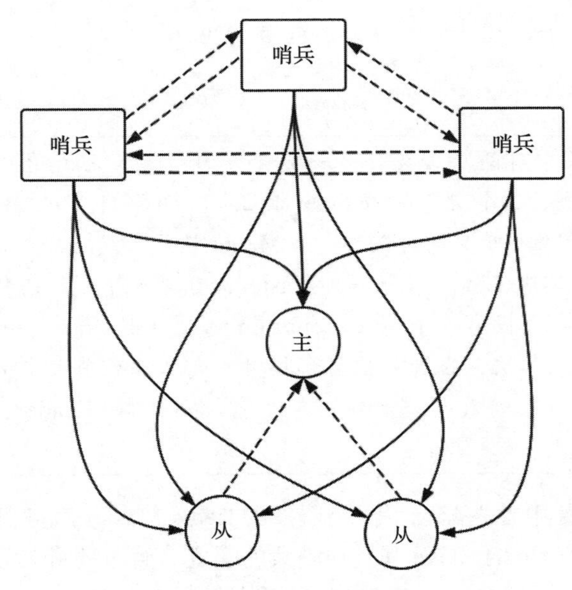

图 22-1　哨兵部署方案

我们还可以思考如下问题。

1）切换完成之后，客户端和其他哨兵如何知道现在提供服务的 Redis Master 是哪一个呢？

2）假设执行切换的哨兵发生了故障，切换操作是否会由其他哨兵继续完成呢？

3）当故障 Master 恢复之后，会继续作为 Master 提供服务还是会作为一个 Slave 提供服务？

我们通过下文的介绍来解释这些问题。

22.1.1　哨兵简介

本章节通过实际部署哨兵时的配置文件编写及哨兵启动流程，看看 Redis 如何实现哨兵方案。

首先看一份典型的哨兵配置文件：

```
//监控一个名称为mymaster的Redis Master服务，地址和端口号为127.0.0.1:6379,quorum为2
sentinel monitor mymaster 127.0.0.1 6379 2
//如果哨兵60s内未收到mymaster的有效ping回复，则认为mymaster处于down的状态
sentinel down-after-milliseconds mymaster 60000
sentinel failover-timeout mymaster 180000        //执行切换的超时时间为180s
//切换完成后同时向新的Redis Master发起同步数据请求的Redis Slave个数为1，即切换完成后依次让
  每个Slave去同步数据，前一个Slave同步完成后下一个Slave才发起同步数据的请求
sentinel parallel-syncs mymaster 1
//监控一个名称为resque的Redis Master服务，地址和端口号为127.0.0.1:6380,quorum为4
sentinel monitor resque 192.168.1.3 6380 4
```

```
sentinel down-after-milliseconds resque 10000
sentinel failover-timeout resque 180000
sentinel parallel-syncs resque 5
```

注意　quorum在哨兵中有两层含义。第一层含义为：如果某个哨兵认为其监听的Master处于下线的状态，这个状态在Redis中标记为S_DOWN，即主观下线。假设quorum配置为2，则当有两个哨兵同时认为一个Master处于下线的状态时，会标记该Master为O_DOWN，即客观下线。只有一个Master处于客观下线状态时才会开始执行切换。第二层含义为：假设有5个哨兵，quorum配置为4。首先，判断客观下线需要4个哨兵才能认定。其次，当开始执行切换时，会从5个哨兵中选择一个leader执行该次选举，此时一个哨兵也必须得到4票才能被选举为leader，而不是3票（即哨兵的大多数）。

可以看到配置文件中首先配置了需要监控的Redis Master服务器，然后设置了一些服务相关的参数，并没有Redis Slave和其他哨兵的配置。而通过图22-1，我们看到每个哨兵都必须与所有监控的Redis Master下的Slave服务器以及其他监控该Master的哨兵建立连接。显然，哨兵只通过配置文件是不能知道这些信息的。进一步，如果在配置文件中硬编码写出从服务器和其他哨兵的信息，会丧失灵活性。

那么，Redis是如何实现如上所述的信息发现呢，我们通过下面的章节来了解一下。

22.1.2 代码流程

如图22-2所示，我们从单个哨兵着手看它的启动流程及信息发现。

哨兵启动之后会先与配置文件中监控的Master建立两条连接，一条称为命令连接，另一条称为消息连接。哨兵就是通过如上两条连接发现其他哨兵和Redis Slave服务器，并且与每个Redis Slave也建立同样的两条连接。具体流程我们通过哨兵的启动过程详细阐述。

哨兵可以直接使用redis-server命令启动，如下：

```
redis-server /path/to/sentinel.conf --sentinel
```

执行该条命令后，redis-server中具体的代码流程如下：

```
main(){
    ...
    //检测是否以sentinel模式启动
    server.sentinel_mode = checkForSentinelMode(argc,argv);
    ...
    if (server.sentinel_mode) {
        initSentinelConfig();      //将监听端口置为26379
        initSentinel();            //更改哨兵可执行命令。哨兵中只能执行有限的几种服务端命
                                     令，如ping,sentinel,subscribe,publish,info等
                                     等。该函数还会对哨兵进行一些初始化
```

```
    }
    ...
    sentinelHandleConfiguration(); //解析配置文件，进行初始化
    ...
    sentinelIsRunning();          //随机生成一个40字节的哨兵ID，打印启动日志
    ...
}
```

注意　哨兵的配置文件必须具有可写权限。因为哨兵的初始配置文件如上文所述，只配置了需要监听的 Redis Master 和其他一些配置参数，当哨兵发现了其他的 Redis Slave 服务器和监听同一个 Master 的其他哨兵时，会将该信息记录到配置文件中做持久化存储。这样，当哨兵重启后，可以直接从退出状态继续执行。

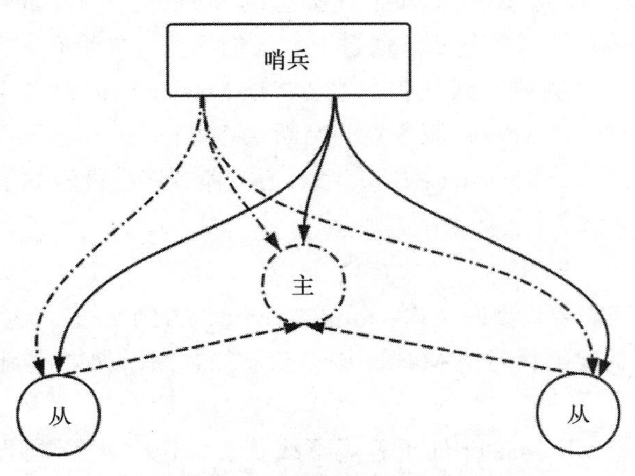

图 22-2　单个哨兵连接示意图

从代码流程看到，主流程只是进行了一些初始化，那何时建立命令连接和消息连接呢？答案只有一个，Redis 的时间任务 serverCron。如下：

```
serverCron(){
    if (server.sentinel_mode) sentinelTimer();
}
```

哨兵中每次执行 serverCron 时，都会调用 sentinelTimer() 函数。该函数会建立连接，并且定时发送心跳包并采集信息。该函数主要功能如下。

1）建立命令连接和消息连接。消息连接建立之后会订阅 Redis 服务的 __sentinel__:hello 频道。

2）在命令连接上每 10s 发送 info 命令进行信息采集；每 1s 在命令连接上发送 ping 命令

探测存活性；每2s在命令连接上发布一条信息，信息格式如下。

```
sentinel_ip,sentinel_port,sentinel_runid,current_epoch,master_name,master_
    ip,master_port,master_config_epoch
```

上述参数分别代表哨兵的IP、哨兵的端口、哨兵的ID（即上文所述40字节的随机字符串）、当前纪元（用于选举和主从切换）、Redis Master的名称、Redis Master的IP、Redis Master的端口、Redis Master的配置纪元（用于选举和主从切换）。

3）检测服务是否处于主观下线状态。

4）检测服务是否处于客观下线状态并且需要进行主从切换。

哨兵启动之后通过info命令进行信息采集，据此能够知道一个Redis Master有多少Slaves，然后在下一次执行sentinelTimer函数时会和所有的Slaves分别建立命令连接与消息连接。而通过订阅消息连接上的消息可以知道其他的哨兵。哨兵与哨兵之间只会建立一条命令连接，每1s发送一个ping命令进行存活性探测，每2s推送（publish）一条消息。

第3步中主观下线状态的探测针对所有的Master，Slave和哨兵。第4步中只会对Master服务器进行客观下线的判断。通过上文我们知道，如果有大于等于quorum个哨兵同时认为一台Master处于主观下线状态，才会将该Master标记为客观下线。那么，一个哨兵如何知道其他哨兵对一台Master服务器的判断状态呢?

Redis会向监控同一台Master的所有哨兵通过命令连接发送如下格式的命令：

```
SENTINEL    is-master-down-by-addr    master_ip    master_port    current_epoch
    sentinel_runid或者*
```

其中最后一项当需要投票时发送sentinel_runid，否则发送一个*号。

据此能够知道其他哨兵对该Master服务状态的判断，如果达到要求，就标记该Master为客观下线。

如果判断一个Redis Master处于客观下线状态，这时就需要开始执行主从切换了。我们在下一节进行详述。

22.1.3 主从切换

当Redis哨兵方案中的Master处于客观下线状态，为了保证Redis的高可用性，此时需要执行主从切换。即将其中一个Slave提升为Master，其他Slave从该提升的Slave继续同步数据。主从切换有一个状态迁移图，其所有状态定义如下：

```
#define SENTINEL_FAILOVER_STATE_NONE 0            //没有进行切换
//等待开始进行切换(等待哨兵之间进行选主)
#define SENTINEL_FAILOVER_STATE_WAIT_START 1
#define SENTINEL_FAILOVER_STATE_SELECT_SLAVE 2   //选择一台从服务器作为新的主服务器
//将被选中的从服务器切换为主服务器
#define SENTINEL_FAILOVER_STATE_SEND_SLAVEOF_NOONE 3
#define SENTINEL_FAILOVER_STATE_WAIT_PROMOTION 4 //等待被选中的从服务器上报状态
```

```
//将其他Slave切换为向新的主服务器要求同步数据
#define SENTINEL_FAILOVER_STATE_RECONF_SLAVES 5
//重置Master，将Master的IP：PORT设置为被选中从服务器的IP：PORT
#define SENTINEL_FAILOVER_STATE_UPDATE_CONFIG 6
```

切换流程如图22-3所示。

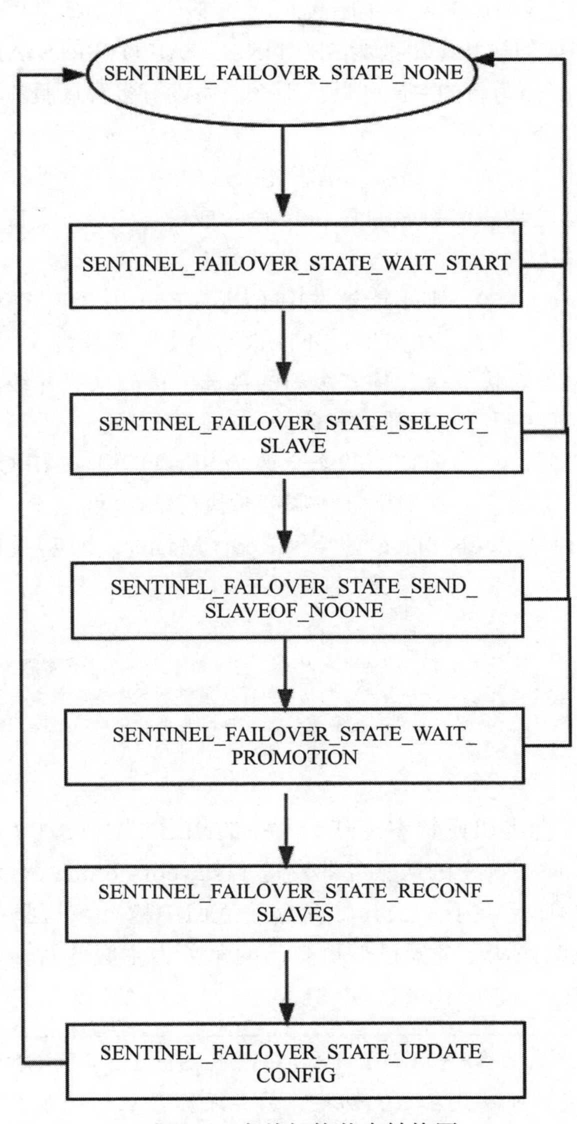

图22-3　主从切换状态转换图

当一个哨兵发现一台Master处于主观下线状态时，会首先将切换状态更新为SENTINEL_FAILOVER_STATE_WAIT_START，并且将当前纪元加1。然后发送如下命令要求其他哨兵给自己投票：

```
SENTINEL    is-master-down-by-addr     master_ip    master_port    current_epoch
    sentinel_runid或者*
```

此时最后一项参数为 sentinel_runid，即该哨兵的 ID，第 5 项 current_epoch 在开始执行切换后会加 1。当从哨兵中选出一个主哨兵之后，接下来的切换都由该主哨兵执行。

主哨兵首先会将当前切换状态更改为 SENTINEL_FAILOVER_STATE_SELECT_SLAVE，即开始选择一台从服务器作为新的主服务器。那么，假设有多台从服务器，该选择哪台呢？

Redis 中选择规则如下。

1）如果该 Slave 处于主观下线状态，则不能被选中。

2）如果该 Slave 5s 之内没有有效回复 ping 命令或者与主服务器断开时间过长，则不能被选中。

3）如果 slave-priority 为 0，则不能被选中（slave-priority 可以在配置文件中指定。正整数，值越小优先级越高，当指定为 0 时，不能被选为主服务器）。

4）在剩余 Slave 中比较优先级，优先级高的被选中；如果优先级相同，则有较大复制偏移量的被选中；否则按字母序选择排名靠前的 Slave。

当选中从服务器之后，将当前切换状态更改为 SENTINEL_FAILOVER_STATE_SEND_SLAVEOF_NOONE，并且在下一次时间任务调度时执行该步骤。

该状态需要把选择的 Redis Slave 切换为 Redis Master，即哨兵向该 Slave 发送如下命令：

```
MULTI                 //开启一个事务
SLAVEOF NO ONE        //关闭该从服务器的复制功能，将其转换为一个主服务器
CONFIG REWRITE        //将redis.conf文件重写(会根据当前运行中的配置重写原来的配置)
//关闭连接到该服务的客户端(关闭之后客户端会重连，重连时会重新获取Redis Master的地址)
CLIENT KILL TYPE normal
EXEC                  //执行事务
```

执行完该步骤之后会将切换状态更新为 SENTINEL_FAILOVER_STATE_WAIT_PROMOTION。上一步我们向被选中的从服务器发送了 slaveof no one 命令，执行完之后 Redis 中并没有处理返回值，而是在下一次 info 命令的返回中检查该从服务器的 role 字段，如果返回 role:master，说明该从服务器已变更自己的角色为主服务器。于是切换状态变更为 SENTINEL_FAILOVER_STATE_RECONF_SLAVES。

注意 在该步骤变更状态为 SENTINEL_FAILOVER_STATE_RECONF_SLAVES 之前，如果切换超时，哨兵可以放弃本次切换，放弃之后会从第一步开始重新执行切换。但是如果进行到该步骤，则只能继续执行，不会检测超时。

在该步骤设置 SENTINEL_FAILOVER_STATE_RECONF_SLAVES 后，哨兵会依次向

其他从服务器发送切换主服务器的命令，如下：

```
MULTI              //开启一个事务
SLAVEOF IP PORT    //将该服务器设置为向新的主服务器请求数据
CONFIG REWRITE     //将redis.conf文件重写(会根据当前运行中的配置重写原来的配置)
//关闭连接到该服务的客户端(关闭之后客户端会重连，重连时会重新获取Redis Master的地址)
CLIENT KILL TYPE normal
EXEC               //执行事务
```

如果所有的从服务器都已更新完毕，则切换状态更新为 SENTINEL_FAILOVER_STATE_UPDATE_CONFIG。该步骤会将哨兵中监听的 Master（旧 Master）重置为被选中的从服务器（新 Master），并且将旧 Master 也配置为新 Master 的从服务器。然后将切换状态更新为 SENTINEL_FAILOVER_STATE_NONE。至此，主从切换已完成。

22.1.4　常用命令

在 22.1.2 节，初始化哨兵时会调用 initSentinel 函数，该函数中会更改哨兵可执行的命令，具体如下：

```
struct redisCommand sentinelcmds[] = {
    {"ping",pingCommand,1,"",0,NULL,0,0,0,0,0},
    {"sentinel",sentinelCommand,-2,"",0,NULL,0,0,0,0,0},
    {"subscribe",subscribeCommand,-2,"",0,NULL,0,0,0,0,0},
    {"unsubscribe",unsubscribeCommand,-1,"",0,NULL,0,0,0,0,0},
    {"psubscribe",psubscribeCommand,-2,"",0,NULL,0,0,0,0,0},
    {"punsubscribe",punsubscribeCommand,-1,"",0,NULL,0,0,0,0,0},
    {"publish",sentinelPublishCommand,3,"",0,NULL,0,0,0,0,0},
    {"info",sentinelInfoCommand,-1,"",0,NULL,0,0,0,0,0},
    {"role",sentinelRoleCommand,1,"l",0,NULL,0,0,0,0,0},
    {"client",clientCommand,-2,"rs",0,NULL,0,0,0,0,0},
    {"shutdown",shutdownCommand,-1,"",0,NULL,0,0,0,0,0}
};
```

可以看到，哨兵中只可以执行有限的几种命令。本节主要介绍哨兵中独有的命令：sentinel。类似其他命令的执行流程，该命令会调用 sentinelCommand 函数。接下来，我们详细介绍该命令的几种重点形式。

1）sentinel masters：返回该哨兵监控的所有 Master 的相关信息。

2）SENTINEL MASTER <name>：返回指定名称 Master 的相关信息。

3）SENTINEL SLAVES <master-name>：返回指定名称 Master 的所有 Slave 的相关信息。

4）SENTINEL SENTINELS <master-name>：返回指定名称 Master 的所有哨兵的相关信息。

5）SENTINEL IS-MASTER-DOWN-BY-ADDR <ip> <port> <current-epoch> <runid>：如果 runid 是 *，返回由 IP 和 Port 指定的 Master 是否处于主观下线状态。如果 runid 是某

个哨兵的ID，则同时会要求对该runid进行选举投票。

6）SENTINEL RESET <pattern>：重置所有该哨兵监控的匹配模式（pattern）的Masters（刷新状态，重新建立各类连接）。

7）SENTINEL GET-MASTER-ADDR-BY-NAME <master-name>：返回指定名称的Master对应的IP和Port。

8）SENTINEL FAILOVER <master-name>：对指定的Mmaster手动强制执行一次切换。

9）SENTINEL MONITOR <name> <ip> <port> <quorum>：指定该哨兵监听一个Master。

10）SENTINEL flushconfig：将配置文件刷新到磁盘。

11）SENTINEL REMOVE <name>：从监控中去除掉指定名称的Master。

12）SENTINEL CKQUORUM <name>：根据可用哨兵数量，计算哨兵可用数量是否满足配置数量（认定客观下线的数量）；是否满足切换数量（即哨兵数量的一半以上）。

13）SENTINEL SET <mastername> [<option> <value> ...]：设置指定名称的Master的各类参数（例如超时时间等）。

14）SENTINEL SIMULATE-FAILURE <flag> <flag> ... <flag>：模拟崩溃。flag可以为crash-after-election或者crash-after-promotion，分别代表切换时选举完成主哨兵之后崩溃以及将被选中的从服务器推举为Master之后崩溃。

本节通过一个常见的哨兵部署方案介绍哨兵的主要功能，然后通过哨兵启动过程的追踪和主从切换的过程介绍了哨兵在Redis中具体的实现逻辑。最后介绍了哨兵中sentinel相关的常用命令。

通过本节介绍，我们回答一下之前提出的3个问题。

1）主从切换完成之后，客户端和其他哨兵如何知道现在提供服务的Redis Master是哪一个呢？

回答：可以通过subscribe __sentinel__:hello频道，知道当前提供服务的Master的IP和Port。

2）执行切换的哨兵发生了故障，切换操作是否会由其他哨兵继续完成呢？

回答：执行切换的哨兵发生故障后，剩余哨兵会重新选主，并且重新开始执行切换流程。

3）故障Master恢复之后，会继续作为Master提供服务还是会作为Slave提供服务？

回答：Redis中主从切换完成之后，当故障Master恢复之后，会作为新Master的一个Slave来提供服务。

22.2 集群

我们首先看一个集群的典型部署，如图22-4所示。

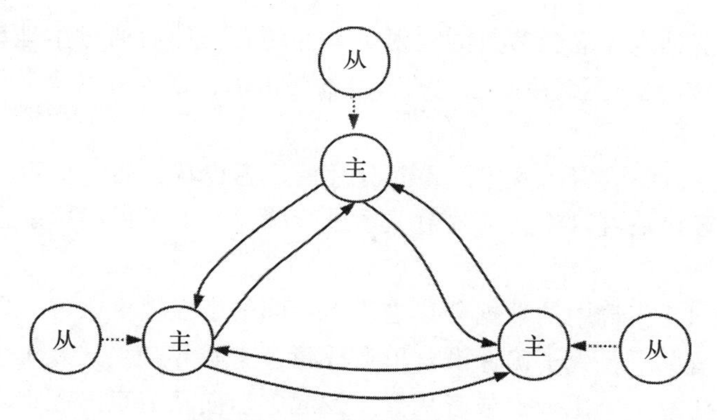

图 22-4　集群部署方式

图中有 3 个 Redis Master，每个 Redis Master 挂载一个 Redis Slave，共 6 个 Redis 实例。集群用来提供横向扩展能力，即当数据量增多之后，通过增加服务节点就可以扩展服务能力。背后理论思想是将数据通过某种算法分布到不同的服务节点，这样当节点越多，单台节点所需提供服务的数据就越少。很显然，集群首先需要解决如下问题。

1）分槽（slot）：即如何决定某条数据应该由哪个节点提供服务；

2）端如何向集群发起请求（客户端并不知道某个数据应该由哪个节点提供服务，并且如果扩容或者节点发生故障后，不应该影响客户端的访问）？

3）某个节点发生故障之后，该节点服务的数据该如何处理？

4）扩容，即向集群中添加新节点该如何操作？

5）同一条命令需要处理的 key 分布在不同的节点中（如 Redis 中集合取并集、交集的相关命令），如何操作？

我们先对 Redis 如何实现集群功能做简要介绍，通过后续章节详细介绍 Redis 如何处理这些问题。

22.2.1　集群简介

Redis 将键空间分为了 16 384 个 slot，然后通过如下算法：

```
HASH_SLOT = CRC16(key) mod 16384
```

计算出每个 key 所属的 slot。客户端可以请求任意一个节点，每个节点中都会保存所有 16 384 个 slot 对应到哪一个节点的信息。如果一个 key 所属的 slot 正好由被请求的节点提供服务，则直接处理并返回结果，否则返回 MOVED 重定向信息，如下：

```
GET key
-MOVED slot IP:PORT
```

由 -MOVED 开头，接着是该 key 计算出的 slot，然后是该 slot 对应到的节点 IP 和 Port。客户端应该处理该重定向信息，并且向拥有该 key 的节点发起请求。实际应用中，Redis 客户端可以通过向集群请求 slot 和节点的映射关系并缓存，然后通过本地计算要操作的 key 所属的 slot，查询映射关系，直接向正确的节点发起请求，这样可以获得几乎等价于单节点部署的性能。

当集群由于节点故障或者扩容导致重新分片后，客户端先通过重定向获取到数据，每次发生重定向后，客户端可以将新的映射关系进行缓存，下次仍然可以直接向正确的节点发起请求。

接着考虑图 22-4，集群中的数据分片之后由不同的节点提供服务，即每个主节点的数据都不相同，此种情况下，为了确保没有单点故障，主服务必须挂载至少一个从服务。客户端请求时可以向任意一个主节点或者从节点发起，当向从节点发起请求时，从节点会返回 MOVED 信息重定向到相应的主节点。

注意 Redis 集群中，客户端只能在主节点执行读写操作。如果需要在从节点中进行读操作，需要满足如下条件：

① 首先在客户端中执行 readonly 命令；

② 如果一个 key 所属的 slot 由主节点 A 提供服务，则请求该 key 时可以向 A 所属的从节点发起读请求。该请求不会被重定向。

当一个主节点发生故障后，其挂载的从节点会切换为主节点继续提供服务。

最后，当一条命令需要操作的 key 分属于不同的节点时，Redis 会报错。Redis 提供了一种称为 hash tags 的机制，由业务方保证当需要进行多个 key 的处理时，将所有 key 分布到同一个节点，该机制实现原理如下：

如果一个 key 包括 {substring} 这种模式，则计算 slot 时只计算“{”和“}”之间的子字符串。即 keys{sub}1、keys{sub}2、keys{sub}3 计算 slot 时都会按照 sub 串进行。这样保证这 3 个字符串会分布到同一个节点。

22.2.2 代码流程

首先看一份典型的 Redis 集群配置：

```
port 7000                          //监听端口
cluster-enabled yes                //是否开启集群模式
cluster-config-file nodes7000.conf //集群中该节点的配置文件
cluster-node-timeout 5000          //节点超时时间，超过该时间之后会认为处于故障状态
daemonize yes
```

7000 端口用来处理客户端请求，除了 7000 端口，Redis 集群中每个节点会起一个新的端口（默认为监听端口加 10000，本例中为 17000）用来和集群中其他节点进行通信。cluster-config-file 指定的配置文件需要有可写权限，用来持久化当前节点状态。

节点可以直接使用 redis-server 命令启动，如下：

```
redis-server /path/to/redis-cluster.conf
```

执行该条命令后，redis-server 中具体的代码流程如下：

```
main(){
    ...
    if (server.cluster_enabled) clusterInit();
    ...
}
```

clusterInit 函数会加载配置并且初始化一些状态指标，监听集群通信端口。除此之外，该函数执行了如下一些回调函数的注册。

1）集群通信端口建立监听后，注册回调函数 clusterAcceptHandler。当节点之间建立连接时先由该函数进行处理。

2）当节点之间建立连接后，为新建立的连接注册读事件的回调函数 clusterReadHandler。

3）当有读事件发生时，当 clusterReadHandler 读取到一个完整的包体后，调用 clusterProcessPacket 解析具体的包体。22.2.6 节介绍的集群之间通信数据包的解析都在该函数内完成。

类似哨兵，Redis 时间任务函数 serverCron 中会调度集群的周期性函数，如下：

```
serverCron(){
        if (server.cluster_enabled) clusterCron();
}
```

clusterCron 函数执行如下操作。

1）向其他节点发送 MEET 消息，将其加入集群。

> 注意　当在一个集群节点 A 执行 CLUSTER MEET ip port 命令时，会将“ip:port”指定的节点 B 加入该集群中。但该命令执行时只是将 B 的“ip:port”信息保存到 A 节点中，然后在 clusterCron 函数中为 A 节点和“ip:port”指定的 B 节点建立连接并发送 MEET 类型的数据包。MEET 数据包格式见 22.2.6 下的第 3 节。

2）每 1s 会随机选择一个节点，发送 ping 消息（消息内容详情见 22.2.6 节下的第 1 节关于 ping 包的介绍）。

3）如果一个节点在超时时间之内仍未收到 ping 包的响应（cluster-node-timeout 配置项指定的时间），则将其标记为 pfail。

> 注意　Redis 集群中节点的故障状态有两种。一种为 pfail（Possible failure），当一个节点 A 未在指定时间收到另一个节点 B 对 ping 包的响应时，A 节点会将 B 节点标记为 pfail。另一种是，当大多数 Master 节点确认 B 为 pfail 之后，就会将 B 标记为 fail。fail 状态的节点才会需要执行主从切换。

4）检查是否需要进行主从切换，如果需要则执行切换（见 22.2.3 节）。

5）检查是否需要进行副本漂移，如果需要，执行副本漂移操作（见 22.2.4 节）。

Redis 除了在 serverCron 函数中进行调度之外，在每次进入事件循环之前，会在 beforeSleep 函数中执行一些操作，如下：

```
beforeSleep ( ) {
    if (server.cluster_enabled) clusterBeforeSleep();
}
```

clusterBeforeSleep() 函数会执行如下操作。

1）检查主从切换状态，如果需要，执行主从切换相关操作。

2）更新集群状态，通过检查是否所有 slot 都有相应的节点提供服务以及是否大部分主服务都是可用状态，来决定集群处于正常状态还是失败状态。

3）刷新集群状态到配置文件。

可以看到，clusterCron 和 clusterBeforeSleep 函数中都会进行主从切换相关状态的判断，如果需要进行主从切换，还会进行切换相关的操作。下面的章节来看什么时候会进行切换以及如何切换。

22.2.3 主从切换

通过上文我们知道集群中节点有两种失败状态：pfail 和 fail。当集群中节点通过错误检测机制发现某个节点处于 fail 状态时，会自动执行主从切换。

Redis 中还提供一种手动执行切换的方法，即通过执行 cluster failover 命令。下面分别介绍这两种方式。

> 注意 通过手动切换方式能实现 Redis 主节点的平滑升级，具体步骤是：先将主节点切换为一个从节点，然后进行版本的升级，再将升级后的版本切换回主节点。该过程不会有任务服务的中断，具体参见 22.2.3 节的第 2 节的介绍

1. 自动切换

集群之间会互相发送心跳包，心跳包中会包括从发送方视角所记录的关于其他节点的状态信息。当一个节点收到心跳包之后，如果检测到发送方（假设为 A）标记某个节点（假设为 B）处于 pfail 状态，则接收节点（假设为 C）会检测 B 是否已经被大多数主节点标记为 pfail 状态。如果是，则 C 节点会向集群中所有节点发送一个 fail 包（见 22.2.6 节的第 4 节），通知其他节点 B 已经处于 fail 状态。

当一个主节点（假设为 B）被标记为 fail 状态后，该主节点的所有 Slave 执行周期性函数 clusterCron 时，会从所有的 Slave 中选择一个复制偏移量最大的 Slave 节点（即数据最新的从节点，假设为 D），然后 D 节点首先将其当前纪元（currentEpoch）加 1，然后向所有

的主节点发送 failover 授权请求包（见 22.2.6 节的第 6 节），当获得大多数主节点的授权后，开始执行主从切换。

注意　① currentEpoch：集群当前纪元，类似 Raft 算法中的 term，是一个递增的版本号。正常状态下集群中所有节点的 currentEpoch 相同。每次选举时从节点首先将 currentEpoch 加 1，然后进行选举。投票时同一对主从的同一个 currentEpoch 只能投一次，防止多个 Slave 同时发起选举后难以获得票的大多数。注意 currentEpoch 为所有 Master 节点中配置纪元的最大值。

② configEpoch：每个主节点的配置纪元。当因为网络分区导致多个节点提供冲突的信息时，通过 configEpoch 能够知道哪个节点的信息最新。

切换流程如下（假设被切换的主节点为 M，执行切换的从节点为 S）。

1）S 先更新自己的状态，将自己声明为主节点。并且将 S 从 M 中移除。

2）由于 S 需要切换为主节点，所以将 S 的同步数据相关信息清除（即不再从 M 同步数据）。

3）将 M 提供服务的 slot 都声明到 S 中。

4）发送一个 PONG 包，通知集群中其他节点更新状态。

2. 手动切换

当一个从节点接收到 cluster failover 命令之后，执行手动切换，流程如下。

1）该从节点首先向对应的主节点发送一个 mfstart 包（见 22.2.6 的第 8 节）。通知主节点从节点要开始进行手动切换。

2）主节点会阻塞所有客户端命令的执行。之后主节点在周期性函数 clusterCron 中发送 ping 包时会在包头部分做特殊标记。

提示　redisServer 结构体中有两个字段，clients_paused 和 clients_pause_end_time，当需要阻塞所有客户端命令的执行时，首先将 clients_paused 置为 1，然后将 clients_pause_end_time 设置为当前时间加 2 倍的 CLUSTER_MF_TIMEOUT（默认值为 5s）。客户端发起命令请求时会调用 processInputBuffer，该函数会检测当前是否处于客户端阻塞状态，如果是，则不会继续执行命令。

3）当从节点收到主节点的 ping 包并且检测到特殊标记之后，会从包头中获取主节点的复制偏移量。

4）从节点在周期性函数 clusterCron 中检测当前处理的偏移量与主节点复制偏移量是否相等，当相等时开始执行切换流程。

5）切换完成后，主节点会将阻塞的所有客户端命令通过发送 +MOVED 指令重定向到新的主节点。

通过该过程可以看到，手动执行主从切换时不会丢失任何数据，也不会丢失任何执行命令，只在切换过程中会有暂时的停顿。

具体切换流程同自动切换。

22.2.4 副本漂移

考虑图22-4所示的部署方式，集群中共有6个实例，三主三从，每对主从只能有一个处于故障状态。假设一对主从同时发生故障，则集群中的某些slot会处于不能提供服务的状态，从而导致集群失效。

为了提高可靠性，我们可以在每个主服务下边各挂载两个从服务实例。在图22-4所示实例中，共需要增加3个实例。但假设若集群中有100个主服务，为了更高的可靠性，就需要增加100个实例。有什么方法既能提高可靠性，又可以做到不随集群规模线性增加从服务实例的数量呢？

Redis中提供了一种副本漂移的方法，如图22-5所示。

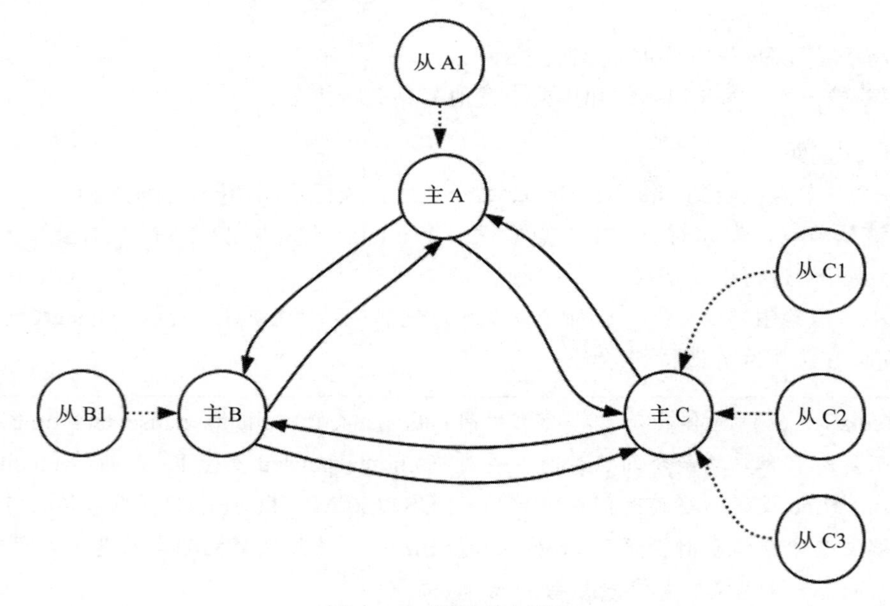

图22-5　集群副本漂移

我们只给其中一个主C增加两个从服务。假设主A发生故障，主A的从A1会执行切换，切换完成之后从A1变为主A1，此时主A1会出现单点问题。当检测到该单点问题后，集群会主动从主C的从服务中漂移一个给有单点问题的主A1做从服务，如图22-6所示。

我们详细介绍Redis中如何实现副本漂移。

在周期性调度函数clusterCron中会定期检测如下条件：

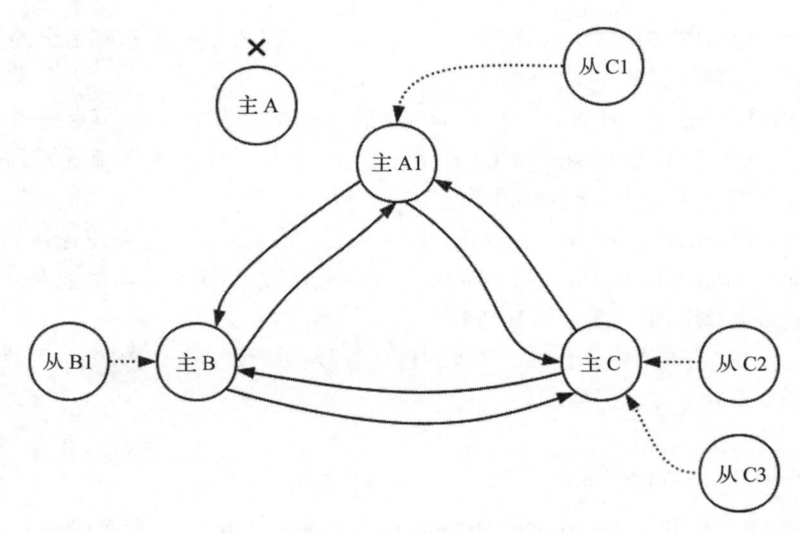

图 22-6　集群副本漂移

1）是否存在单点的主节点，即主节点没有任何一台可用的从节点；

2）是否存在有两台及以上可用从节点的主节点。

如果以上两个条件都满足，则从有最多可用从节点的主节点中选择一台从节点执行副本漂移。选择标准为按节点名称的字母序从小到大，选择最靠前的一台从节点执行漂移。漂移具体过程如下（按图 22-6 名称做说明）：

1）从 C 的记录中将 C1 移除；

2）将 C1 所记录的主节点更改为 A1；

3）在 A1 中添加 C1 为从节点；

4）将 C1 的数据同步源设置为 A1。

可以看到，漂移过程只是更改一些节点所记录的信息，之后会通过心跳包将该信息同步到所有的集群节点。

22.2.5　分片迁移

有很多情况下需要进行分片的迁移，例如增加一个新节点之后需要把一些分片迁移到新节点，或者当删除一个节点之后，需要将该节点提供服务的分片迁移到其他节点，甚至有些时候需要根据负载重新配置分片的分布。

Redis 集群中分片的迁移，即 slot 的迁移，需要将一个 slot 中所有的 key 从一个节点迁移到另一个节点。我们通过如下一些 Redis 的命令看看具体实现（假设以下命令都在节点 A 执行）。

1）CLUSTER ADDSLOTS slot1 [slot2] ... [slotN]：在 A 节点中增加指定的 slot（即指定的 slot 由 A 提供服务）。注意，如果指定的 slot 已经有节点在提供服务，该命令会报错。

2）CLUSTER DELSLOTS slot1 [slot2] ... [slotN]：在A节点中删除指定的slot（即指定的slot不再由A提供服务）。

3）CLUSTER SETSLOT slot NODE node：将slot指定为由node节点提供服务。

4）CLUSTER SETSLOT slot MIGRATING node：将slot从A节点迁移到指定的节点。注意，slot必须属于A节点，否则会报错。

5）CLUSTER SETSLOT slot IMPORTING node：将slot从指定节点迁移到A节点。

执行cluster addslots和cluster delslots之后只会修改A节点的本地视图，之后A节点会通过心跳包将配置同步到集群中其他节点。

我们通过一个实例说明一个slot具体的迁移过程。假设“slot中10000”现在由A提供服务，需要将该slot从A迁移到B。

```
cluster setslot 10000 importing A  //在B节点执行
cluster setslot 10000 migrating B  //在A节点执行
```

当客户端请求属于“slot 10000”的key时，仍然会直接向A发送请求（或者通过其他节点通过MOVED重定向到A节点），如果A中找到该key，则直接处理并返回结果。如果A中未找到该key，则返回如下信息：

```
GET key
-ASK 10000 B
```

客户端收到该回复后，首先需要向B发送一条asking命令，然后将要执行的命令发送给B。

生产中使用Redis提供的redis-cli命令来做分片迁移，redis-cli首先在A、B节点执行如上两条命令，然后在A节点执行如下命令：

```
cluster getkeysinslot slot count
```

这条命令会从节点A的slot，例如10000中取出“count”个key，然后对这些key依次执行迁移命令，如下：

```
migrate target_ip target_port key 0 timeout
```

target_ip和target_port指向B节点，0为数据库ID（集群中的所有节点只能有0号数据库）。

当所有key都迁移完成后，redis-cli会向所有集群中的节点发送如下命令：

```
cluster setslot slot node node-id
```

其中slot本例中为10000，node-id为B。

至此，一个slot迁移完毕。当此时再向A节点发送slot为10000的请求时，A节点会直接返回MOVED重定向到B节点。

22.2.6　通信数据包类型

Redis集群中的消息包分为如下10种，最后一种是包类型计数边界，代码中做判断使用。

```
#define CLUSTERMSG_TYPE_PING 0                      //ping包
#define CLUSTERMSG_TYPE_PONG 1                      //pong包
#define CLUSTERMSG_TYPE_MEET 2                      //meet包
#define CLUSTERMSG_TYPE_FAIL 3                      //fail包
#define CLUSTERMSG_TYPE_PUBLISH 4                   //publish包
#define CLUSTERMSG_TYPE_FAILOVER_AUTH_REQUEST 5 //failover授权请求包
#define CLUSTERMSG_TYPE_FAILOVER_AUTH_ACK 6         //failover授权确认包
#define CLUSTERMSG_TYPE_UPDATE 7                    //update包
#define CLUSTERMSG_TYPE_MFSTART 8                   //手动failover包
#define CLUSTERMSG_TYPE_MODULE 9                    //模块相关包
#define CLUSTERMSG_TYPE_COUNT 10                    //计数边界
```

5、6和8三种包只有包头没有包体，剩余所有的包都由包头和包体两部分组成。包头格式相同，包体内容根据具体的类型填充。首先介绍包头格式。

结构体定义如下：

```
typedef struct {
    char sig[4];                        //固定为RCmb(Redis cluster message bus)
    uint32_t totlen;                    //消息总长度
    uint16_t ver;                       //协议版本，当前设值为1
    uint16_t port;                      //发送方监听的端口
    uint16_t type;                      //包类型
    uint16_t count;                     //data中的gossip section个数(供ping,pong,meet包使用)
    uint64_t currentEpoch;              //发送方节点记录的集群当前纪元
    uint64_t configEpoch;               //发送方节点对应的配置纪元(如果为从，则为该从所对应的主
                                          服务的配置纪元)
    uint64_t offset;                    //如果为主，该值表示复制偏移量；如果为从，该值表示从已处
                                          理的偏移量
    char sender[CLUSTER_NAMELEN]; //发送方名称，40字节
    unsigned char myslots[CLUSTER_SLOTS/8];
                                        //发送方提供服务的slot映射表((如果为从，则为该从所对应
                                          的主提供服务的slot映射表)
    char slaveof[CLUSTER_NAMELEN]; //发送方如果为从，则该字段为对应的主的名称
    char myip[NET_IP_STR_LEN];          //发送方IP
    char notused1[34];                  //预留字段
    uint16_t cport;                     //发送方监听的cluster bus端口
    uint16_t flags;                     //发送方节点的flags
    unsigned char state;                //发送方节点所记录的集群状态
    unsigned char mflags[3];            //目前只有mflags[0]会在手动failover时使用
    union clusterMsgData data;          //包体内容
} clusterMsg;
```

包头结构体最后一个字段data为具体的包体内容，其结构体定义为union clusterMsgData，是一个联合体，根据包的类型决定存储什么内容，其定义如下：

```
union clusterMsgData {
    struct {
        clusterMsgDataGossip gossip[1];
    } ping;                        //ping,pong,meet包内容。是个clusterMsgDataGossip
                                     类型的数组，根据数组大小使用时确定和分配。该字段称为
                                     gossip section

    struct {
        clusterMsgDataFail about;
    } fail;                        //fail包内容
    struct {
        clusterMsgDataPublish msg;
    } publish;                     //publish包内容
    struct {
        clusterMsgDataUpdate nodecfg;
    } update;                      //update包内容
    struct {
        clusterMsgModule msg;
    } module;                      //module包内容
};
```

接收到包之后需要根据包头取出 type 字段，来决定如何解析包体。首先介绍 ping 包。

1. ping 包格式

ping 包由一个包头和多个 gossip section 组成。Redis 集群中每个节点通过心跳包可以知道其他节点的当前状态并且保存到本节点状态中。如图 22-7 所示为 ping 包的格式。

每个 gossip section 就是从发送节点的视角出发，所记录的关于其他节点的状态信息，包括节点名称、IP 地址、状态以及监听地址，等等。接收方可以据此发现集群中其他的节点或者进行错误发现。

flags 字段标识一个节点的当前状态，例如是 Master 还是 Slave，是否处于 pfail 或 fail 状态等。

2. pong 包格式

pong 包格式同 ping 包，只是将包头中的 type 字段写为 CLUSTERMSG_TYPE_PONG(1)。注意 pong 包除了在接收到 ping 包和 meet 包之后会作为回复包发送之外，当进行主从切换之后，新的主节点会向集群中所有节点直接发送一个 pong 包，通知主从切换后节点角色的转换。

3. meet 包格式

meet 包格式同 ping 包，只是将包头中的 type 字段写为 CLUSTERMSG_TYPE_MEET(2)。当执行 cluster meet ip port 命令之后，执行端会向 ip:port 指定的地址发送 meet 包，连接建立之后，会定期发送 ping 包。

字段	说明
sig	固定为 RCmb
tollen	总长度
ver	固定为 1
port	监听端口
type	ping 包为 0
count	gossip section 个数
currentEpoch	当前纪元
cofigEpoch	配置纪元
offset	复制偏移量
sender	发送方名称
mysolts	发送方服务的 slot
slaveof	发送方对应主服务名称
myip	发送方 IP 地址
notused1	预留
cport	发送方集群通信端口
flags	发送方标记位
state	发送方记录集群状态
mflags	未使用
gossip section	数据包内容
gossip section	
……	
gossip section	

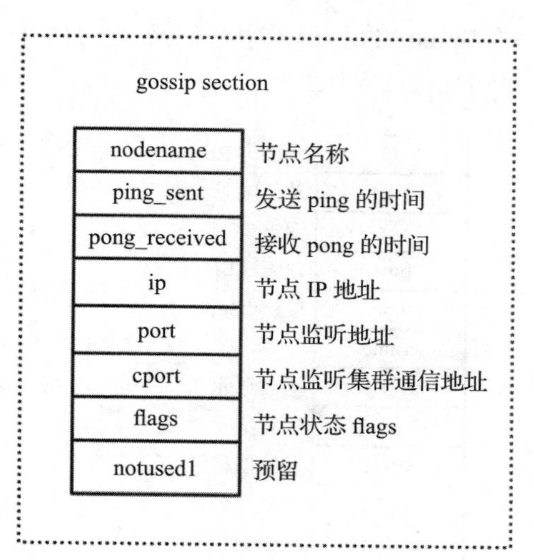

图 22-7　ping 包格式

4. fail 包格式

fail 包用来通知集群中某个节点处于故障状态。fail 包格式如图 22-8 所示。fail 包包体部分只有一个 nodename 字段，记录被标记为 fail 状态的节点。当一个节点被大多数节点标记为 pfail 状态时，会进入 fail 状态。此时，发现该节点进入 fail 状态的节点会向集群中所有节点广播一个 fail 包，通知某个节点已经进入 fail 状态。当一个主节点进入 fail 状态后，该主节点的从节点会要求进行切换。

5. update 包格式

update 包用来更新集群中节点的配置信息。update 包格式如图 22-9 所示。

当一个节点 A 发送了一个 ping 包给 B，声明 A 节点给 slot 1000 提供服务，并且 ping 包中 configEpoch 为 1。接收节点 B 收到该 ping 包后，发现 B 本地记录的 slot 1000 是由 A1 提供服务，并且 A1 的 configEpoch 为 2，大于 A 节点的 configEpoch。此时 B 会向 A 节点发送一个 update 包。包体中会记录 A1 的配置纪元、节点名称及所提供服务的 slot，通知 A 更新自身的信息。

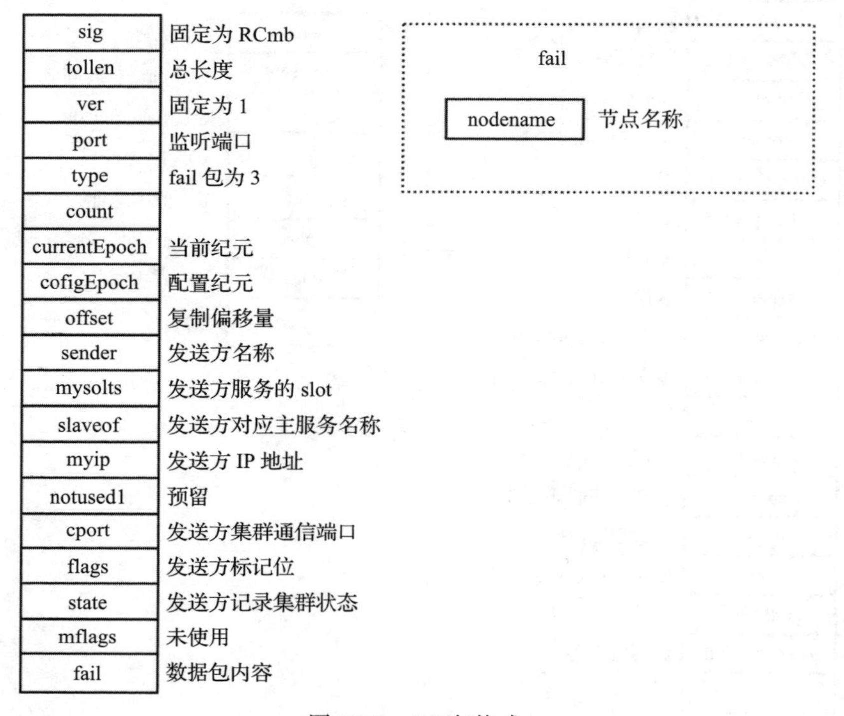

图 22-8　fail 包格式

Update 包适用于一种特殊情况：当一个主节点 M 发生故障之后，其从节点 S 做了主从切换并且成功升级为主节点，此时 S 会先将其配置纪元加 1，之后将所有 M 提供服务的 slot 更新为由 S 提供服务。之后，当 M 故障恢复进入集群后就会发生上述情况，此时需要向 M 发送 update 包。

6. failover 授权请求包格式

failover 授权请求包，顾名思义，当需要执行主从切换时请求集群中的其他节点向发送该包的节点授权。Failover 授权请求包格式如图 22-10 所示。

授权请求包只有包头，没有包体。当需要执行主从切换时，从节点会向集群中的主节点发送 auth request 授权请求包。当集群中大部分主节点授权给某个从节点之后，该从节点就可以开始进行主从切换。

7. failover 授权包格式

failover 授权包格式同 failover 请求授权包，只是包头中的 type 字段为 CLUSTERMSG_TYPE_FAILOVER_AUTH_ACK(6)。当一个主节点收到请求授权包后，会根据一定的条件决定是否给发送节点发送一个 failover 授权包，条件如下。

字段	说明
sig	固定为 RCmb
tollen	总长度
ver	固定为 1
port	监听端口
type	update 包为 7
count	
currentEpoch	当前纪元
cofigEpoch	配置纪元
offset	复制偏移量
sender	发送方名称
mysolts	发送方服务的 slot
slaveof	发送方对应主服务名称
myip	发送方 IP 地址
notused1	预留
cport	发送方集群通信端口
flags	发送方标记位
state	发送方记录集群状态
mflags	未使用
update	数据包内容

update

字段	说明
configEpoch	配置纪元
nodename	节点名称
slots	服务的 slot

图 22-9 update 包格式

字段	说明
sig	固定为 RCmb
tollen	总长度
ver	固定为 1
port	监听端口
type	auth request 包为 5
count	
currentEpoch	当前纪元
cofigEpoch	配置纪元
offset	复制偏移量
sender	发送方名称
mysolts	发送方服务的 slot
slaveof	发送方对应主服务名称
myip	发送方 IP 地址
notused1	预留
cport	发送方集群通信端口
flags	发送方标记位
state	发送方记录集群状态
mflags	未使用

图 22-10 auth request 包

1）请求授权包中的currentEpoch小于当前节点记录的currentEpoch，则不授权。

2）已经授权过相同currentEpoch的其他节点，则不再授权。

3）对同一个主从切换，上次授权时间距离现在小于2倍的node timeout（节点超时时间，在配置文件中指定），则不再进行授权。

4）从所声明的所有slots的configEpoch必须大于等于所有当前节点记录的slot对应的configEpoch，否则不授权。

当通过上述所有条件后，接收节点才会发送failover授权包给发送节点。

8. mfstart包格式

mfstart包格式同failover请求授权包，只有包头，包头中的type字段为CLUSTERMSG_TYPE_MFSTART(8)。当在一个从节点输入cluster failover命令之后，该从节点会向对应的主节点发送mfstart包，提示主节点开始进行手动切换。

9. publish包格式

publish包用来广播publish信息。publish包格式如图22-11所示。

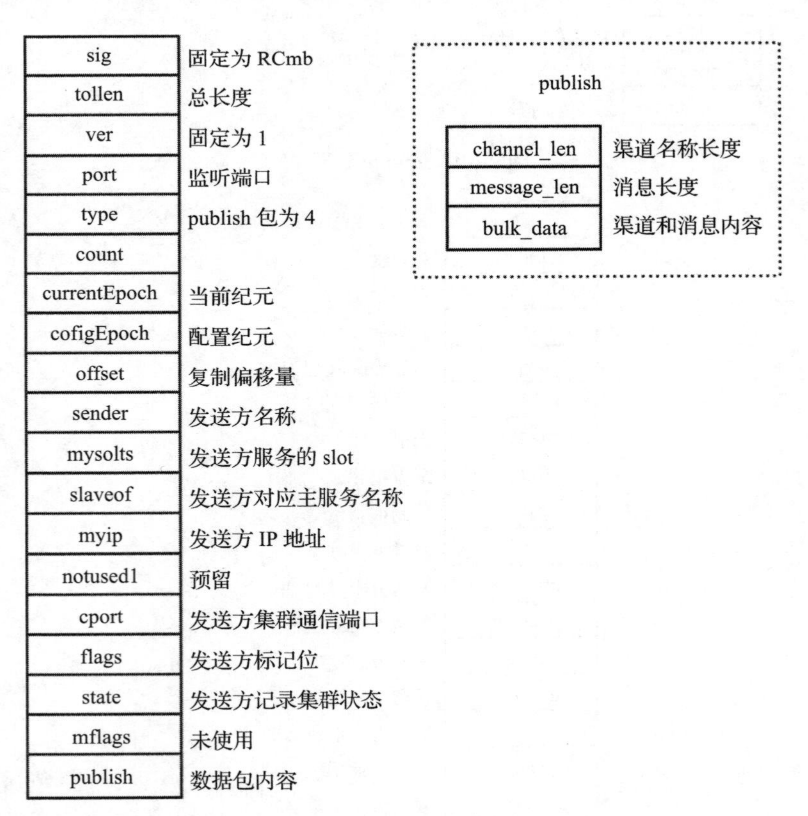

图22-11 publish包格式

当向集群中任意一个节点发送 publish 信息后，该节点会向集群中所有节点广播一条 publish 包。包中包含有 publish 信息的渠道信息和消息体信息。

22.3 本章小结

本章首先引出集群需要解决的几个问题，然后具体介绍 Redis 集群如何解决这些问题。

重点介绍了 Redis 集群中如何实现主从切换，副本漂移的背景及原理，分片迁移的具体思路。最后详细描述了 Redis 集群间通信的 9 种数据包格式。

推荐阅读